普通高等教育“十一五”国家级规划教材
服装工程技术类精品教程

# 女装结构设计 上（3版）

## 制板基础・裙装・裤装

丛书主编：张文斌

张向辉　于晓坤　编著

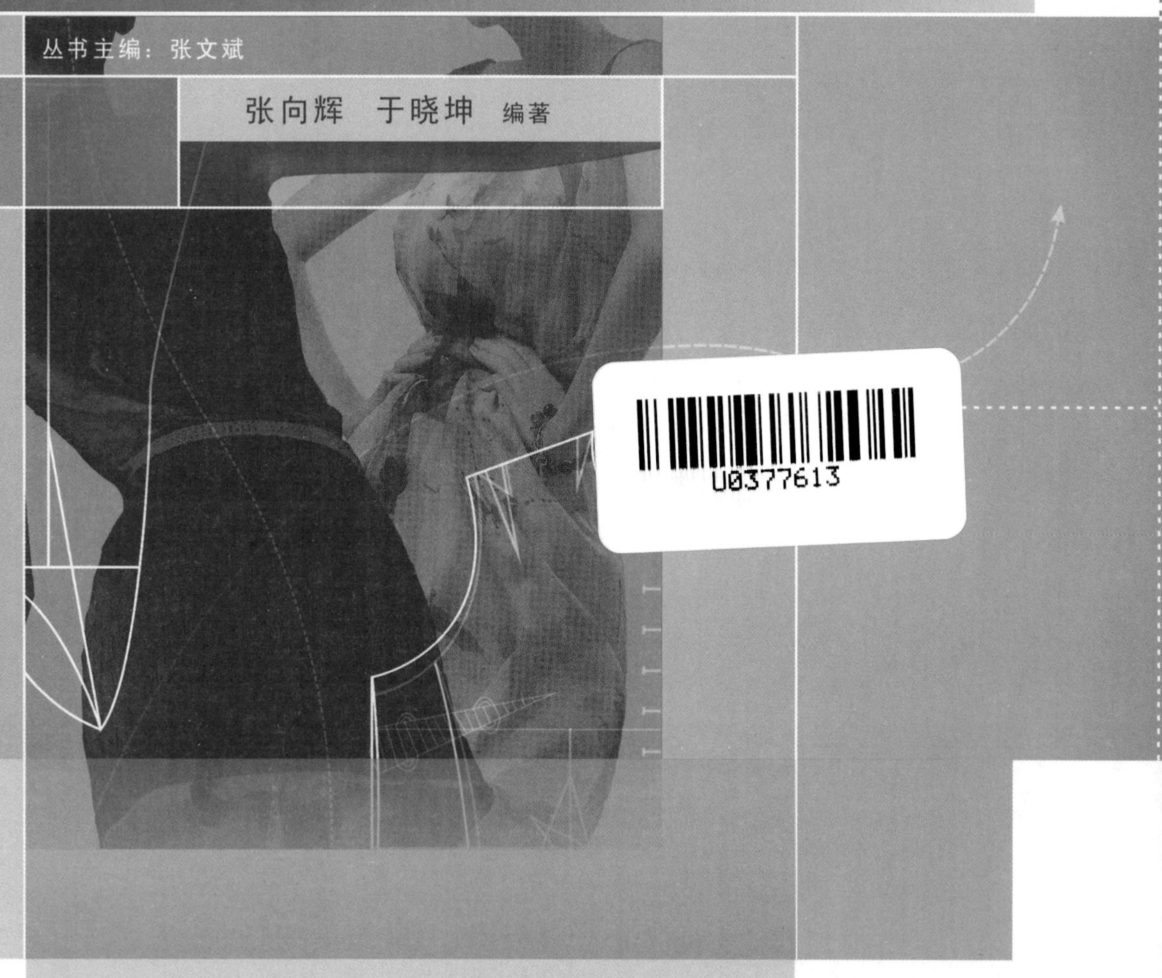



東華大學出版社
・上海・

**图书在版编目(CIP)数据**

女装结构设计.上/张向辉,于晓坤编著.—3版.—上海:东华大学出版社,2018.3

ISBN 978-7-5669-1377-7

Ⅰ.①女… Ⅱ.①张… ②于… Ⅲ.①女服-结构设计-高等学校-教材 Ⅳ.①TS941.717

中国版本图书馆CIP数据核字(2018)第050476号

**责任编辑 谭 英**
**封面设计 李 博**
**封面制作 唐彬彬**

**女装结构设计(上)(3版)**

张向辉 于晓坤 编著

东华大学出版社出版

上海市延安西路1882号

网址:http://dhupress.dhu.edu.cn

淘宝店:http://dhupress.taobao.com

天猫旗舰店:http://dhdx.tmall.com

邮政编码:200051 电话:(021)62193056

新华书店上海发行所发行 上海颛辉印刷厂有限公司印刷

开本:787mm×1092mm 1/16 印张:15.75 字数:446千字

2018年3月第3版 2023年2月第4次印刷

ISBN 978-7-5669-1377-7

定价:41.00元

# 序

本书是《普通高等教育“十一五”国家级规划教材——服装工程技术类精品教程》系列教材丛书之一，是以“十五”国家级规划教材《服装结构设计》为基础，针对当前服装工程专业高等教育的要求和任务，认真总结近年来女装结构设计课程教学的经验，以及国内外服装技术的发展，在着重强调结构设计基本原理、基本概念、基本方法的同时，注重实际应用，将课程的理论科学性和技术实践性进行和谐的统一。本教材与《女装结构设计（下）》相互衔接，形成全面系统的女装结构设计知识体系，可作为高等院校服装工程专业的教材，也可作为服装企业技术人员的参考书。

本书主要编著者为东华大学服装学院张向辉、于晓坤，参编人员还有常州纺织服装职业技术学院张昭华、内蒙古工业大学郭晓芳。全书共分六章，其中第一、三章由张向辉编写；第二、四章由于晓坤编写；第五章由张向辉、张昭华编写；第六章由于晓坤、郭晓芳编写。全书统稿由张向辉完成。本书款式图由刘瑶绘制。

在此对本书引用文献的著作者以及在编著中所有作出贡献的人员致以诚挚的谢意！

作者

# 目录

# 第1章　绪　论

## 1.1　服装的功能与分类

### 1.1.1　服装的功能

服装（Clothing）是具有不同穿着目的、覆盖人体各部位的纺织品及装饰品的总称。从远古时代人类开始用衣来裹体至今，服装的变迁历史悠久。目前关于服装的起源有多种学说，包括环境适应说、装饰说、羞耻说等，尽管很难有统一的定论，但从某种角度来看，这些学说都反映了服装本身的功能。

概括起来，服装的功能大致可以分为三类，即对于外界环境的身体保护功能、群体生活中所形成的各种社会及心理功能以及由人体与服装的关系所产生的生活辅助功能等。

**1.身体保护功能**

服装的身体保护功能是指针对自然环境及人们生活环境的保护功能。主要体现在：

（1）气候调节功能。对人体在其生活中不适应的自然环境或人工环境的温度、湿度条件下能进行调节，从而保持人体生理机能顺畅、生活活动自如的功能。

（2）防护功能。通过抵御外界的物理伤害、化学污染及特殊的光或热，从而达到保护身体的功能，如在特殊环境下穿着的宇航服、消防服等均具有全面的身体保护功能。

**2.社会及心理功能**

服装的社会及心理功能是以适应人际关系及社会环境为目的的心理方面的服装功能，代表现代生活的多样化和服装时尚的主流，包括礼仪功能、身份标示功能和装饰身体功能。

（1）礼仪功能。通过适合社会礼仪和习惯的着装来表达个人思想和情感的功能。

（2）身份标示功能。利用服装标示着装者的性别、年龄、职业、地位、任务等的功能。

（3）装饰身体功能。通过着装装饰身体，满足人们内在的、对美的需求的功能，是每个人表达个性与思想的一种手段。

现在，着装已成为与人们生活各个领域相关的一种文化现象，反映出现代社会生活状态，从这一角度来看，服装的社会心理功能具有广泛的多样性。

**3.日常活动辅助功能**

在自然及人工环境下，服装能够起到保护身体的作用，同时服装又是离身体最近的“环境”。对于人体来说，服装最重要的功能是不妨碍人体正常的生理机能和运动机能，同时能够提供给身体一定的辅助作用，如选用服装材料应尽量避免有害物质对人体的侵害，在结构上也应避免局部过紧妨碍人体的活动或对人体造成较大压力，从而保证服装内层“小气候”环境的舒适性。

### 1.1.2　服装的分类

为适应地球上众多的民族、各个地域的气候、风土人情、生活方式等方面的差异，服装围绕着时代背景发生着变迁。人们依照时间、地点及着装目的选择不同的服装，以适应个人生活和社会生活的需要。服装由于自身的发展或商业的需要被赋予了各种各样的名称。从学术角度来看，关于服装的分类并没有明确的定论，本书根据常用分类方式对服装进行分类。

**1.按着装者年龄分类**

按着装者的年龄、性别不同进行分类，可分为：新生儿服、婴儿服、幼儿服、学童服、少年服、成人服、老人服。

**2.按覆盖部位分类**

按服装覆盖人体不同部位进行分类，可分为：上装（如衬衫、西装等）、下装（如裙子、裤子等）、上下连装（如连衣裙、工装裤等）。

**3.按穿着层次分类**

按服装在穿着过程中的里外层次进行分类，可分为：外衣、中层服装、内衣。

**4.按气候分类**

在不同的气候条件下会穿着不同的服装，按季节进行分类，可分为：夏装、冬装、春秋装；按地域进行分类，可分为：热带服装、寒带服装、温带服装；按气象状态进行分类，可分为：防寒服、防暑服、防雨服、防尘服、防雪服、防风服等。

**5.按用途分类**

按服装在日常生活中不同的穿着目的进行分类，可分为：日常生活用服装（如职业服、家用便服、运动服等）、社交礼仪用服装（如婚礼服、晚礼服等）、特殊作业用服装（如防火服、宇航服、潜水服等）、戏剧舞台用服装等。

**6.按生产方式分类**

按服装的生产方式进行分类，可分为：成衣化服装（批量生产方式）、批量定制服装（半成衣生产方式）、度身定制服装（单件生产方式）。

### 1.1.3 服装的制作过程

根据服装生产方式不同，服装的制作过程可分为两种：以特定个人为对象的度身定制和以大多数人群作为对象的批量成衣生产（批量定制列入成衣生产的制作过程）。本书主要就批量成衣的生产过程进行讨论。

工业化服装生产是以不特定的多数人作为对象，所生产的成衣应以能被更多人穿着为目标，应具有被更多人认可的流行性和穿着的舒适性。成衣生产是在分析目标消费者体型特征的基础上，选择中间体型作为标准制作样衣，然后经过推档（也称为放码）形成系列

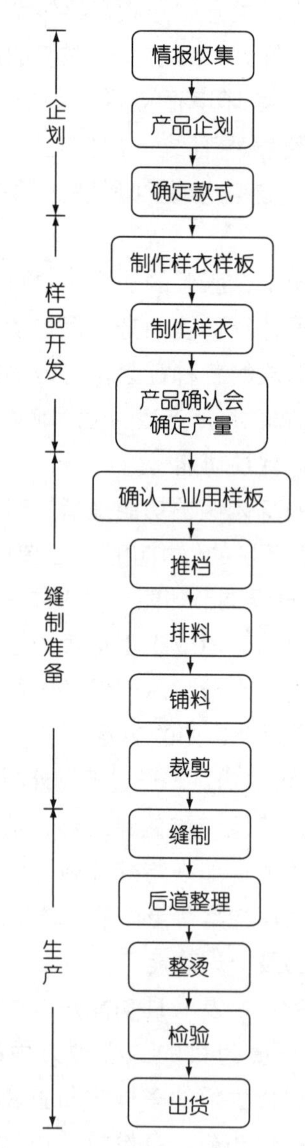


**图1-1 工业化成衣生产流程**

规格进行生产。具体过程如图1–1所示。

1.企划、设计

通过收集国内外流行情报、商品销售情报、商品动向情报等信息，进行数据分析，把握消费动向，做出服装面料、色彩、价格、销售等企划，根据计划确定各品种的基本款式，并展开系列款式，确定样衣用面料。

2.样品开发

制作样衣工艺单，可采用平面制图或立体裁剪的方法制作样衣样板，平面制图可采用服装CAD系统来完成（图1–2）。由样衣工缝制样衣。为达到设计效果，需要多次修改样板、试制样衣（图1–3）。在样板制作过程中，要针对工业化生产的特点，尽可能地与生产体系相匹配，提高编制效率。在产品订货会上确定生产的产品以及规格、数量、交货期等。

图1–2　服装CAD中心

图1–3　打样车间

3.缝制准备

根据产品样制作成带有缝份及生产标示的工业样板，并进行推档形成规格齐全的系列样板。在推档过程中，需要根据号型系列的档差确定各关键部位，如胸围、袖窿深、腰围等部位相应的变化量，即档差量，依据这个规则对样板进行放大和缩小。目前，工业生产中样板推档普遍采用服装CAD系统中的推档模块完成，然后通过绘图仪输出纸样。图1–4是在服装CAD系统中，对直身裙样板进行推档后形成的各规格样板的网状重叠图。

排料是指以最经济的样片放置方式，在有限的布幅中对样片进行排列，以减少布料用量为最终目的，排料效率直接影响着服装的成本。在工业生产中，排料几乎都是采用服装CAD系统完成的。在这个过程中，既可以选择自动排料，也可以通过手工操作来完成。图1–5是三个规格直身裙多套套排的排料图。

在裁剪台上铺面料，根据排料图裁剪面料。在使用服装CAD排料的前提下，采用自动裁床进行裁剪更加方便快捷准确。然后将裁好的面料、里料、黏衬以及其他辅料分配

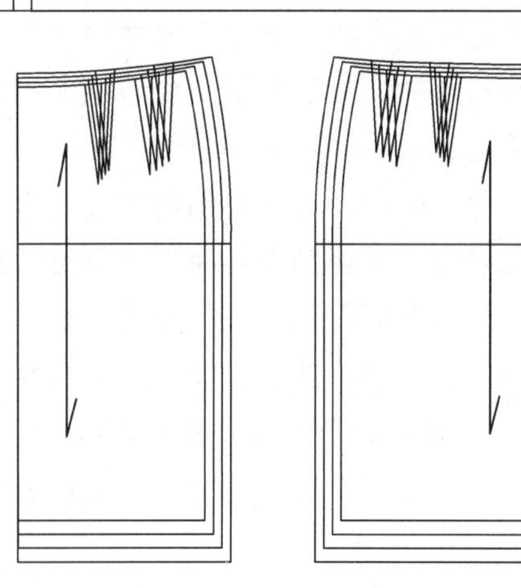

图1–4　直身裙网状推档图

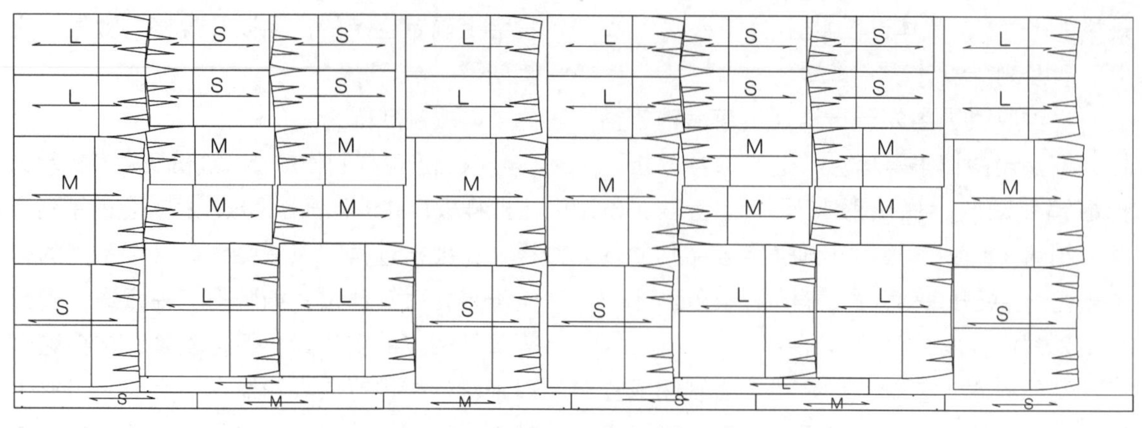


图1-5 直身裙排料图

到流水线上各个生产环节。

4.生产缝制

在生产缝制环节，很多企业运用工程分析和管理，研究如何提高缝制效率，确定缝纫机、熨斗的数量配置以及工序排列顺序。随着自动缝纫设备的开发，很多操作都已经实现自动化，如吊挂式生产自动传输系统可实现样片在各个工作站之间的自动传送；自动开袋机能自动完成多种式样的口袋缝制操作。

缝制结束后，有手工缲缝、钉扣等后道加工工序。生产过程中的熨烫只针对必要部位进行熨烫，缝制完成后需要对服装整体进行熨烫，因此，在生产车间通常设置专门的成品整烫区。整烫机可分为平面式熨烫台和立体熨烫机两种。平面式熨烫台包括大小两个熨烫平台，可以同时施加热气、蒸汽和压力，不仅可以整烫相对平整的前衣片，也可以针对胸、腰、臀部的缓和曲面以及接近颈部形态的领口曲面等部位进行熨烫；立体熨烫机是将服装套在人体躯干模型上进行整烫（图1-6）。最后，对完成服装的缝制质量、规格尺寸、部位疵点等进行检验，经包装后准备出货。

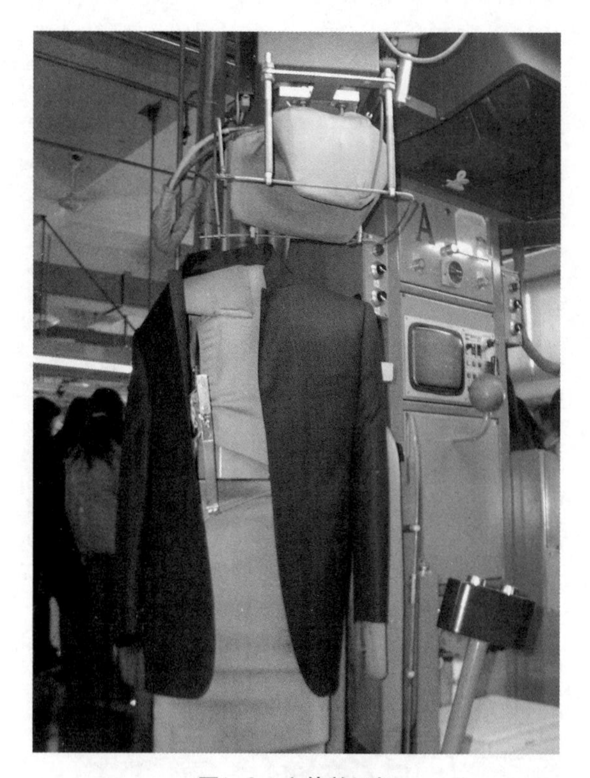

图1-6 立体整烫机

## 1.2 服装结构设计课程概述

### 1.2.1 课程性质

服装学是一门跨学科的综合性学科，研究领域包括：以人的社会着装行为、时装变化与社会环境变化的关系为前提的社会学研究范畴；以历史学、民族学、考古学等为前提，研究人体与服装、人与时尚关系的哲学体系范畴；以服装的造型、生产、新型材料的开发、纺织品设计等多个领域为前提的服装构成学研究范畴；以及在社会经济中，对服装的作用、服装的商业性进行研究的商业领域研究范畴。

其中，服装构成学的研究范畴也包括多个方向：以纺织品设计、服装款式设计、服装结构设计等为基础的服装设计造型领域；与使用材料相关的服装材料学领域；对服装服用性与人体生理关系进行评价的服装卫生学领域；以服装管理为基础的服装管理学等（图1–7）。

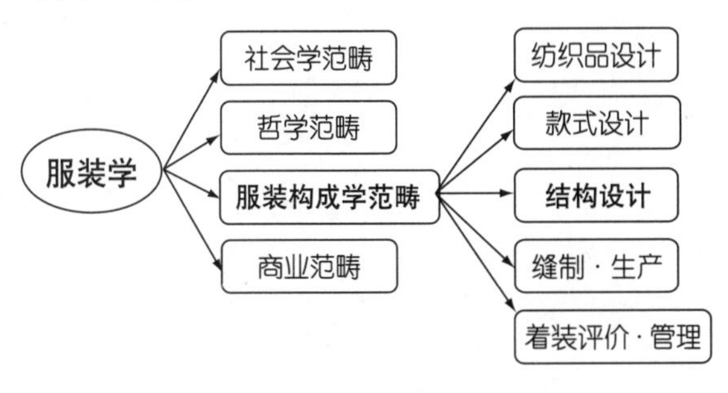


图1–7　服装学的学科体系

服装设计造型学是由款式设计、结构设计、工艺设计三部分组成。结构设计作为服装设计的重要组成，既是款式设计的延伸和发展，又是工艺设计的准备和基础。一方面，结构设计将款式设计所确定的立体形态的服装廓体造型和细部造型分解成为平面结构，揭示出服装细部结构形状与数量的关系、整体与细部的组合关系，以及修正款式设计中不可分解的部分，改正费工费料不合理的结构关系，使服装造型臻于合理完美；另一方面，结构设计又为缝制加工提供成套规格齐全、结构合理的系列样板，为部件与整体的搭配以及各层材料的形态配伍提供了必要的参考，有利于制作出能充分体现设计风格的服装，因此结构设计在整个服装设计造型中起着承上启下的作用。

服装结构设计是高等院校服装专业的专业理论课之一，是研究服装立体形态与平面构成之间的对应关系，服装装饰性与功能性的优化组合以及结构的分解与构成规律和方法的课程。服装结构设计的理论研究和实践操作是服装设计造型的重要组成部分，其知识范畴涉及到服装材料学、流行学、数理统计学、服装人体工学、服装图形学、服装CAD、人体测量学、服装造型学、产品企划、服装生产工艺学、服装卫生学等学科，是一门艺术和技术相互融合、理论和实践密切结合且偏重实践的课程。

### 1.2.2　课程目的与任务

#### 1.课程目的

服装结构设计课程的教学目的是通过理论教学和实践操作的基本训练，使学生能够系统地掌握服装结构的构成原理，包括：

（1）熟悉人体体表特征部位与服装结构中点、线、面的关系，人体性别、年龄、体型的差异与服装结构的关系；成衣规格的制定方法和表达形式；

（2）理解服装结构与人体曲面的关系，掌握服装适合人体曲面的各种结构处理形式、相关结构线的吻合以及整体结构的平衡、服装细部与整体之间形态与数量的合理配伍的关系。

（3）掌握基础纸样的结构构成方法，应用基础纸样进行裙装、裤装、上装（包括衣身、衣领、衣袖）等各类服装及其部件的结构设计，以及掌握采用抽褶、褶裥等手法进行各种变化造型的结构设计方法。

（4）培养学生具有分析服装效果图的结构组成、部件与整体的结构关系、各部位比例关系以及具体部位规格尺寸的综合分析能力，使其具备从款式造型到纸样结构全面的服装设计能力。

**2.课程任务**

服装结构设计课程在学科分类中属纺织与工程科学，与其他课程相比更需强调严密的科学性与高度的实用性相统一。一方面，服装结构设计脱胎于劳动密集型的服装产业，在很多方面偏重经验进行定性分析，因此，服装结构设计课程的教学必须加强基础理论的研究，提高定量分析的科学性，是进一步提高学科学术水平的主要任务；另一方面，服装结构设计是一门与生产实践有密切联系的实用学科，具有很强的技术性，因此，服装结构设计课程的教学必须加强实践环节，提高学生的实际操作能力，通过一定时间的实践应用才能使理论知识得到深入理解和牢固掌握。

# 第 2 章　服装与人体测量

从服装与人体之间的关系来看，了解人体的构造、机能、尺寸和形态十分必要，只有将数量化的人体尺寸和形态应用于服装结构设计中，才能设计出具有造型感且舒适的服装。

## 2.1　人体的结构

就人体体型而言，由于组成人体的骨骼、肌肉的大小以及皮下脂肪的堆积等都具有个体差异，并且因年龄、性别、种族的差异，使人体体型存在较大差异。因此，为了制作适合人体形态又便于运动的服装，了解人体的构成要素十分必要。

### 2.1.1　人体的方位与体表区域

#### 1.人体的方位

明确人体的基本方位是对人体体表进行观察的基础，这需要将解剖学中人体方位的用语与服装造型学中表示人体部位的术语结合起来。通常，将人体站立的地面（也称为测量面）定为水平面，人体方位的基本术语包括（图2–1）：

垂直（Vertical）：人体直立状态时的上下方向。

水平（Horizontal）：与地面（测量面）平行的方向。

矢状（Sagital）：经过人体前后，与地面（测量面）垂直的方向。

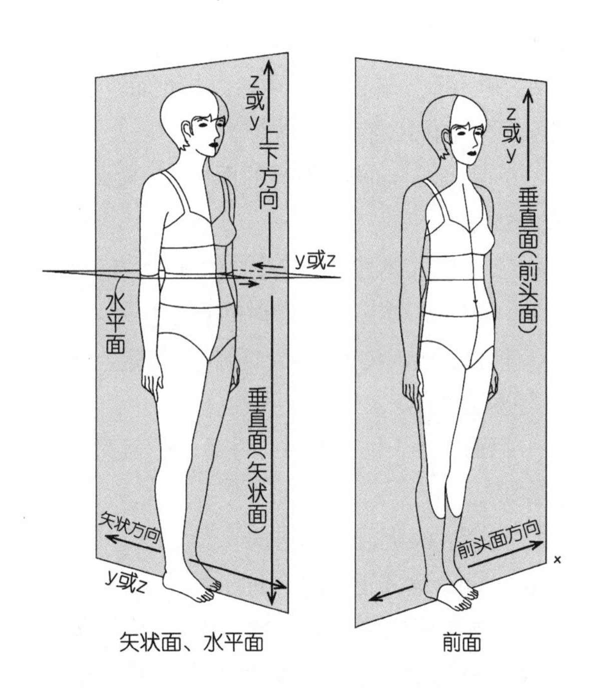


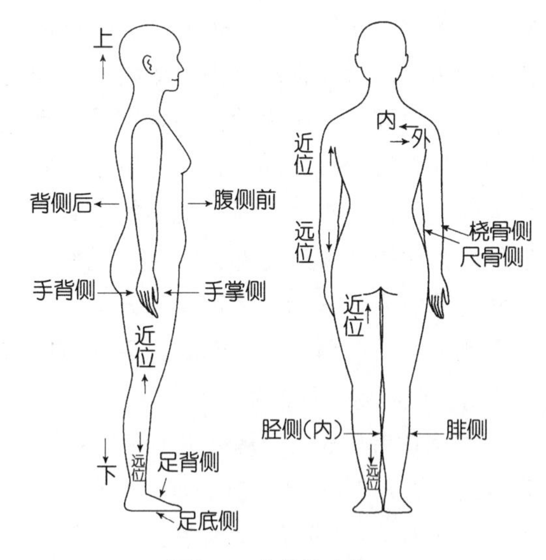


**图2–1　人体的方位**

垂直（纵断）面：与地面（测量面）呈直角的面。

水平（横断）面：与垂直面呈直角，与地面（测量面）平行的面。

正中面（正中矢状面）：将人体左右等分的面，只存在一个正中面。

矢状面：与正中面平行，与地面（测量面）垂直的面，存在无数个。

前头面：与前额平行的面，与矢状面呈直角的面。

上方：人体直立状态时的垂直上方。

下方：人体直立状态时的垂直下方。

前面：经人体的脸部、咽喉、胸腹、膝盖骨等对应的面。

后面：经人体的颈部、臀部、膝盖窝等对应的面。

内侧：靠近正中的方向。

外侧：远离正中的方向。

上方、下方又称为头方、尾方。当人体处于横卧状态时，头的方向为上方，足底的方向为下方。对于上、下肢来说，靠近根部的位置为近位，远离根部（指端或趾端）为远位。对于上肢，在手掌朝前的状态下，尺骨侧为内侧，桡骨侧为外侧；对于下肢，胫侧为内侧，腓侧为外侧。对于肌肉的位置，靠近体表为浅层，靠近内部为深层。观察站立人体的方位或是表示人体运动的方向时，通常会用前面、前斜侧面、侧面、后斜侧面和后面等方位名称（图2–2）。

将人体置于长方形箱体中（图2–3），可确定人体的6个方位，即前后面、左右面和上下面。在图2–4中可观察人体在正面、侧面和背面等方位与服装结构有关的人体部位。在图2–5中可从上下面方位了解人体各部位的形状。把上下面和侧面方位组合起来就可以综合把握人体主要部位的形状，形成服装结构设计的基础。

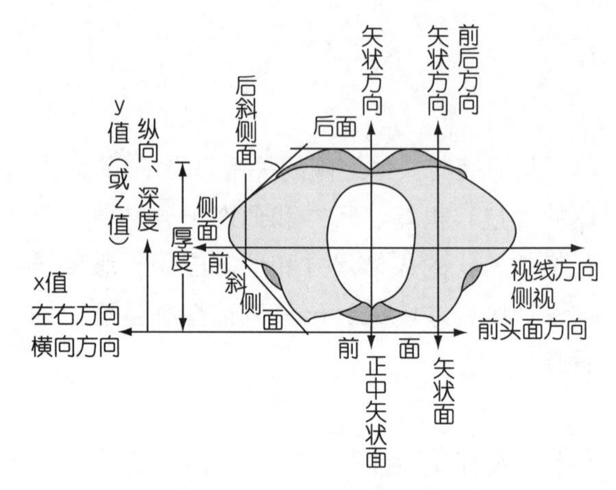


图2–2 人体方位俯视图

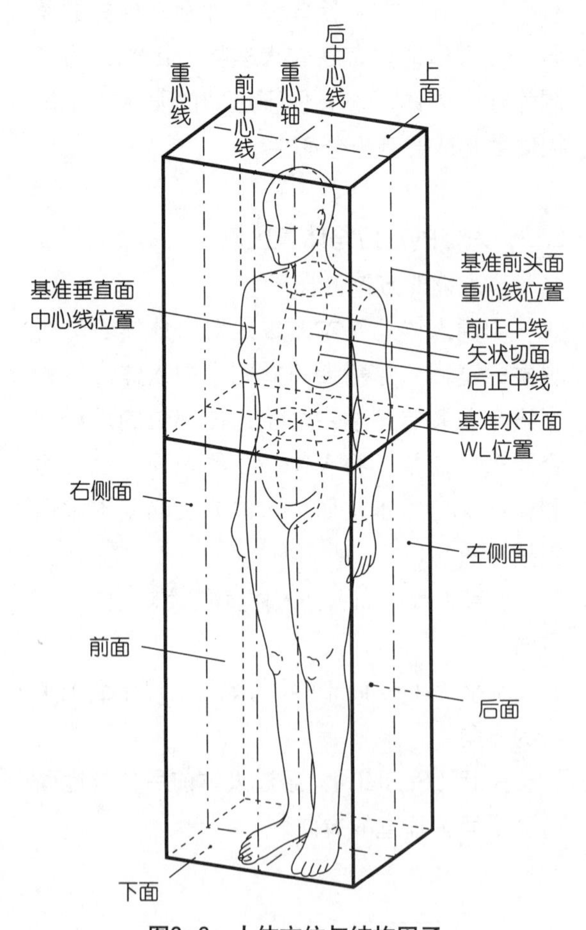


图2–3 人体方位与结构因子

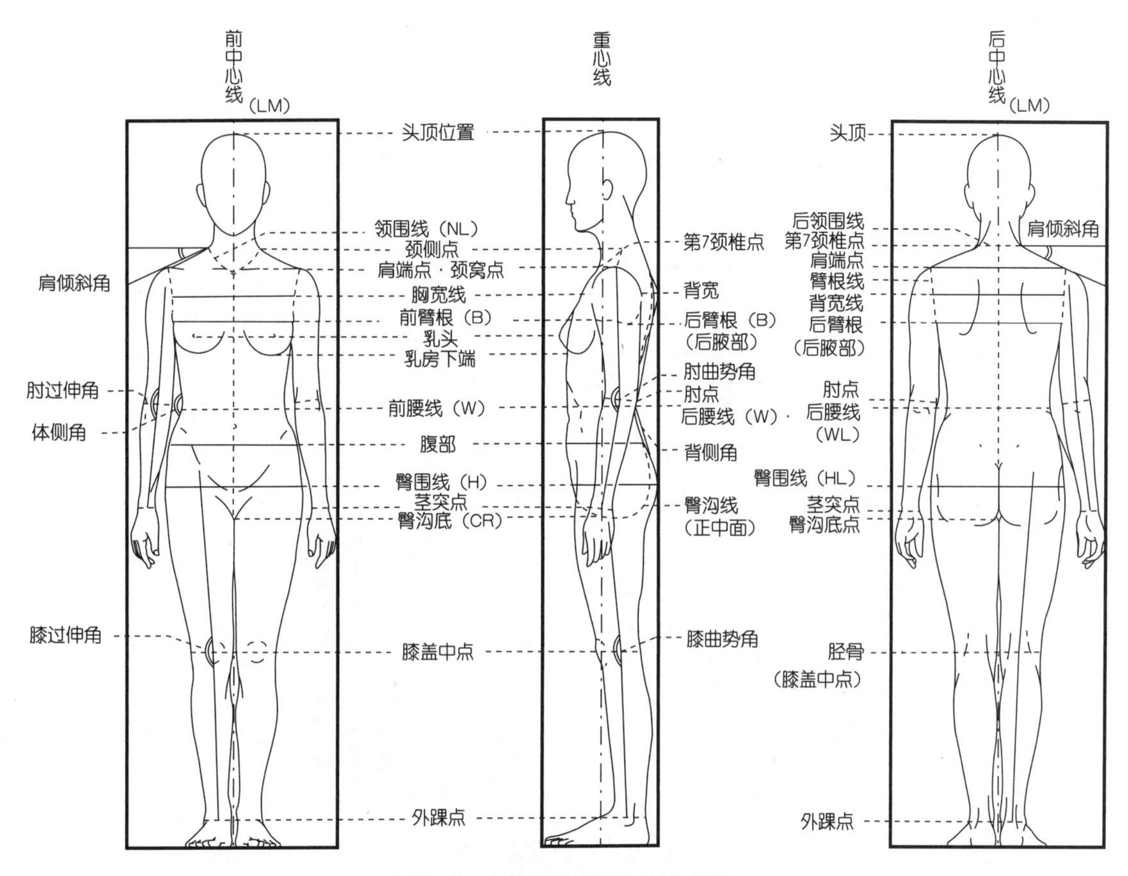


图2–4　人体正背侧面的结构因子

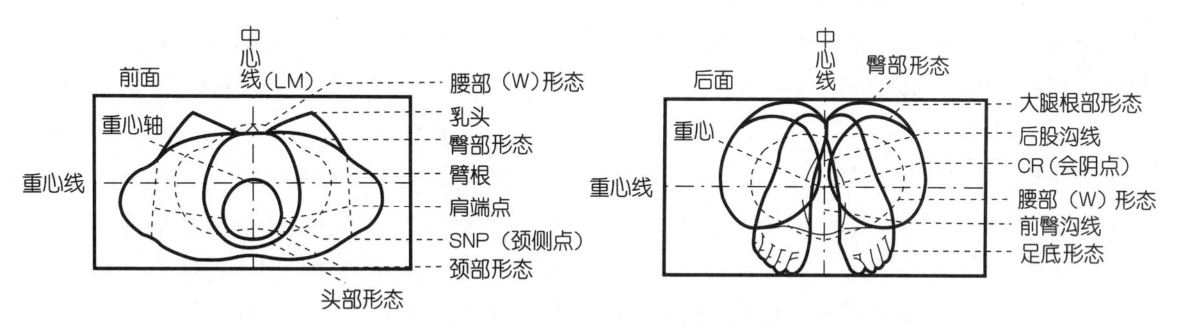


图2–5　人体上下面的结构因子

**2.人体体表区域的划分**

由于人体骨骼、肌肉、脂肪的突起与陷落形成了人体体表凹凸不平的复合曲面，了解人体形态的目的是为了使服装构成能与人体构造和形态相匹配。在服装造型学和服装人体工效学中，对人体体表区域的划分与人体解剖学有所不同。在服装造型学中，对人体的腹股沟、臀沟、乳房等区域以及其他特征体表区域均进行了命名。概括起来，人体体表可划分为头部、躯干、上肢、下肢四个部分，如图2–6所示。

1）头部

与颈部相连，分界线是从下颌底部开始，经左右下颌下缘至左右耳根下端，到达后头

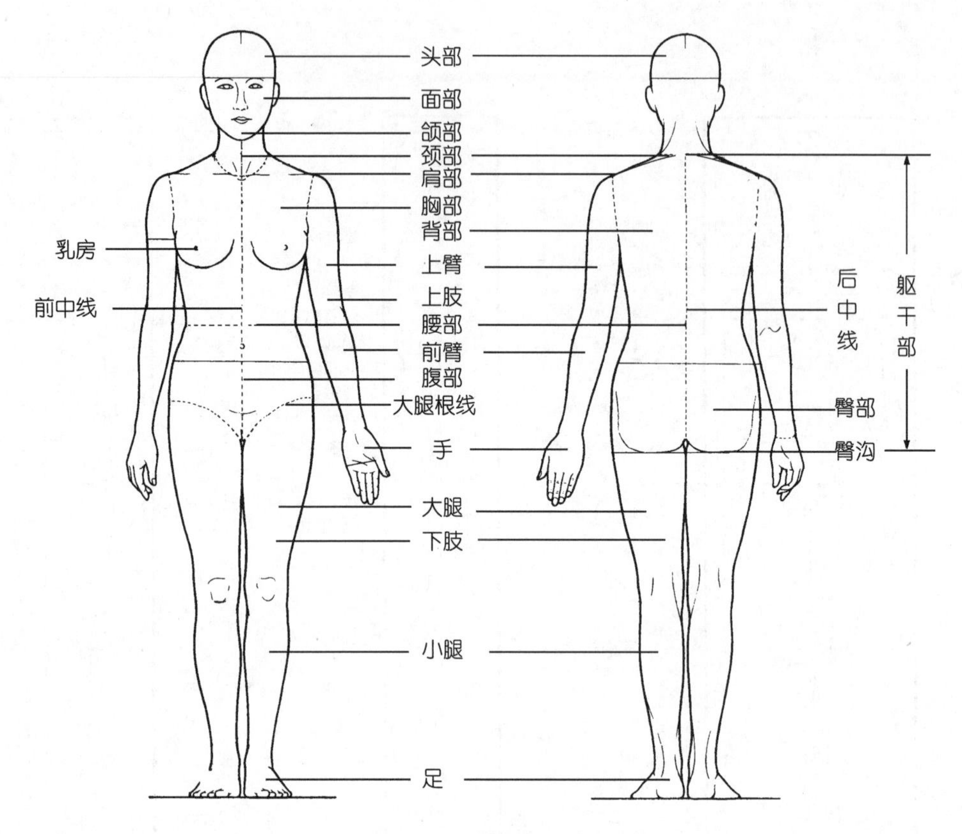


图2-6 人体体表区域

部隆起部位。头部在服装的结构设计中较少涉及，只在设计风帽时对头围、头长以及头部活动范围等特征加以考虑。

2）躯干部

躯干部是由颈部、肩部、胸部、腰部和臀部五个部位组成，这一区域与服装结构设计关系最为密切。

（1）颈部。颈部是躯干中最活跃的部位之一，将头部与躯干连结在一起，在服装结构设计中，围绕颈根部围量一周所形成的服装结构线称为领围线。

（2）肩部。肩部位于躯干的上部，其范围是从前面突出的肱骨头水平位置和后背肩胛突点的水平位置为下限，到颈根围为上限的区域。肩部起着支撑服装的作用，能增加人体和服装的美感，与服装结构有着密切的关系。

（3）胸部。解剖学中的胸部包括胸的前后部，而服装造型上称胸部的后面为“背部”，胸背部的分界以胁线为基准，即身体厚度的中央线。胸部包含乳房，由于人种、年龄、发育、营养、遗传等因素的影响，乳房形态各不相同，这一部位是服装结构设计的重点和难点。

（4）腰部。躯干部的肋骨与髋骨之间最细的部位，人体腰部起到支撑下半身服装的功能，在服装结构设计中通过变化腰围线的位置及形态也可形成多样的造型风格。

（5）臀部。腰围线以下至下肢分界线之间的部位。服装结构中对臀沟的处理与该部位的形态与舒适性有直接关系。

3）上肢

上肢是由上臂、前臂和手三部分组成，肘关节以上部位为上臂，肘关节至手腕部位为前臂，手腕至手指尖为手部。从人体侧面观察，当上肢自然下垂时，中心线并不是直线，而是前臂略向前弯曲，整个上肢自上而下逐渐变细。上肢的活动范围较大，可以前后摆动、侧举和上举，肘部可以屈伸。因此，上肢以及肩部的形态特征与衣袖的结构设计，如袖山、袖窿、衣袖整体形态、衣袖运动功能等都有着密切联系。

4）下肢

下肢由大腿、小腿和足三部分组成，大腿根线是指通过腹股沟、股骨大转子点、臀沟的曲线，它将躯干与下肢部位区分开来，大腿根线至膝盖部分为大腿，膝盖到脚踝部分为小腿，脚踝以下为足部。腿部的形体特征为上粗下细，大腿肌肉丰满、粗壮，小腿后侧形成“腿肚”。与服装结构设计关系较大的是下肢与躯干相关连的骨盆以及腿部的形态特征。

### 2.1.2 人体的构造

#### 1.骨骼

人体是由206块骨头按照一定的顺序组合构成。骨骼是支撑人体形状的支架，决定着人体外形，骨骼材质的软硬起着支撑体重、保护内脏器官的作用。骨与骨之间通过韧带、关节或肌肉互相连接，为人体外形构成及动作服务。在进行结构设计时，为使服装更加适合人体，满足人体的基本活动，理解关节等部位的运动规律是十分必要的。

人体骨骼可以分为四个部分（图2–7）：

1）头部骨骼

包括颅骨和脸面部骨骼，颅骨可以近似看作是一个椭圆球体，是确定风帽大小的依据。

2）躯干部骨骼

（1）脊柱。是由7块颈椎骨、12块胸椎、5块腰椎和骶骨、尾骨等20余块骨头通过关节和椎间圆板连接而成，形成人体独特的“S”形曲线。脊柱的曲势形成了躯干的基本形态。在颈椎中，第七颈椎即后颈椎点在服装结构设计中是一个很重要的点，它是颈部和背部的连接点，也是测量背长、颈围的基准点。

（2）胸廓。胸椎上附有12对肋骨，与胸骨相连，形成躯干部的主要形状—胸廓。胸廓形状近似于卵形，上小下大。前面上半部明显向前隆起，后部弧度较小。在成年女性中，从第 2 到第 6 或第 7 个肋骨间是乳房的底面，第 5 和第 6 个肋骨间是乳头，包含乳房的胸廓形状与服装结构有直接关系。胸廓后部的肩胛骨对手臂运动起着重要作用。骶骨的左右为髋骨（也称为骨盆），胸椎可以略微活动，骶尾椎基本不可动，颈椎和腰椎能够在较大范围内活动。

（3）肩胛骨。肩胛骨位于躯干背部上端两侧，形状为倒三角形的扁平骨，在解剖学上属于上肢骨骼。三角形上部凸起为肩胛棘，在肩胛棘外前方的突起称为肩峰，肩峰是决定肩宽的测定点之一。两肩胛骨在背部中尖形成一凹沟，称之为背沟。人体背部、肩胛骨的活动量比较大，且呈一定隆起形态，为适合人体的这种特征，服装结构设计中可在后衣身运用肩省、过肩线和背裥等结构处理方法。

（4）锁骨。在胸部前面的上端呈S状稍带弯曲的横联长骨，在解剖学上属于上肢骨骼。锁骨的内侧与胸骨相连，外侧与肩峰相连。端肩或溜肩的体型由锁骨与胸骨连接的角度来决定。

（5）髋骨。位于躯干内，在解剖学上属于下肢骨骼，包括形成骨盆的髂骨、前部的趾

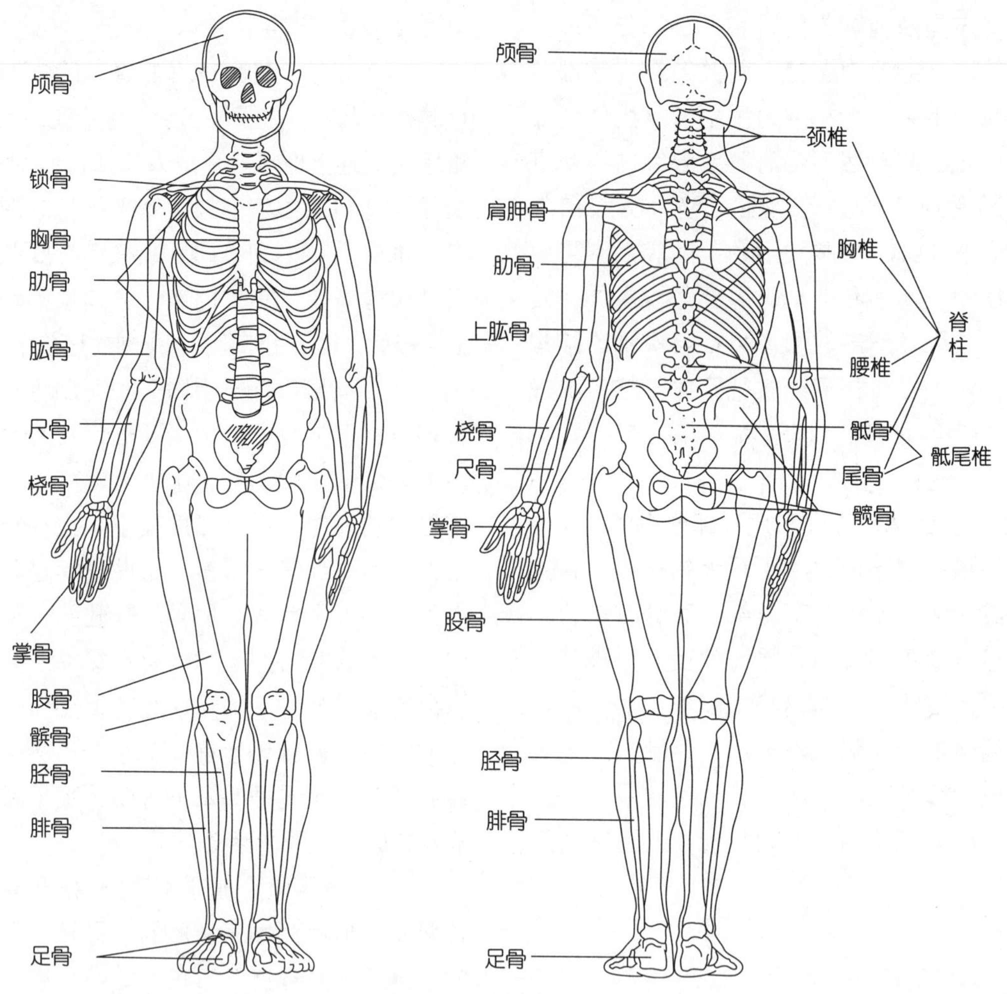


**图2–7　人体骨骼**

骨和下部的坐骨。髋骨由脊椎的骶骨连结形成骨盆，在人体骨骼中，骨盆是最能体现男女体型差异的部位。髋骨中的股关节与股骨连接进行下肢运动，活动范围很广，在制作裙子、裤子时要充分考虑股关节的构造与运动。

3）上肢骨骼

（1）肱骨。上臂的骨骼。肱骨与肩部连接形成肩关节，能进行复杂的运动，与服装结构设计有重要关系。

（2）桡骨和尺骨。构成前臂的两根长骨。当手臂下垂、掌心朝前时，尺骨和桡骨处于并列状态，外侧为桡骨，里侧为尺骨。尺骨、桡骨和肱骨相连形成手臂，连接部分称为肘关节。肘关节只能前屈，且在手臂自然下垂时，前臂自然向前弯曲，在服装结构设计中是影响袖身造型设计的重要因素。

（3）掌骨。由8块手根骨、5块中手骨和14块指骨，共27块骨头构成，通过关节的连接，手可完成复杂的运动。

4）下肢骨骼

（1）股骨。也称为大腿骨，是人体中最长的骨头。上端与髋骨相连接构成股关节，在外上侧有突出的大转子，是制作下装的重要计测点。

（2）胫骨和腓骨。是构成小腿的骨骼。股骨、胫骨和腓骨之间构成膝关节，位于膝关节前面的薄型小骨头为膝盖骨，其中点是测量裙长的重要基准点。

（3）足骨。足骨包括7根足踝骨、5块中足骨和14块足趾骨。脚踝骨是测量裤长的基准点。

2.肌肉

肌肉是构成人体立体曲面形状的主要要素。人体共有600多块肌肉，占身体总重量的40%左右，它的构成形态与发达程度直接影响人体体型，与服装造型的关系极为密切。人体的肌肉分为骨骼肌、平滑肌、心肌三大类，其中骨骼肌的收缩活动影响人体的运动状态。在表示肌肉位置时，靠近体表部位称为浅层肌，浅层肌对服装外形有直接的影响。

1）颈部肌肉（图2–8）

胸锁乳突肌是人体颈部的浅层肌肉，起始于胸骨靠近锁骨中心处，止于颅骨耳后的乳状凸起处。该肌肉运动时，下额向前伸出；左、右一侧的肌肉运动时，头会转向反向侧。在提重物时，不仅上肢会受到影响，左右胸锁乳突肌也会强劲收缩，使颈部变粗，在肩部形成前凹后凸的造型，因此必须在结构设计和工艺设计进行相应处理，可采用前拔或肩线前短后长的工艺处理形式，达到与人体肩部形态的吻合。

2）躯干部肌肉（图2–8）

（1）胸大肌。大面积覆盖人体胸部的肌肉，形状像展开的扇形，起于锁骨、胸骨及肋骨的一部分，止于肱骨。手臂上举时，胸大肌处于并列状态；手臂下垂时则交汇于腋窝前点，成为人体测量点之一。

（2）腹直肌。覆盖在腹部前面的肌肉，通常称为八块腹肌，起于耻骨连接肋骨，呈纵向行势。腹直肌肉的运动使躯干呈前屈状态，由于腹部易沉积脂肪，因此成年人腹部往往呈前凸状。

（3）腹外斜肌。包裹腹直肌的腹直肌鞘，始于肋骨并向斜下方延伸，构成侧腹部的肌肉。当左右两侧的腹外斜肌同时运动时，人体呈前屈状态；当单侧运动时，脊椎向运动的一方屈曲，身体则向反方向运动。

（4）斜方肌。覆盖于背部最浅层、大的薄型肌肉，始于颅骨的后中下端，与颈椎、

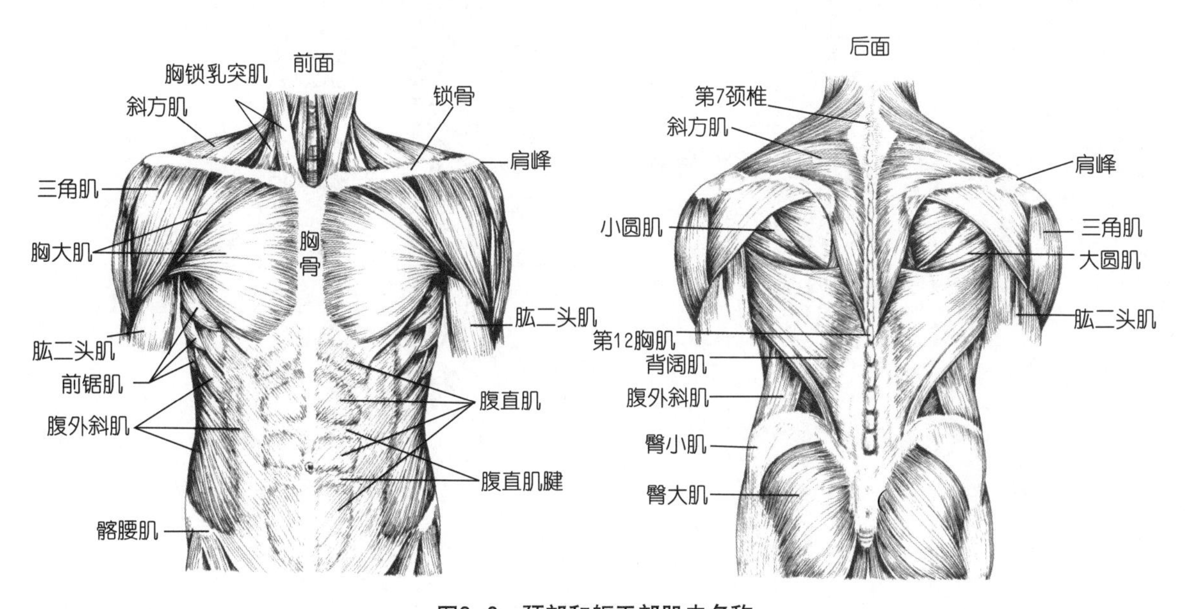

图2–8　颈部和躯干部肌肉名称

胸椎相连，止于肩胛骨的肩胛棘及锁骨外侧1/2的位置。从体表来看，形成人体肩部的倾斜状态，斜方肌越发达，肩斜度就越大，同时颈侧处隆起越明显。

（5）背阔肌。始于第8胸椎以下的脊柱及髂骨，向两侧斜向延伸至肱骨。背阔肌可以控制上肢的上举、内转和上臂的后摆等运动，使背部的活动量远大于胸部，在结构设计中应注意这一特征，使服装既贴合人体又有一定的活动量及舒适量。

（6）臀大肌。在解剖学中属于下肢肌肉，是构成臀部形状的肌肉，起于髋骨止于股骨。当两腿直立时，丰满的臀大肌向后隆起，在人体胯部两侧最宽的地方，大转子后方形成臀窝 ，胯部下方形成臀股沟；当大腿前屈时，臀窝与臀股沟则消失。臀大肌具有向后拉伸下肢的功能，步行时臀大肌运动。

3）上肢肌肉（图2–9）

（1）三角肌。起于锁骨外侧和肩胛棘，至上臂外侧的肌肉，具有控制上臂上举的功能，与胸大肌形成腋窝。衣袖结构中袖山的吃势就是为了吻合三角肌上端隆起形状而设计的。

（2）肱二头肌。位于上臂前面的肌肉，从肩胛骨开始至前臂上部的桡骨和腱膜处。该肌肉运动时，肘部弯曲，肌肉膨胀隆起。

（3）肱三头肌。位于上臂后部的肌肉，起于肩胛骨和上臂上部，止于尺骨的肘处。该肌肉控制肘部的弯曲和伸展。

（4）前臂的肌肉。从前臂上部开始至手掌、指骨分布了很多肌肉，这些肌肉可以有效地控制手腕、手掌与手指的运动。

4）下肢肌肉（图2–10）

（1）股四头肌。位于大腿前部面积较大的肌肉，起于髋骨及股骨上部，止于髋骨及胫骨前上部，主要控制弯曲膝关节的伸展和

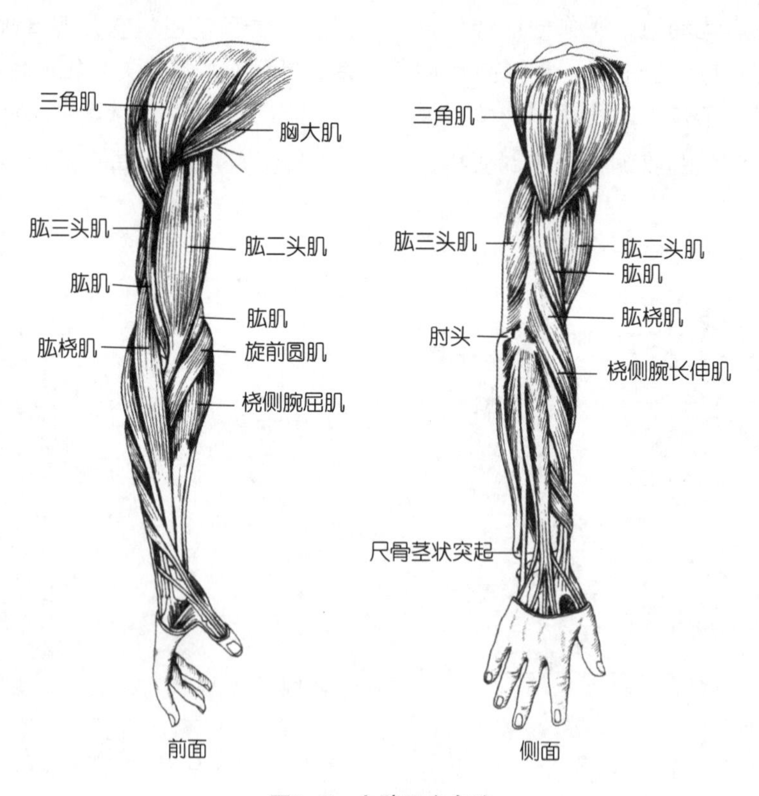


图2–9　上肢肌肉名称

股关节的弯曲运动。

（2）股二头肌。位于大腿后面外侧的肌肉，主要控制膝关节的弯曲和股关节的伸展运动。

（3）半腱肌、半膜肌。位于大腿后面内侧的肌肉，与股二头肌一样，主要控制膝关节弯曲和股关节的伸展运动。

（4）小腿的肌肉。小腿部的肌肉主要控制脚踝及足部的运动。腿肚的形态是由小腿三头肌（腓肠肌和比目鱼肌）以及附着在跟骨上的跟腱形成的。这些肌肉控制足跟的上提运动，前胫骨肌用来控制脚踝的弯曲运动。

**3.皮肤**

人体的皮肤位于身体最外层，包裹着骨骼、肌肉和内脏，是与外界环境接触的器官，具有保护人体及感知等生理机能。皮肤是由表皮、真皮、皮下脂肪三个部分组成。皮下脂肪层的厚度在身体各个部位并不相同，通常在乳房、臀部、大腿等部位脂肪分布较多，手掌和足底等部位相对较少。同时，人们的生活习惯、职业、性别、地域和年龄的不同也会造成皮下脂肪厚度的差异。通常，女性的脂肪层比男性厚，男性属于肌肉型体型，女性属于脂肪型体型，因此女性体表面平滑、柔和，富有曲线美，而男性肌肉发达，体表显得棱角分明。

由于皮肤具有弹性及体表的皱纹和沟纹，因此可以不受限制地随身体运动。但不同部位差异较大，在靠近躯干的正中线附近，前后面的移动程度较少，在腋下部位和腹部到背部的斜向部分是移动最大的部位。

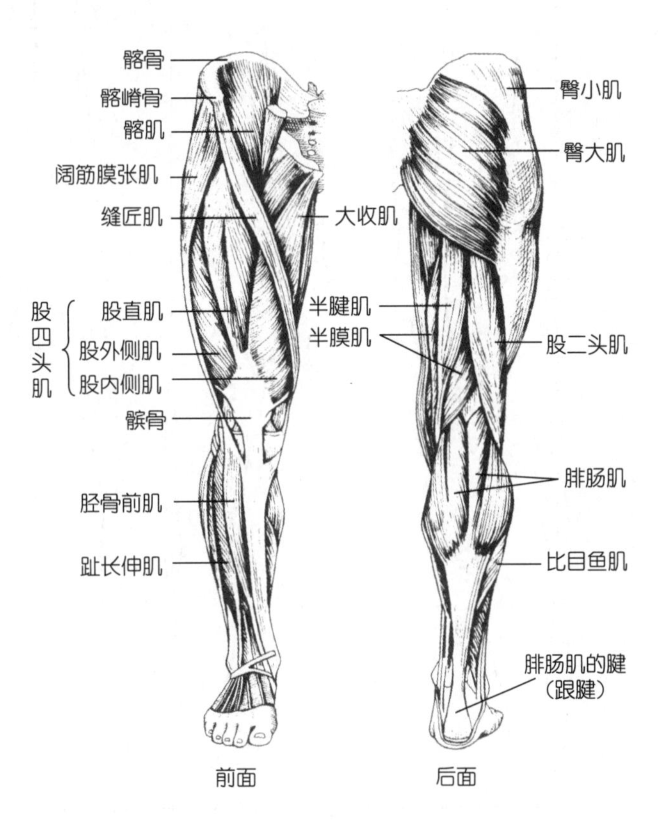


图2-10　下肢肌肉名称

### 2.1.3 人体的比例

人体的比例是人体结构中基本因素之一，在体型表达、服装款式设计和结构设计中都是必要的参考依据。

从头顶点到下颌中心的垂直距离为头高，以头高为单位长度划分身高而得到的数值称为头身指数。采用头身指数可以对人体全身及其他肢体高度或长度进行衡量，便于对人体体型的把握。对于亚洲人，常以头身指数为7的人体（常称为七头身）为标准，我国古代也有“立七、坐五、盘三”的说法（这里所说的人体比例与时装画的人体比例不同）。七头身的分割线和人体各部位的关系如图2-11所示。

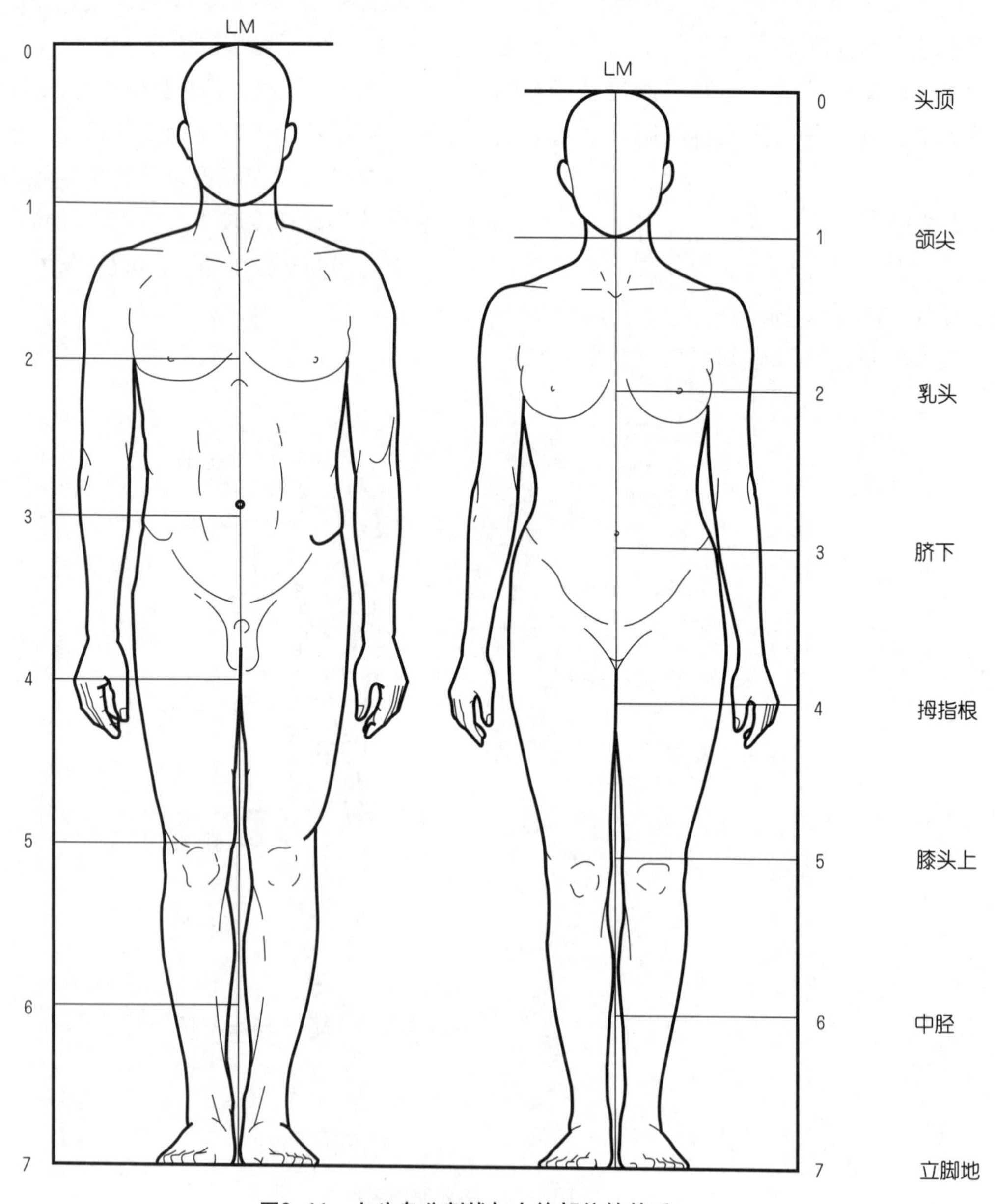


图2-11 七头身分割线与人体部位的关系

## 2.2 人体的测量

### 2.2.1 人体测量的意义

在服装结构设计中，为使服装更适合人体，必须将人体各部位的体形特征数字化，对人体的体型特征形成正确、客观的认识。因此，人体尺寸的测量是进行服装结构设计的基础。

在工业化服装生产中，由于要求服装具有较大的适合度和覆盖面，因此必须对大量人体进行测量，通过对数据进行科学分析，获得人体各部位的相互关系及不同体型的变化规律。我国国家标准GB1335—97《服装号型》就是在对全国6个自然区域进行大量人体测量的基础上制定的服装号型系列标准，为服装工业生产规格的制定提供依据。

### 2.2.2 人体测量的基本姿势与着装

通常，人体测量是在静态直立状态下进行的。静立时的姿势又称为“立位正常姿势”，是指头部保持水平，背部自然伸展，双臂自然下垂，掌心朝向身体一侧，后脚跟并拢，脚尖自然分开的自然立位姿势。除立位姿势外，也可以根据需要采用其他姿势进行人体测量。

测量人体时，可根据测量目的选择不同的着装方式。如为获得人体本身的数据，通常选择裸体或近裸体的状态进行测量；如用于制作外衣的测量，可以在穿着内衣（T恤衫、文胸或紧身衣）的状态下进行测量。

### 2.2.3 测量基准点、基准线与测量项目

由于人体具有复杂的形态，为获得准确的测量数值，必须在人体上确定正确的测量基准点和基准线，这是获得正确量体尺寸的前提。基准点和基准线应选择在人体上明显、固定、易测，且不会因时间、生理变化而改变的部位，通常可选在骨骼的端点、突出点或肌肉的沟槽等部位。

**1.测量基准点**

常用测量基准点如图2-12所示。测量时，可以从中选择必要的点，也可根据需要设定新的计测点，对于新计测点需要给出明确的定义。

（1）头顶点。头部保持水平时，头部中央最高点，是测量头高、身高的基准点。

（2） 眉间点。头部正中矢状面上眉毛之间的中心点，是测量头围的基准点。

（3） 后颈椎点（BNP）。第七颈椎突点。颈部向前弯曲时，该骨骼点就突显出来，是测量背长的基准点。

（4） 颈侧点（SNP）。颈部斜方肌的前端与肩交点处。从侧面观察位于颈厚中点稍微偏后的位置，是测量前腰长、胸高的基准点。

（5） 前颈窝点（FNP）。连接左右锁骨的直线与正中矢状面的交点，是测量颈根围的基准点。

（6） 肩点（SP）。肩胛骨上缘最向外的突出点，从侧面观察位于上臂正中央与肩交界处，是测量肩宽、臂长的基准点。

（7） 前腋点。手臂自然下垂时与躯干部在腋前的交点，是测量胸宽的基准点。

（8） 后腋点。手臂自然下垂时，手臂与躯干部在腋后的交点，是测量背宽的基准点。

（9） 胸点（BP）。乳房的最高点，是测量胸围的基准点，也是服装结构中最重要的基准点之一。

（10） 肘点。尺骨上端外侧的突出点。前臂弯曲时，该骨骼点就突显出来，是测量上臂长的基准点。

（11）手腕点。尺骨下端外侧突出点，是测量臂长的基准点。

（12）肠棘点。骨盆髂嵴骨最外侧的突出点，即仰面躺下可触摸到骨盆最突出的点。

（13）臀突点。臀部最突出点，是测量臀围的基准点。

（14）大转子点。股骨大转子最高的点，是人体侧部最宽的部位。

（15）膝盖骨中点。膝盖骨的中点，是测量膝长的基准点。

（16）外踝点。腓骨外侧最下端的突出点。

（17）会阴点（CR）。左、右坐骨结节最下点的连线与正中矢状面的交点，是测量股上长、股下长的基准点。

**2.测量基准线**

常用测量基准线如图2-13所示。测量基准线可以根据需要进行选择和设定。

（1）颈根围线。经过后颈椎点（BNP）、

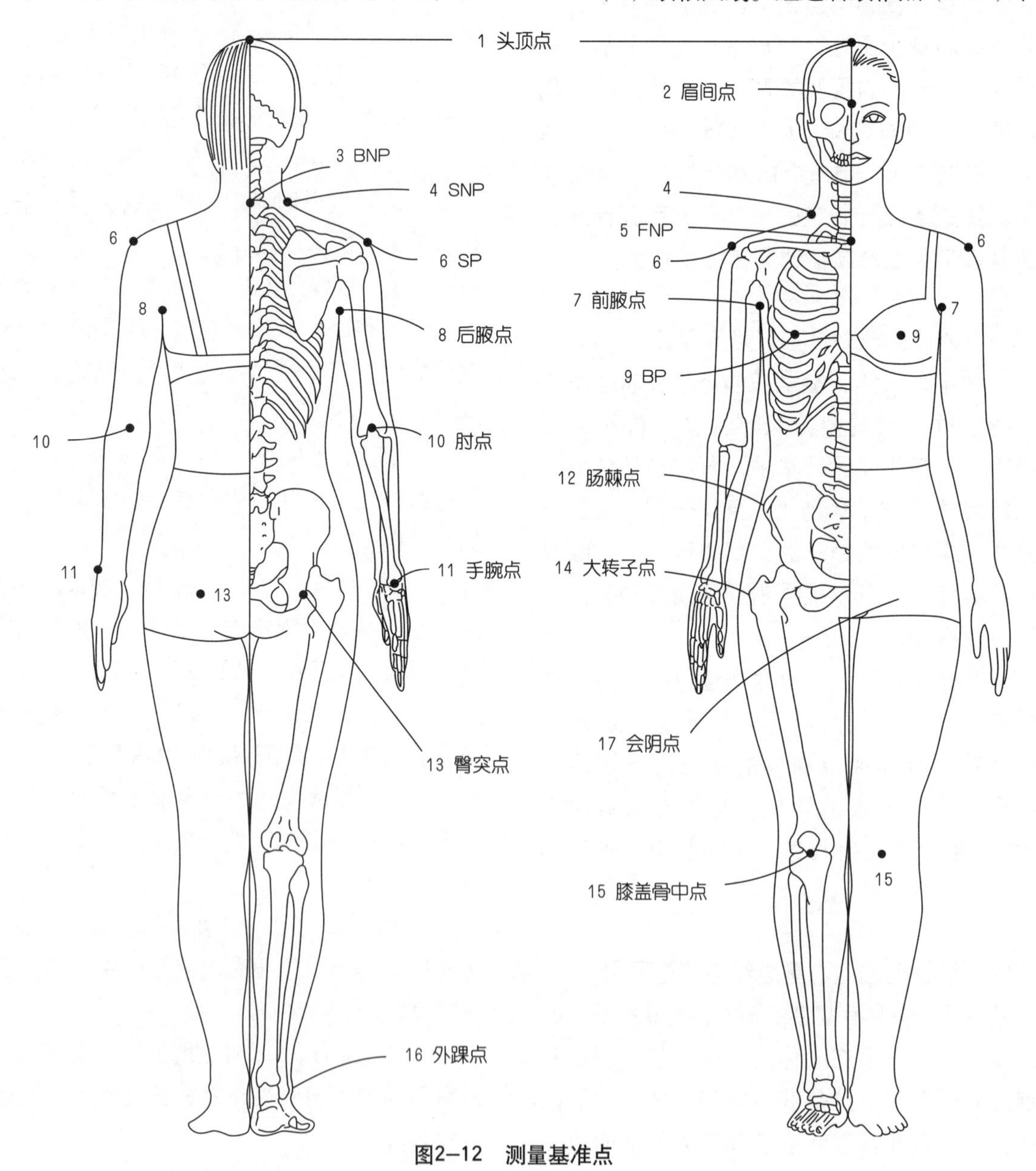


图2-12 测量基准点

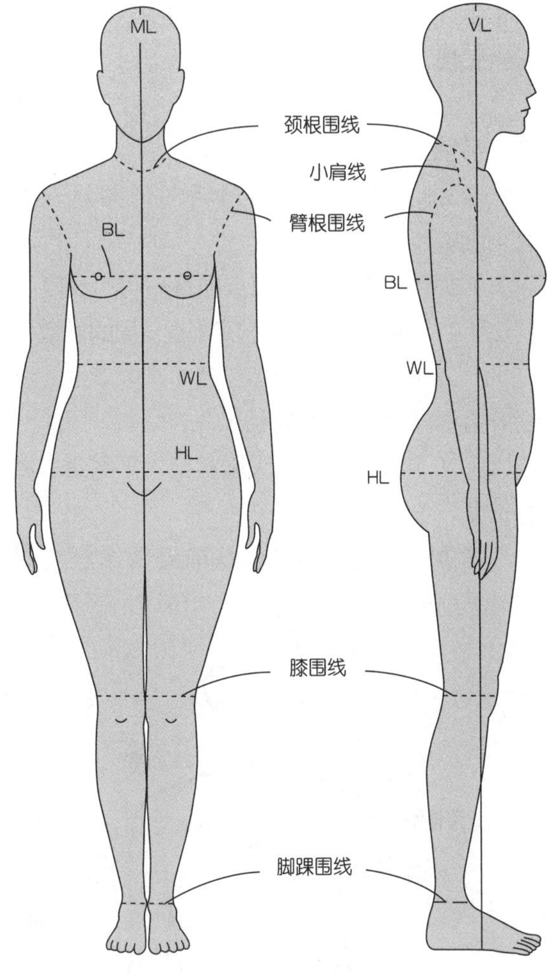


图2–13　测量基准线

颈侧点（SNP）和前颈窝点（FNP）一周的圆顺曲线。

（2）臂根围线。经过肩点（SP）、前腋点和后腋点一周的圆顺曲线。

（3）小肩线。连接颈侧点（SNP）与肩点（SP）的线。

（4）胸围线（BL）。经过胸点（BP）的水平线。

（5）腰围线（WL）。经过躯干最细部位的水平线。

（6）臀围线（HL）。经过臀突点的水平线。

（7）膝围线。经过膝盖骨中点的水平线。

（8）脚踝围线。经过外踝点的水平线。

**3.测量项目**

常用测量项目如图2–14所示，可根据测量目的选择适当的测量项目。

（1）身高。从头顶点至地面的高度。

（2）颈椎点高。从后颈椎点（BNP）至地面的高度。

（3）乳点高。从胸点（BP）至地面的高度。

（4）腰高。从腰围线（WL）至地面的高度。

（5）头高。从头顶点至下颌中心的高度。

（6）股下长。从会阴点（CR）至地面的高度。

（7）股上长。从腰围线（WL）至会阴点（CR）的距离。

（8）臀长。从腰围线（WL）至臀围线（HL）的距离。

（9）膝盖中点高。从膝盖骨中点至地面的高度。

（10）膝长。从腰围线（WL）至膝盖骨中点的距离。

（11）前腰长。从颈侧点（SNP）经过胸点（BP）量至腰围线（WL）的长度。

（12）后腰长。从颈侧点（SNP）经过肩胛骨量至腰围线（WL）的长度。

（13）乳点长。从颈侧点（SNP）量至胸点（BP）的长度。

（14）背长。从后颈椎点（BNP）量至腰围线（WL）的长度。

（15）臂长。从肩点（SP）量至手腕点的长度。

（16）上臂长。从肩点（SP）量至肘点的长度。

（17）胸围。经过胸点（BP）水平围量一周的长度。

（18）下胸围。经过乳房下缘水平围量一周的长度。

（19）腰围。经过躯干最细部位水平围量一周的长度。

（20）臀围。经过臀突点水平围量一周的长度。

（21）腹围。腰围7.7~8cm处水平围量一周的长度。

（22）头围。经过眉间点水平围量一周的长度。

（23）颈根围。经过颈侧点（SNP）、后颈椎点（BNP）、前颈窝点（FNP）围量一周的长度。

（24）臂根围。经过肩点（SP）、前腋点、后腋点围量一周的长度。

（25）臂围。上臂最粗部位围量一周的长度。

（26）肘围。经过肘点围量一周的长度。

（27）腕围。经过手腕点围量一周的长度。

（28）手掌围。拇指自然向掌内弯曲，经过拇指根部围量一周的长度。

（29）大腿根围。大腿根部水平围量一周的长度。

（30）上裆总弧长。从前腰围线经会阴

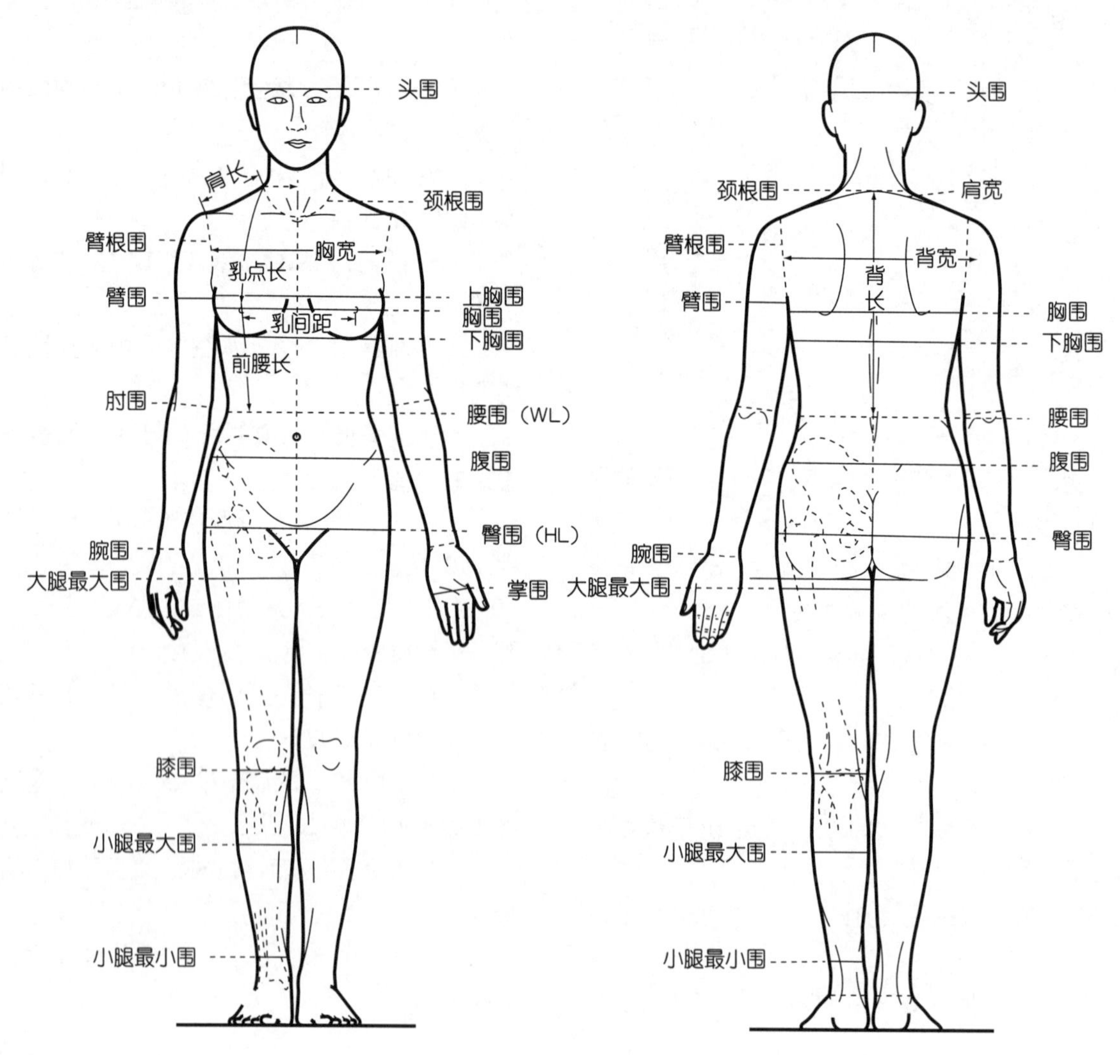

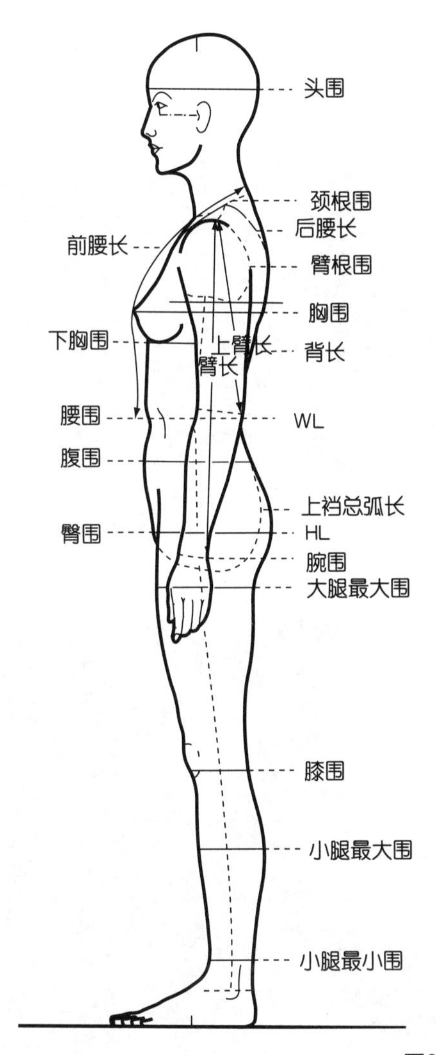

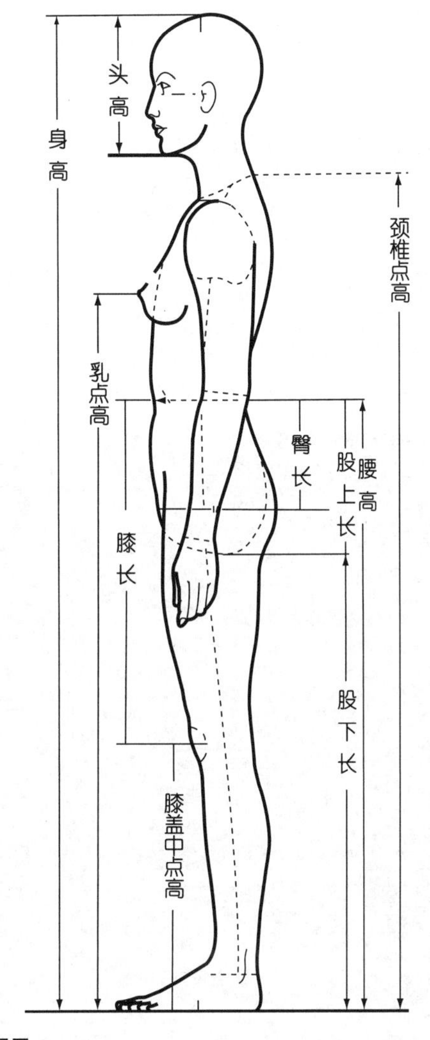


**图2–14 测量项目**

点（CR）量至后腰围线的长度。

（31）膝围。经过膝盖骨中点水平围量一周的长度。

（32）小腿最大围。经过小腿最丰满处水平围量一周的长度。

（33）小腿最小围。经过踝骨上部最细处水平围量一周的长度。

（34）肩长。从颈侧点（SNP）量至肩点（SP）的长度。

（35）肩宽。从左肩点（SP）经过后颈椎点（BNP）量至右肩点（SP）的长度。

（36）胸宽。左右前腋点之间的距离。

（37）乳间距。左右乳点（BP）之间的距离。

（38）背宽。左右后腋点之间的距离。

### 2.2.4 测量工具

1. 卷尺（皮尺）

质地柔软、伸缩性小的带状尺，长度为150mm。用于测量体表长度、宽度及围度。（图2–15）

2. 马丁测量仪

根据人类学家卢道夫 · 马丁的名字命名的测量工具（图2–16）。由多个计测器组

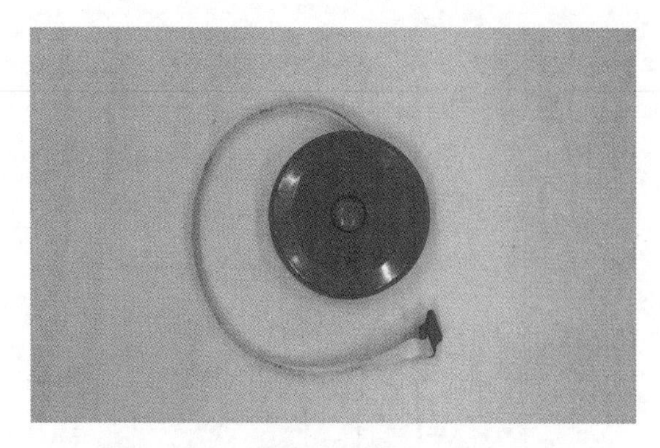

图2–15　卷尺

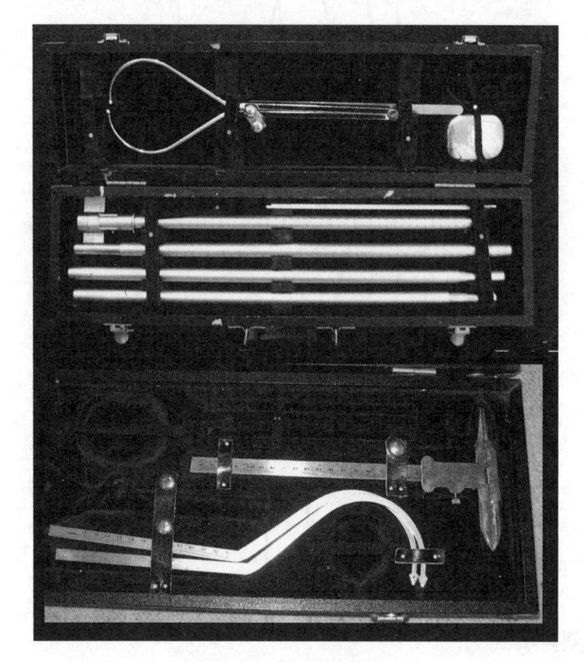

图2–16　马丁测量仪

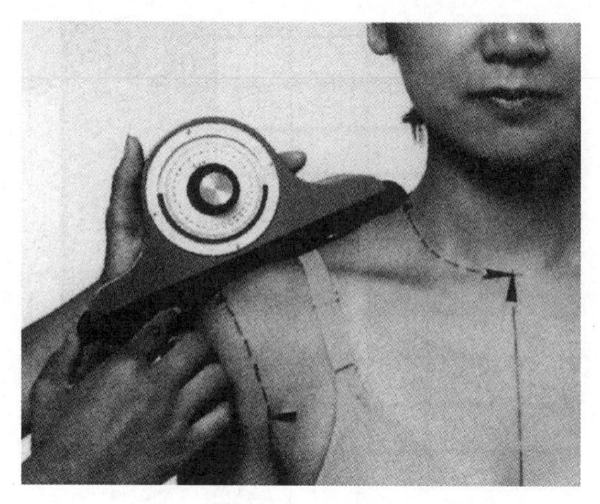

图2–17　角度计

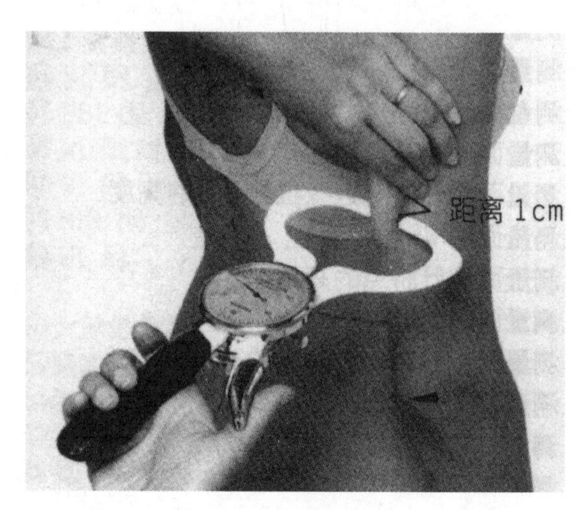


图2–18　皮脂厚度计

成，可以根据需要组合使用，在国际上广泛使用。包括有：

（1）身高计。由标有刻度垂直放置的插杆和一根可活动的横向标尺组成，可根据需要自由调节高度。用于测量身高等高度尺寸。

（2）杆状计。由标有刻度的插杆和两根可活动的横向标尺组成。用于测量人体尺寸较大部位的厚度、宽度和长度。

（3）触角计。由标有刻度的插杆和两根可活动的触角状尺臂组成。用于测量人体曲面部位的宽度和厚度，如胸厚等。

（4）滑动计。与杆状计的构成相同。用于测量人体尺寸较小部位的宽度、厚度等。

3. 角度计

刻度为角度的半圆或圆形测量工具。用于测量人体部位角度，如肩斜度等。（图2–17）

4. 皮脂厚度计

通过在设定的压力作用下，夹住皮脂后停留2秒，获得测量数据。用于测量皮下脂肪的厚度，如上臂后部脂肪厚度等。（图2–18）

5.人体截面测量仪

通过前后水平移动并排的细小测定棒与人体表面接触，可得到测定棒所形成的横截面形状，用于测量人体胸围、腰围等部位的形态。（图2–19）

6. 人体外轮廓线摄影机

被测者站在仪器里面，摄影机从人体的前面、侧面拍摄1∶10缩放比例的人体轮廓线的图片，可获得人体各个侧面的轮廓线图片，用于观察分析人体体型。（图2–20）

7. 莫尔干扰条纹计测仪

使用莫尔等高线对人体体型进行计算和测量的仪器。通过使用两台摄影机同时操纵，在人体表面形成莫尔条纹，根据波纹间隔、形态的差异，观察人体的体型特征。（图2–21）

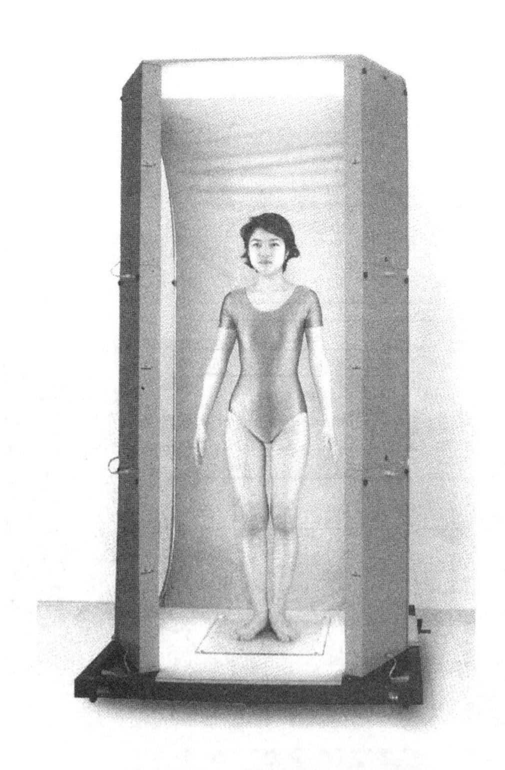

图2–20　人体外轮廓线摄影机

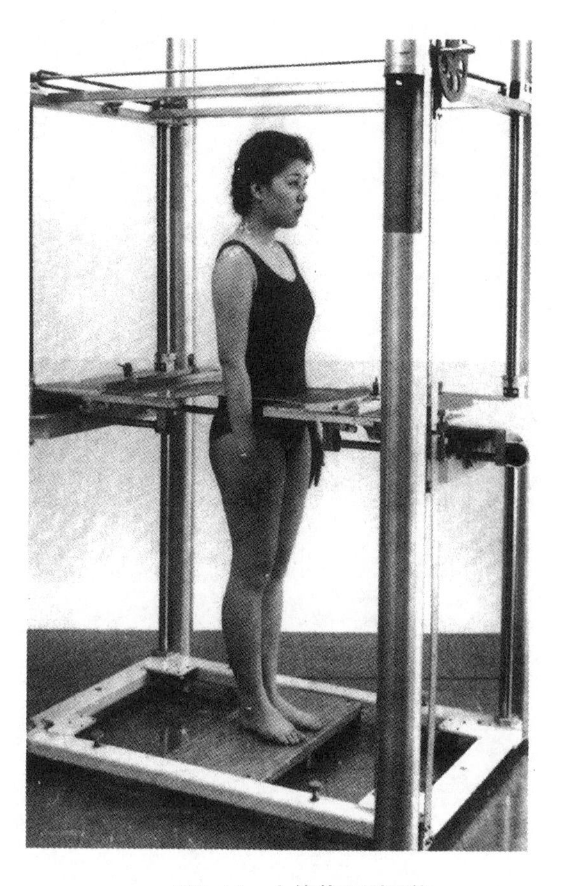

图2–19　人体截面测量仪

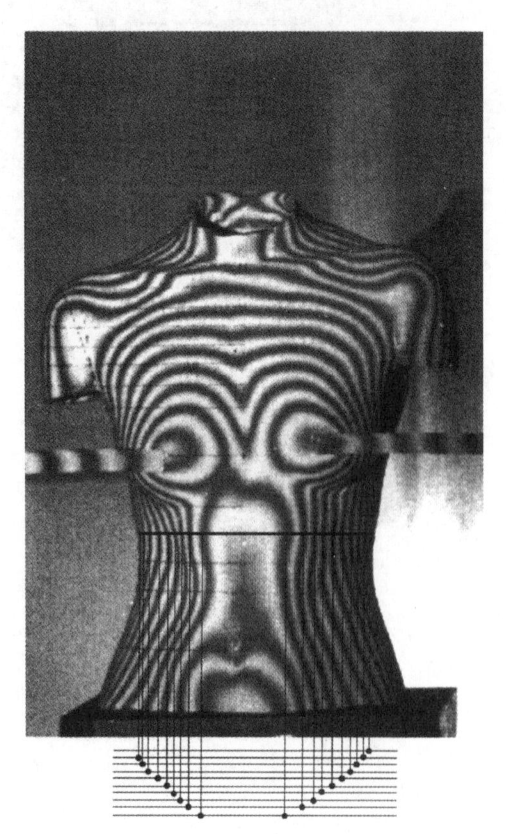

图2–21　莫尔干扰条纹计测仪

8. 三维人体扫描仪

以非接触的光学测量为基础，使用视觉设备来捕获人体外形，然后通过系统软件提取人体尺寸数据，获得三维人体形态，了解人体围度、厚度、宽度以及高度等信息。主要方法有激光法、白光相位法等。（图2–22）

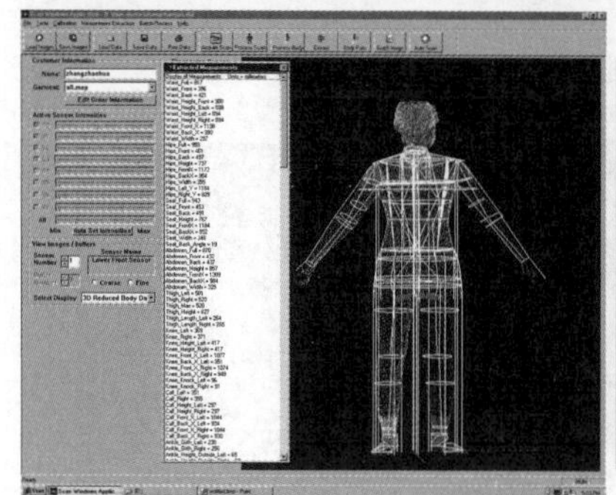

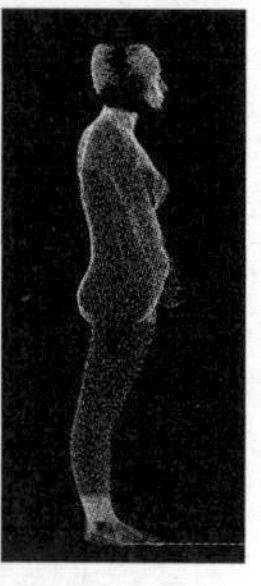

图2–22　TC$^2$三维人体扫描仪

# 第3章　服装结构设计基础知识

## 3.1　服装结构设计方法

服装结构设计的方法包括平面构成和立体构成两种方法。

平面构成也称为平面裁剪,是将服装立体形态实测或人的思维分析（视觉—经验—判断）通过服装与人体的三维关系转换成服装与纸样的二维关系，并通过定寸或公式绘制出平面图形（纸样）的过程。平面构成方法具有简捷、方便、绘图精确的优点，但由于纸样和服装之间缺乏形象、具体的立体对应关系，从而影响了三维设计——二维纸样——三维成衣转换关系的准确性，因而在实际应用时常使用假缝——立体检验——补正的方法进行修正，以臻完美。

立体构成也称为立体裁剪，是将布料覆合在人体或人体模型上，沿着立体曲面通过折叠、收省、聚集、提拉等手法做成效果图所显示的服装廓体形态，将其展成平面布样后再制成平面纸样的过程。由于立体构成的整体操作过程是在人体或人体模型上进行，三维设计——二维布样（纸样）——三维成衣的转换关系很清晰，具有很好的直观效果，便于设计思想的充分发挥和修正，同时，立体构成还能完成平面构成难以解决的不对称、多皱褶等复杂造型。但是立体裁剪要求具备较高的操作条件，如需要具备标准人体模架以及大量材料，并且在操作过程中由于手法的随机性较大，对操作者的技术素质和艺术修养也提出较高要求。

鉴于两种构成方法各具所长，各有所短，世界各国服装产业常采用以下三种模式：

**1.以立体构成为主、平面构成为辅**

在人体或人体模型上以立体构成技术为主、平面构成技术为辅，采用立体构成布样→平面纸样→修正→推档的结构设计模式，可应用于各类服装款式的结构构成。

**2.立体构成与平面构成并用**

对于立体形态较规则的服装造型，如衬衫、西服、裤类等服装款式，采用平面构成纸样→立体检验→修正→推档的结构设计模式；对于立体形态较复杂的服装造型，如夜礼服、婚纱、舞会服等服装款式，采用立体构成布样→平面纸样→修正→推档的结构设计模式。

**3.以平面构成为主、立体构成为辅**

在深入解析款式图的基础上，通过定寸或公式以平面构成技术为主，立体构成技术为辅，采用平面构成纸样→立体检验→修正→推档的结构设计模式，可应用于各类服装款式的结构构成。

发达国家，如美国、欧盟国家以及日本，多采用第一、第二种结构设计模式；发展中国家多采用第三种模式，并逐渐向第二种模式过渡。

## 3.2　平面结构构成方法

服装平面构成首先考虑人体特征、款式造型风格、控制部位的尺寸，并结合人体穿衣的动、静态舒适要求，运用与人体基本部位（身高、净胸围或净腰围）相关的回归关系式推出细部尺寸，通过平面制图的形式绘制出所需结构图，并完成放缝、对位、标注等技术工作，最后剪裁、整理成规范的纸样。平面构成相对于立体构成而言，更需要操作者具有将三维服装形态展平为二维纸样的能力，限于技术水平和经验的影响，通过平面构成制成的纸样需要进行假缝、补正，以达到预想的效果。

### 3.2.1 平面构成分类

根据结构制图时有无过渡媒介体，平面构成有间接构成和直接构成两种方法。

**1.间接构成法**

间接构成法又称为过渡法，即采用基础纸样作为过渡媒介体，在该基础纸样上根据服装具体尺寸及款式造型，通过加放、缩减尺寸及剪切、折叠、拉展等技术手法作出与款式设计相一致的服装结构图。

根据基础纸样的种类，间接构成法又可分为原型法和基型法两种。

1）原型法 以结构最简单、最能充分表达人体重要部位尺寸（身高、净胸围形成回归关系式）的原型为基础，通过加放衣长，增减胸围、胸宽、背宽、领围、袖窿等细部尺寸，采用剪切、折叠、拉展等技术手法，作出与款式设计相一致的服装结构图。

2）基型法 以所设计的服装品类中最接近设计款式造型的服装样板作为基型，在基型上进行局部的造型调整，作出与款式设计相一致的服装结构图。由于步骤少、制板速度快，基型法常为服装企业采用。

**2.直接构成法**

直接构成法又称为直接制图法，即不通过任何过渡媒介，按照服装各细部尺寸或运用基本部位与各细部之间的回归关系式，直接作出与款式设计相一致的服装结构图。这些回归关系式通常是在对大量人体测量数据进行分析，得到精确关系式的基础上，经过简化成为实用计算公式。这种构成方法具有制图直接、尺寸具实的特点，但根据造型风格估算计算公式中的常数值时需一定的经验。

根据构成方法的种类，直接构成法又可分为比例制图法和实寸法两种。

1）比例制图法

根据人体基本部位（身高、净胸围或净腰围）与细部之间的回归关系，用基本部位的比例关系式求得各细部尺寸。衣长、袖长、腰长、裤长等长度尺寸常用身高的比例关系式表示为：$Y=a\times h+b$（h为身高，a、b为常数）；肩宽、胸宽、背宽等上装围度尺寸常用净胸围或胸围（在净胸围基础上加放松量）的比例关系式表示为：$Y=a\times B+b$（B为净胸围或胸围，a、b为常数）；横档宽、脚口等下装围度尺寸常用臀围或腰围的比例形式：$Y=a\times H+b$或$Y=a\times W+b$（H为臀围，W为腰围，a、b为常数）。由于上述细部尺寸公式主要是用胸围或臀围的比例关系式表示，因此又称为胸度法或臀度法。

根据比例关系式中系数的比例形式，比例制图法常分为以下几种：

（1）十分法。系数的比例形式为aB/10，aB/20…的形式（a为1~10的整数）

（2）四分法。系数的比例形式为aB/4，aB/8…的形式（a为1~4或1~8的整数）

（3）三分法。系数的比例形式为aB/3，aB/6…的形式（a为1~3或1~6的整数）

2）实寸法

以特定服装作为参照，通过测量该服装各细部尺寸，作为服装结构制图的具体尺寸或参考尺寸。这种平面构成方法在服装行业中称为剥样。

### 3.2.2 平面构成要素

在结构制图过程中，必须考虑服装穿着在三维人体上的立体形态，纸样是服装立体造型的平面展开图。平面结构设计理论包括设计因素、人体因素、面料因素和工艺因素等四个因素。

**1.设计因素**

1）服装构成的艺术比例

服装构成的艺术比例是指服装结构构成中整体与细部以及细部之间存在的量的比例关系。合理的整体与细部、细部之间的比例关系可以给人均衡感、协调感，或者给人运动感、节奏感，从而达到完美的艺术感。

（1）正方形比例

正方形中边长与对角线之比为1∶$\sqrt{2}$的比例关系，该比例具有安定、丰满、温和的协调感和艺术感，也称为“调和之门”，如图3–1所示。

（2）黄金分割比

黄金分割比是矩形边长比为1∶1.618的比例关系，该比例关系给人以优美、典雅、协调近于完美的艺术感。一直以来，被人们称为“美的数”“黄金分割”，如图3–2所示。黄金分割比广泛应用于服装、建筑、绘画等艺术设计领域。

（3）矩形比例

矩形边比为1∶$\sqrt{3}$，1∶$\sqrt{5}$的比例关系，这些比例由于差距较大，应用于服装设计中更具有动感，常用于年轻化风格的服装设计中，如图3–3所示。

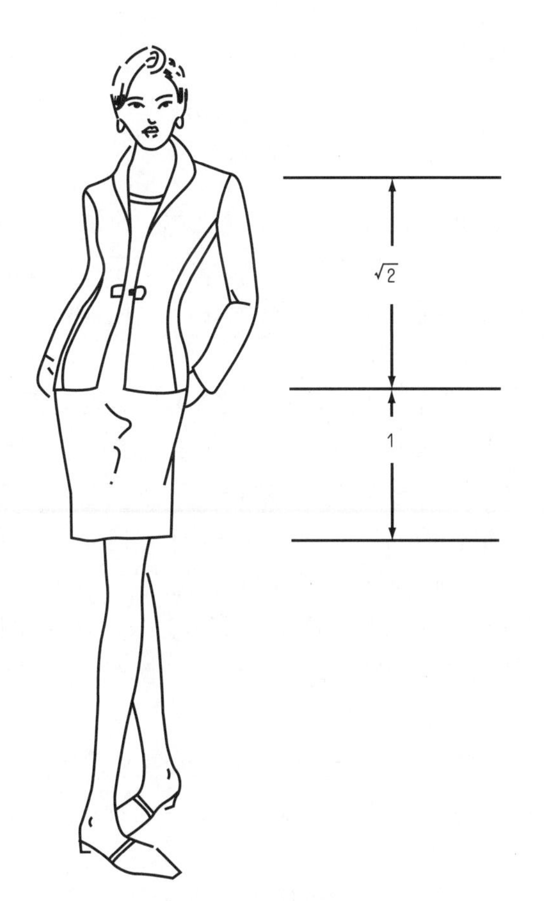


**图3–1 正方形比例**

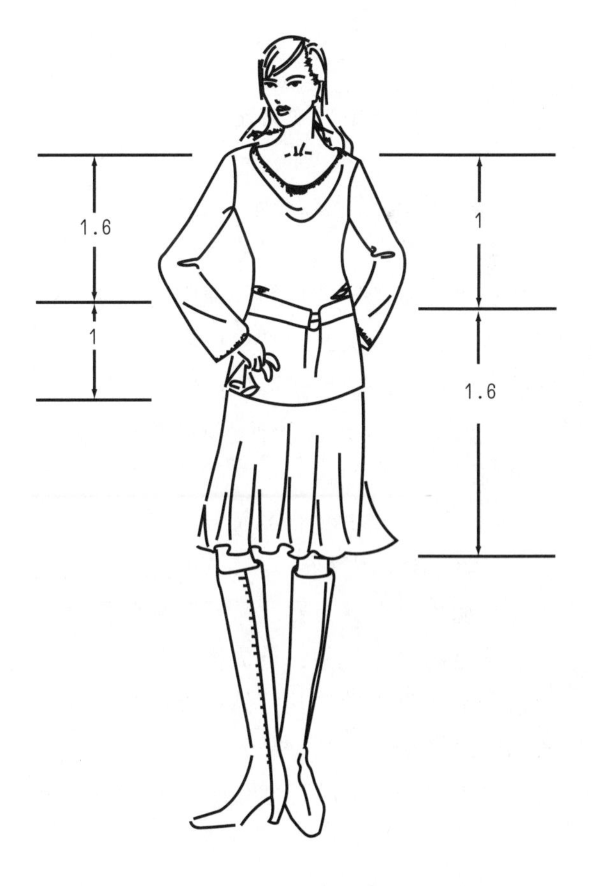


**图3–2 黄金分割比**

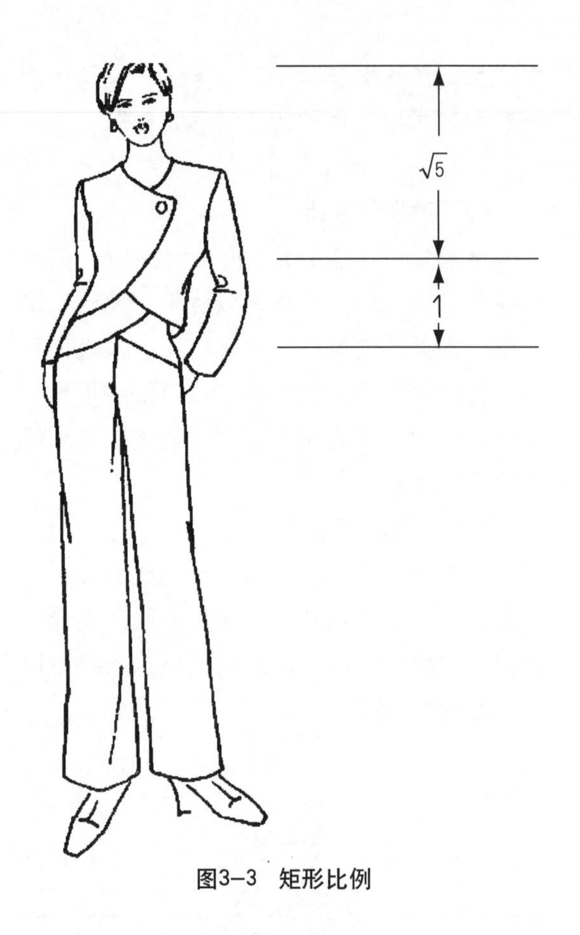


图3–3　矩形比例

图3–4　等差比例

（4）等差与等比比例

等差、等比关系也是服装设计中常用的一种比例关系。部位之间长度的比例采用等差或等比的比例关系通常可以形成强烈的节奏感，一般等差比例较等比比例视觉感更加柔和。如图3–4所示，腰部装饰距离按等差比例排列，富于节奏感。

2）服装立体形态的平面展开

了解立体与平面展开图之间图形学构成关系对平面构成十分重要。采用图形学的方法分析服装的立体造型，首先需要将复杂的曲面造型简化为简单的几何体，然后依照图形学的原理将几何体进行展开。

服装的立体造型可分解成若干几何体，因此，构成立体形态的几何体造型及其构成线是平面构成中最重要的因素。几何体又可分为可展曲面体和不可展曲面体，可展曲面体可按一定规则展平为平面图形，不可展曲面体则需要通过延展、压缩等方法使其展开。

（1）单一曲面的展开

圆柱体、圆台体、圆锥体等几何体都是可展曲面体，如直身或卡腰造型的衣身廓体、直身或A字造型的裙身廓体、直身或弯身造型的袖身等，可根据上述几何体的图形学原理进行展开，见图3–5所示。

图3–5(1)是圆柱体通过母线AB处剪开，展平为矩形的平面图，如直身裙臀围线以下部位的展开；

图3–5(2)是两个圆台体通过母线ABC处剪开，分别展平为扇形的平面图，如卡腰造型衣身的展开；

图3–5(3)是圆锥体通过母线AB处剪开，展

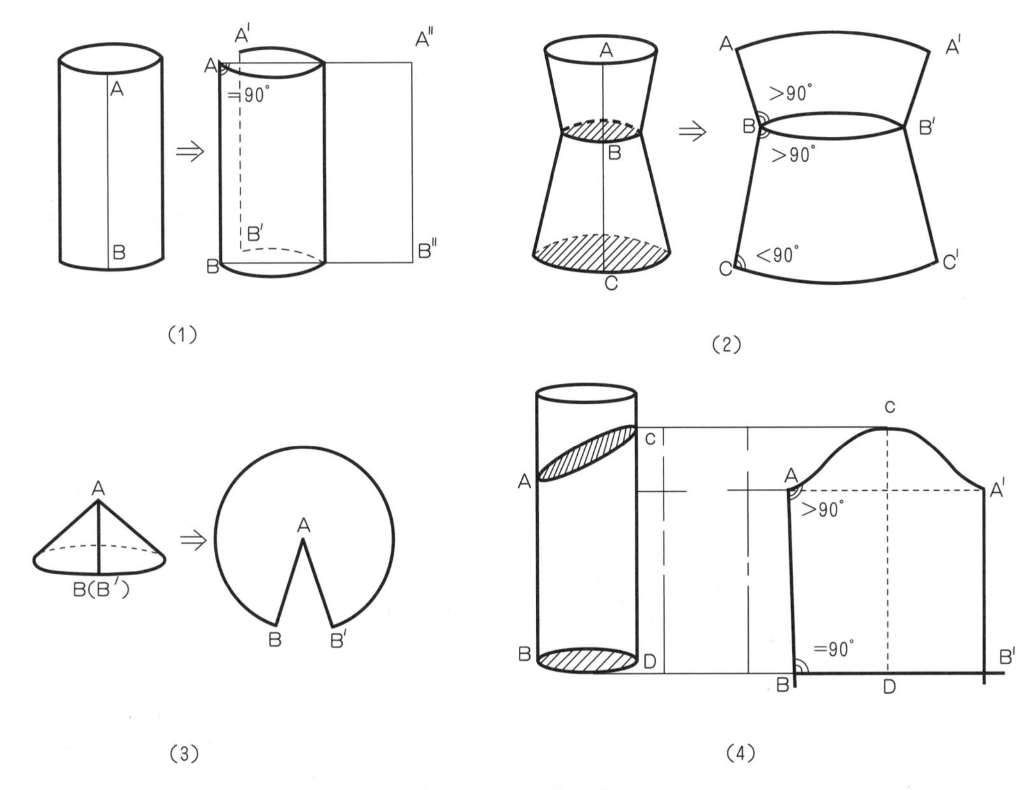


图3-5　单一曲面的展开

平为扇形的平面图，如上装衣身胸部隆起造型的展开。

图3-5(4)是被截面斜向分割而成的圆柱体通过母线AB处剪开，展平后的平面图，该展开图为正弦曲线和矩形组合而成的正弦曲线面，如直身造型衣袖的展开。

（2）复合曲面的展开

球体、椭球体这些复杂曲面从理论上讲是无法得到准确的平面展开图，但通过图形学的展开法可以得到近似的展开图。图3-6是椭球体采用柱面展开法，通过在纵向上作多条分割线（图中为七条分割线），可近似得到1/4椭球体的平面展开图，如直身裙腰臀围之间部位的平面展开；图3-7是椭球体用环形展开法，在横向上作多个截面（图示为A、B、C三个截面），展开后可近似得到1/4椭球体的平面展开图。截面越多，展开的环形面越接近于平面，如带有横向育克分割造型的平面展开。

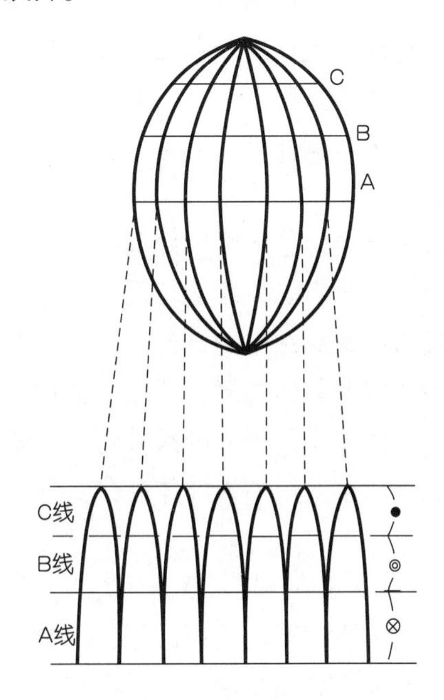


图3-6　椭球体的柱面展开

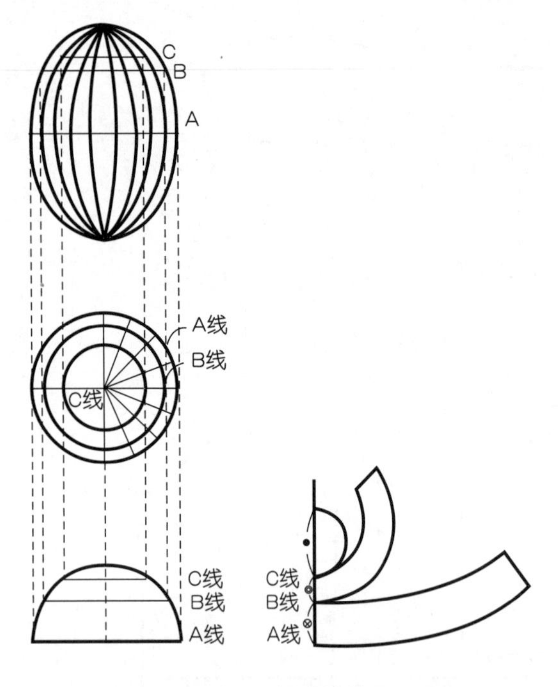


图3–7　椭球体的环形展开

## 2. 人体因素

绘制服装结构图所需要的人体因素，除了骨骼、肌肉、皮肤等描述人体外形的构成因素外，还包括与人体的运动部位相关的构成因素。通过确定人体的测量部位和方法，获得人体尺寸（号型因素）、体型状态（形态因素）等人体数据信息，可直接应用于结构图的绘制。

号型因素中除了胸围、腰围等围度外，还包括背长、背宽等体表实际尺寸，这些数据都直接与结构制图中的细部尺寸相关联。此外，身高以及其他高度、厚度、宽度等测量项目也可辅助了解个体的尺寸特征，是掌握与成衣规格相对应的人体体型分类的关键数据。

通过三维人体扫描可获得多方位人体形态的平面图（正面图、侧面图等），求得人体长度、围度等各项数据，为平面构成提供尺寸依据。

对于工业化生产，人体的尺寸因素和形态因素应以大多数人的平均测量值为基础。该平均值不是指简单的整体平均值，而是需要针对人体测量值，根据年龄、性别等不同特征，采用多种数理统计处理方式，得到数据最大值/最小值的范围及分布情况，然后建立尺寸的组合类型及构成比例，用作指导服装生产规格的确定。

## 3. 面料因素

采用不同的面料，可产生不同的服装立体廓形和松量构成感觉，一些造型手法的表现效果也会不同，如褶裥和波浪造型会因面料特性不同而产生不同的效果。为了准确表现设计意图，结构设计时要充分考虑材料本身的物理性质。

影响结构设计的面料因素主要包括保形性、变形性、可塑性、厚度和重量等。通过相关测试仪器可将材料的物理性能量化，在此基础上可实现对设计效果的综合评价及预测。

面料的保形性是指在不施加任何外力的情况下，面料自重引起的形态变化，是指平面材料保持平面性能和布料的经纱、纬纱之间交叉角度的能力。保形性不同的面料，会产生不同的悬垂效果。

变形性是指在附加外力的情况下，面料的变形（弯屈变形、剪切变形等）能力，如牛仔面料，在不受外力作用时，可以充分地保持稳定，但当沿着斜向拉伸面料时，就很容易变形。

可塑性是指用烫斗等熨烫成型的某种形状在施加热、压力、张力的情况下的保持能力。

面料的物理性能可以通过刚软度、悬垂系数、负重时的伸长率及恢复率、负重时的剪切变形量及恢复率等物理性能的组合测定进行评价。目前从理论和实践的角度针对面料物理性能和服装结构形态之间的关系进行了较多研究。面料的物理性能对纸样的具体影响包括：当使用的面料较厚时，需要在纸样的宽度和长度方向追加厚度量；对于褶裥和波浪造型，如果要保持相同的外形，厚面料在纸样处理过程中加入的褶裥量应相对较少；当面料同时具备保形性、变形性和可塑性时，通过缝缩或归拢形成曲面形态，而当面料无法做缝缩或归拢处理时，就需要通过缝合线、省道或褶裥等结构处理方法形成曲面。

4.工艺因素

缝制方法不同，服装结构构成也会不同。由于单件制作和批量生产中的裁剪和缝制方法不同，因此对时间效率和缝制者技术水平的要求也会有所不同。对于工业样板，为了降低生产难度，通常尽量不加入缝缩或归拢量，而改用省道或接缝来处理，并且在样板中应包含有对位记号等工业样板的标识符号。另外，工业样板中的贴边、领里等部件的结构处理需要考虑所用面料的物理性能，在样板中应加入一定的翻折松量。

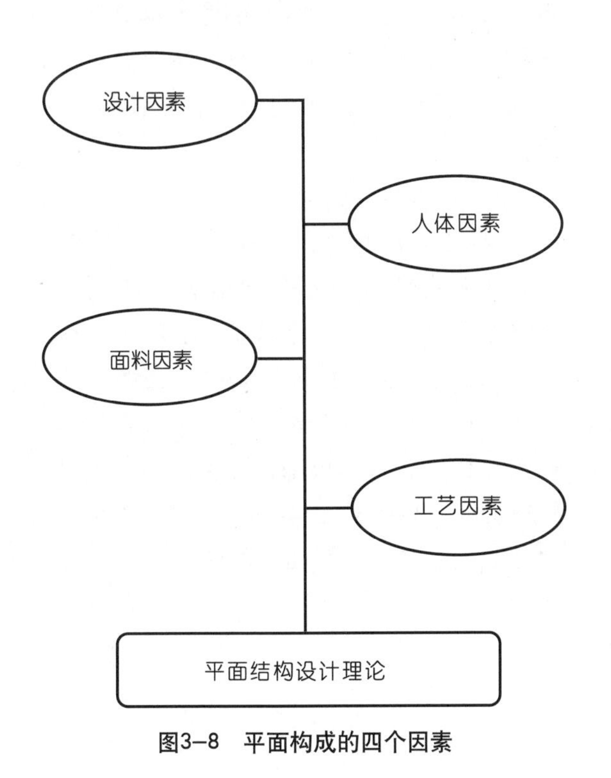


图3-8　平面构成的四个因素

将以上四个因素综合起来，就形成平面结构设计的基本理论，如图3-8所示。然而，服装的设计并非象精密仪器那样要求绝对的严密和精细，由于人体的姿势不断在改变，并且人体和服装面料都是非刚性的，因此将上述四个因素与图形学理论相结合，运用到平面构成中非常困难，这也就是结构设计理论体系研究进展缓慢的原因。

## 3.3　结构制图规则、符号与工具

服装结构图是传达设计意图，沟通设计、生产、管理部门的技术语言，是组织和指导生产的技术文件之一，对标准样板的制定、系列样板的缩放起到指导作用。结构制图的规则和符号都有严格的规定，以便保证制图格式的统一、规范。

### 3.3.1　结构制图规则

1.结构制图的种类

结构制图的种类包括：净样板、毛样板、缩小比例图等。净样板是指按照服装成品尺寸进行制图，结构图中不包括缝份的样板；毛样板是指结构图的外轮廓线已经包括缝份在内的样板；缩小比例图是指按照一定比例将净样样板或毛样样板缩小，便于非实际生产时使用的样板。

根据需要，除包括衣片结构图外，服装制图还包括部件详图和排料图。部件详图的作用是对某些缝制工艺要求较高、结构较复杂的服装部件再做出图示加以补充说明，在缝纫加工时用作参考；排料图是记录面料、里料或其他辅料在裁剪划样时样板排列方式的图纸，可采用人工或服装CAD排料系统对样板进行排列，将其中最合理、最省料的排列方式绘制下来。

**2.结构制图的顺序**

结构制图总的顺序应为：先作衣身，后作部件；先作大衣片，后作小衣片；先作后衣片，后作前衣片。

具体而言，一般可按下述顺序进行制图：

（1）先作基础线，后作轮廓线和内部结构线。作基础线时一般是先横后纵，即先定长度、后定宽度，由上而下、由左而右进行；

（2）作好基础线后，根据各部位的规格尺寸在相应位置标出若干定点或工艺点；

（3）最后用直线或光滑的曲线准确地连接各部位的定点或工艺点，勾画出样片外轮廓线。

**3.结构制图的比例**

根据不同用途，结构制图的比例包括有：原值比例、缩小比例和放大比例。常用的制图比例形式见表3-1所示。在同一款式的结构图中，各部件应采用相同的制图比例，并将比例标注在样板说明栏内；如个别部件需采用不同比例时，必须在该部件的样板上标明所用制图比例。

**表3-1　结构制图比例**

| 原值比例 | 1：1 |
|---|---|
| 缩小比例 | 1：2　1：3　1：4　1：5　1：6　1：10 |
| 放大比例 | 2：1　4：1 |

**4.结构制图的文字标注**

结构图中文字、数字、字母的标注原则为：字体工整，笔画清楚，间隔均匀，排列整齐。

标注中汉字应写成长仿宋体字，并应采用中华人民共和国国务院正式公布推行的《汉字简化方案》中规定的简化字。汉字的高度（用h表示）可为3.5mm、5mm、7mm、10mm、14mm、20mm等，字宽一般为 h/1.5。数字和字母可写成直体或斜体，斜体字应向右倾斜，与水平线呈75°。用作分数、偏差、注脚的数字或字母，一般应采用小一号字体。文字标注示例如图3-9所示。

**5.结构制图的尺寸标注**

结构图上所标注的尺寸数值应为服装各部位/部件的实际尺寸大小。国内常以厘米（cm）为单位，国外常以英寸（inch）为单位。结构制图中每个部位/部件的尺寸一般只标注一次，并应标注在最清晰的结构图上。

1）尺寸界线和尺寸线的标注

尺寸界线和尺寸线应用细实线绘制。尺寸界线可以利用轮廓线引出，尺寸线通常与尺寸界线垂直（弧线、三角形和尖形尺寸除外），两端端点或箭头应指到尺寸界线处，尺寸线不能用结构图中已有的线迹替代，如图3-10所示。尺寸线标注的位置尽量不要与结构图中其他线迹相交，当无法避免时，应将尺寸线断开，用弧线表示，如图3-11所示。

2）尺寸数字的标注

标注长度尺寸时，尺寸数字一般应标注在尺寸线的左面中间，如图3-12(1)所示；标注宽度尺寸时，尺寸数字一般应标注在尺寸线的上方中间，如图3-12(2)；当距离较小时，可在尺寸线的延长线上标注尺寸数字，如图3-12(3)，或将该部位距离用细实线引出加以标注，如图3-12(4)所示；尺寸线断开的尺寸数字标注在弧线断开的中间，如图3-11所示。

10号

字体工整笔画清楚间隔均匀排列整齐

7号

写仿宋字的四要领满锋匀劲满是充满方格必须勤

5号

衬布缩水率和缝纫锁眼线的性能色泽应与面料相适应

斜体：

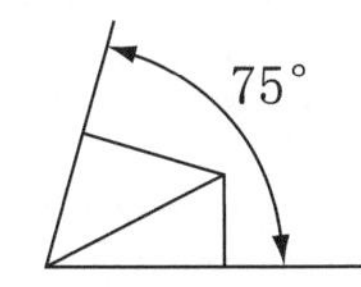


*R3　34–0.05　18±0.1　180°*

数字示例

*I II III IV V VI VII VIII IX X*　　*1 2 3 4 5 6 7 8 9 0*

字母示例

*A B C D E F G H I J K L M N O P Q R S*

直体：

R3　34–0.05　18±0.1　180°

数字示例

I II III IV V VI VII VIII IX X　　1 2 3 4 5 6 7 8 9 0

字母示例

A B C D E F G H I J K L M N O P Q R S

图3–9　文字标注示例

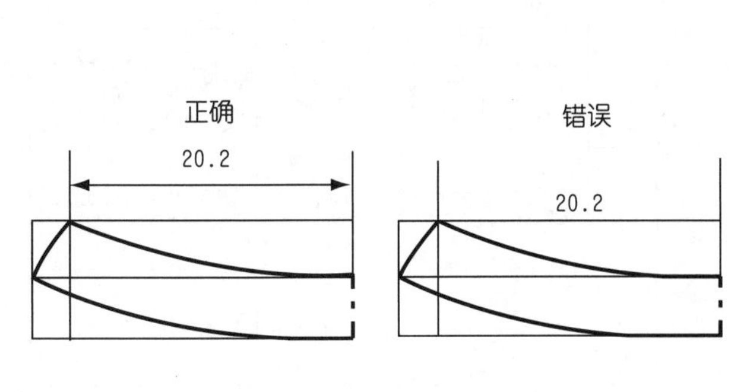


图3–10　尺寸线的画法

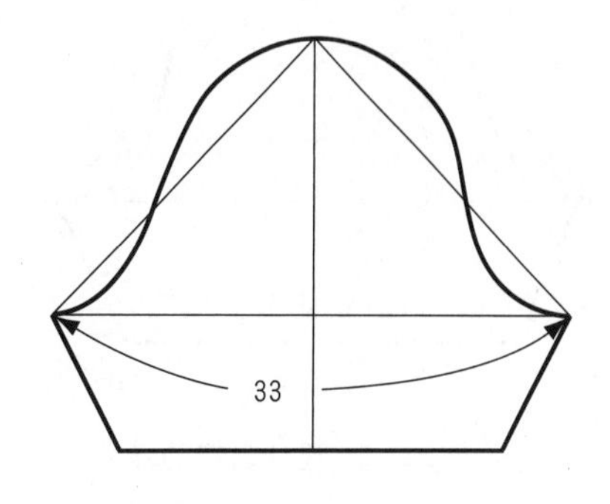


图3–11　弧线尺寸线

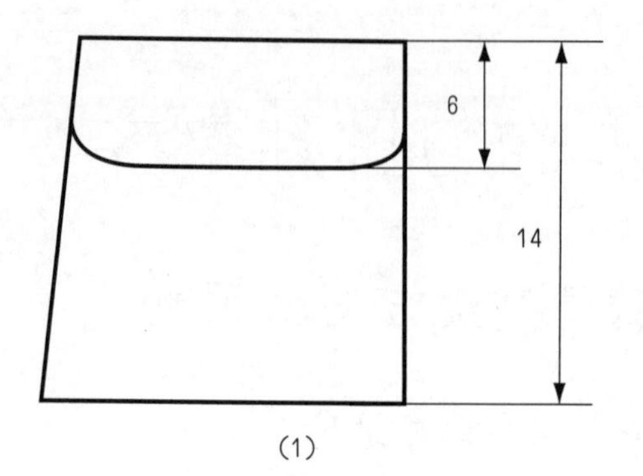


(1)

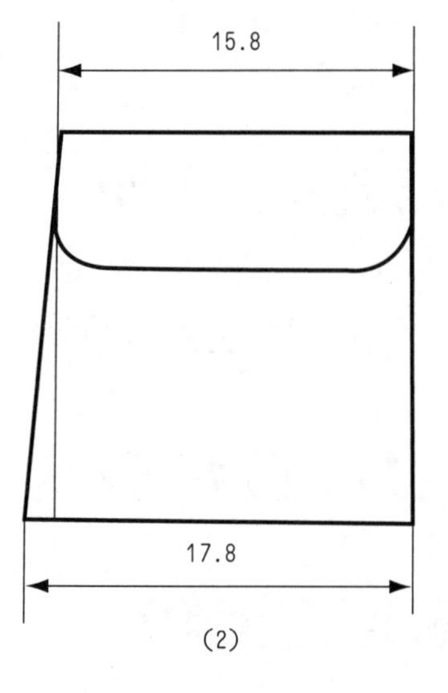


(2)

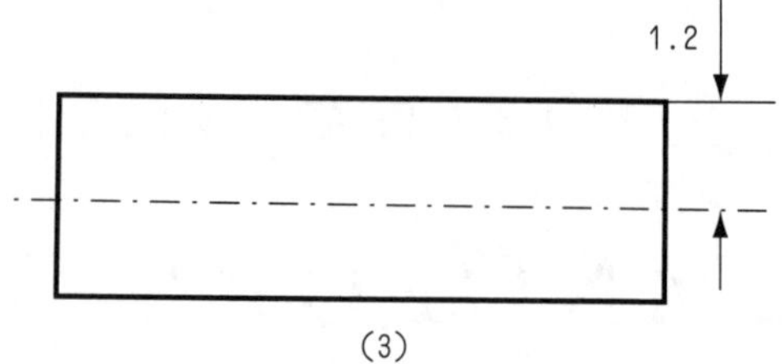


(3)

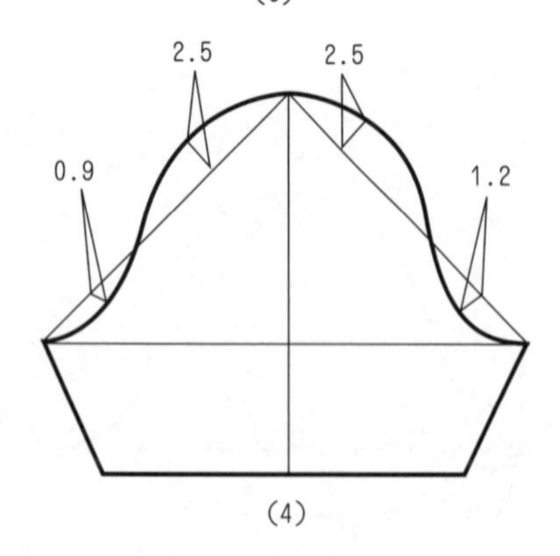


(4)

图3-12 尺寸数字的标注

### 3.3.2 结构制图符号

#### 1.图示符号

图示符号是为使结构图易懂而设定的符号。服装结构图中常用图示符号如表3-2所示。在制图中，若使用其他制图符号必须用图或文字加以说明。

表3-2 图示符号

| 编号 | 表示符号 | 表示事项 | 说明 |
| --- | --- | --- | --- |
| 1 | ———— | 基础线（细实线） | 用作样板绘制过程中的基础线、辅助线以及尺寸标注线 |
| 2 | ━━━━ | 轮廓线（粗实线） | 用作样板完成后的外轮廓线 |
| 3 | - - - - - - - - | 缝纫辑线（细虚线） | 表示缝纫针迹线的位置 |
| 4 | ■■■■■■ | 折叠线（粗虚线） | 表示折叠或折边的位置 |
| 5 | —·—·—·— 或 —·—⌒—·— | 连裁线（粗点画线） | 表示对折连裁的位置 |
| 6 |  | 等分线 | 表示按一定长度分成等分 |
| 7 | ○ △ □ | 等量号 | 表示两者为相等量 |
| 8 | ↕ | 丝缕线 | 表示布料的经向方向 |
| 9 | ↗↙ | 斜向 | 箭头表示布料的经向方向 |
| 10 | 顺毛 ↓ ↑ 倒毛 | 毛向 | 在有绒毛方向或有光泽方向的布料上表示绒毛的方向 |
| 11 |  | 拔开 | 表示拉伸拔开的位置 |
| 12 |  | 缝缩 | 表示缝缩的位置 |

（续表）

| 13 |  | 归拢 | 表示归拢的位置 |
|---|---|---|---|
| 14 |  | 抽褶 | 表示抽褶的位置 |
| 15 |  | 直角 | 表示两边呈垂直状态 |
| 16 |  | 重叠 | 表示样板相互重叠 |
| 17 |  展开 闭合 | 闭合、展开 | 表示省道的闭合、转移展开 |
| 18 | 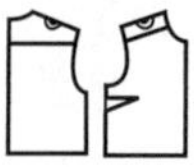 | 拼合 | 表示裁剪时样板需拼合连裁 |
| 19 | × | 胸点 | 表示乳房的最高点 |
| 20 |  | 单裥 | 单个褶裥，斜向细线表示褶裥方向，高端一面倒压在低端一面 |
| 21 | 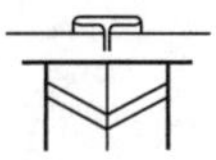 | 对裥 | 对向褶裥，斜向细线表示褶裥方向，高端一面倒压在低端一面 |
| 22 | + | 钮扣 | 表示钮扣的位置 |
| 23 |  ├──┤ | 扣眼 | 表示钮扣眼的位置 |

## 2.英文代号

在结构图中，通常采用英文缩写字母表示主要部位以及结构线的名称。常用英文代号如表3-3所示。

表3-3　常用英文代号

| 编号 | 中文 | 英文全称 | 英文代号 |
|---|---|---|---|
| 1 | 颈侧点 | Side Neck Point | SNP |
| 2 | 前颈窝点 | Front Neck Point | FNP |
| 3 | 后颈椎点 | Back Neck Point | BNP |
| 4 | 胸点 | Bust Point | BP |
| 5 | 肩点 | Shoulder Point | SP |
| 6 | 头围 | Head Size | – |
| 7 | 领围 | Neck | N |
| 8 | 肩宽 | Shoulder Width | S |
| 9 | 胸围 | Bust | B |
| 10 | 下胸围 | Under Bust | – |
| 11 | 前胸宽 | Chest Width | – |
| 12 | 后背宽 | Across Back | – |
| 13 | 袖窿 | Arm Hole | AH |
| 14 | 腰围 | Waist | W |
| 15 | 臀围 | Hip | H |
| 16 | 衣长 | Length | L |
| 17 | 前腰长 | Front Waist Length | FWL |
| 18 | 后腰长 | Back Waist Length | BWL |
| 19 | 袖长 | Sleeve Length | SL |
| 20 | 前中心线 | Front Center Line | FCL |
| 21 | 后中心线 | Back Center Line | BCL |
| 22 | 领围线 | Neck Line | – |
| 23 | 胸围线 | Bust Line | BL |
| 24 | 腰围线 | Waist Line | WL |
| 25 | 中臀围线 | Middle Hip Line | MHL |
| 26 | 臀围线 | Hip Line | HL |
| 27 | 裤长 | Trousers Length | TL |
| 28 | 裙长 | Skirt Length | SL |
| 29 | 臀长 | Hip Length | HL |
| 30 | 上裆长 | Back Rise | BR |
| 31 | 内裆长 | Inside Seam | – |
| 32 | 膝围线 | Knee Line | KL |
| 33 | 脚口 | Slacks Bottom | SB |
| 34 | 袖肘线 | Elbow Line | EL |
| 35 | 袖山 | Sleeve Cap | – |
| 36 | 袖肥 | Muscle | – |
| 37 | 袖口 | Cuff Width | CW |

### 3.3.3 常用工具

**1.测量工具**

卷尺（皮尺）。两面均标有尺寸的带状测量工具，长度为150cm，质地柔软，伸缩性小。用于人体部位尺寸测量以及制图、裁剪时的曲线测量。（图2-15）

**2.作图工具（图3-13)**

（1）方格尺。也称为放码尺，尺面上有

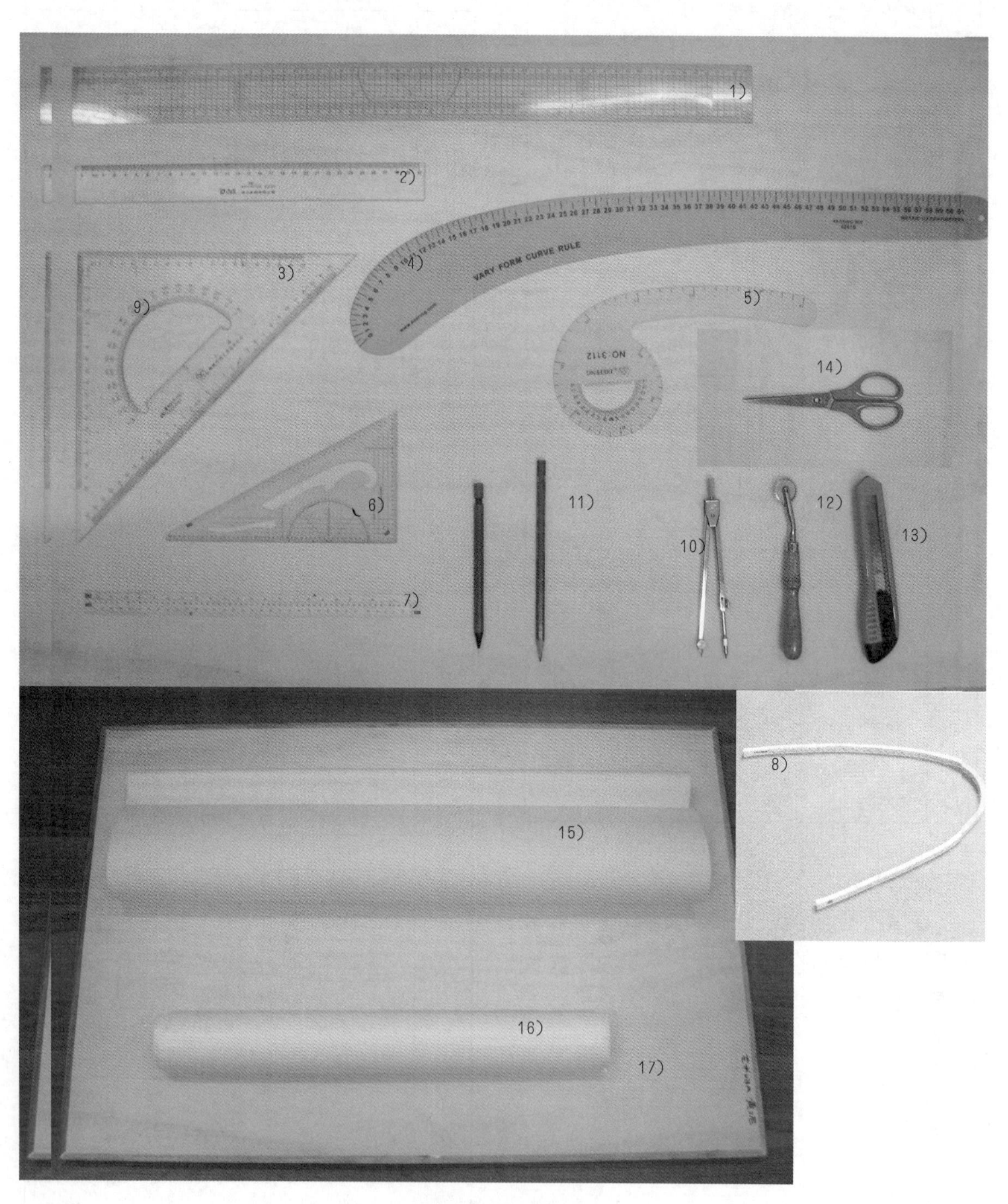


图3-13　作图工具

横纵向间距0.5cm的平行线，用于制图、测量（可测量曲线）以及加放缝份。质地为透明塑料，长度有45、50、55、60cm等。

（2）直尺。用于制图和测量的尺子。质地为木质、塑料或不锈钢，长度有15、30、60、100cm等。

（3）角尺。两边呈90° 的尺子，用于绘制垂直相交线段。质地为硬质透明塑料，有45°、30° 和60° 两种。

（4）弯形尺。也称为大刀尺，两侧呈弧形状的尺子，质地为透明塑料。用于绘制裙、裤装侧缝、下裆弧线、袖缝等长弧线。

（5）6字尺。绘制曲率大的弧线的尺子，质地为透明塑料。用于画领围、袖窿、上裆弧线等弧度大的曲线。

（6）比例尺。用于绘制缩小比例结构图的角尺，尺子内部有多种弧线形状，用于绘制缩小比例结构图中的曲线，质地为透明塑料。常用有1∶4或1∶5两种规格。

（7）比例直尺。用于绘制或测量缩小比例结构图的直尺，尺面上有1∶4和1∶5两种刻度，质地为软塑料，可弯折。

（8）自由曲线尺。可以任意弯曲的尺，质地柔软，外层包软塑料，内芯为扁形金属条。常用于测量人体部位曲线以及结构图中弧线长度。

（9）量角器。用来绘制角度线以及测量角度的工具。

（10）圆规。用于绘制圆或圆弧的工具。

（11）制图铅笔。自动铅笔或木制铅笔。实寸作图时，基础线常选用H或HB型铅笔，轮廓线选用HB或B型铅笔；缩小作图时，基础线常选用2H或H型铅笔，轮廓线选用H或HB型铅笔。

（12）描线轮。也称为滚齿轮，用作在样板或面料上做标记、拓样的工具。滚齿轮有单头和双头两种，轮齿分尖形和圆形两种。

（13）美工刀。裁剪样板时使用。

（14）剪刀。裁剪样板时使用。

（15）打板纸。制作样板使用的牛皮纸或白报纸。

（16）描图纸。也称为硫酸纸，为半透明纸，用于样板之间或样板与布料之间拓样。

（17）画板。打板时使用的木板，板面要求平整。

**3.记号工具（图3–14）**

（1）画粉。固体状粉块，用于在布料上复描样板的画线工具，有白、红、蓝、黄等多种颜色。

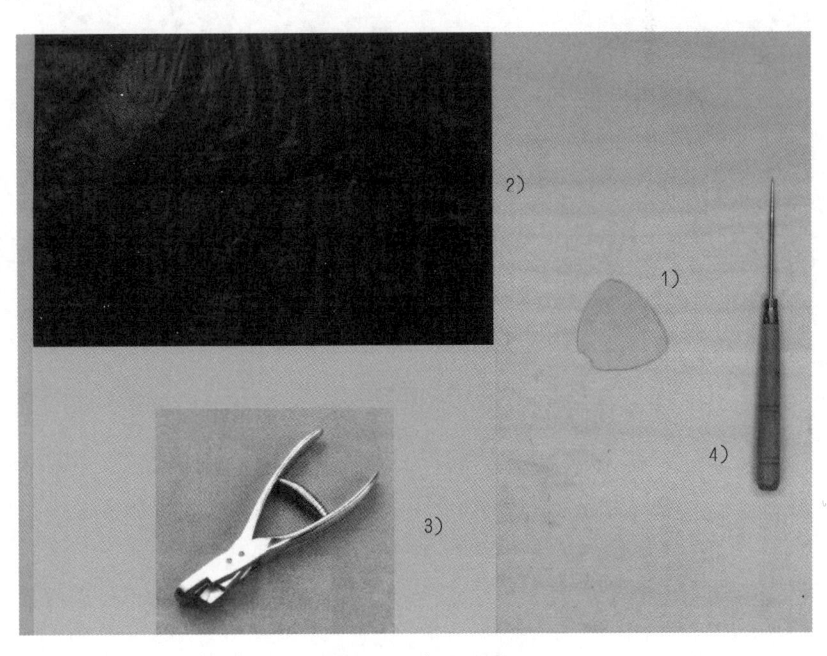


**图3–14　记号工具**

（2）复写纸。有双面或单面复写纸，用于样板之间或样板与布料之间拓样，可配合描线轮使用。

（3）刀眼钳。在样板边缘标记对位记号的工具。

（4）锥子。在样板内部标记定位点、工艺点的工具。

**4.裁剪工具（图3-15）**

（1）工作台。裁剪、缝纫用的工作台。一般高为80～85cm，长为130～150cm，宽为75～80cm，台面应平整。

（2）裁剪剪刀。用于裁剪布料的工具。长度有9、10、11、12英寸等规格，特点是刀身长、刀柄短、捏手舒服。

（3）花齿剪刀。刀口呈锯齿形的剪刀，可将布边剪成三角形花边效果，常用于裁剪面料小样。

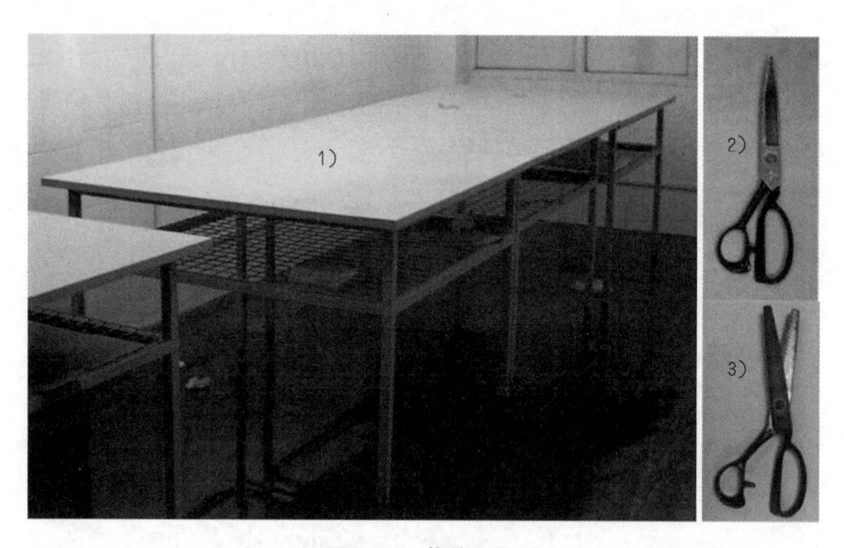


图3-15　裁剪工具

# 第4章　服装号型与规格设计

## 4.1　服装规格种类

服装规格按作用可分为示明规格和细部规格两大类，其中示明规格是指用单个或组合的数字或字母表示服装整体规格大小；细部规格是指用具体尺寸或用人体、服装基本部位的回归关系式表示服装的细部尺寸大小。为便于服装生产，通常采用示明规格表示服装规格。

服装示明规格的种类有：

**1.按元素个数分类**

（1）一元表示。将服装最主要部位尺寸用一个数字或字母表示。

（2）二元表示。将服装最主要部位尺寸用两个数字或字母的组合表示。

（3）三元表示。将服装最主要部位尺寸用三个数字或字母的组合表示。

**2. 按元素性质分类**

（1）领围制。用服装的领围尺寸N表示服装的示明规格，常用于男式衬衫，如40、41等。

（2）胸围制。用服装的胸围尺寸B表示服装的示明规格，常用于内衣、运动衣、羊毛衫等针织服装，如85、90、95等。

（3）代号制。用数字或英文字母代号表示服装的示明规格。

数字代号：2、4、6、8、10、12。用于表示童装规格，数字代表适穿儿童的年龄，其中2、4、6号为儿童规格，8、10、12号为少年规格。

英文字母：XS、S、M、L、XL、XXL。用于表示成人服装规格，其中M为中档规格，向左为趋小规格，向右为趋大规格。

（4）号型制。用人体基本部位尺寸的组合表示服装的示明规格。其中人体基本部位尺寸是指人体身高、净胸围/净腰围以及体型分类代号（Y、A、B、C）三者的组合。常用于除使用领围制、胸围制及其他个别服装之外的所有服装的示明规格。

## 4.2　服装号型标准

身高、净胸围/净腰围是人体的基本部位，也是最有代表性的部位，用这些部位的尺寸推算其他细部尺寸误差最小。增加体型分类代号能反映人体的体型特征，用这些部位及体型分类代号的组合作为服装示明规格的标志便于消费者的理解和接受，同时也方便服装生产和经营。

### 4.2.1　号型定义

“号”指人体身高，用h表示，是确定服装长度部位尺寸的依据。人体长度方向的部位尺寸，如颈椎点高、坐姿颈椎点高、腰高和臂长等均与人体身高密切相关，随着身高的增长而增长。如在国家标准中身高为160cm的女性，与之相应的颈椎点高为136cm，坐姿颈椎点高为62.5cm，臂长为50.5cm，腰高为98cm，这组人体长度部位的尺寸数据应组合使用，不可分割。

“型”指人体净胸围或净腰围，分别用B*和W*表示，是确定服装围度、宽度部位尺寸的依据。人体围度、宽度方向的部位尺寸，如颈围、肩宽、臀围等与人体净胸围或净腰围密切相关。如在国家标准表中净胸围为84cm的女性，与之相应的颈围为33.6cm，肩宽为39.4cm，与净腰围66cm、68cm、70cm相对应的臀围分别为88.2cm、90cm和91.8cm。这组人体围度、宽度的部位尺寸数据也应组合使用，不可分割。

### 4.2.2 体型分类

根据人体净胸围与净腰围的差值大小进行分类，我国人体可分为四种体型，即Y、A、B、C，如表4-1所示。如某男性胸腰差为22～17cm，则该男性体型应属于Y体型；如某女性胸腰差为8～4cm，则该女性体型应属于C体型。

表4-2为成年女性各类体型在各地区以及全国所占人口的比例，从表中可以看出，A、B体型较多，其次为Y体型，C体型较少，但具体到某个地区，比例又有所不同。

**表4-1 我国人体体型分类** 单位：cm

| 体型分类代号 | 男性B*-W* | 女子B*-W* |
|---|---|---|
| Y | 22～17 | 24～19 |
| A | 16～12 | 18～14 |
| B | 11～7 | 13～9 |
| C | 6～2 | 8～4 |

与成人不同，由于儿童的生长发育，身高不断增长，胸围、腰围等部位也不断变化，因此儿童不划分体型分类。

号和型分别控制人体长度和围度方向的部位尺寸，体型分类控制人体的体型特征。因此，国家标准GB1338-2008《服装号型》中规定，将身高定义为“号”，人体净胸围/净腰围及体型分类标准定义为“型”。组成服装号型的要素应为：身高、净胸围/净腰围和体型分类。

### 4.2.3 号型表示方法

号型的表示方法：号与型之间用斜线分开，后接体型分类代号，即号/型体型分类代号。如女上装号型160/84A，其中160表示身高为160cm，84表示净胸围为84cm，A表示体型分类，即胸腰差为18～14cm。

在套装中，上下装应分别标明号型。由于儿童不划分体型，因此童装号型不包括体型分类代号。

### 4.2.4 中间体

通过对大量人体测量数据进行分析计算获得平均值，这组数据反映出我国各类体型成年男性、女性的身高、净胸围等基本部位的平均水平，具有一定代表性，因而将其定义为中间体。中间体的规定如表4-3所示。

**表4-2 全国各地区女子体型所占的比例（%）**

| 地区＼体型分类 | Y | A | B | C | 不属于四种体型分类 |
|---|---|---|---|---|---|
| 华北、东北 | 15.15 | 47.61 | 32.22 | 4.47 | 0.55 |
| 中西部 | 17.50 | 46.79 | 30.34 | 4.52 | 0.85 |
| 长江下游 | 16.23 | 39.96 | 33.18 | 8.78 | 1.85 |
| 长江中游 | 13.93 | 46.48 | 33.89 | 5.17 | 0.53 |
| 两广、福建 | 9.27 | 38.24 | 40.67 | 10.86 | 0.96 |
| 云、贵、川 | 15.75 | 43.41 | 33.12 | 6.66 | 1.06 |
| 全国 | 14.82 | 44.13 | 33.72 | 6.45 | 0.88 |

国家标准中规定的中间体是指在全国范围测量人体总数中占有最大比例的人群，但具体到各个地区可能会有差别。因此，对中间体的设定应根据各地区的不同情况及产品销售目标对象而定，不宜照搬。

图4-3　男、女体型的中间体　　单位：cm

| 体型 | | Y | A | B | C |
|---|---|---|---|---|---|
| 男子 | 身高 | 170 | 170 | 170 | 170 |
| | 胸围 | 88 | 88 | 92 | 96 |
| 女子 | 身高 | 160 | 160 | 160 | 160 |
| | 胸围 | 84 | 84 | 88 | 88 |

### 4.2.5　号型系列

为适合不同人体穿着的需要，应以中间体为中心，按一定分档数值加以放大或缩小形成号型系列。号型系列是指人体的号和型按照档差进行有规则的增减排列。国家标准中规定成人上装采用5・4系列（身高以5cm分档，胸围以4cm分档），成人下装采用5・4或5・2系列（身高以5cm分档，腰围以4cm或2cm分档）。

在套装中，上装可在号型系列表中按需选一档胸围尺寸，下装则可选用一档或二档腰围尺寸。如女上装号型160/84A，净胸围为84cm，体型分类为A体型，胸腰差为14～18cm，则腰围尺寸应为66cm~70cm之间，如果下装采用5・2系列，即腰围分档值为2cm，则可选用的腰围尺寸为66cm、68cm、70cm 三个尺寸，即上下装配套时，可以根据上装160/84A在上述三个下装号型160/66A、160/68A、160/70A中任选一个进行搭配。表4-4为女性A体型上装5・4系列、下装5・4、5・2系列的号型规格表。

### 4.2.6　号型配置

国家标准中的号型规格基本上可以满足某类体型90%以上人们的需求，但在实际生产和销售中，由于品种类别、投产数量等客观原因，往往不能或者不必完成规格表中全部号型的生产，而是选用其中部分号型或热销号型安排生产，以满足大部分消费者的需要为基准，又可避免生产过量，造成产品积压。在选择号型时，应以国家标准中的号型规格表，并结合本地区人体体型特点以及产品特征进行号与型的搭配，制定生产所需的号型规格表。常用号型配置方式有：

表4-4　女性A体型上装5・4系列、下装5・4、5・2系列号型规格表　　单位：cm

| A体型 | | | | | | | | | | | | | | | | | | | | | |
|---|---|---|---|---|---|---|---|---|---|---|---|---|---|---|---|---|---|---|---|---|---|
| 身高 / 腰围 / 胸围 | 145 | | | 150 | | | 155 | | | 160 | | | 165 | | | 170 | | | 175 | | |
| 72 | | | | 54 | 56 | 58 | 54 | 56 | 58 | 54 | 56 | 58 | | | | | | | | | |
| 76 | 58 | 60 | 62 | 58 | 60 | 62 | 58 | 60 | 62 | 58 | 60 | 62 | 58 | 60 | 62 | | | | | | |
| 80 | 62 | 64 | 66 | 62 | 64 | 66 | 62 | 64 | 66 | 62 | 64 | 66 | 62 | 64 | 66 | 62 | 64 | 66 | | | |
| 84 | 66 | 68 | 70 | 66 | 68 | 70 | 66 | 68 | 70 | 66 | 68 | 70 | 66 | 68 | 70 | 66 | 68 | 70 | 66 | 68 | 70 |
| 88 | 70 | 72 | 74 | 70 | 70 | 74 | 70 | 72 | 74 | 70 | 72 | 74 | 70 | 72 | 74 | 70 | 72 | 74 | 70 | 72 | 74 |
| 92 | | | | 74 | 74 | 78 | 74 | 76 | 78 | 74 | 76 | 78 | 74 | 76 | 78 | 74 | 76 | 78 | 74 | 76 | 78 |
| 96 | | | | | | | 78 | 80 | 82 | 78 | 80 | 82 | 78 | 80 | 82 | 78 | 80 | 82 | 78 | 80 | 82 |

1. 一号一型配置

也称为号型同步配置，即一个号与一个型搭配组合而成的号型系列。

例如：5·4系列女上装，中间体为160/84A。

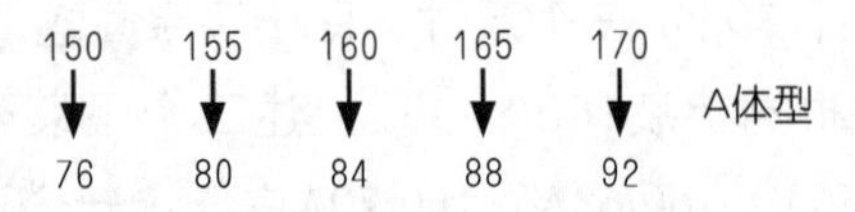


形成的号型规格有：150/76 A；

155/80 A；

160/84 A；

165/88 A；

170/92 A；

2. 一号多型配置

一个号与多个型搭配组合而成的号型系列。

例如：5·4系列女上装，中间体为160/84A。

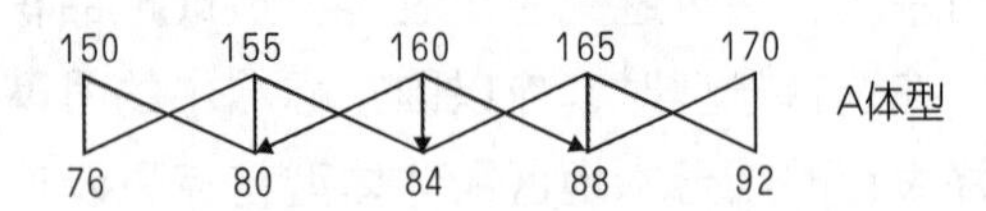


形成的号型规格有：

150/76 A、155/76 A、160/80 A、165/84 A、170/88 A；

150/80 A、155/80 A、160/84 A、165/88 A、170/92 A；

155/84 A、160/88 A、165/92 A。

3. 多组别配置

选择两个或两个以上体型进行规格设计，多用于大型企业生产配置。常见的配置方法有一号一型多组别和一号多型多组别。

现以一号一型多组别为例，选择A体和B体两个体型进行规格配置，中间体分别为160/84A、160/84B。形成的号型规格有：

150/76 A、150/76 B；

155/80 A、155/80 B；

160/84 A、160/84 B；

165/88 A、165/88 B；

170/92 A、170/92 B。

### 4.2.7 号型应用

在号型的实际应用中，应首先确定着装者的体型分类，然后根据身高、净胸围或净腰围选择与号型规格表中一致的号型。如果有差异则可采用近距靠拢法，以“靠小不靠大”的原则选择最接近的号型。

对服装生产企业来说，在选择和应用号型系列时，应注意以下几点：

（1）必须从国家标准规定的号型系列中选用适合本地区的号型作为中间体，并建立相应的号型规格表。

（2）根据本地区的人口比例和市场需求情况安排生产数量，同时对一些号型覆盖率较少及特殊体型的号型应根据情况安排少量生产，以满足不同消费者的需求。

（3）对于国家标准中没有规定的号型，也可适当扩大号型覆盖范围，但应按号型系列规定的分档数进行设置。

## 4.3 服装规格设计原则与方法

国家标准《服装号型》为服装规格设计提供了可靠的依据，以服装号型为基础，根据标准中提供的人体净体尺寸，综合服装款式因素加放不同放松量进行服装规格设计，以适合绝大部分着装者穿着的需求，这是实行服装号型标准的最终目的。

实际生产中的服装规格设计不同于传统的“量体裁衣”，必须考虑能够适应多数地区以及多数人的体型要求，个别人或部分人的体型特征只能作为一种信息和参考，而不能作为成衣规格设计的依据。

### 4.3.1 服装规格设计原则

在进行服装规格设计时，必须遵循以下原则：

1）中间体不能变。必须采用国家标准中规定的男女各类体型的中间体数值，不能自行更改。

2）号型系列和分档数值不能变。国家标准中所规定的服装号型系列为上装5·4系列、下装为5·4或5·2系列，不能自行更改。号型系列一经确定，服装各部位的分档数值也相应确定，不能任意变动。

3）控制部位不能变。国家标准中规定的“号”是指人体身高，“型”是指人体净胸围或净腰围，不能自行更改。

4）放松量可以变。随着服装品种、款式、面料、穿着季节、地区、穿着习惯以及流行趋势的变化，放松量可以随之变化。服装号型标准只是统一号型，而不是统一规格。

### 4.3.2 服装规格设计方法

**1.按头身指数设计**

根据人体七头身的头身指数，以女性中间体身高160cm计算，头高为23cm，以该尺寸为基准，将款式图中服装各部位的长度、宽度换算成与头高的比例关系，则可大致确定服装各部位的规格尺寸。

**2.按与人体腰长的比例关系设计**

在款式图中标出人体腰围线的位置，通过确定图中服装长度方向的部位，如袖窿深、衣长、翻折止点、袖长等与腰长的比例关系，则可进行服装长度部位的规格设计。这种方法直接针对款式造型进行分析，使所确定的规格较为准确。

**3.按与人体基本部位的回归关系式设计**

在对大量人体测量数据进行分析的基础上，建立了人体基本部位（身高、净胸围/净腰围）与其他细部尺寸之间的回归关系式，为方便实际应用，对回归关系式加以简化，并根据实践经验进行修正。这种方法既体现出人体与服装之间的关系，又包含实践经验值，因此所确定的服装规格尺寸比较准确，应用广泛。

以下装为例，各部位规格设计关系式如下所示：

腰围W=W*+(0~2cm)

$$\text{臀围}H=(H^*+\text{内裤})+\begin{cases}4\sim6\text{cm（贴体）}\\6\sim12\text{cm（较贴体）}\\12\sim18\text{cm（较宽松）}\\>18\text{cm（宽松）}\end{cases}$$

臀长HL=0.1h+2cm

上裆长= 0.1TL+0.1H+（8~10cm）或=0.25H+（3~5cm）（含腰宽3cm）

$$\text{裙长}SL=\begin{cases}0.3h\pm a\text{（短裙）}\\0.4h\pm a\text{（中长裙）}\\0.5\pm a\text{（长裙）}\end{cases}$$

（a为常数，视款式而定）

$$\text{裤长}TL=\begin{cases}0.3h\pm a\text{（短裤）}\\(0.3h\pm a)\sim(0.6h-b)\text{（中裤）}\\0.6h+(0\sim2\text{cm})\text{（长裤）}\end{cases}$$

（a、b为常数，视款式而定）

脚口SB = 0.2 H ± b （b为常数，视款式而定）

# 第5章　裙装结构设计

裙装（Skirt）是包裹女性下肢部位的一种服装品类。在女性的服装历史中，裙装的产生是最早的。一般穿裙装不受年龄的限制，不同年龄的女性都可以穿着，但在苏格兰也有男性穿裙的传统。

最古老的裙子出现在古埃及时代，即用四方布简单围裹在腰间形成的装束。到了13世纪，随着立体裁剪技术的发展，出现采用省道结构使裙装腰部符合人体，并且根据穿着的需要在腰部、臀部、下摆等部位增加必要松量的裙装形式。

裙装适用的面料非常广泛，可根据款式、用途和穿着季节等因素进行选择。但在日常活动中，由于人体下肢的活动较多而使裙装容易产生皱褶，因此对于款式简洁且合体的裙装可选择牢固不易折皱的面料。

## 5.1　裙装分类与结构设计原理

### 5.1.1　裙装分类

随着社会背景和生活方式的变化，形成了各种各样的裙装款式。通常，可根据裙装造型、腰线位置和裙长等对裙装进行分类。

**1. 根据裙装造型分类**

1）基本造型（见图5-1）

（1）直身裙（紧身裙）。臀围松量为4~6cm，从腰部至臀部很合体，从臀围至下摆为直线型轮廓，是裙装中最基本的款式；

（2）A形裙（梯形裙）。臀围松量为6~12cm，从腰部至臀部比较合体，下摆稍微扩展，形成A字型轮廓；

（3）波浪裙（喇叭裙）。臀围松量大于12cm，仅在腰部紧身合体，臀部很宽松，下摆呈圆弧形。

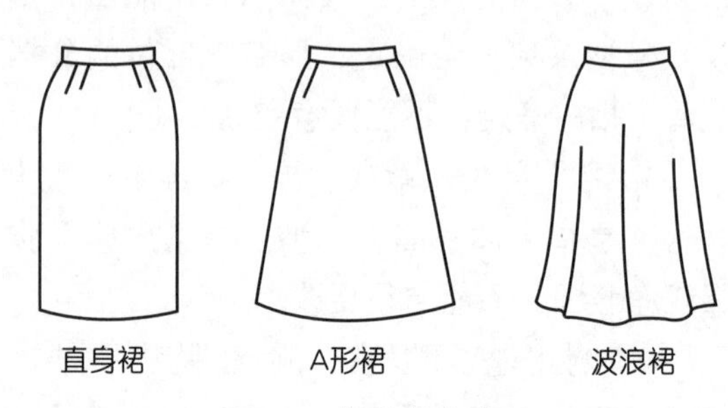

图5-1　裙装基本造型

2）变化造型

在裙装基本造型基础上，与其他造型手法相结合可形成多种多样的裙装变化造型，两者之间的关系可表示为：

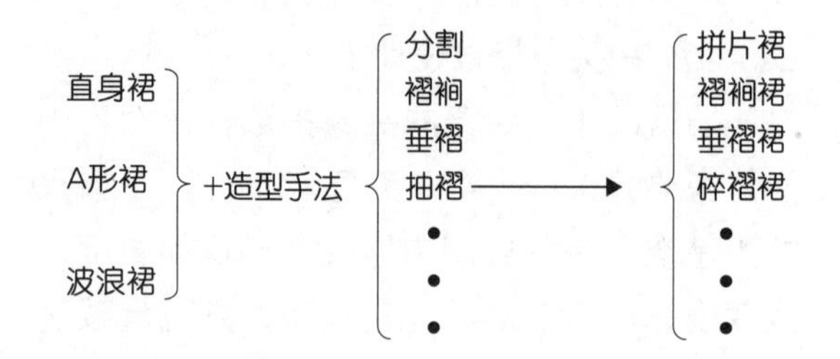


根据造型不同，将各种裙装进行分类如表5-1所示。

表5-1 裙装变化造型

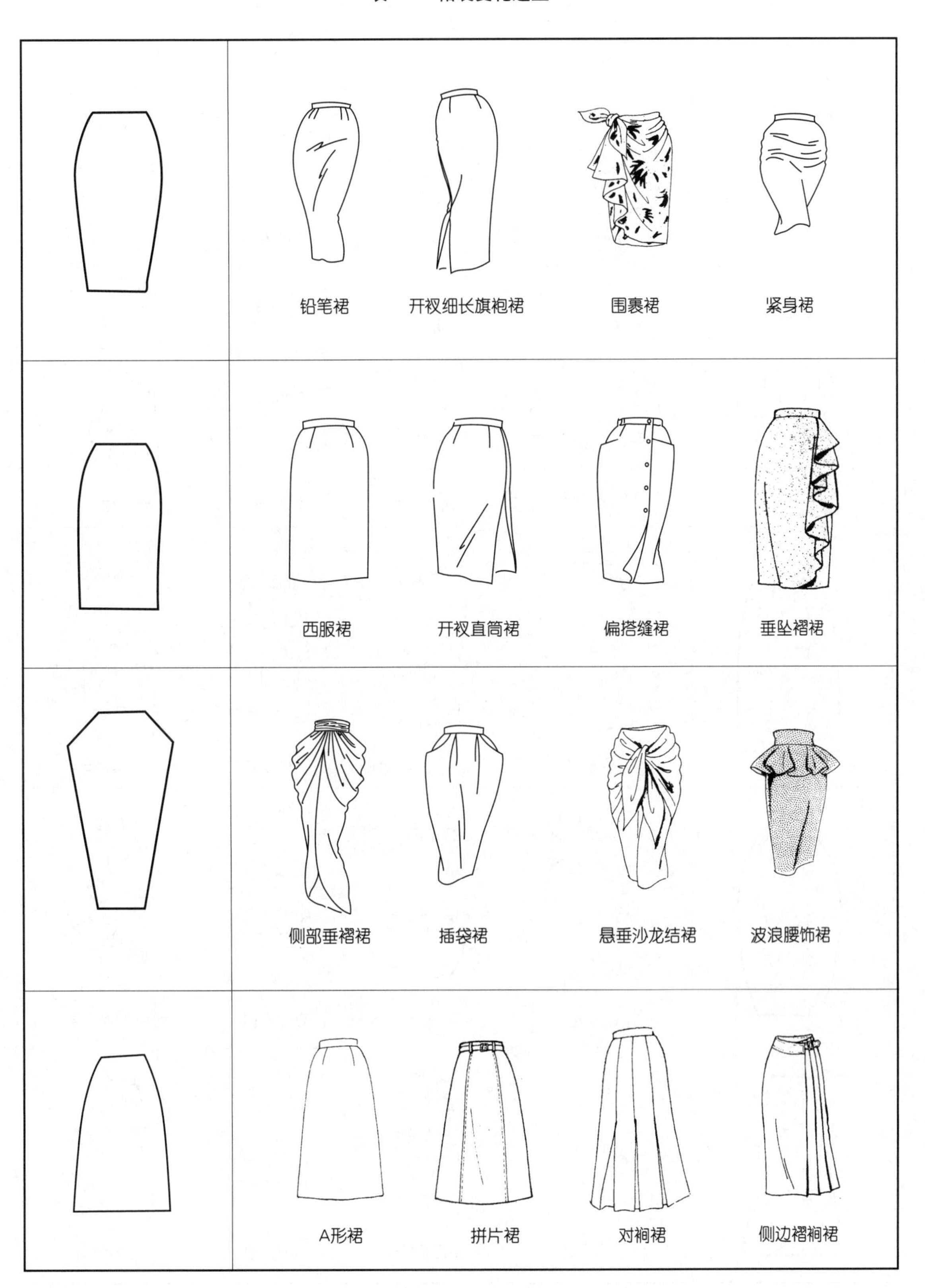
铅笔裙
开衩细长旗袍裙
围裹裙
紧身裙
西服裙
开衩直筒裙
偏搭缝裙
垂坠褶裙
侧部垂褶裙
插袋裙
悬垂沙龙结裙
波浪腰饰裙
A形裙
拼片裙
对裥裙
侧边褶裥裙

（续表）

鱼尾裙
阴裥裙
钟形裙
插角裙
大波浪裙
育克裙
塔层裙
螺旋裙
伞裥裙
风琴式细裥裙
细褶裙
拼接边裙
圆筒裙
灯笼裙
立体泡裙
郁金香花瓣裙
帝政裙
束带蓬松裙
高腰裙
围腰裙

## 2.根据裙装腰线位置分类

可分为低腰裙、无腰裙、装腰裙、高腰裙、连腰裙、连衣裙等，如图5-2所示。

## 3.根据裙长分类

可分为超短裙、迷你裙、及膝裙、中长裙、长裙、超长裙等，如图5-3所示。

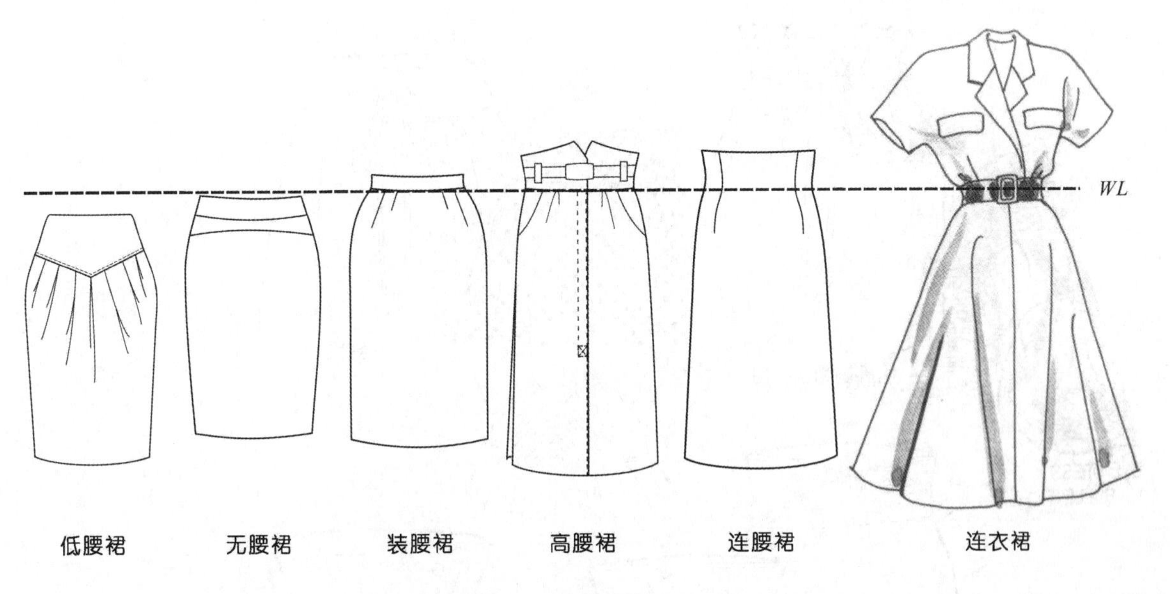


图5-2 裙装腰线位置分类

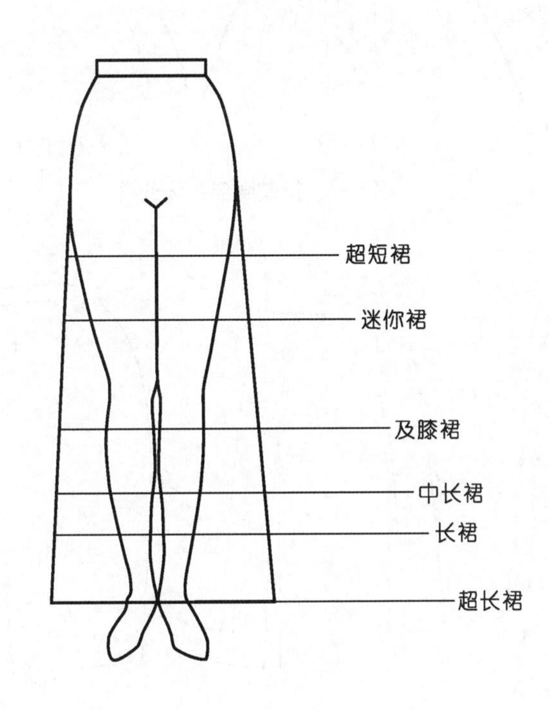


图5-3 裙长分类

#### 4.根据裙装腰部装饰分类

裙腰是裙装主要设计部位，种类很多，有育克、褶裥和包扎带、抽褶、交叉裙腰、滚边带、扎绞带、双钮对称裥等，如图5-4所示。

#### 5.根据裙衩形态分类

为方便行走，在裙装下摆处加入开衩作为运动的活动量。开衩造型有单褶裥衩、对褶裥衩、对合衩、重叠衩等，如图5-5所示。

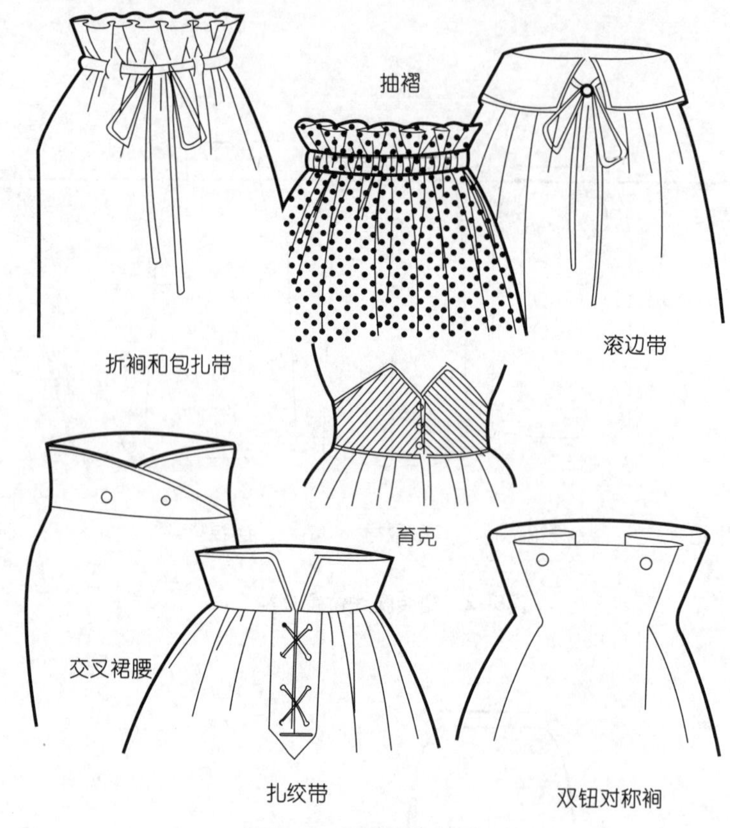


图5-4 裙装腰部装饰分类

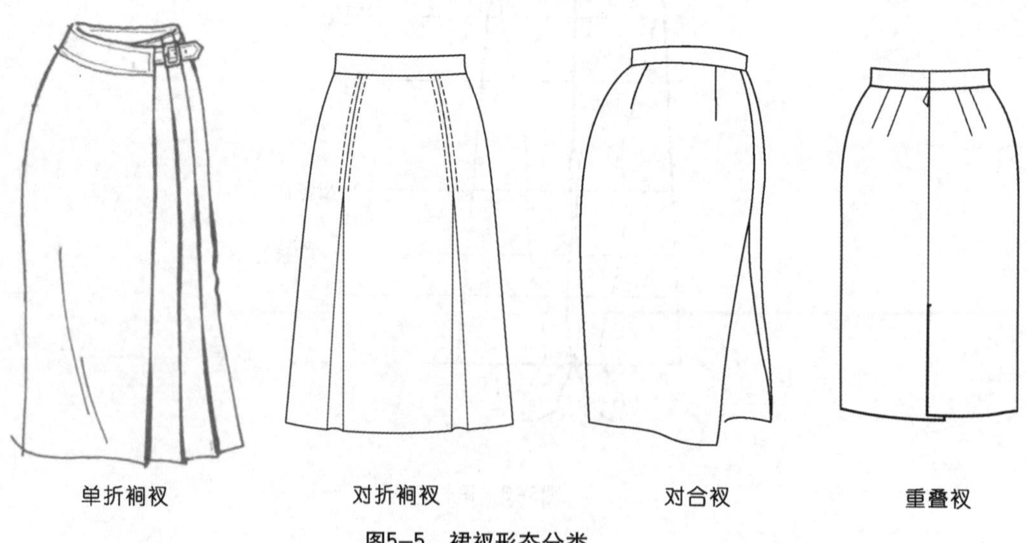


图5-5 裙衩形态分类

### 5.1.2 裙装结构设计原理

尽管裙装造型变化多种多样，但其结构设计的基本原理是相通的。以裙装中最基本款式——直身裙为基础，通过平面展开获得平面样板，分析相关人体数据与裙装构成要素的关系，在此基础上对裙子的结构构成原理进行研究。

**1.直身裙立体形态与人体的关系**

图5-6是人体下肢部位被纸样或面料包裹后的形态，这可以作为直身裙的基本立体形态。形成的圆柱体在前方与人体腹部突出部位相接触，前侧面约在肠棘点部位相接触，侧面与体侧的突出点相接触，后面与臀部后突点相接触，即直身裙的基本立体构成是以人体腹臀部各个方向上的突出点为接触点，由此垂直向下形成柱状形态，将该柱体展开，则形成横向a为臀围，纵向b为裙长的长方形。而直身裙立体形态的上部与人体之间存在着一定的空隙，从腰线到臀围线的人体体表曲面是类似椭圆球面的复曲面，如图5-7所示，为了符合人体的立体形态，需要在腰部利用省道及其他方法使圆柱体与人体形态相贴合。

**2.裙装省道与人体腰臀差关系**

通过设置省道可使裙装腰臀部位与人体形态相适合，确定省道的位置和大小可采用以下几种方法：①立体裁剪的方法②利用腰臀围截面重合图进行计算③利用石膏法或其他三维复制法获得体表展开图。利用这些计测方法可以确定裙装的基本省量。本书主要讨论以腰围和臀围的水平截面重合图为依据，通过理论计算确定省道的位置和大小的方法。

1）省道的位置

图5-8是人体腰围与臀围的截面重合图，图中细实线分别是人体腰围和臀围的截面，粗实线是直身裙臀围的截面，O′是重合图中假设的曲率中心。以一定角度间隔加入分割线，各区间裙装臀围与腰围的差值即为各部分省量的大小。从图中可以看出，在后中心线与前中心线附近的省量很少，而在围度曲率

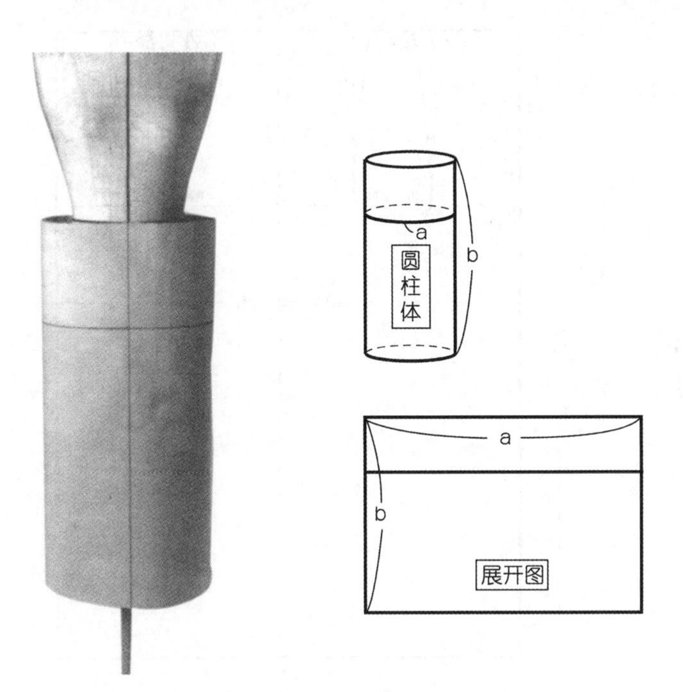


图5-6　直身裙的基本立体形态和平面展开图

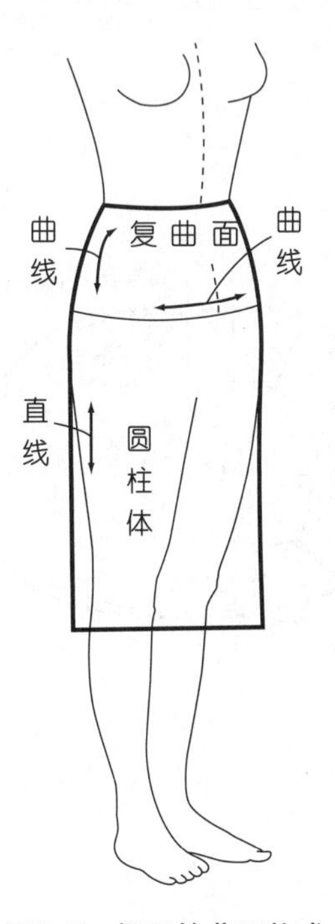


图5-7　裙子的曲面构成

变化大的部位（腰侧部位），由于距离较大而使腰臀围的差值增大，省量明显增大。因此，省道的位置是由腰围和臀围截面曲率共同决定的，在前、后中线附近基本不需要腰省，从斜侧面到侧面在腰线处应设置省道。

前、后各有一个省道的位置分别位于从O'点开始与前、后中心矢状方向分别呈45° 和40° 的位置。当单个省道量超过4cm时，应将省道分为两个。如图5-9所示，前片省道位置约在与前中矢状方向呈35° ~ 40° 夹角的直线上以及该直线与侧缝线的中间位置，后片省道位置约在与后中矢状方向呈25° ~ 30° 夹角的直线上以及该直线与侧缝线的中间位置附近，即省道的位置基本是沿直身裙臀围截面的法线方向。另外，侧缝线也作为一个省道位置。

2）省量的大小

确定省道的位置后（如图5-10中(1)所示，前片为一个省道，后片为两个省道），分别测量各省道中心线之间以及前、后中心线与相邻省道中心线之间裙装臀围与腰围的尺寸差，即为各个省道的省量。将重合图中得到

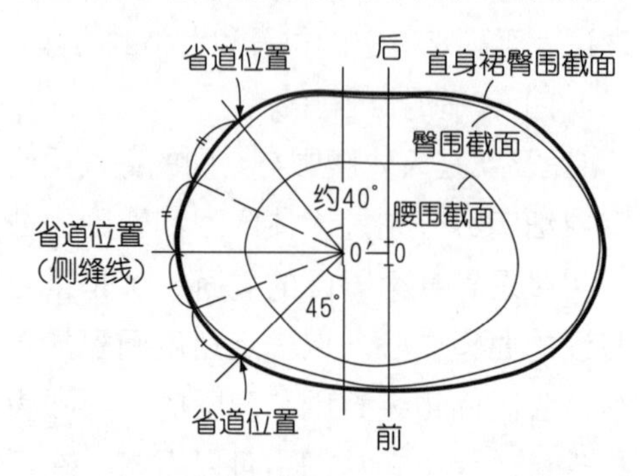


图5-8 腰省的确定（一个省道的情况）

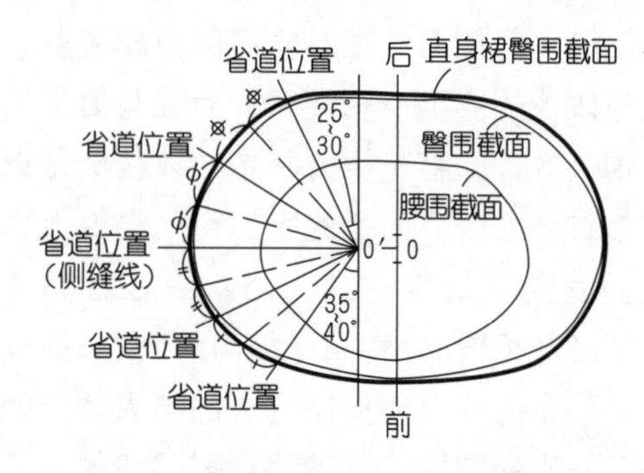


图5-9 腰省的确定（两个省道的情况）

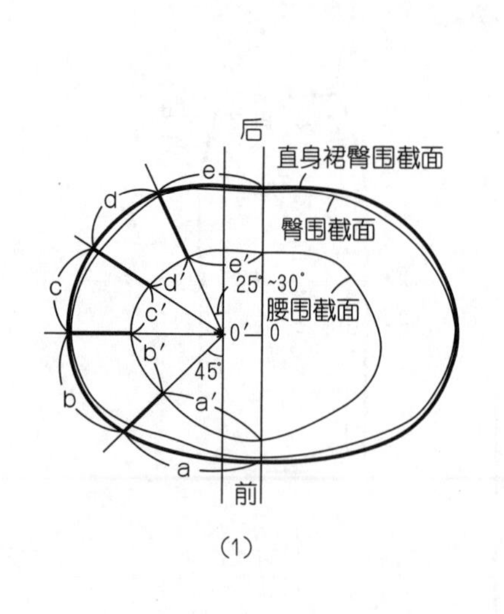


(1)

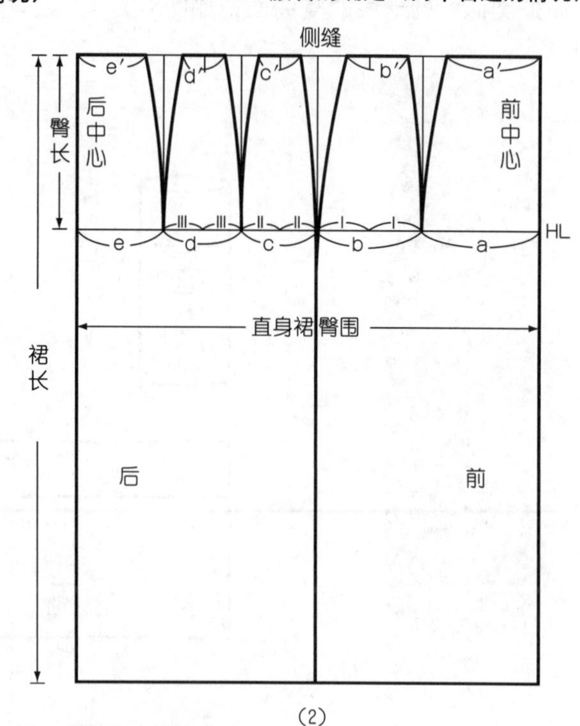


(2)

图5-10 省量大小的确定

的省量绘制在样板中，就可得到直身裙的结构图，如图5-10(2)所示。图中省道位置是由截面图中从前、后中心线开始到每一个省道以及两个省道之间的距离来确定，对应在腰围线上分别为a'、b'…e'，裙装臀围线上则是a、b…e，则前裙片的省量即为a'-a，后裙片的省量采用同样的计算方法。

通常，若设裙装臀围为H，腰围为W，则总省量为（H-W）/2，记作●，前、后裙片省量的分配可为：前片省量（包括腰省和侧缝撇进量）≈42%×●，后片省量（包括腰省和侧缝撇进量）≈58%×●。随着臀围宽松量的增加，侧缝撇进量可在0.5～3cm之间变化，裙片内的省量一般控制在1.5～3cm。

**3.裙装腰围、臀围的松量与人体运动的关系**

在日常生活中，随着人体下肢的各种运动，腰围、臀围等围度会出现变化量，因此在制作裙装时必须充分考虑到人体的需要，加入适当的松量，该松量一般取自人体在自然状态下的动作幅度。

**表5-2 腰围尺寸变化**

| 姿势 | 动作 | 平均增大量（cm） |
|---|---|---|
| 直立正常姿势 | 45°前屈<br>90°前屈 | 1.1<br>1.8 |
| 坐在椅上 | 正 坐<br>90°前屈 | 1.5<br>2.7 |
| 席地而坐 | 正 坐<br>90°前屈 | 1.6<br>2.9 |

表5-2是常见动作引起的人体腰围尺寸的变化。如表中所示当席地而坐90° 前屈时，腰围平均增大量为2.9cm，是各种动作中变化最大的。考虑到腰围松量过大会影响着装腰部的美观性，因此裙装腰围的松量常取1~2cm。

表5-3是常见动作引起的人体臀围尺寸的变化。表中在席地而坐90° 前屈时，臀围平均增大量为4cm，即满足人体运动所需臀围松量最少为4cm，再考虑因舒适性所必需的空隙，因此一般臀围松量都要大于4cm，至于因款式造型而需要增加的装饰性松量则根据实际情况而定。因此裙装臀围的松量最少取4cm。

**表5-3 臀围尺寸变化**

| 姿势 | 动作 | 平均增大量（cm） |
|---|---|---|
| 直立正常姿势 | 45°前屈<br>90°前屈 | 0.6<br>1.3 |
| 坐在椅上 | 正 坐<br>90°前屈 | 2.6<br>3.5 |
| 席地而坐 | 正 坐<br>90°前屈 | 2.9<br>4.0 |

**4.裙装下摆围度与人体运动的关系**

人体下肢在各种运动中的活动范围最大。下肢运动包括双腿分开的走、跑、跳等动作以及双腿并拢的站立、坐下、弯腰等动作。对于裙装而言，必须适应下肢广泛的运动区域，如上台阶时，若裙下摆围度不足，就会感到动作受阻，同时还会损伤面料。因此在制作裙装时，必须配合各种用途充分考虑到裙下摆松量的需要。图5-11所示为一般情况下女性以平均步幅行走时下摆围度与裙长的关系，当裙长增长时，裙下摆围度尺寸必须随之增大才能满足人体动作的需要。对于包裹人体下半身较紧的直身裙，当裙长超过膝盖，步行所需的裙摆量就会变得不足，所以必须在结构设计上加以弥补，可通过加入褶裥或开衩等方法增大下摆活动量，开衩的缝止点可根据日常生活的动作确定，一般在膝围线以上18~20cm的位置。

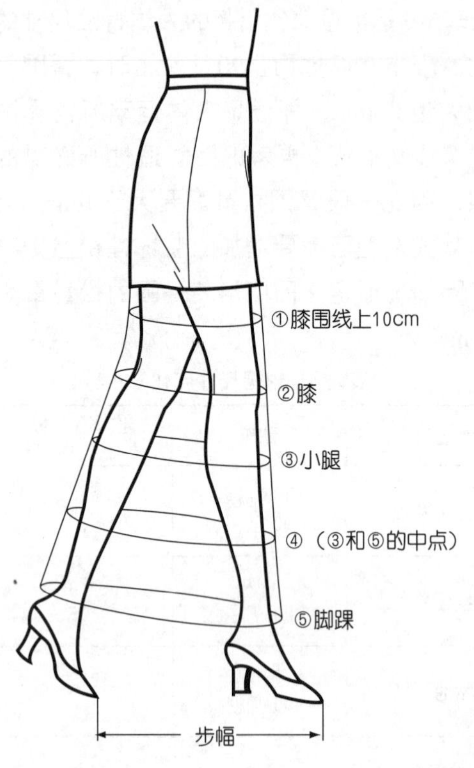


| 部位 | 平均数据（cm） |
| --- | --- |
| 步幅 | 67 |
| ①膝围线上10cm | 94 |
| ②膝围处 | 100 |
| ③小腿上部 | 126 |
| ④小腿下部 | 134 |
| ⑤脚踝 | 146 |

图5-11　裙装下摆围度与裙长的关系

### 5.裙装腰线与人体腰臀部位的关系

采用立体裁剪的方法得到直身裙的立体形态，展开图如图5-12(1)所示，图中裙装的腰线并不是完全处于水平状态。因为在立体形态上虽然腰围线和臀围线都处于水平状态，但由于人体前面、侧面、后面的臀长并不相同，如图5-12(2)所示，因此在展开图中的腰线在前、侧、后呈不同高低的曲线。由于人体的自然腰线在后腰部呈稍下落的状态，展开图中腰围线在后中心也会呈现稍下落的状态，一般下落0.5～1.5cm（常取1cm），在侧缝处增加0.7~1.2cm。

最后，裙装腰围线还需按照省道缝合后的状态进行修正画顺，如图5-13所示。

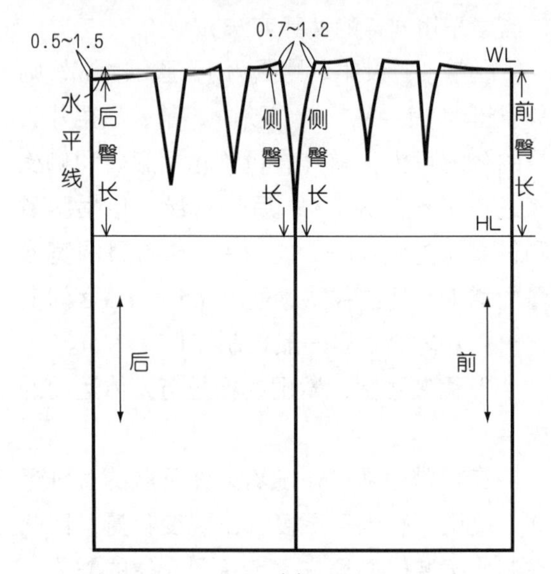


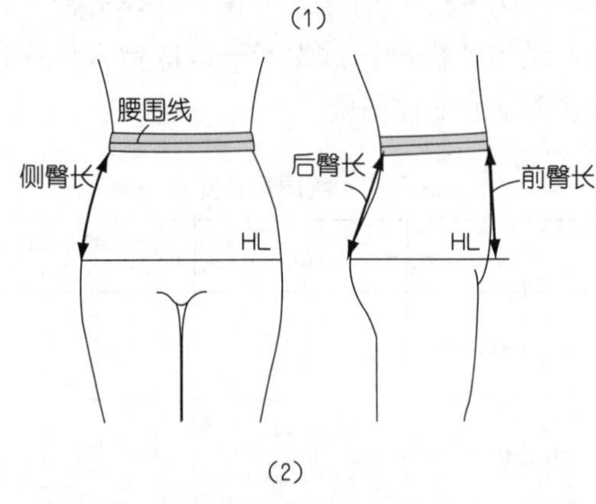


图5-12　裙装腰围线与人体腰臀部位的关系

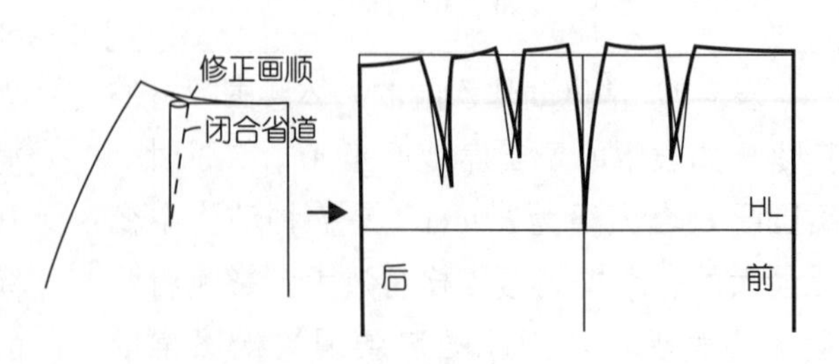


图5-13　裙装腰围线的修正画顺

## 5.2 裙装原型结构

### 5.2.1 裙装原型结构线名称

裙装原型结构中包括裙前片、裙后片、裙腰等样片。纵向结构线有前中心线、后中心线、前侧缝线、后侧缝线等。横向结构线有腰围线、中臀围线、臀围线、下摆线等。如图5-14所示。

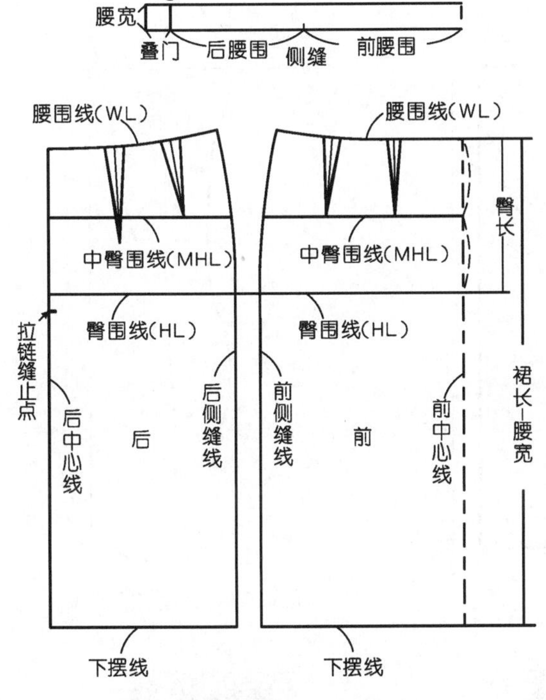


图5-14 裙装原型结构线名称

### 5.2.2 裙装原型结构构成

**1.款式特征**

裙装原型是最简单的裙装款式，也是最基础的裙装结构。款式造型为腰臀部位贴合人体，臀围线以下裙身呈直身轮廓，根据臀腰差，设置4个省道（前面2个，后面2个），长度及膝，腰线在人体自然腰围线处，裙腰为装腰结构。款式图如图5-15所示。

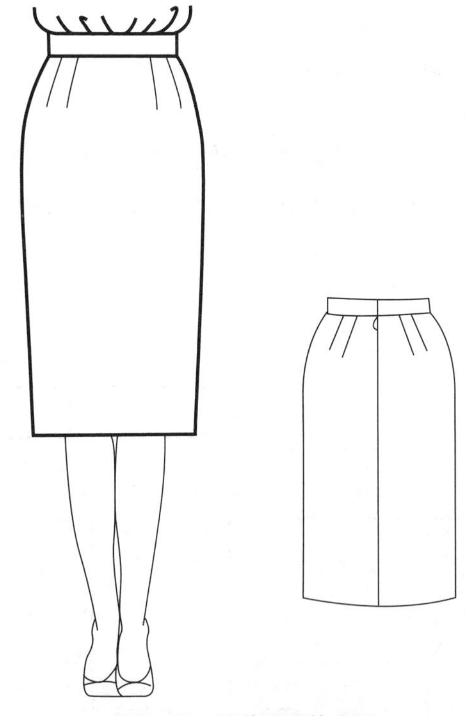

图5-15 裙装原型款式图

**2.裙装原型的立体构成**

1) 坯布准备

裙片长度是以裙长为基础，加上腰部缝份及下摆折边宽，再加一定余量；宽度是以人台半身臀围尺寸为基础，加上臀围松量（1~1.5cm）、侧缝线缝份以及中心侧的余量（4~5cm）。裙腰长度是以半身腰围为基础，加上腰围松量以及中心侧的余量；宽度为2倍腰宽加上缝份。各样片坯布如图5-16所示，在坯布上标出前后中心线、腰围线和臀围线。

2）人台准备

用标记带在人台上贴出腰围线、臀围线和侧缝线的标志线。腰围线应在后中下落1cm；侧缝线的位置从侧面观察达到平衡，通常设定在半臀围尺寸和半腰围尺寸的二等分向后偏移1cm的位置，使前、后腰臀围存在一定差量（前后差2cm），如图5-17所示。人台布线如图5-18所示。

3）别样

裙装原型的立体构成步骤如下（图5–19）：

（1）将前裙片中心线、臀围线分别与人台前中心线、臀围线对合一致，使前裙片中心线垂直于地面，臀围线呈水平，用大头针固定。

（2）将臀围线以上的侧缝丝缕放正，与腰部贴合。把腰部余量三等分，在侧缝处撇掉一份余量，对侧缝上段出现的松量作缝缩

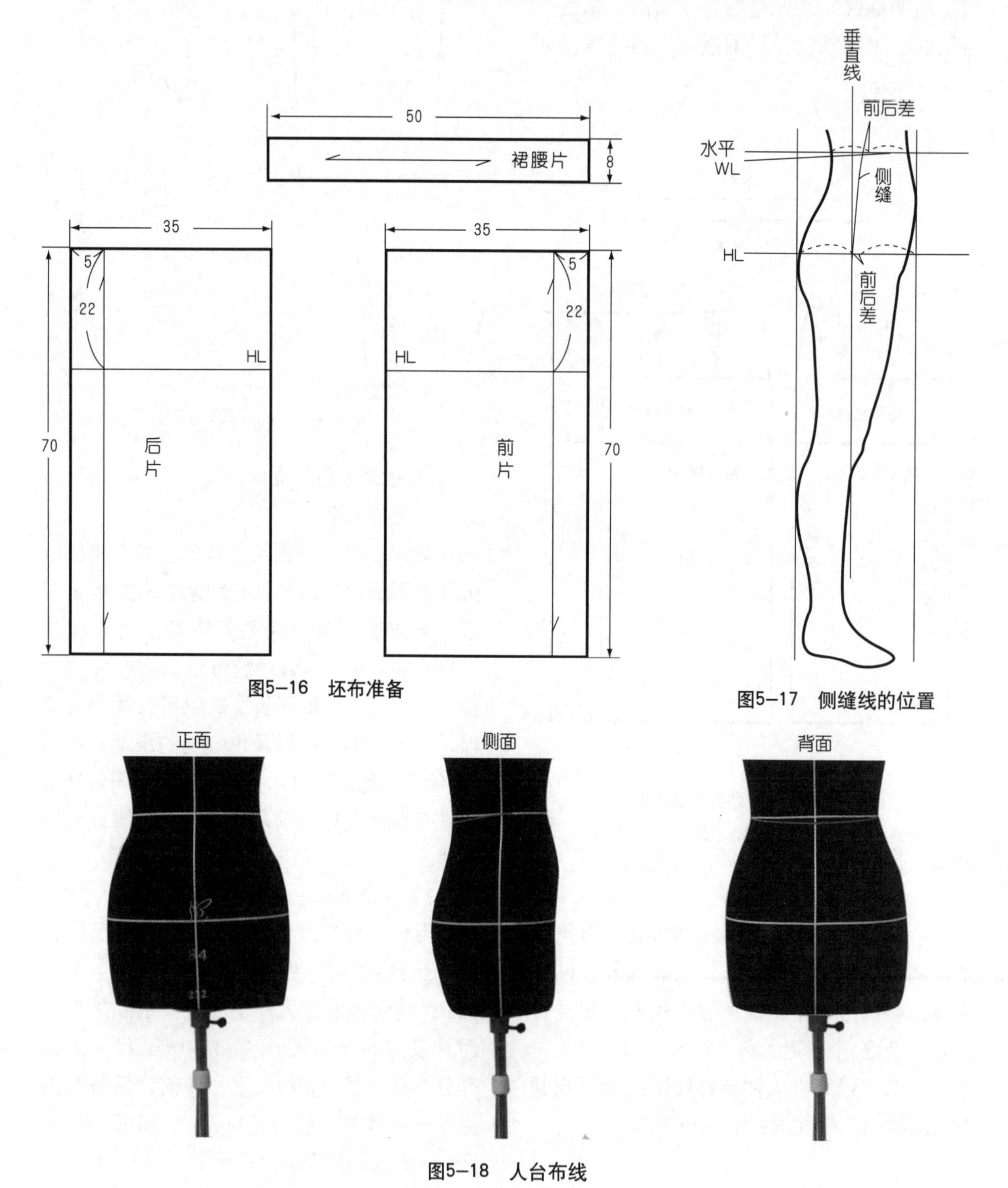


图5–16 坯布准备

图5–17 侧缝线的位置

图5–18 人台布线

处理。

（3）把剩余两份余量作成两个省道。考虑人体的体型特征，确定省道的位置、方向和长度，在腰部缝份上打剪口，用抓合针法固定省道，沿省道方向别大头针。

（4）在腰部加入0.5cm松量，臀围加入1cm松量，用大头针固定，并整理裙身呈柱状。

（5）后裙片的操作与前裙片一样，放正臀围线以上的侧缝丝缕，抓捏与前片侧缝处

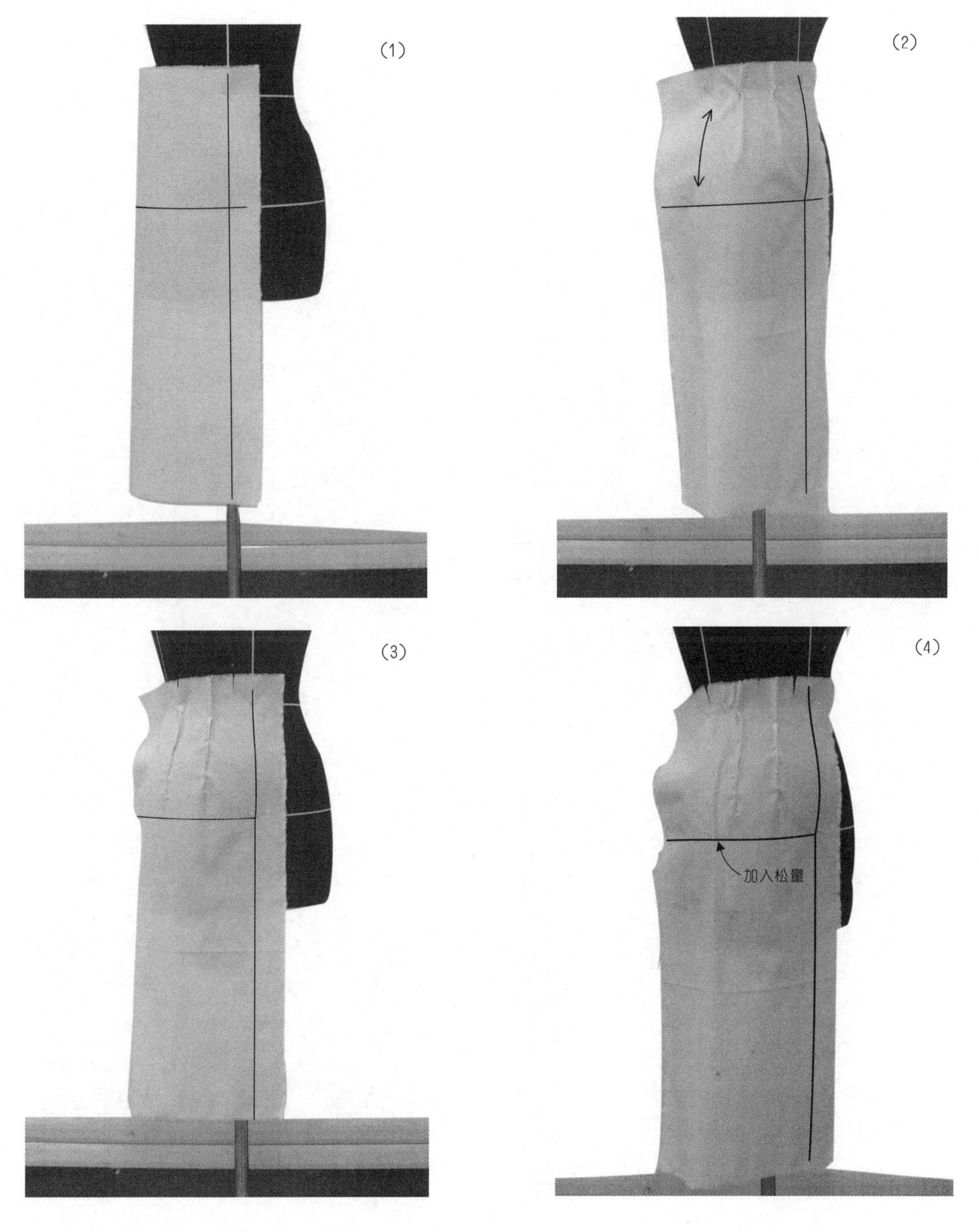


图5-19 别样

相同的余量在侧缝处撇掉。

（6）剩余腰部余量作两个省道，根据体型特征确定省道的位置、方向和长度。

（7）在腰部和臀围分别加入松量，并整理裙身呈柱状。

（8）用抓合针法固定前后片侧缝，臀围线以上是曲线对合，臀围线以下布料丝缕线垂直于地面。确认前后片臀围的松量、省位的平衡。

（9）修剪侧缝缝份，确认整体造型，用

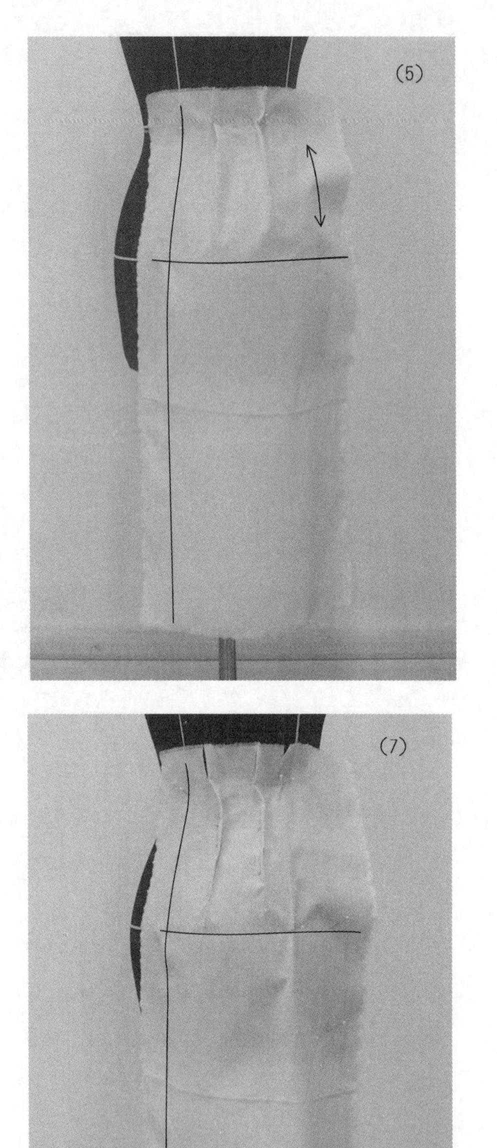


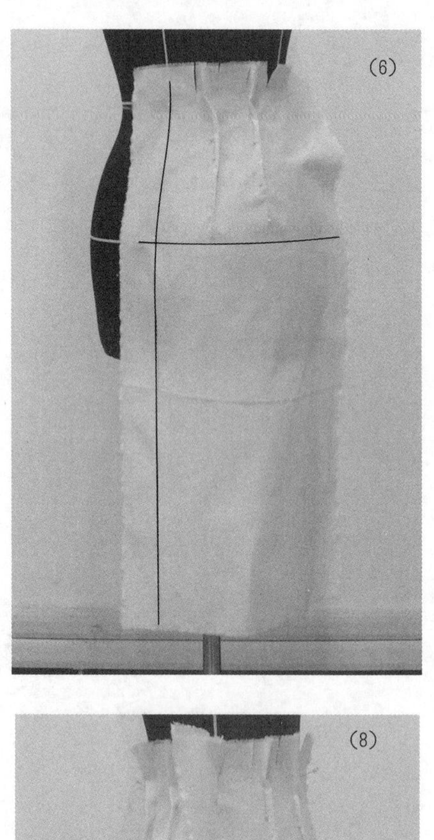


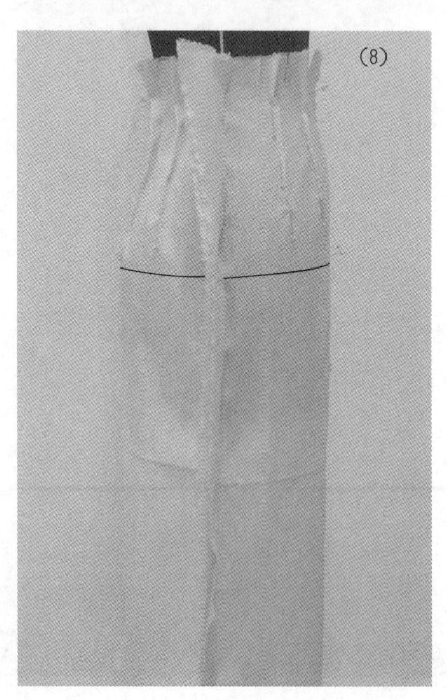


图5-19 别样（续）

点影线标记省道、腰围线和侧缝线，并标上必要的对位记号。

（10）确定裙长，在下摆线上用大头针作出标记，后片长度以前片臀围线到下摆的尺寸为准。

（11）从人台上取下裙片，以点影记号为准用铅笔画顺省道、腰围线、侧缝线和下摆线，整理布样。用大头针别样，前后片省道均倒

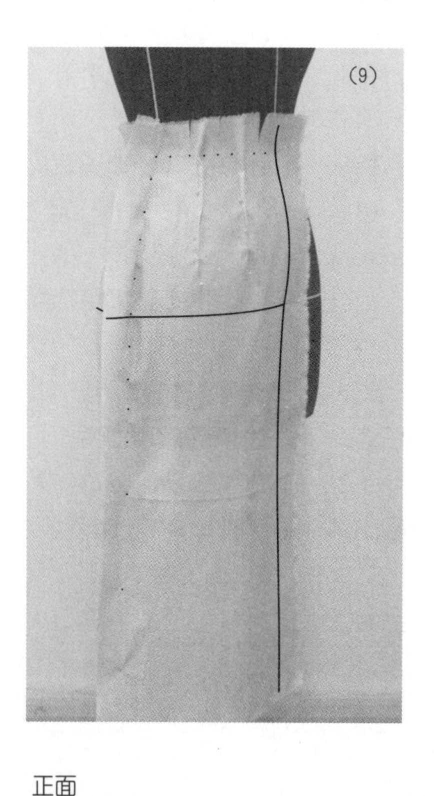


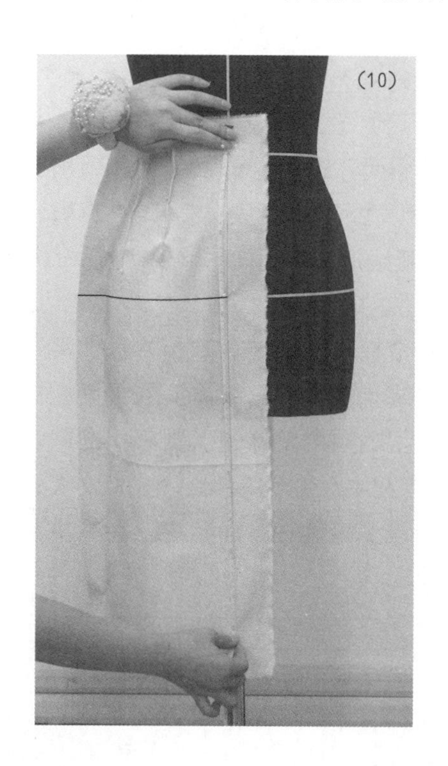




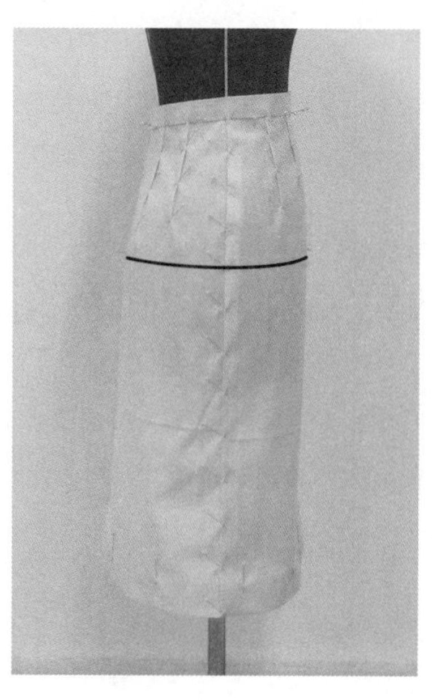

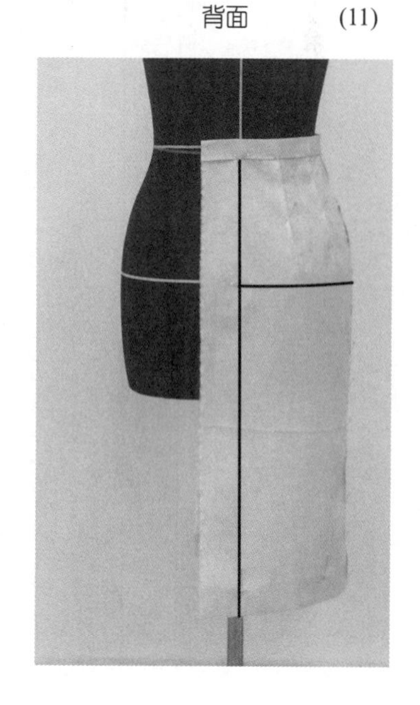

图5-19　别样（续）

向中心侧，前侧缝缝份折倒，在完成线上用大头针斜向别上，下摆处用大头针纵向别住折边。折叠裙腰，用大头针水平地别上裙腰片。

4）描图

将别样获得的布样转换为平面纸样，如图5-20所示。后片省道量大于前片省道量，前片近侧缝的省大于近中心侧的省，体现出人体体型特征。由于包覆人体圆突的腰臀部，侧缝线呈弧线形，侧缝处的臀长变长。

**3.裙装原型的平面结构**

以立体构成获得的裙装原型为基准，采用平面制图方法直接作出裙装原型的平面结构图。裙装原型的规格设计是以国家标准中女性中间体的人体尺寸为基础，再加放人体运动所需的最少松量进行确定的。女性中间体的人体尺寸为：h=160cm，W*=68cm，H*=90cm。

裙装原型的规格尺寸为：

腰围（W）=人体净腰围+最少松量=W*+2cm=70cm；

臀围（H）=人体净臀围+最少松量=H*+4cm=94cm；

臀长（HL）=人体臀长=18cm；

裙长（SL）=人体膝长+腰宽=57cm+3cm=60cm。

裙装原型的平面结构图如图5-21所示。主要制图步骤如下：

（1）作水平腰围基础线、中臀围线、臀围线、下摆线、前后中心线。

（2）取前臀围H/4+1cm（前后差），后臀围 H/4-1cm（前后差），使侧缝线位置向后

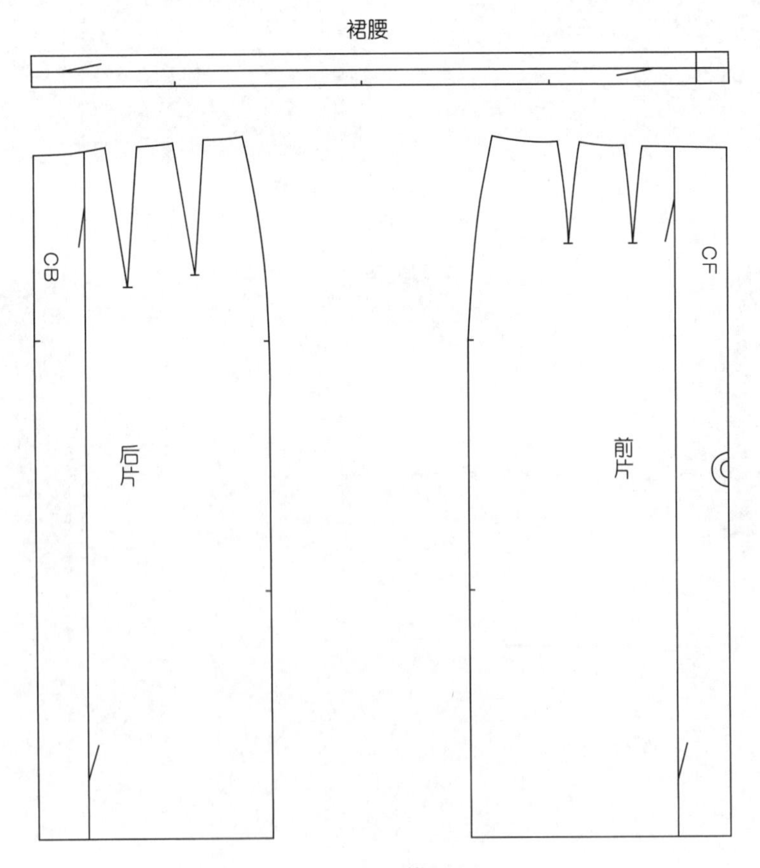


图5-20　描图

偏移。

（3）取前腰围W/4+1cm+0.5cm（省道调整量），记作∅，后腰围W/4–1cm–0.5cm（省道调整量），记作◎，调整前、后腰围使后腰省量大于前腰省量，符合人体体型特征。

（4）将前臀腰差分为三等分（每份记作○），一份在侧缝撇掉，起翘0.7～1.2cm，用弧线画顺侧缝上段，臀围线以下的侧缝线竖直延伸至下摆线。

（5）在前腰围线上作两个省道，省道位置约在前腰围三等分处，根据人体体型特点，近侧缝的省量稍大于近前中心的省，省长至中臀围线。

（6）为使前后裙片侧缝曲线一致，后片在侧缝撇掉量也为○，作法同前片侧缝。

（7）后腰围线中心下落0.5~1.5cm，将其余臀腰差作两个省道，省道位置约在后腰围三等分处，省量相同，近中心侧的省长距臀围线5~6cm。

（8）为保证省道缝合后腰围线的圆顺，需将省道闭合后修正腰围线。

（9）取腰宽3cm，长为腰围+叠门宽（叠门宽根据裙腰的固定方式确定，常取0～3cm），裙腰为连裁结构，在裙腰上应加入与裙片缝合的对位记号。

（10）加粗各样片的外轮廓线，并标明布纹线、样片名称、主要部位尺寸、对位记号等样片标注内容。

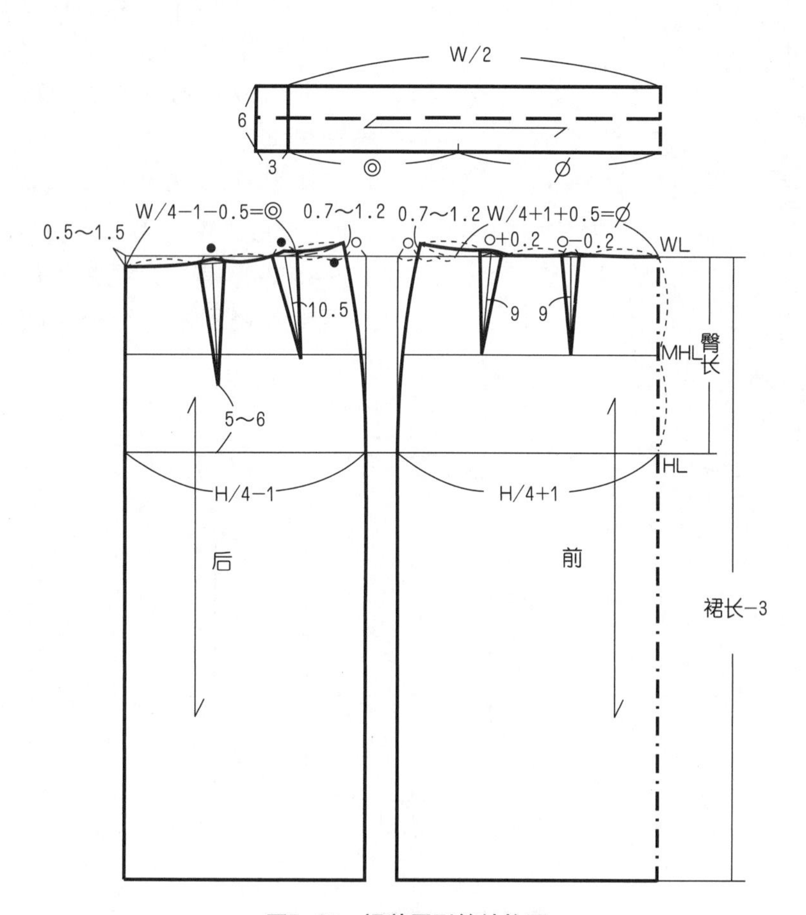


图5–21　裙装原型的结构图

## 5.3 裙装基本结构

在多种多样的裙装款式中，直身裙、A形裙和波浪裙是最基础的裙装款式，体现裙装结构设计的基本原理，称为裙装基本结构。

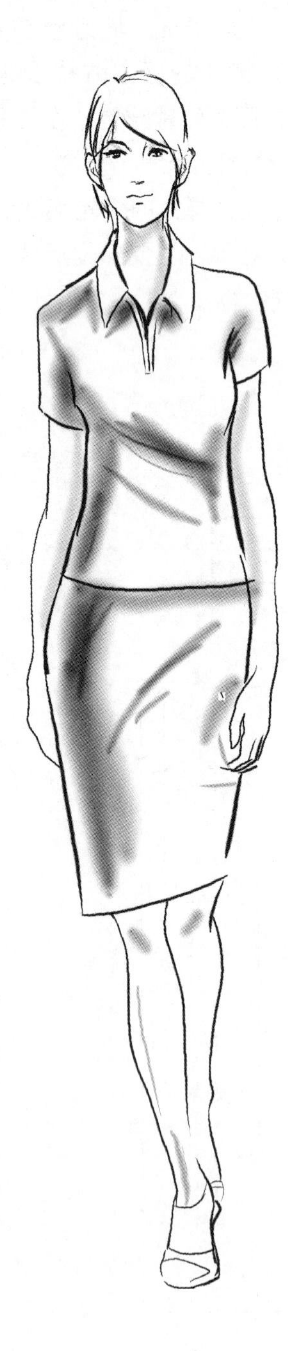

### 5.3.1 直身裙

直身裙是裙装中的基本款式，基本保留裙装原型的结构特征，即从腰围至臀围合身、从臀围到下摆呈直线轮廓。裙长可根据流行和个人喜爱自由变化，但由于裙身廓型细窄，设计时应考虑到不妨碍步行等动作，需要加入开衩或褶裥。

直身裙款式图如图5-22(1)所示。

**1.规格设计**

W=W*+（0～2cm）；

H=H*+（4～6cm）；

HL=0.1h+2cm；

SL=（0.4~0.5）h±a（a为常量，视款式而定）。

**2.结构制图**

直身裙的结构图如图5-22(2)所示。

结构制图要点：

（1）按腰围、臀围、臀长、裙长作裙装原型结构图。

（2）取前臀围H/4+1cm，后臀围H/4-1cm，前腰围W/4+1cm+0.5cm，后腰围W/4-1cm-0.5cm，前、后裙片各有2个省道，省道位置约在腰围三等分处，画顺腰围线和侧缝线。

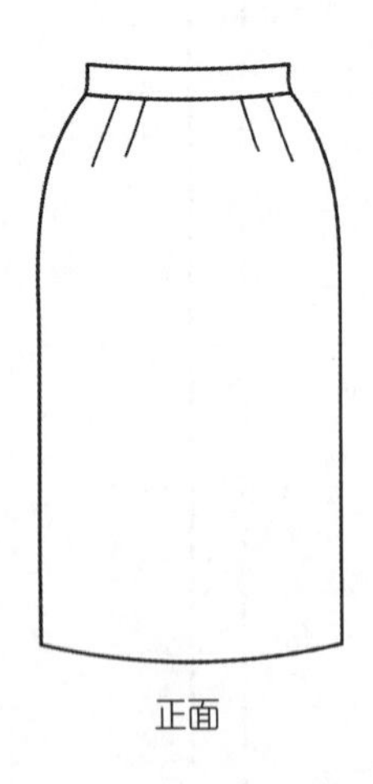


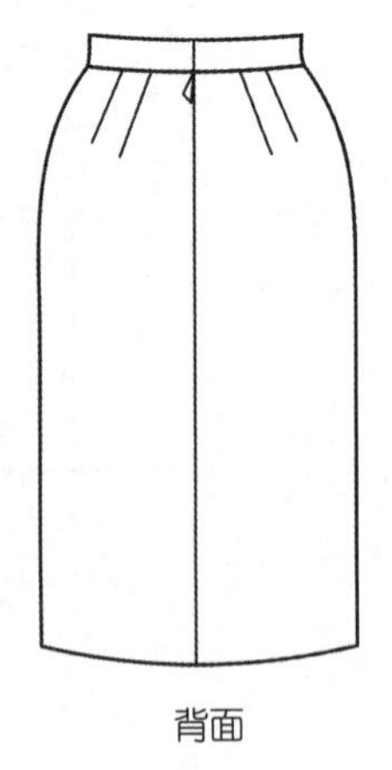


图5-22(1) 直身裙款式图

（3）后中下摆开衩，衩高20cm，后中装拉链。

（4）画顺裙片外轮廓线。

### 3.毛样板

根据结构图通过拓样逐个复制样片，在样片上加放缝份以及标注样片名称、对位记号、丝缕线等，制作成毛样板。如图5-22(3)所示。

### 4. 实样照片

根据结构图经过裁剪、缝制，实样完成照片如图5-22(4)所示。

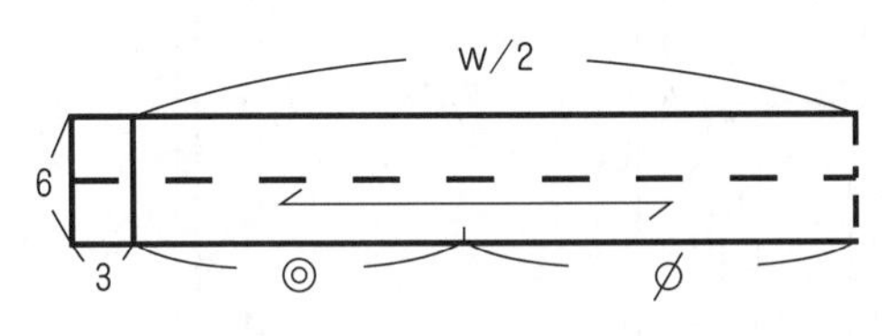


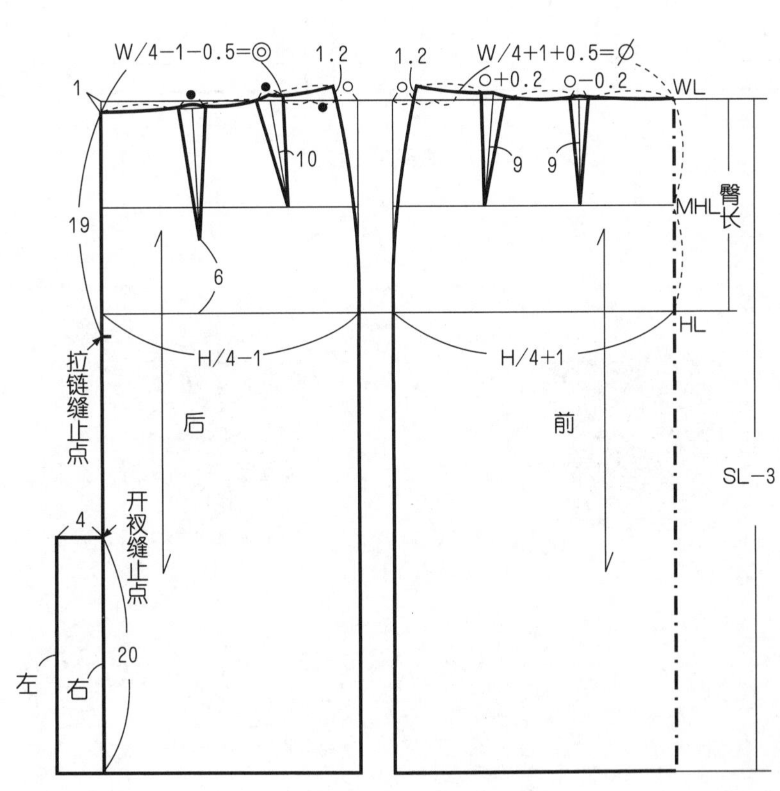


图5-22(2) 直身裙结构图

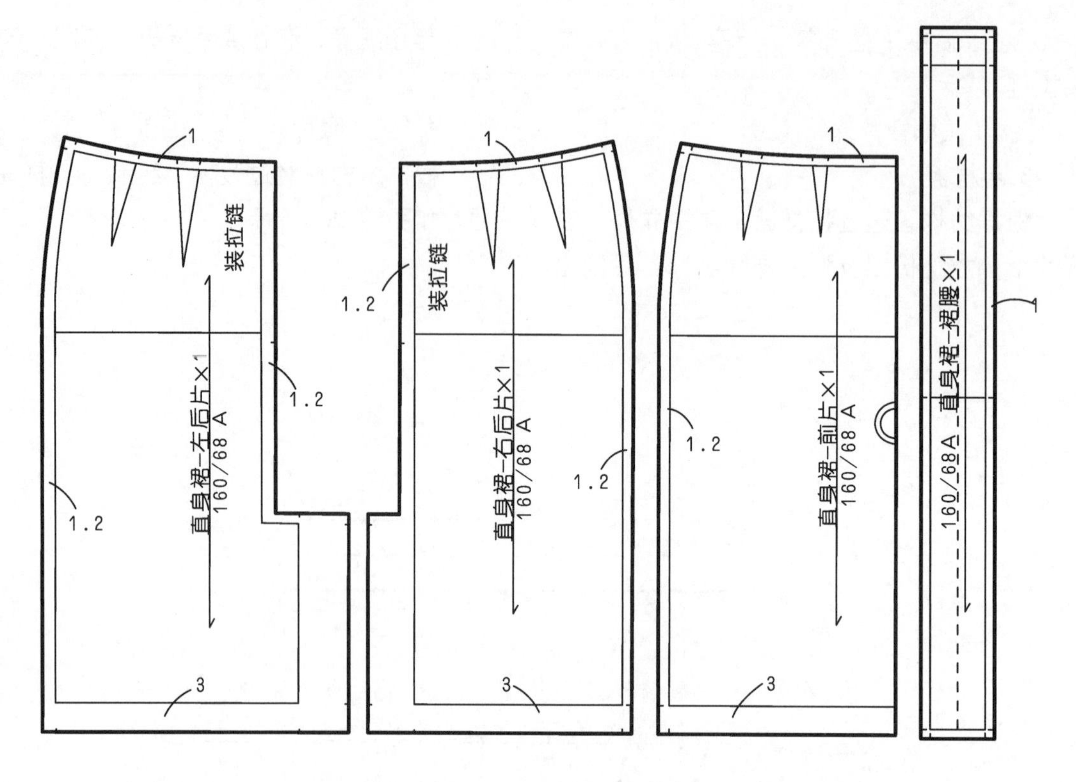


图5-22(3) 直身裙毛样板

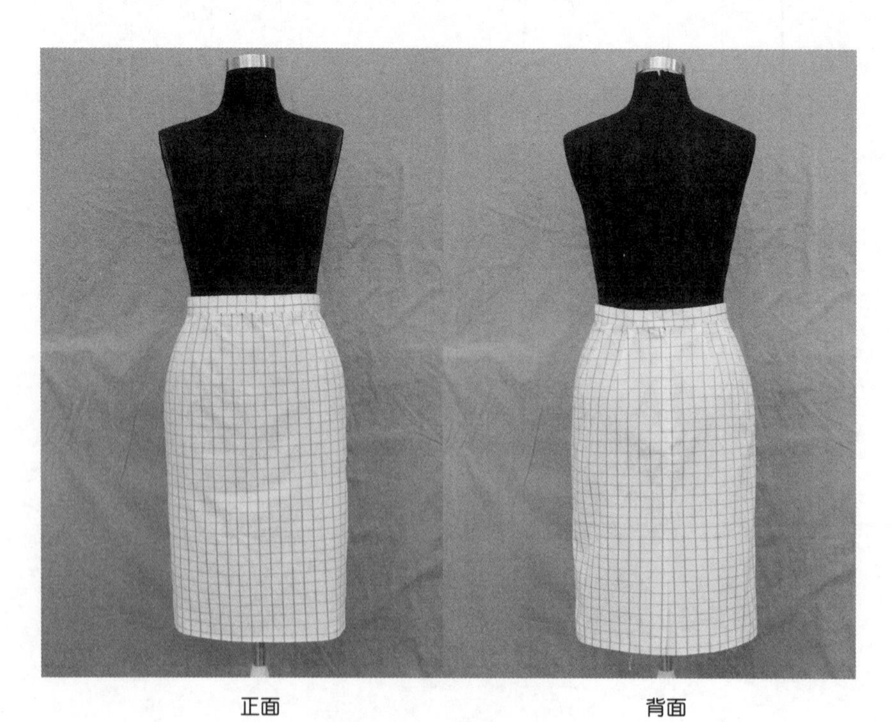

正面　　背面

图5-22(4) 直身裙实样

### 5.3.2　A形裙

A形裙也称为半紧身裙，是指从腰围到臀围较合体（臀围松量稍大于直身裙），裙摆稍微变宽的裙型，腰部可有一个省道，也可没有省道。A形裙的结构构成可有两种方法：一是在直身裙基础上，通过闭合腰部省道，展开下摆形成；二是应用直身裙展开的结果直接绘制。

A形裙款式图如图5-23(1)所示。

**1.规格设计**

W=W*+（0～2cm）；

H=H*+（6～12cm）；

HL=0.1h+2cm；

SL=0.4h ± a　（a为常量，视款式而定）。

**2.结构制图（方法一）**

A形裙的结构图如图5-23(2)所示。

结构制图要点：

（1）在直身裙原型基础上，从省尖点垂直向下作辅助线至下摆。

（2）沿辅助线剪开，闭合部分腰省，在臀围及下摆处加入展开量，达到A形裙臀围H

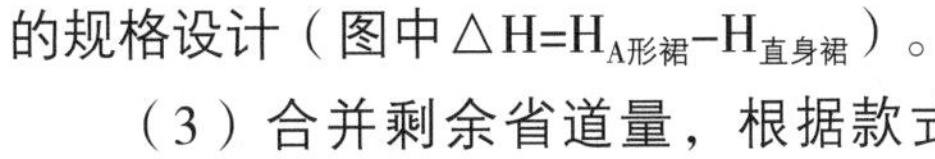

的规格设计（图中$\triangle H=H_{A形裙}-H_{直身裙}$）。

（3）合并剩余省道量，根据款式图确定前、后腰省位置。

（4）根据裙长SL画顺下摆线。

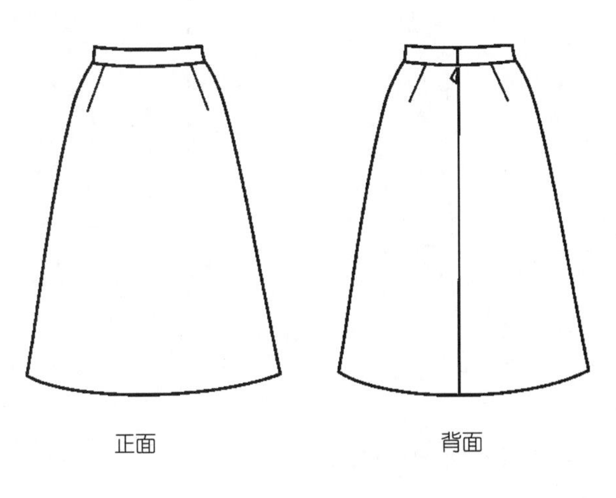


图5-23(1)　A形裙款式图

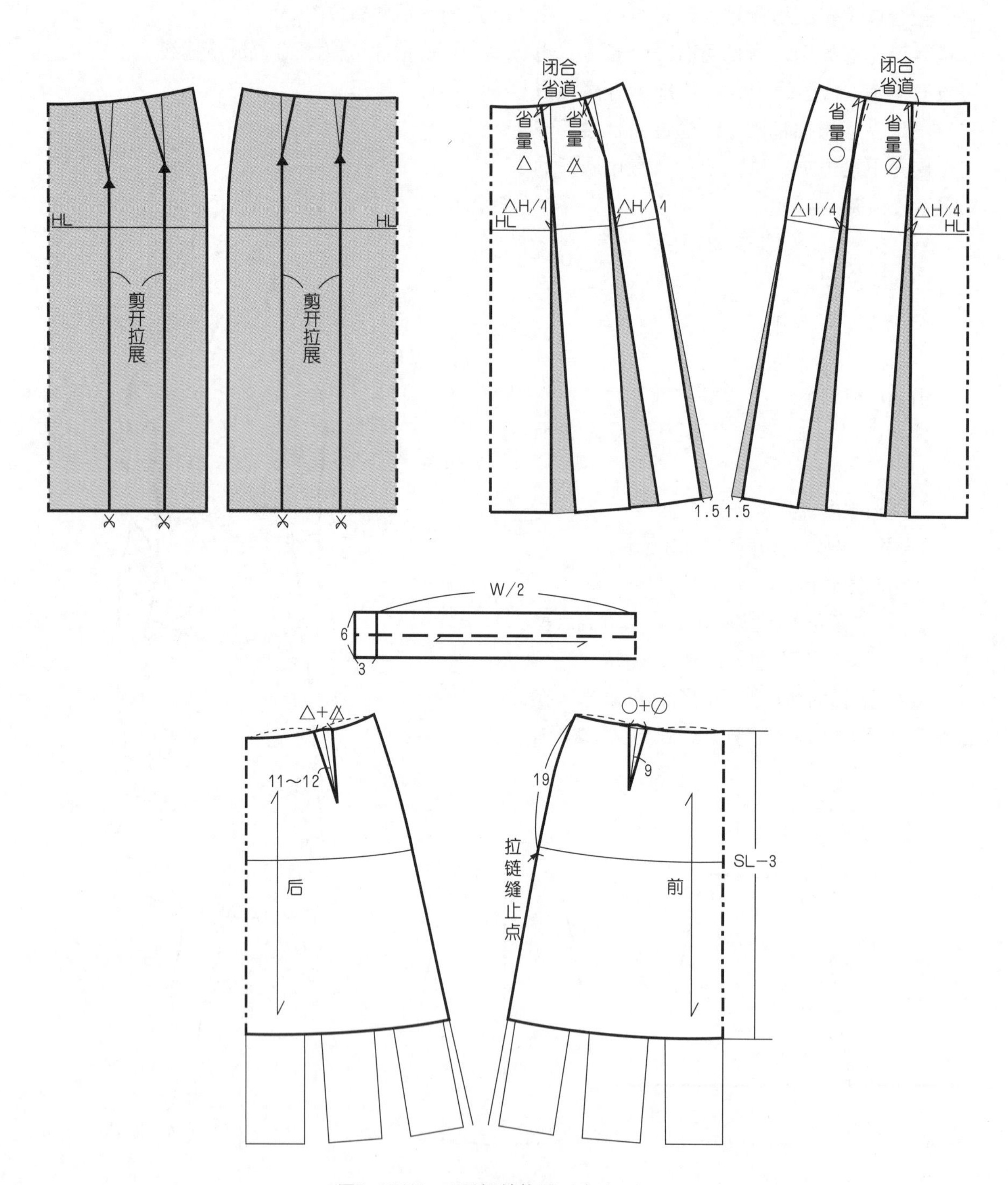


图5–23(2)　A形裙结构图（方法一）

（5）画顺裙片外轮廓线。

### 3.结构制图（方法二）

结构制图原理：应用直身裙闭合腰省展开下摆的结构变化结果，直接通过倾斜侧缝线，展开裙摆的方法进行A形裙的制图。如图5-23(3)所示，侧缝线倾斜度小，裙摆展开量则小，款式造型趋于合体；侧缝线倾斜度大，裙摆展开量则大，同时腰围线、臀围线、下摆线起翘量也随之增大，而腰省量减小。A形裙的结构图如图5-23(4)所示。

结构制图要点：

（1）作腰围线、臀围线、裙长、前后中心线等基础线。

（2）取前臀围H/4+0.5cm，后臀围H/4-0.5cm，从前臀围1/2处作臀围线起翘量1cm，前腰围W/4+0.5cm+2.5cm（省量）。作腰围线起翘量2cm，用弧线画侧缝线并延伸至下摆线，作下摆起翘，画顺下摆线，后片侧缝线画法同上。

（3）前后省道约在腰围1/2处，画顺腰围线。

（4）画顺裙片外轮廓线。

### 4.毛样板

根据结构图通过拓样逐个复制样片，在样片上加放缝份以及标注样片名称、对位记号、丝缕线等，制作成毛样板，如图5-23(5)所示。

### 5.实样照片

根据结构图经过裁剪、缝制，实样完成照片如图5-23(6)所示。

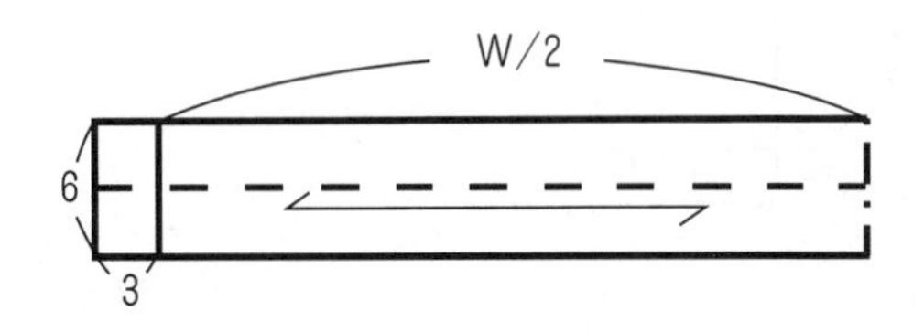


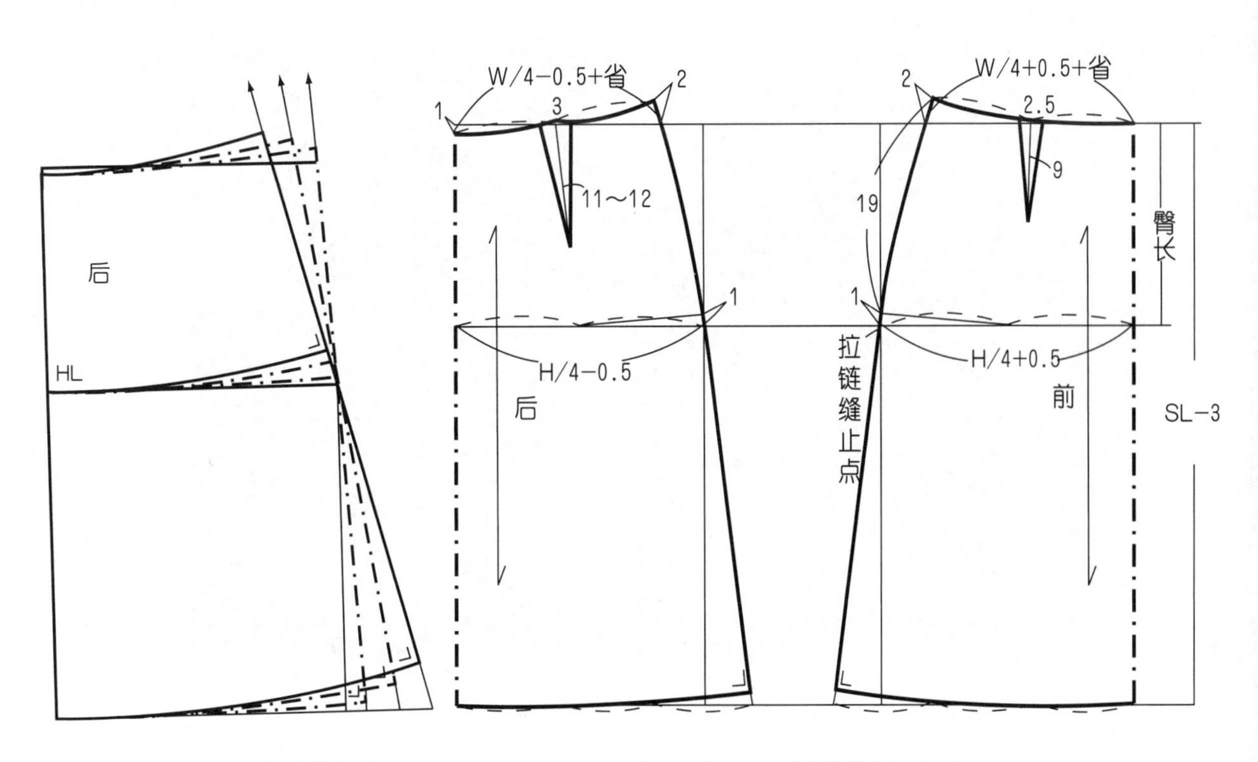


图5-23(3)　A形裙侧缝线的变化

图5-23(4)　A形裙结构图（方法二）

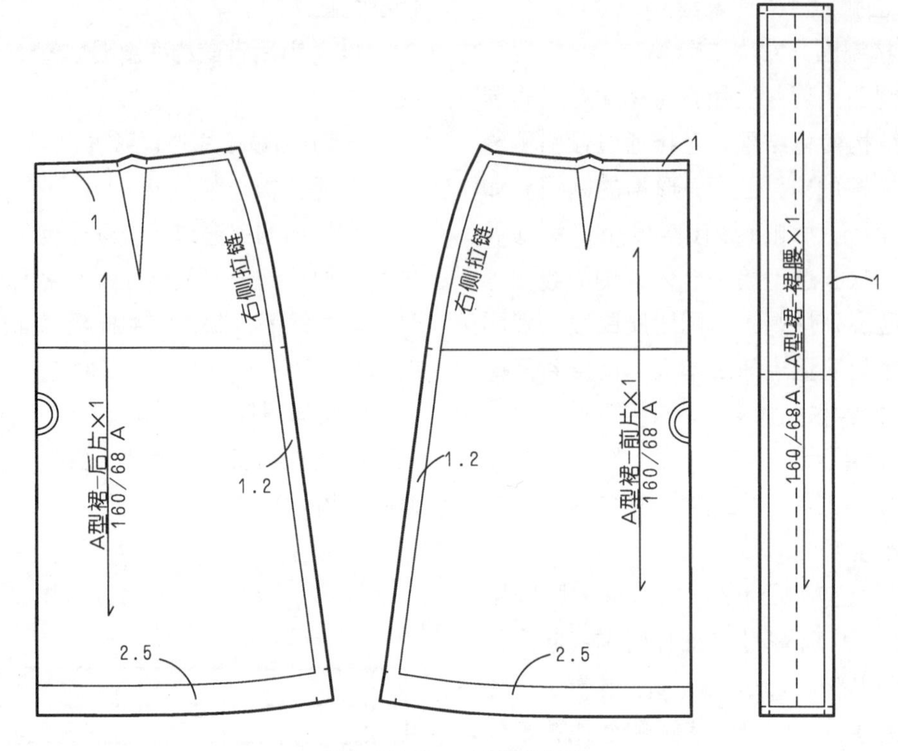

图5-23(5)　A形裙毛样板

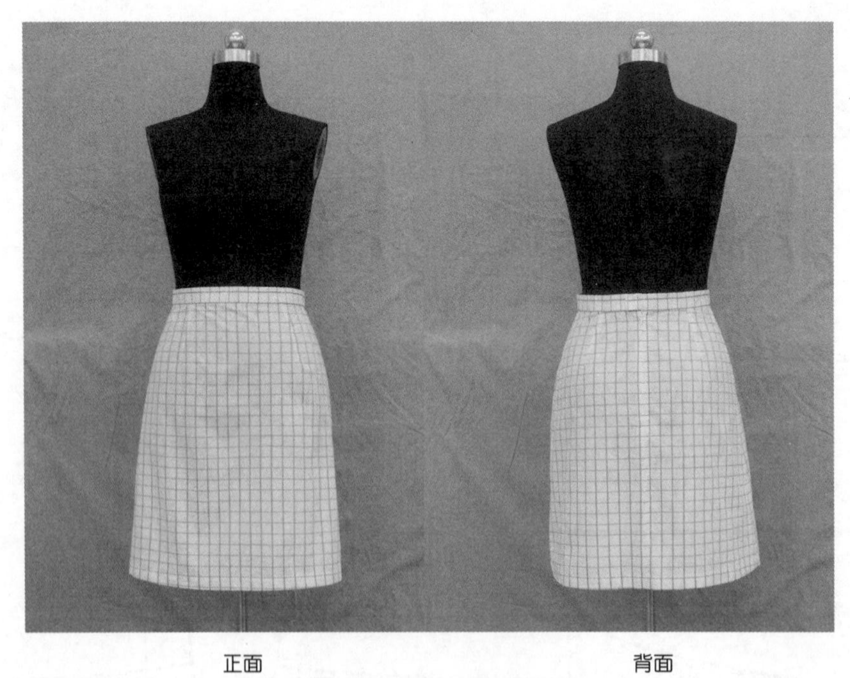
正面　　背面

图5-23(6)　A形裙实样

### 5.3.3 波浪裙

波浪裙也称为喇叭裙，是指臀围处比较宽松（比A形裙臀围增加较多松量），裙摆摆幅较大的裙型，腰部通常没有省道。

波浪裙的款式根据裙片数量可分为：一片波浪裙（全圆波浪裙）、两片波浪裙（半圆波浪裙）、四片波浪裙、六片波浪裙、八片波浪裙等；用裙片的圆心角表示则有45°、60°、90°、120°、150°、180°、210°、240°、270°、300°、360°等。

波浪裙的结构构成可有三种方法：一是在直身裙基础上，通过闭合腰部省道，获得裙摆展开量；二是从图形学角度应用圆台展开法计算裙摆展开量；三是利用腰围与裙摆之间同心圆的关系绘制波浪裙。实际应用时，可根据裙片的数量及裙摆大小选择适当的波浪裙结构构成方法。

波浪裙的款式图如图5-24(1)所示。

**1.规格设计**

W=W*+（0～2cm）；

H=H*+（>12cm）；

SL=（0.4~0.5）h±a（a为常量，视款式而定）。

**2.结构制图（方法一）**

波浪裙的结构图如图5-24(2)所示。

结构制图要点：

（1）在直身裙原型基础上，从省尖点垂直向下作辅助线至下摆。

（2）沿辅助线剪开，闭合全部腰省，在臀围及下摆加入展开量，测量臀围尺寸是否达到规格设计中的臀围H（即检验图中$○_1+○_2+○_3$，$□_1+□_2+□_3$是否等于△H/4，$△H=H_{波浪裙}-H_{直身裙}$），如果臀围展开量不

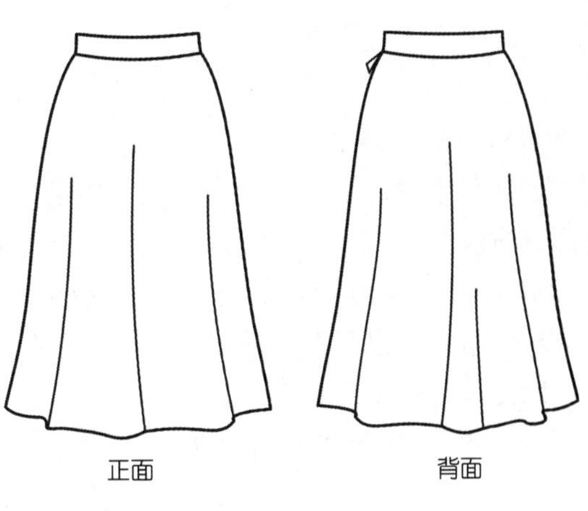


**图5-24(1)　波浪裙款式图**

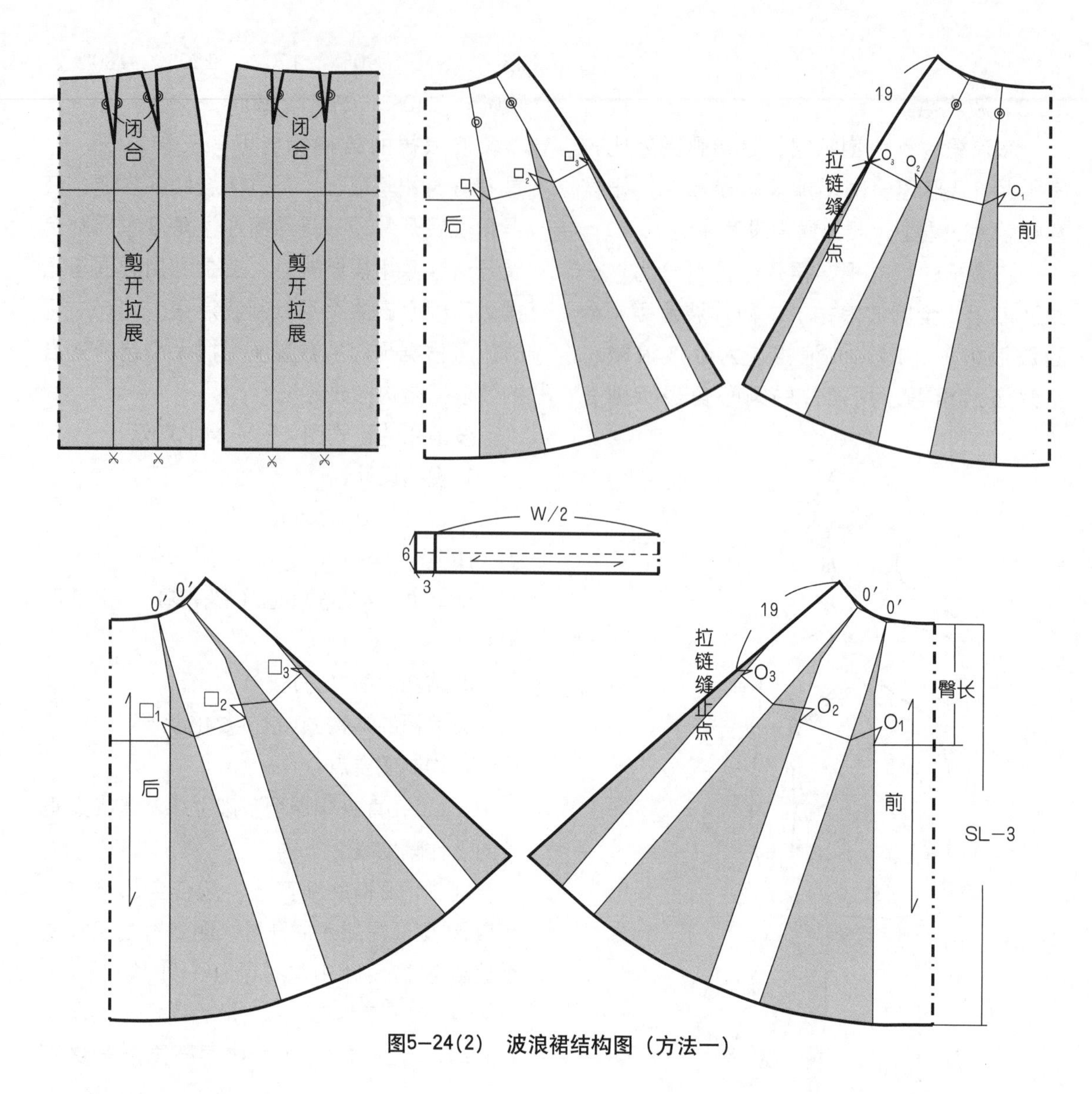


图5–24(2) 波浪裙结构图（方法一）

足，则再以腰围线上O′为中心继续展开，直至达到臀围H的规格尺寸。

（3）根据裙长SL画顺下摆线。

（4）画顺裙片外轮廓线。

### 3.结构制图（方法二）

结构制图原理：应用直身裙闭合腰省展开下摆的结构变化结果，以腰围为基准，通过展开臀围、裙摆的方法进行制图，多应用于多片裙的款式，波浪裙的结构图如图5–24(3)所示。

结构制图要点：

（1）以宽=W/n（n为裙片数），长=裙长–3（腰宽）作矩形。

（2）将矩形分成两部分，旋转外侧矩形，使裙片臀围=H/n（n为裙片数）。

（3）画顺裙片外轮廓线。注意丝缕线应为该裙片的中心线处。

### 4.结构制图方法（三）

结构制图原理：利用圆周率，根据腰围和裙长尺寸计算出圆半径，绘制同心圆，确定波浪裙的前后中心线，如图5–24(4)所示。这种圆裁的裙装可根据裙摆的大小分为1/4圆

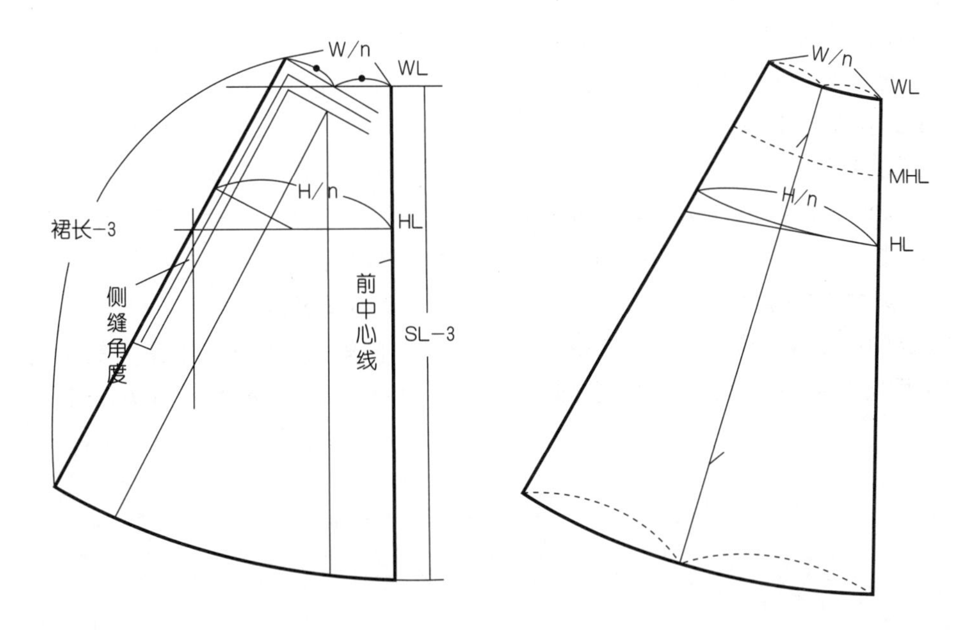


**图5–24(3) 波浪裙结构图（方法二）**

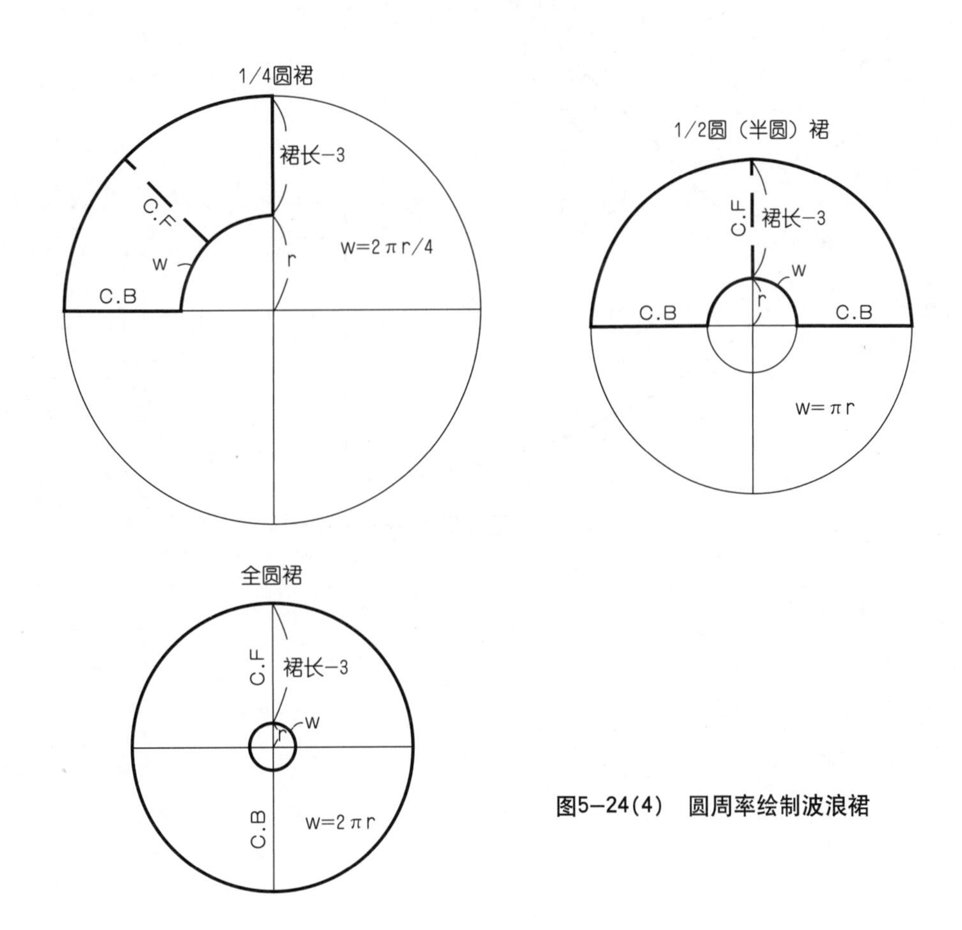


**图5–24(4) 圆周率绘制波浪裙**

裙、1/2圆裙、3/4圆裙和全圆裙，如果希望裙摆更大，也可增大为2个全圆。以1/2圆波浪裙为例，其结构图如图5-24(5)所示。

结构制图要点：

（1）以W/π为半径作圆，取1/8圆周=W/4为裙腰围，再以W/π+裙长-3cm为半径作圆，取1/8圆周为裙摆。

（2）画顺腰围线、侧缝线和下摆线。

（3）后腰线中心下落1cm，在侧缝处修正后腰围长为W/4。

**5.毛样板**

根据方法三结构图通过拓样逐个复制样片，在样片上加放缝份以及标注样片名称、对位记号、丝缕线等，制作成毛样板，如图5-24(6)所示。

**6.实样照片**

根据结构图经过裁剪、缝制，完成1/2圆波浪裙实样照片如图5-24(7)所示。

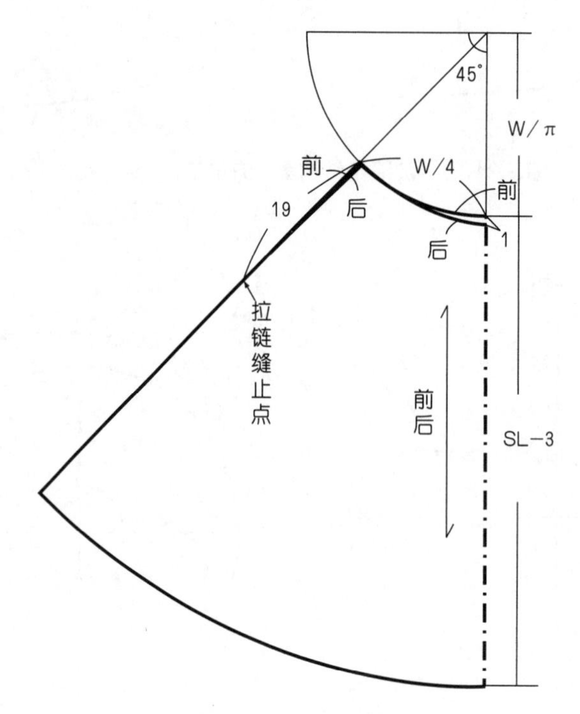


图5-24(5)　波浪裙结构图（方法三）

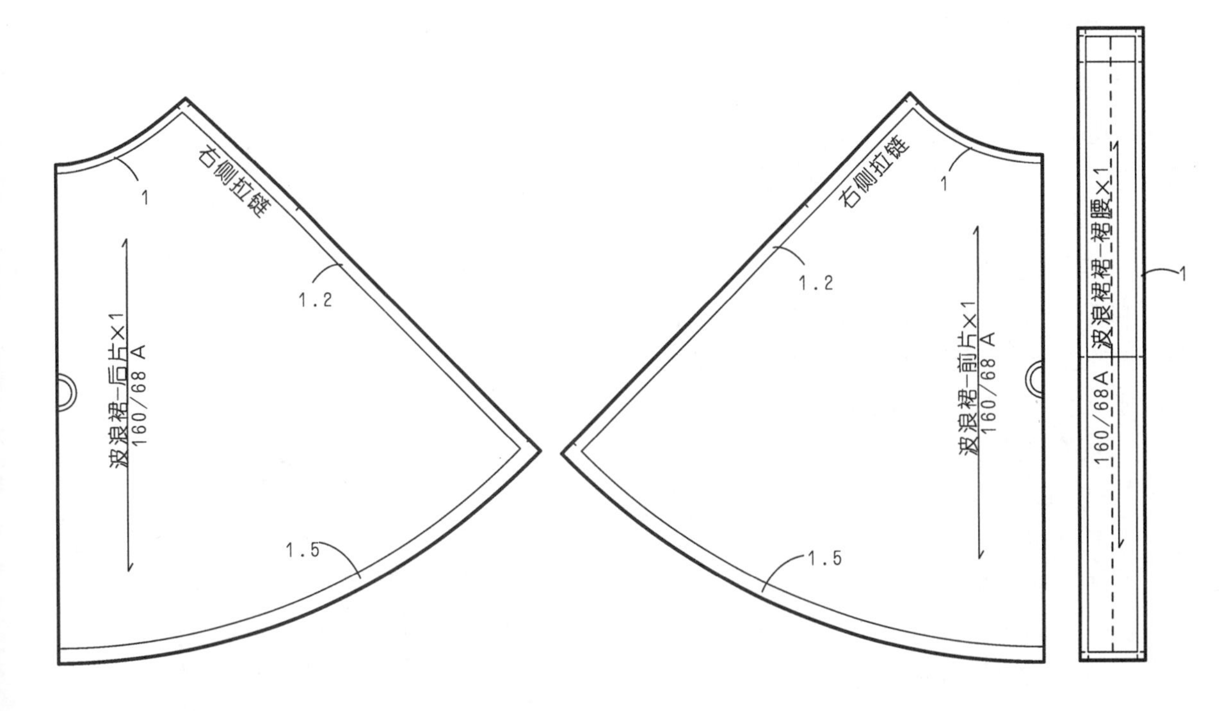


图5–24(6)　波浪裙毛样板

正面　　　背面

图5–24(7)　1/2圆波浪裙实样

## 5.4 裙装变化结构

在直身裙、A形裙、波浪裙等裙装基本结构基础上，运用分割、褶裥、抽褶等结构变化方法可形成具有不同造型的裙装款式。

### 5.4.1 连腰直身裙

腰部与裙身直接相连形成连腰结构，腰宽尺寸可为一般腰宽，也可为高腰，甚至可到下胸围位置。款式图如图5-25(1)所示。

**1.规格设计**

W=W*+2cm=70cm（人体腰围线处）；

腰宽=6cm；

H=H*+6cm=96cm；

HL=0.1h+2cm=18cm；

SL=0.4h+2cm=66cm （含腰宽6cm）。

**2.结构制图**

结构图如图5-25(2)所示。

结构制图要点：

（1）在裙装原型结构图基础上，取前臀围H/4+1cm，后臀围H/4-1cm，前、后裙片各保留一个省道，前腰围W/4+1.5cm+3cm（省量），后腰围W/4-1.5cm+3.5cm（省量）。

（2）确定裙长，为便于行走，侧缝稍向外撇出，画顺腰围线和侧缝线。

（3）平行腰围线向上6cm画连腰腰围线，向上延长省道、侧缝至高腰线，为满足人体腰围线以上部位围度增大，连腰部位应

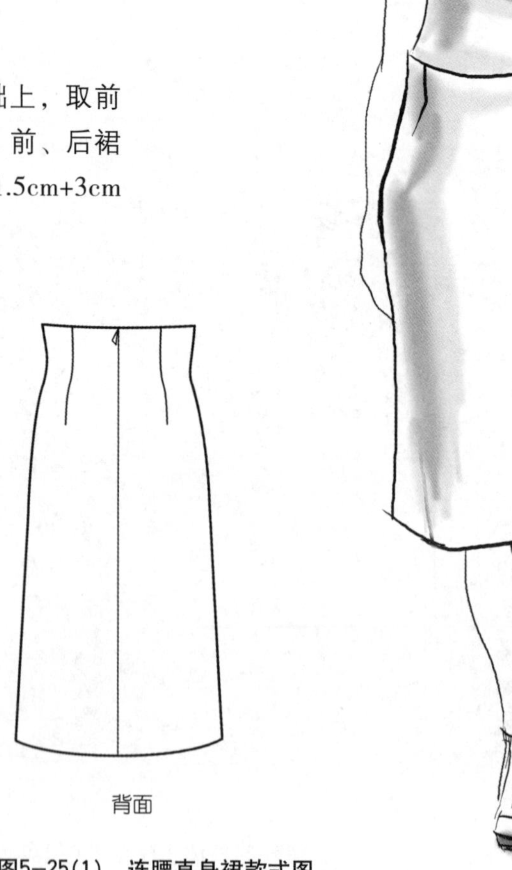


图5-25(1) 连腰直身裙款式图

在省道内和侧缝处加入一定补足量。

（4）取连腰部分闭合腰省，作腰贴边。

（5）画顺裙片外轮廓线

**3.毛样板**

根据结构图通过拓样逐个复制样片，在样片上加放缝份以及标注样片名称、对位记号、丝缕线等，制作成毛样板，如图5-25(3)所示。

**4.实样照片**

根据结构图经过裁剪、缝制，实样完成照片如图5-25(4)所示。

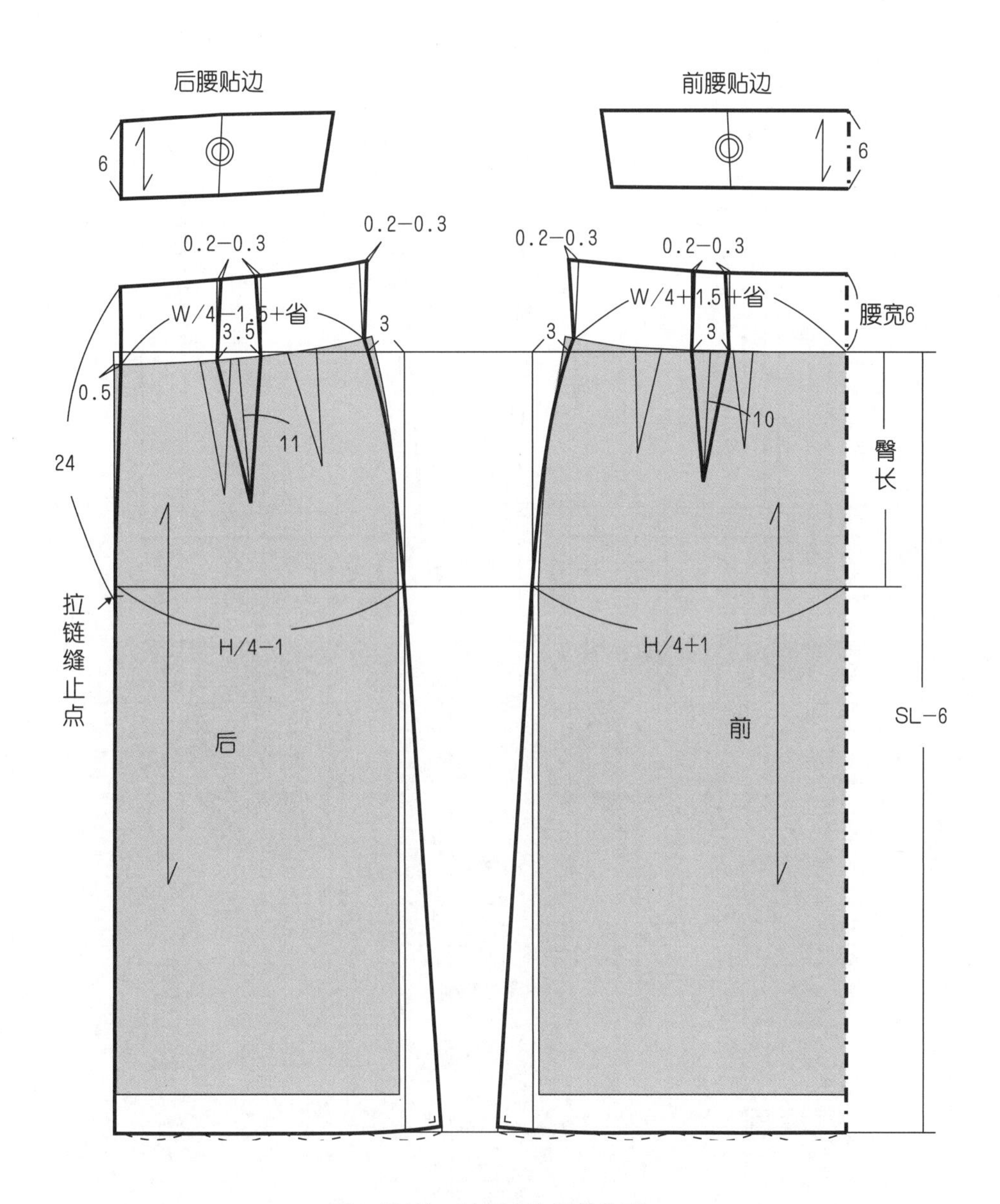


**图5–25(2)　连腰直身裙结构图**

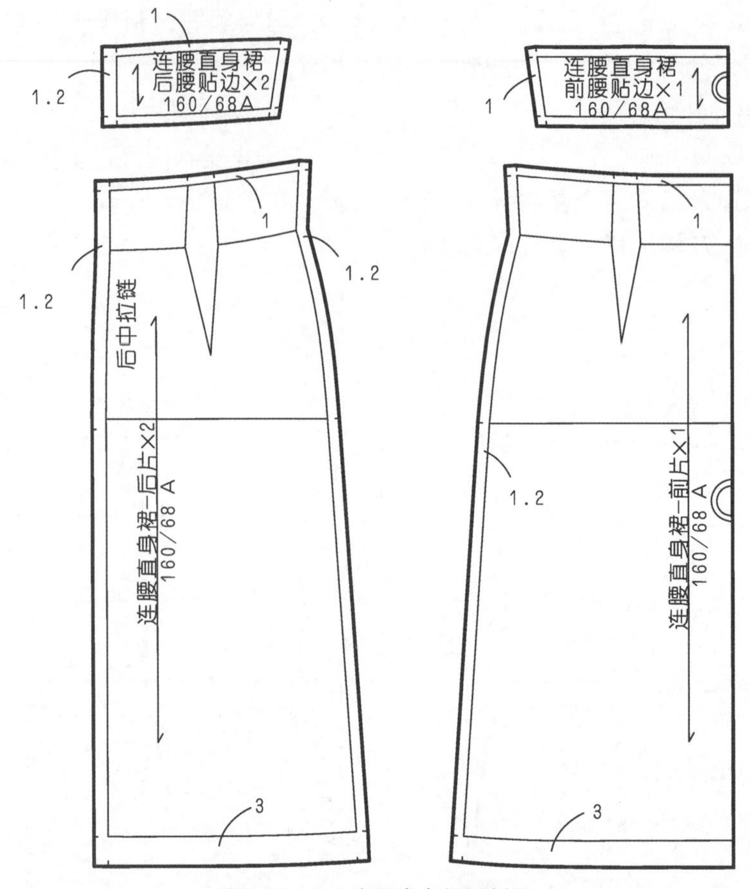


图5-25(3) 连腰直身裙毛样板

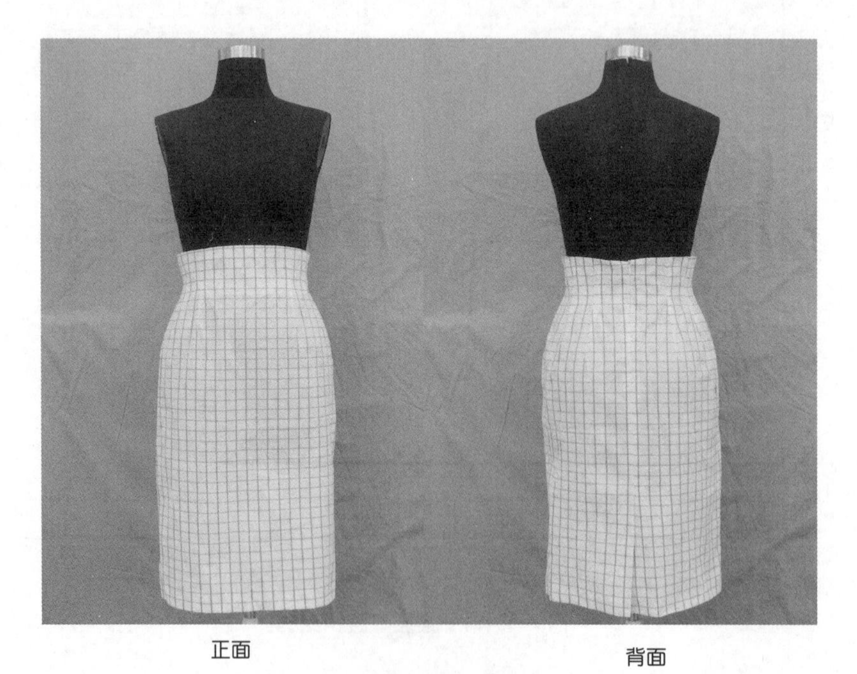

正面 背面

图5-25(4) 连腰直身裙实样

### 5.4.2 高腰直身裙

高腰（腰宽>3cm），裙身为直身廓型，为便于行走，前中心和侧缝处均有褶裥。款式图如图5–26(1)所示。

**1.规格设计**

W=W*+2cm=70cm;

H=H*+6cm=96cm;

HL=0.1h+2cm=18cm;

SL=0.5h–2cm=78cm （含腰宽=6cm）。

**2.结构制图**

结构图如图5–26(2)所示。

结构制图要点：

（1）在裙装原型结构图基础上，取前臀围H/4+1cm，后臀围H/4–1cm，前腰围W/4+0.5cm+4.5cm（褶裥量），后腰围W/4–0.5cm+3.5cm（省量），侧缝起翘1cm，确定裙长。

（2）分别以长=实际前、后腰围，宽=6cm作矩形。作辅助线剪开拉展，加入上口围度补足量。

（3）在前中心和侧缝分别加入褶裥展开量。

（4）画顺裙片外轮廓线。

**3.毛样板**

根据结构图通过拓样逐个复制样片，在样片上加放缝份以及标注样片名称、对位记号、丝缕线等，制作成毛样板，如图5–26(3)所示。

**4.实样照片**

根据结构图经过裁剪、缝制，实样完成照片如图5–26(4)所示。

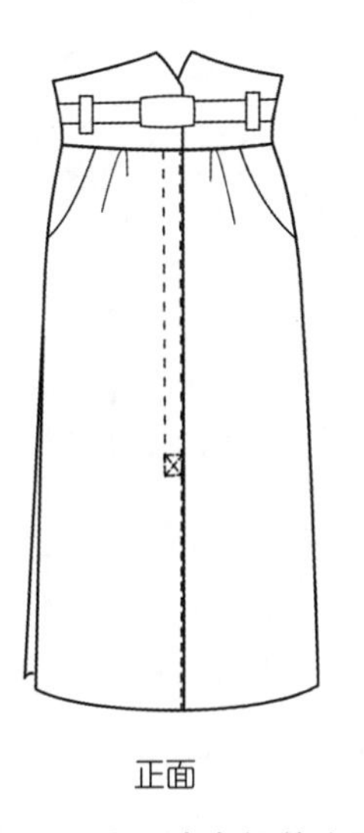

正面

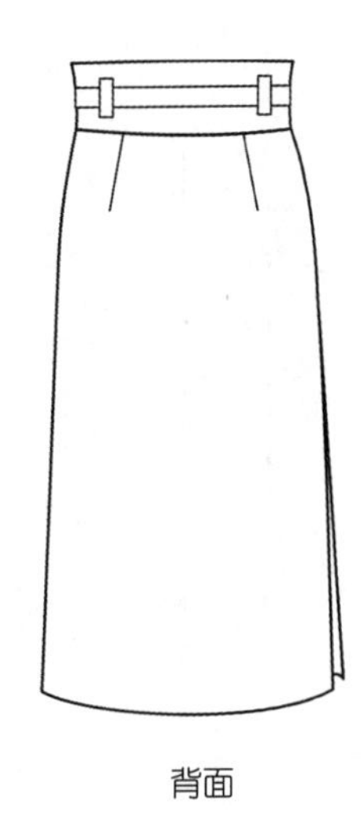

背面

图5–26(1) 高腰直身裙款式图

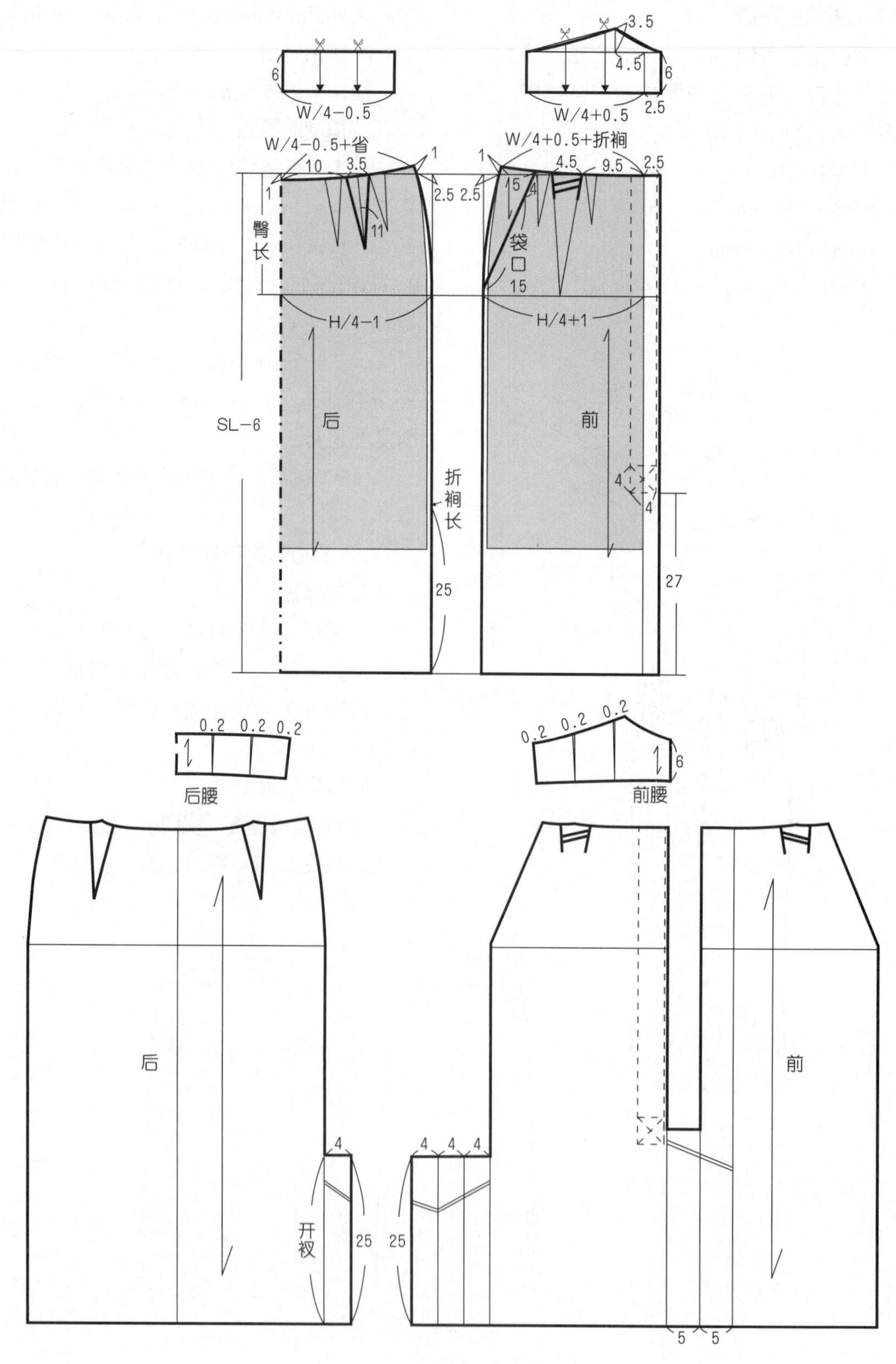


图5−26(2)　高腰直身裙结构图

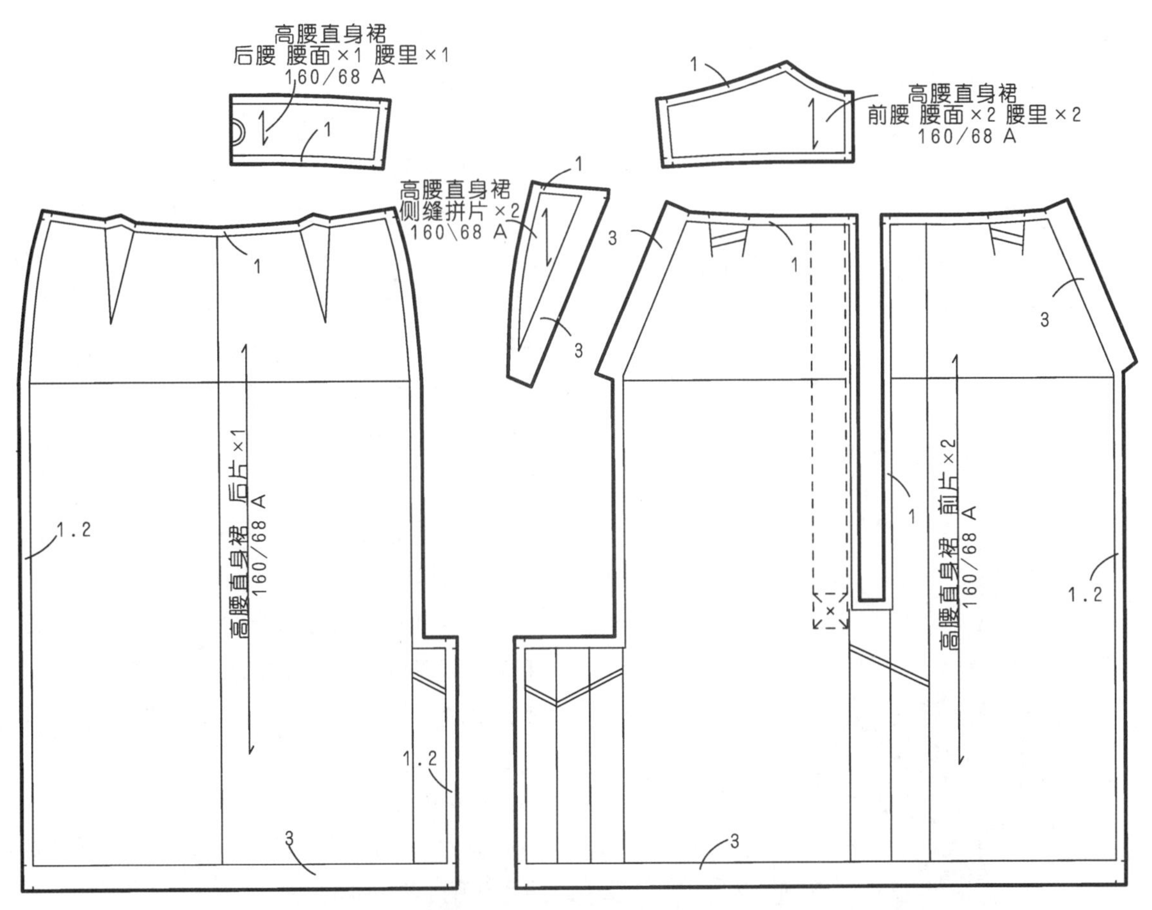


图5-26(3) 高腰直身裙毛样板

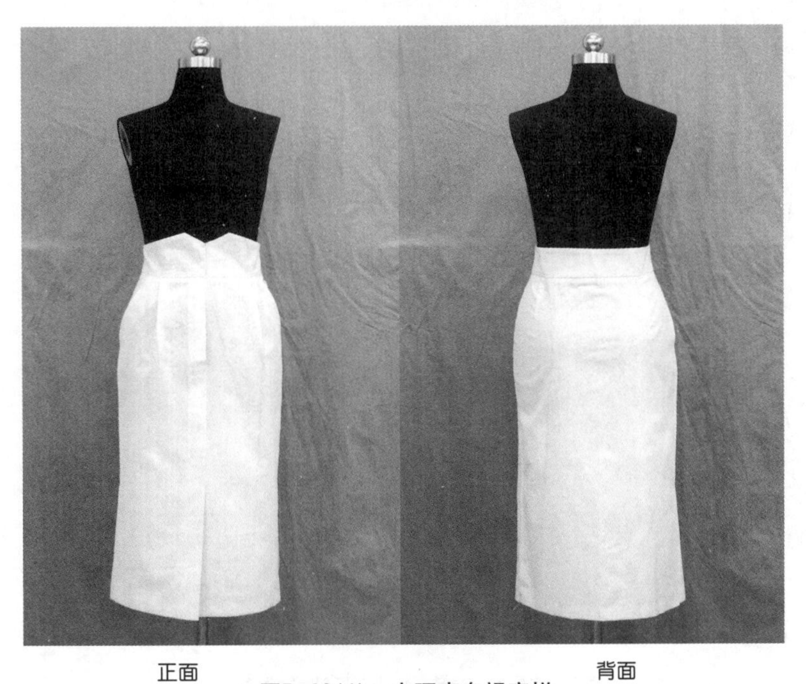

正面　　背面

图5-26(4) 高腰直身裙实样

### 5.4.3 低腰育克裙

低腰、横向育克分割，裙身多个对裥使髋骨部位具有膨胀感。款式图如图5-27(1)所示。

1.规格设计

W=W*+2㎝=70cm（人体腰围线处）；

低腰量=4cm；

SL=0.4h-11cm=53cm。

2.结构制图

结构图如图5-27(2)所示。

结构制图要点：

（1）在裙装原型结构图基础上，平行于腰线下落4cm作低腰线，确定裙长。

（2）根据款式造型作横向育克分割线，延长省道至分割线，闭合育克中的腰省。

（3）在裙身上作辅助线，沿辅助线剪开拉展加入褶裥量，前中心处也加入1/2褶裥量。

（4）画顺裙片外轮廓线。

3.毛样板

根据结构图通过拓样逐个复制样片，在样片上加放缝份以及标注样片名称、对位记号、丝缕线等，制作成毛样板，如图5-27(3)所示。

4.实样照片

根据结构图经过裁剪、缝制，实样完成照片如图5-27(4)所示。

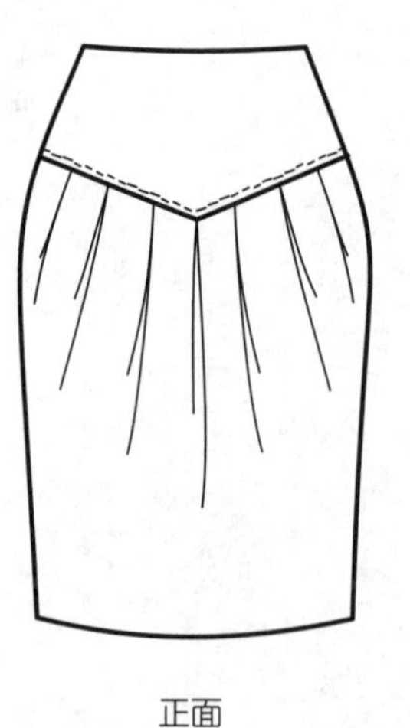



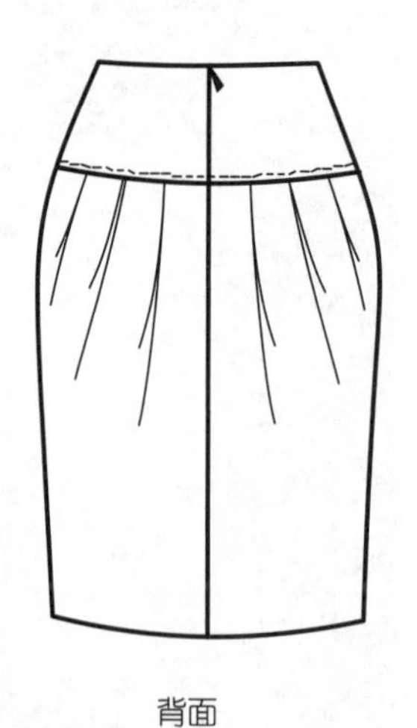



图5-27(1) 育克分割低腰裙款式图

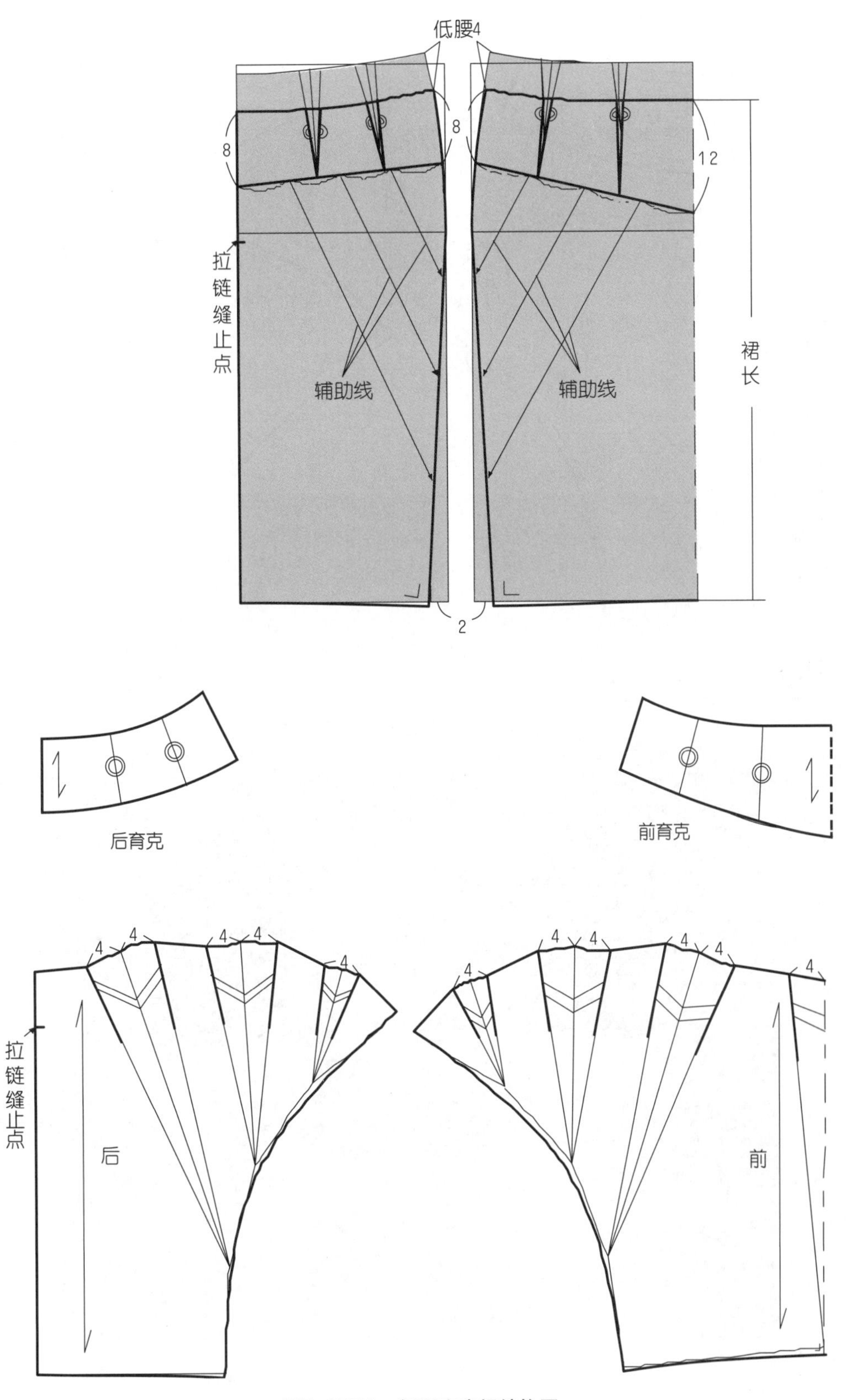


图5-27(2) 低腰育克裙结构图

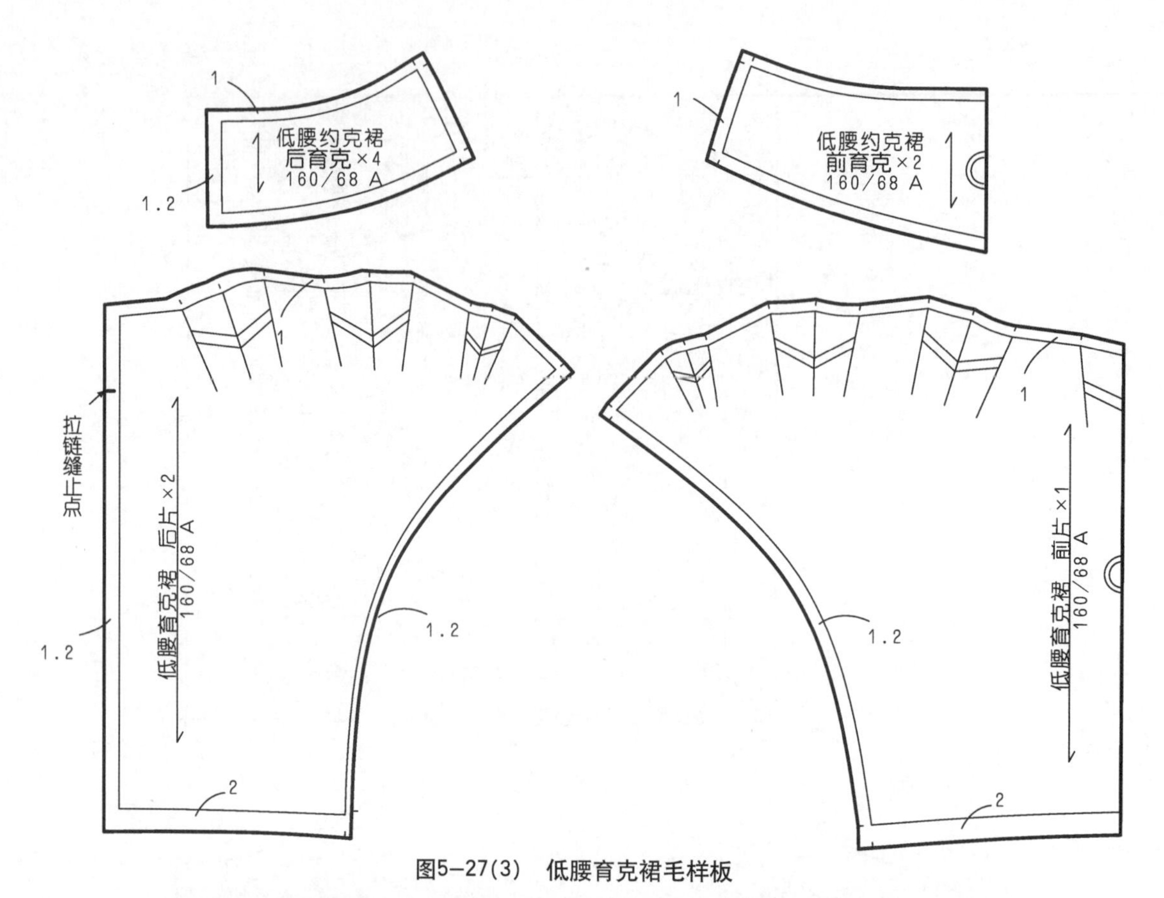


图5-27(3) 低腰育克裙毛样板

正面 背面

图5-27(4) 低腰育克裙实样

### 5.4.4 弧线分割裙

无腰，裙身为直身轮廓，前片腰部弧线育克分割，后片沿前片分割线至下摆，并加入褶裥。款式图如图5-28(1)所示。

1.规格设计

W=W*+2cm=70cm；

H=H*+4cm=94cm；

HL=0.1h+2cm=18cm；

SL=0.4h-4cm=60cm。

2.结构制图

结构图如图5-28(2)所示。

结构制图要点：

（1）在裙装原型结构图基础上，根据规格设计确定裙长，裙摆稍向内收进2cm。

（2）根据款式图在前裙片腰部作育克分割线，调整省道的长短，闭合育克中的腰省。

（3）根据前裙片的分割线作后裙片的纵向分割造型，调整省道的长短，将靠近侧缝的省道闭合，另一个省道转移到新省道。

（4）确定褶裥长度，将后片纵向分割线水平拉展，加入褶裥量。

（5）画顺裙片外轮廓线。

3.毛样板

根据结构图通过拓样逐个复制样片，在样片上加放缝份以及标注样片名称、对位记号、丝缕线等，制作成毛样板，如图5-28(3)所示。

4.实样照片

根据结构图经过裁剪、缝制，实样完成照片如图5-28(4)所示。

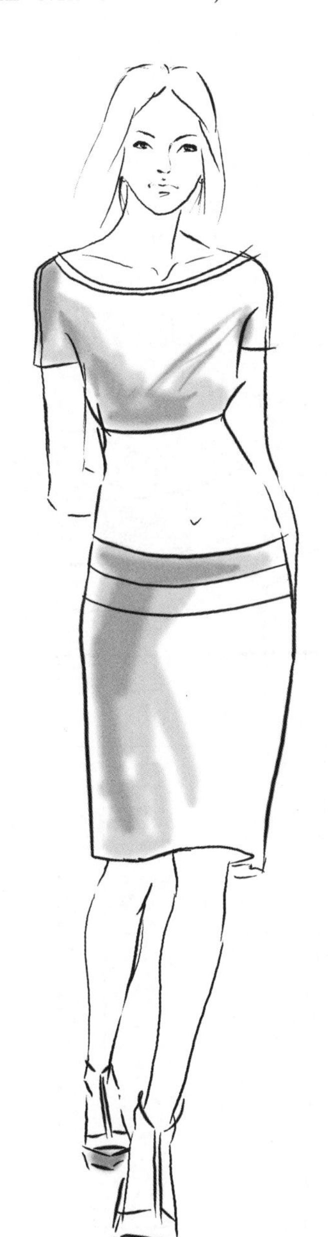

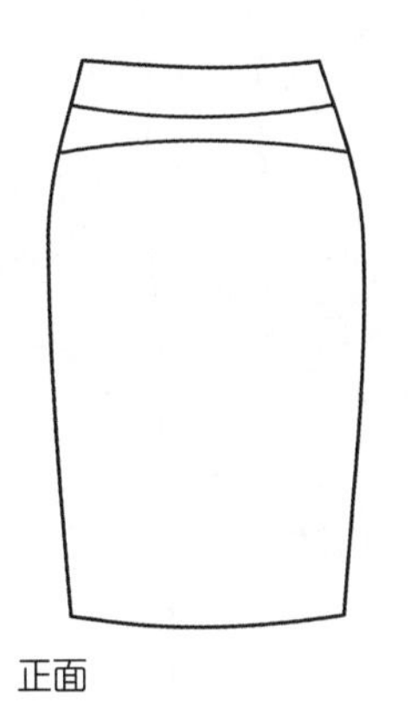


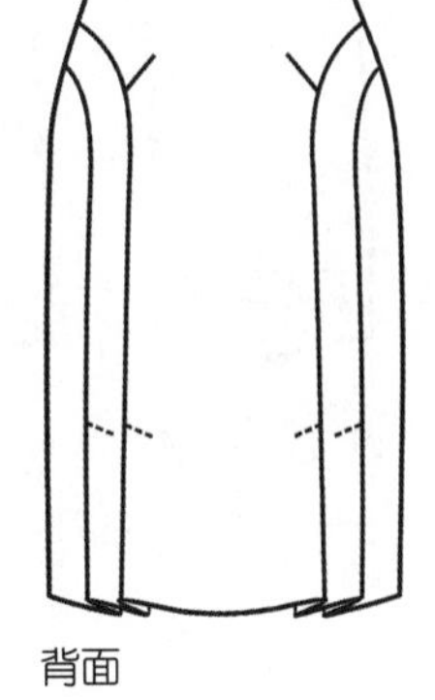


图5-28(1)　弧线分割裙款式图

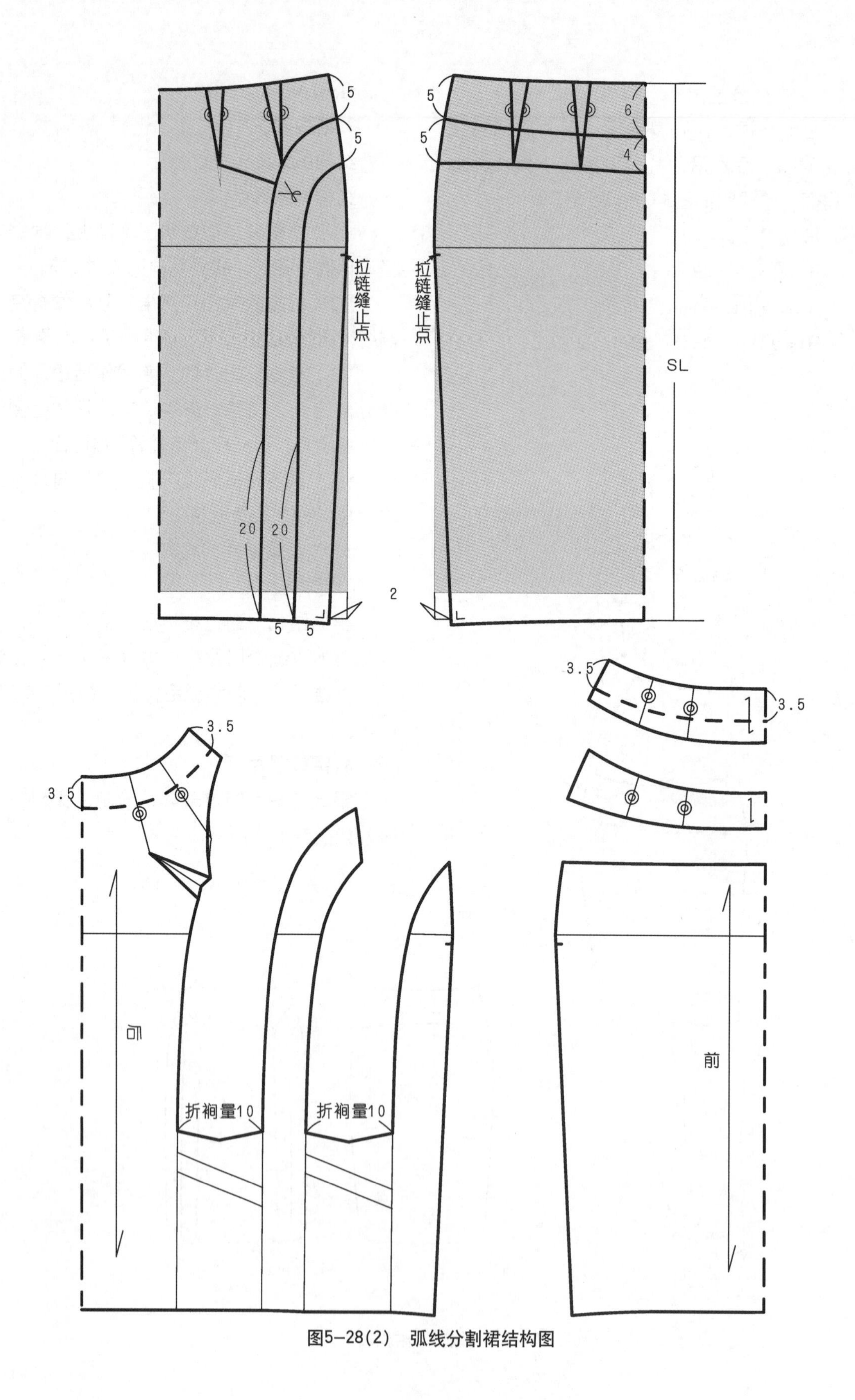


图5-28(2) 弧线分割裙结构图

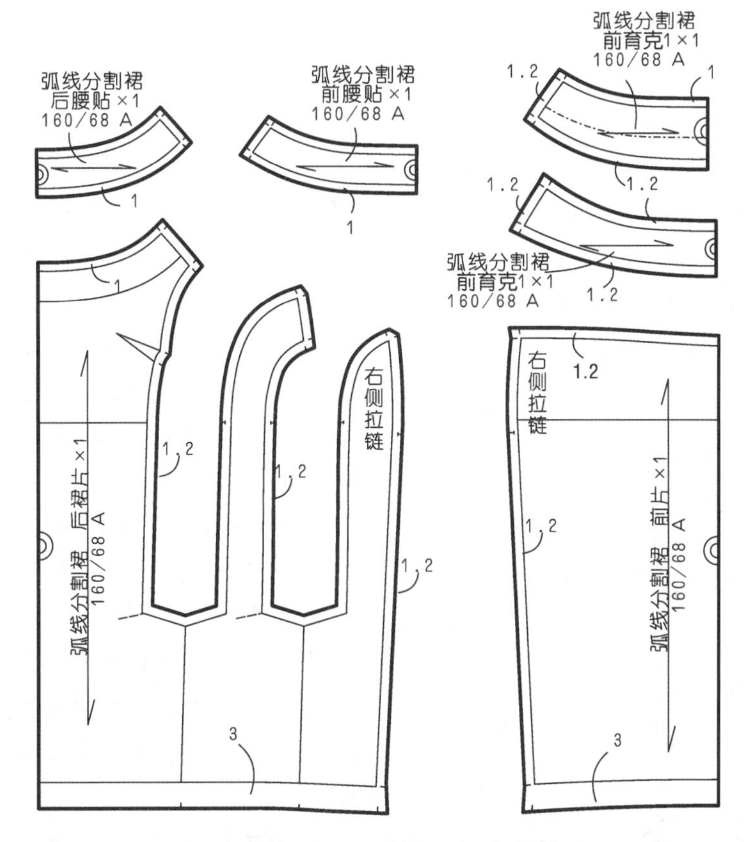


图5-28(3)　弧线分割裙毛样板

正面　　　　背面

图5-28(4)　弧线分割裙实样

### 5.4.5 罗马裙

裙身侧部加入垂褶造型，常称为罗马裙。款式图如图5–29(1)所示。

**1.规格设计**

W=W*+（0～2㎝）=68~70cm；

HL=0.1h+2㎝=18cm；

SL = 0.4h － 8cm=56cm（含腰宽3cm）。

**2.结构制图**

结构图如图5–29(2)所示。

结构制图要点：

（1）在裙装原型结构图基础上，根据规格设计确定裙长，裙摆稍向内收进2cm。

（2）根据款式图在腰部作育克分割线，闭合育克中的省道。

（3）根据垂褶位置添加辅助线，将样片中剩余省量移至辅助线处，剪开拉展，分别在侧缝和腰部加入垂褶量和褶裥量，将前后裙片在侧缝线处拼合。

（4）画顺裙片外轮廓线。注意侧缝处应为45°斜丝缕方向。

**3.毛样板**

根据结构图通过拓样逐个复制样片，在样片上加放缝份以及标注样片名称、对位记号、丝缕线等，制作成毛样板，如图5–29(3)所示。

**4.实样照片**

根据结构图经过裁剪、缝制，实样完成照片如图5–29(4)所示。

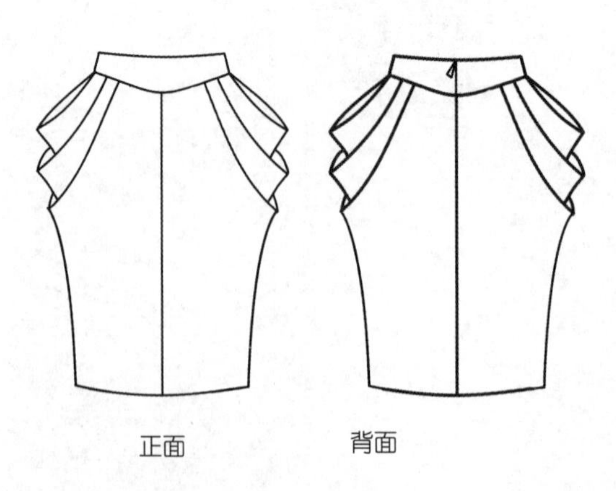


图5–29(1) 罗马裙款式图

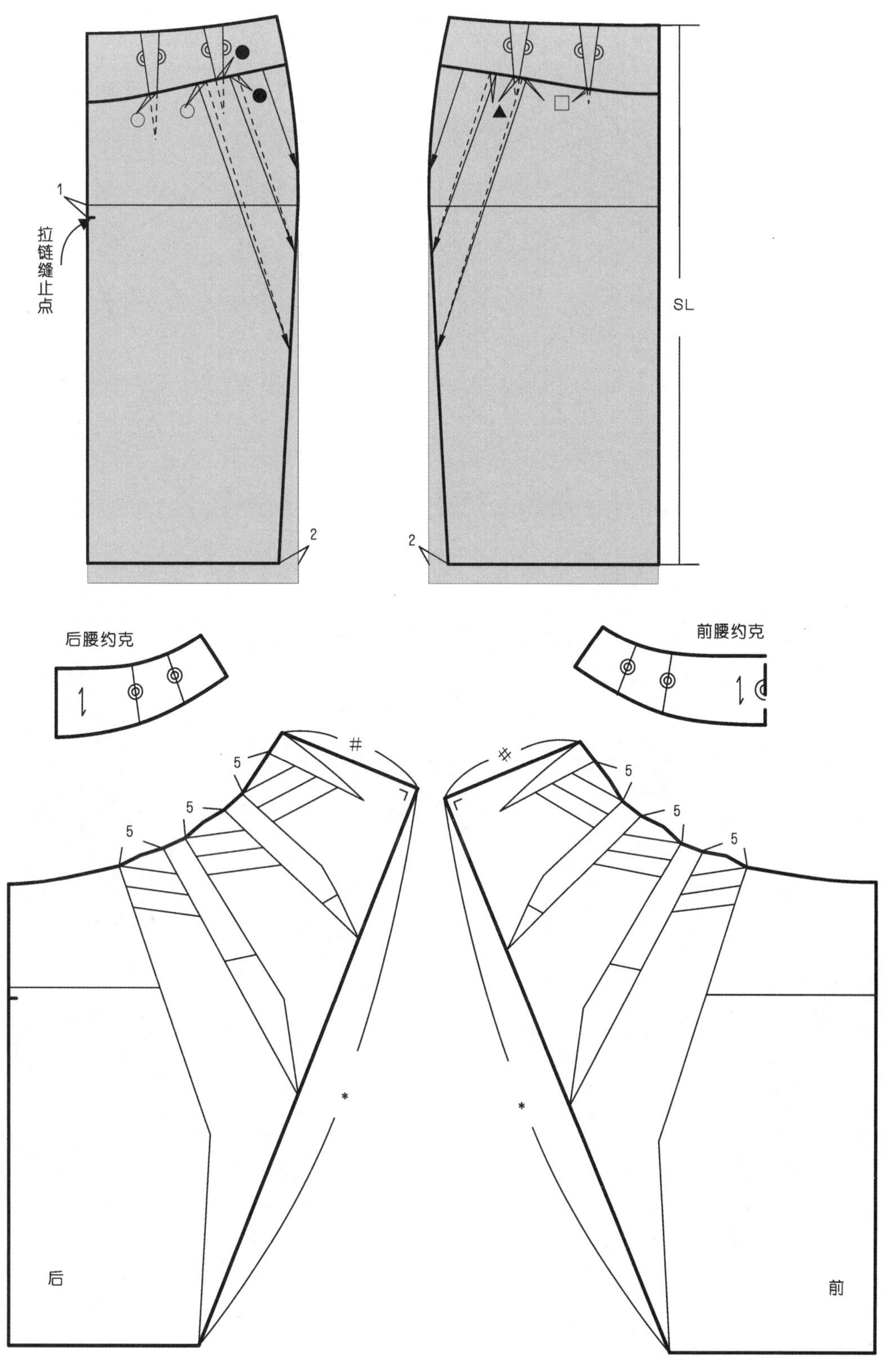


图5-29(2) 罗马裙结构图

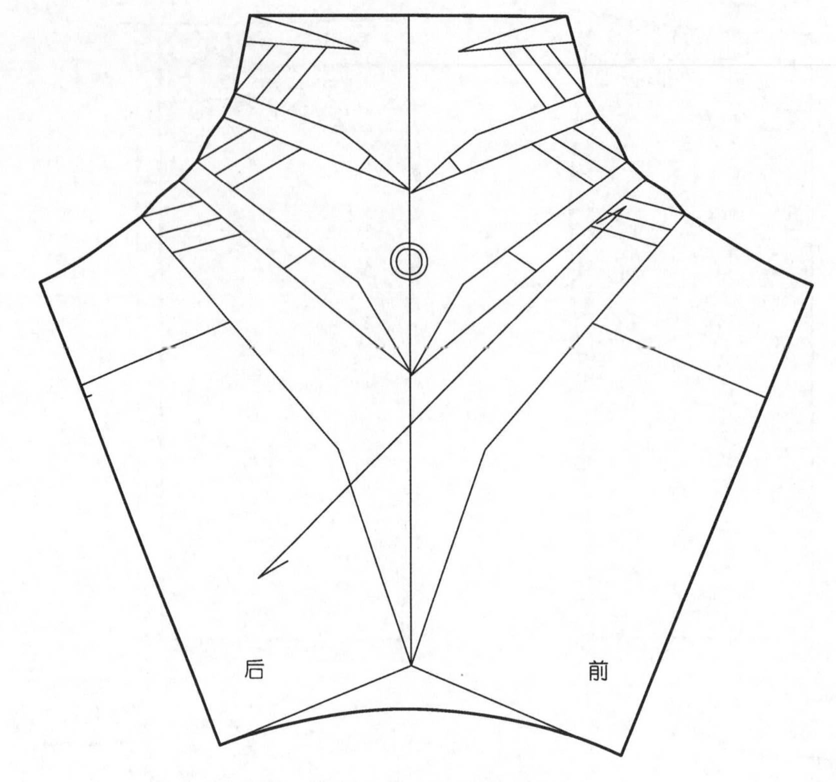


图5-29(2)　罗马裙结构图(续)

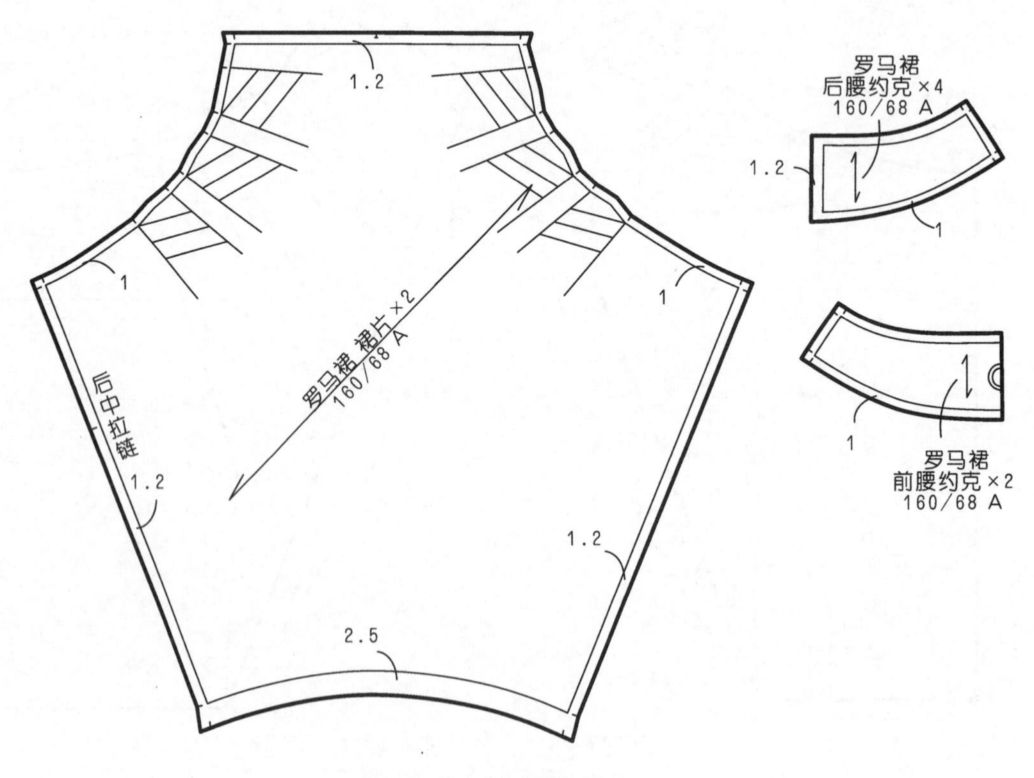


图5-29(3)　罗马裙毛样板

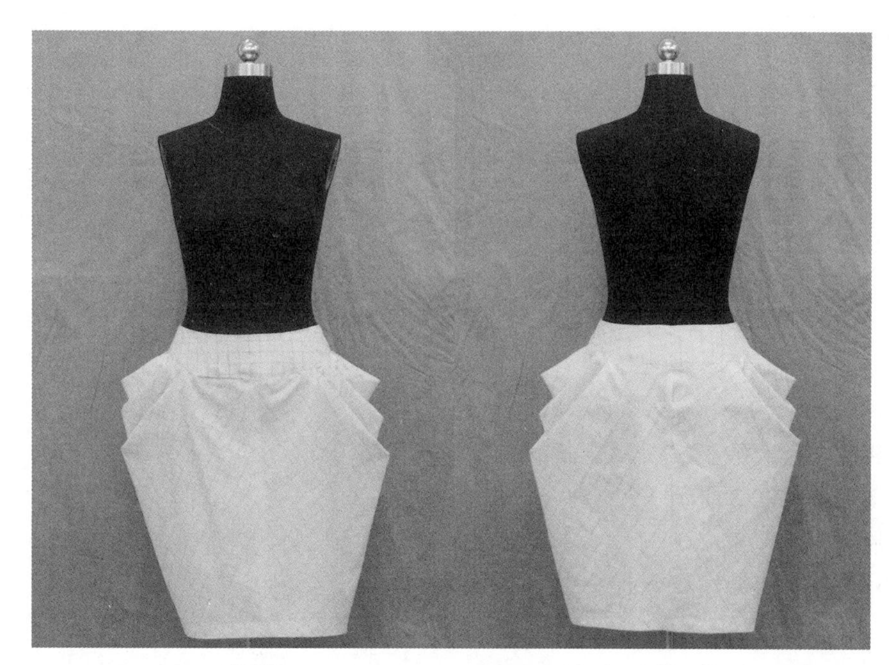

正面　　背面

图5-29(4)　罗马裙实样

### 5.4.6 对裥裙

前、后裙身均加入对裥，褶裥上端固定，下端自然展开，整体为A形轮廓。款式图如图5-30(1)所示。

**1.规格设计**

W=W*+2cm=70cm；

H=H*+6cm=96cm；

HL=0.1h+2cm=18cm；

SL=0.4h−4cm=60cm （含腰宽3cm）。

**2.结构制图**

结构图如图5-30(2)所示。

结构制图要点：

（1）在裙装原型结构图基础上，取前臀围H/4+0.5cm，后臀围H/4−0.5cm，前腰围W/4+0.5cm+2cm（省量），后腰围W/4−0.5cm+2.5cm（省量），画顺侧缝线。

（2）根据款式图确定前、后腰省的位置，以省尖点的垂线为基准，作褶裥展开线，拉展加入褶裥量10cm，画顺腰围线和下摆线。

（3）褶裥上端12cm处车缝固定，下端熨烫出折痕。

（4）画顺裙片外轮廓线。

**3.毛样板**

根据结构图通过拓样逐个复制样片，在样片上加放缝份以及标注样片名称、对位记号、丝缕线等，制作成毛样板，如图5-30(3)所示。

**4.实样照片**

根据结构图经过裁剪、缝制，实样完成照片如图5-30(4) 所示。

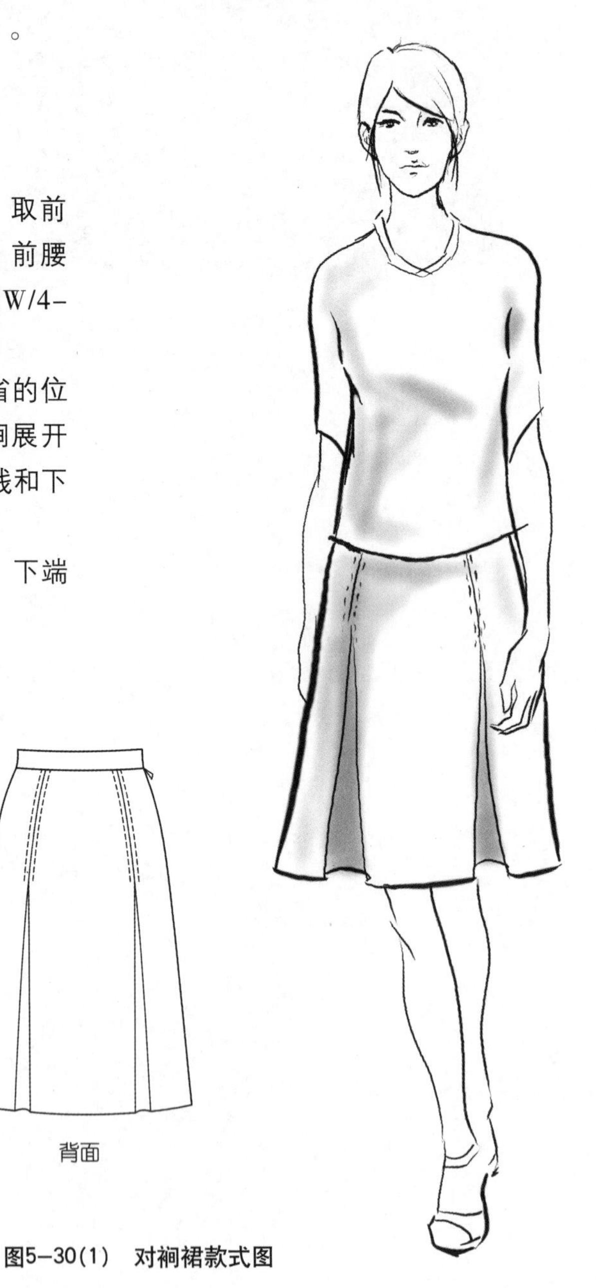

图5-30(1)　对裥裙款式图

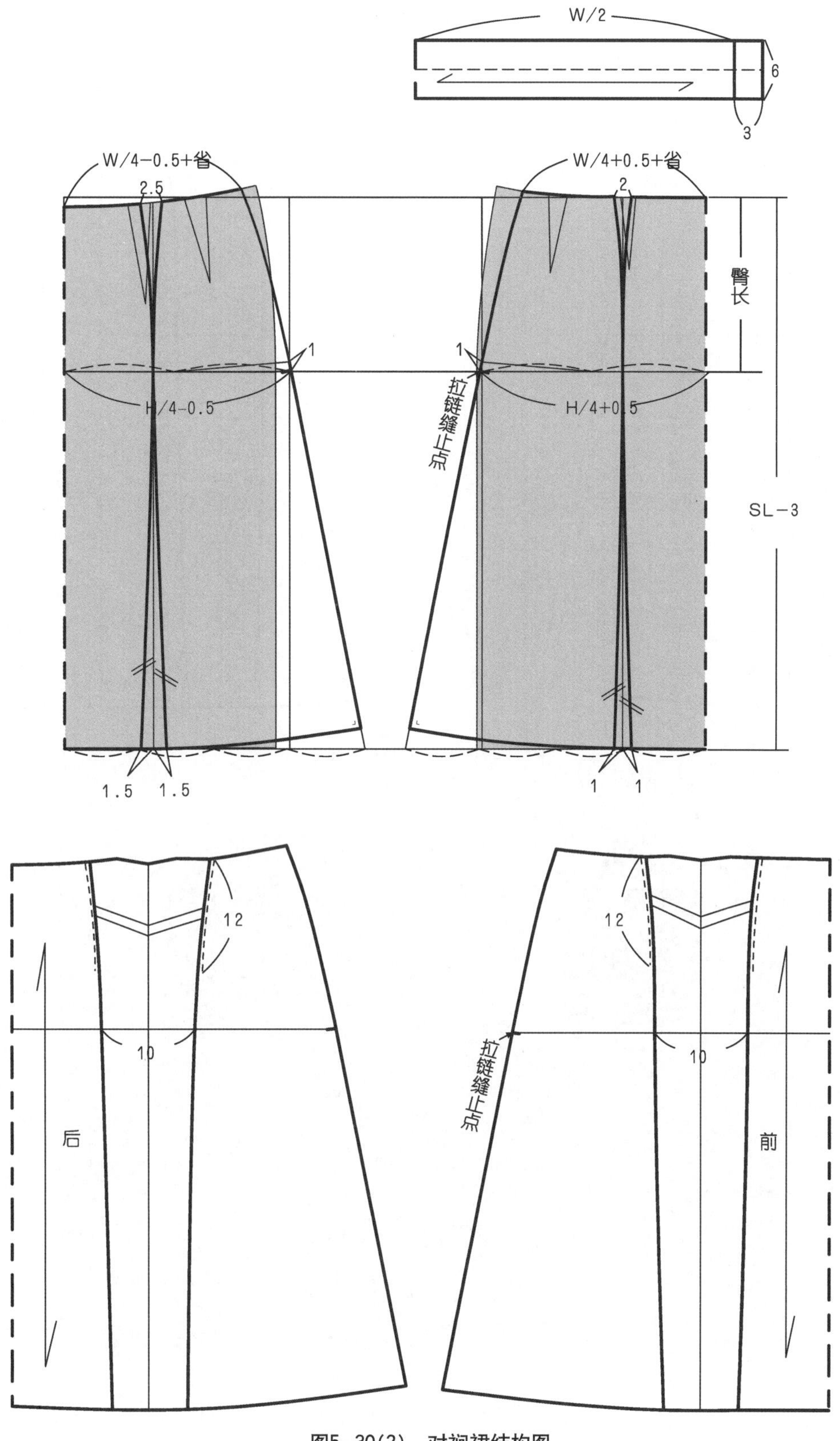


图5—30(2) 对裥裙结构图

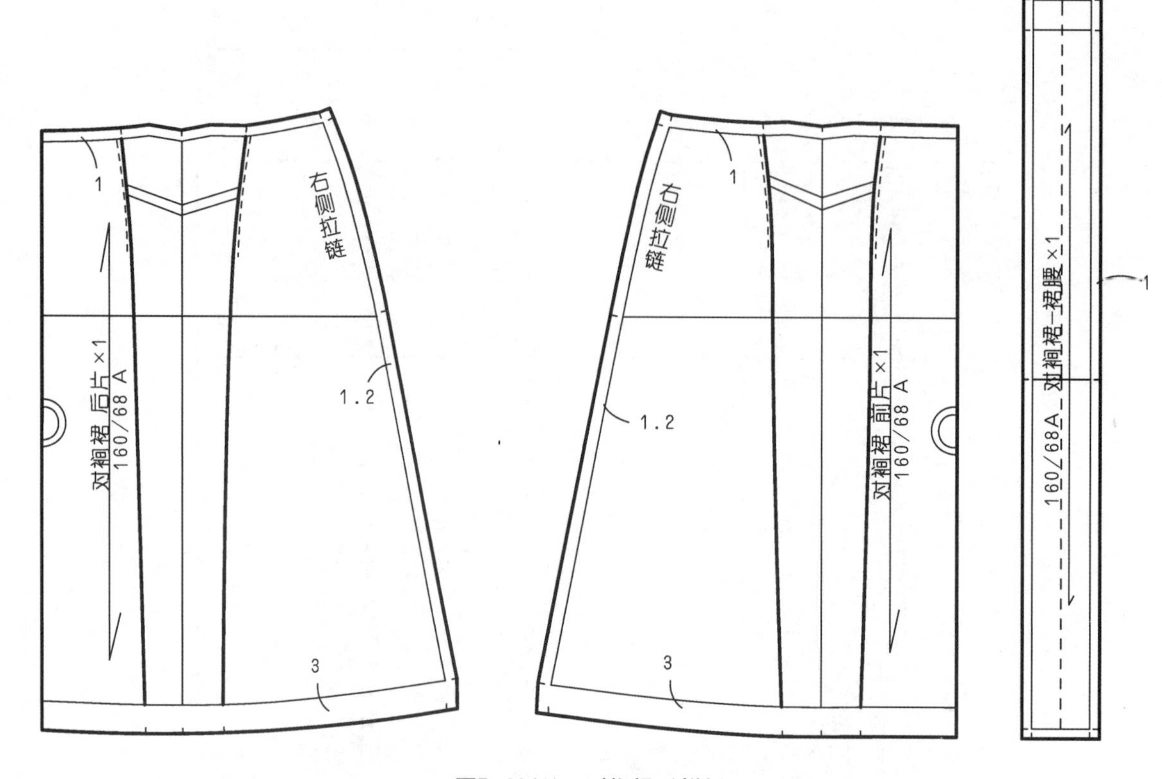


图5-30(3) 对裥裙毛样板

正面　　背面

图5-30(4) 对裥裙实样

### 5.4.7 休闲A形裙

裙身前中心处加入对裥，腰侧部装橡筋抽褶，侧缝处有斜插袋，是一款休闲风格的A形裙。款式图如图5-31(1)所示。

**1.规格设计**

W=W*=68cm（橡筋抽紧后）；

H=H*+8cm=98cm；

HL=0.1h+2cm=18cm；

SL=0.4h=64cm （含腰宽3cm）。

**2.结构制图**

结构图如图5-31(2)所示。

结构制图要点：

（1）在裙装原型结构图基础上，取前臀围H/4+0.5cm，后臀围H/4-0.5cm，裙摆稍向外撇出2cm，画顺侧缝线。

（2）取前腰围W/4+0.5cm，后腰围W/4-0.5cm，其余腰部余量作为腰侧部装橡筋的抽褶量，画顺腰围线。

（3）前中心处加入褶裥量10~12cm。

（4）侧部斜插袋袋口距HL线4cm，距前中心线9cm。

（5）画顺裙片外轮廓线。

**3.毛样板**

根据结构图通过拓样逐个复制样片，在样片上加放缝份以及标注样片名称、对位记号、丝缕线等，制作成毛样板，如图5-31(3)所示。

**4.实样照片**

根据结构图经过裁剪、缝制，实样完成照片如图5-31(4)所示。

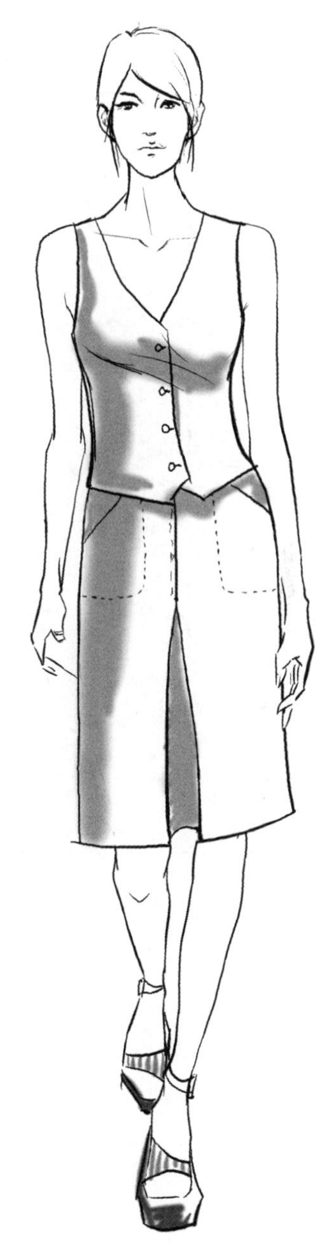

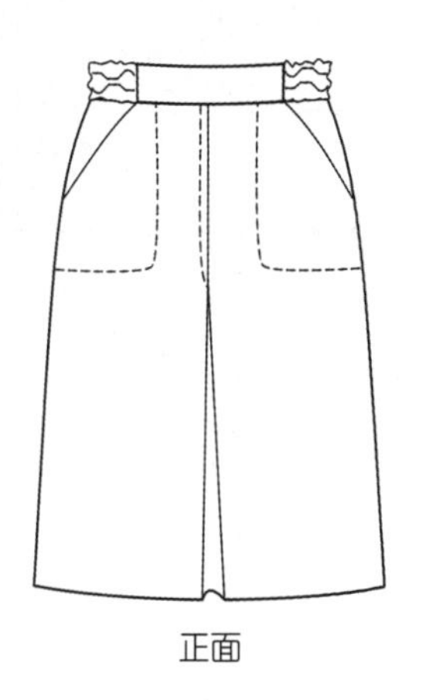

正面

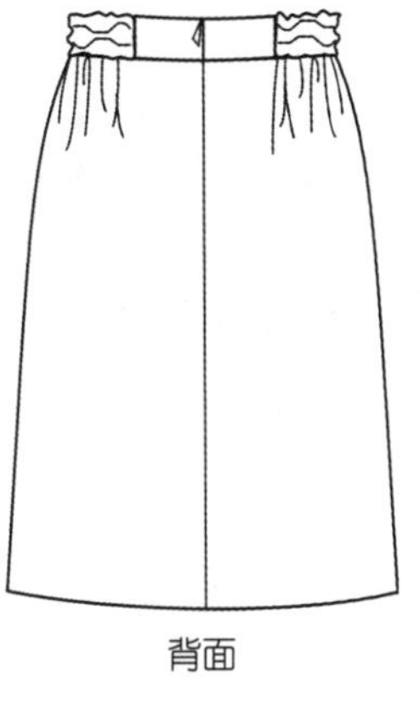

背面

图5-31(1) 休闲A形裙款式图

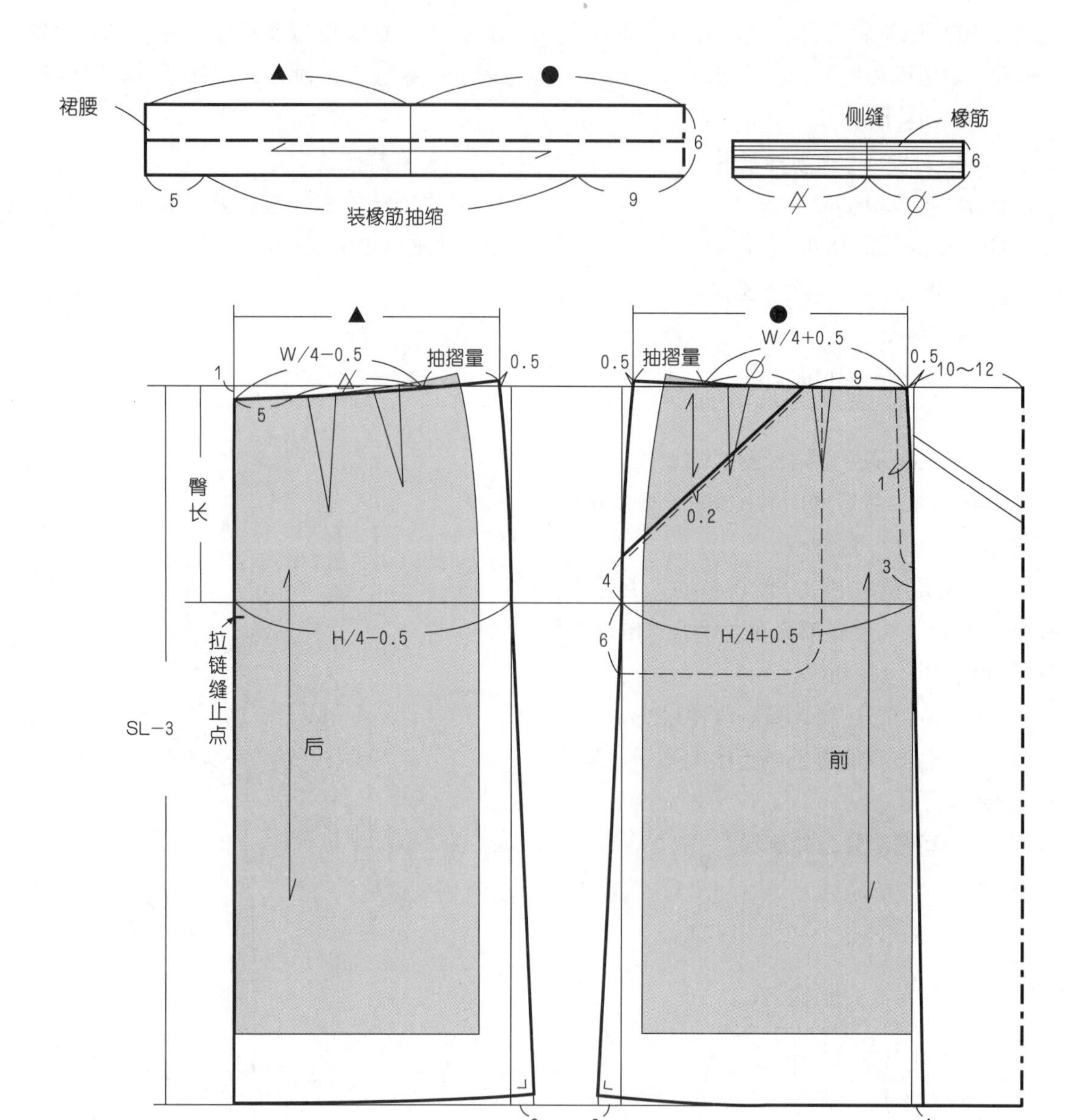


图5−31(2)　休闲A形裙结构图

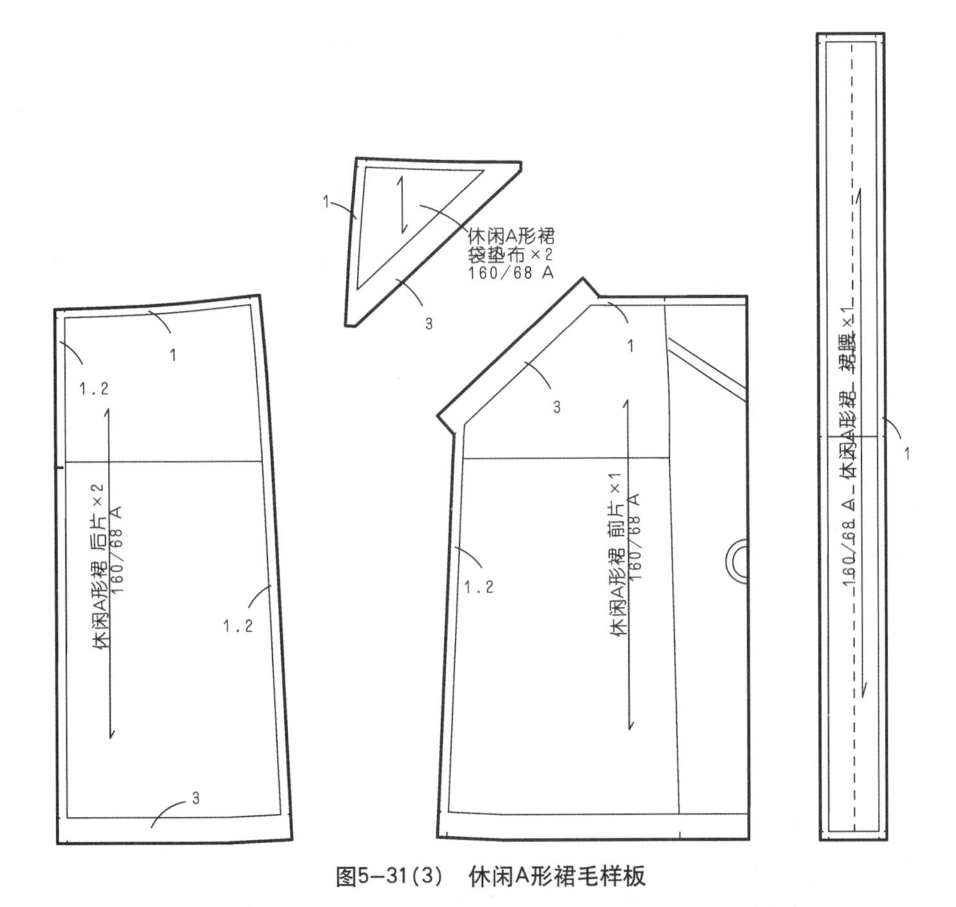


图5-31(3) 休闲A形裙毛样板

正面 背面

图5-31(4) 休闲A形裙实样

### 5.4.8 鱼尾裙

从腰部至膝盖位置比较合体，裙摆展开象鱼尾造型的裙装款式，优雅且具有动感。款式图如图5-32(1)所示。裙摆鱼尾造型的结构处理可有多种方法：①在直身裙下摆直接加入展开量；②以独立插角结构加入展开量；③将裙下摆作横向分割，再对下摆拉展加入展开量。本例为造型①。

**1.规格设计**

W=W*+2cm=70cm；

H=H*+4cm=94cm；

HL=0.1h+2cm=18cm；

SL=0.5h=80cm （含腰宽3cm）。

**2.结构制图**

结构图如图5-32(2)所示。

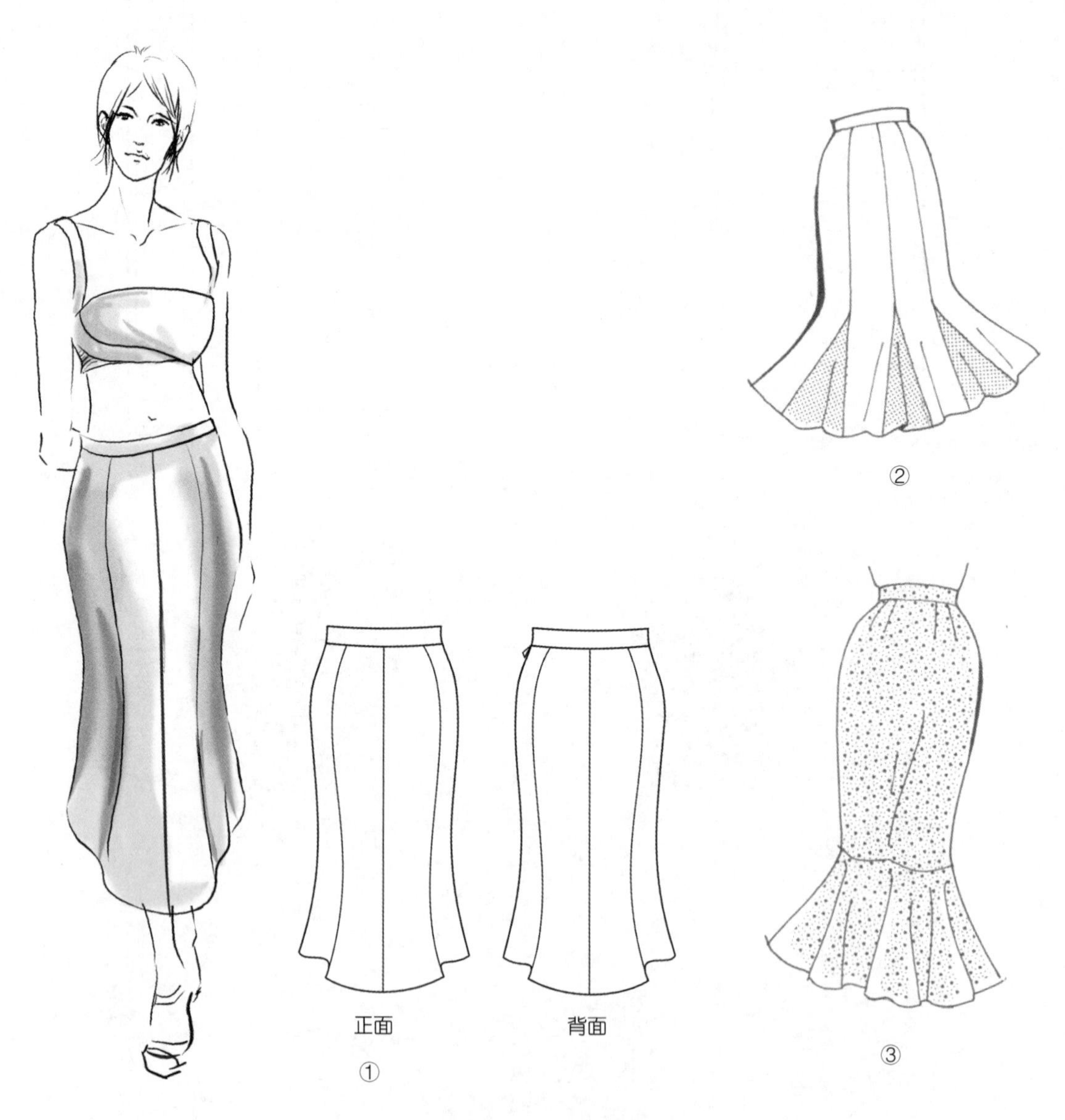


图5-32(1) 鱼尾裙款式图

结构制图要点：

（1）在裙装原型结构图基础上，根据规格设计确定裙长。

（2）根据款式图画出纵向分割线，调整腰部省道的位置，将原型中靠近分割线的省道移至分割线，另一个省道分别在中心线和侧缝处撇掉。

（3）各裙片在膝围线上部向内收进0.5cm，下摆两侧直接加入展开量。

（4）画顺裙片外轮廓线。

### 3.毛样板

根据结构图通过拓样逐个复制样片，在样片上加放缝份以及标注样片名称、对位记号、丝缕线等，制作成毛样板，如图5-32(3)所示。

### 4.实样照片

根据结构图经过裁剪、缝制，实样完成照片如图5-32(4)所示。

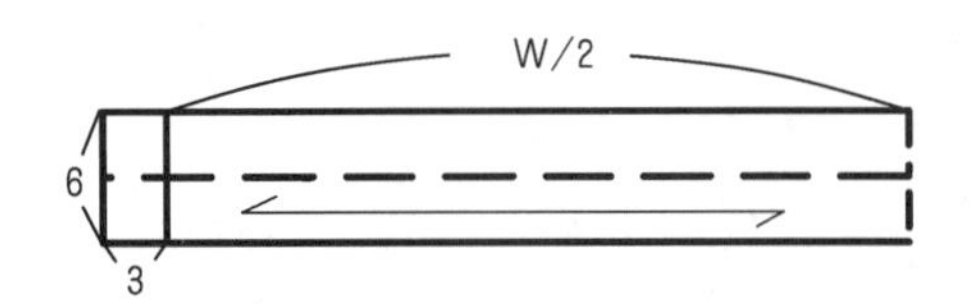


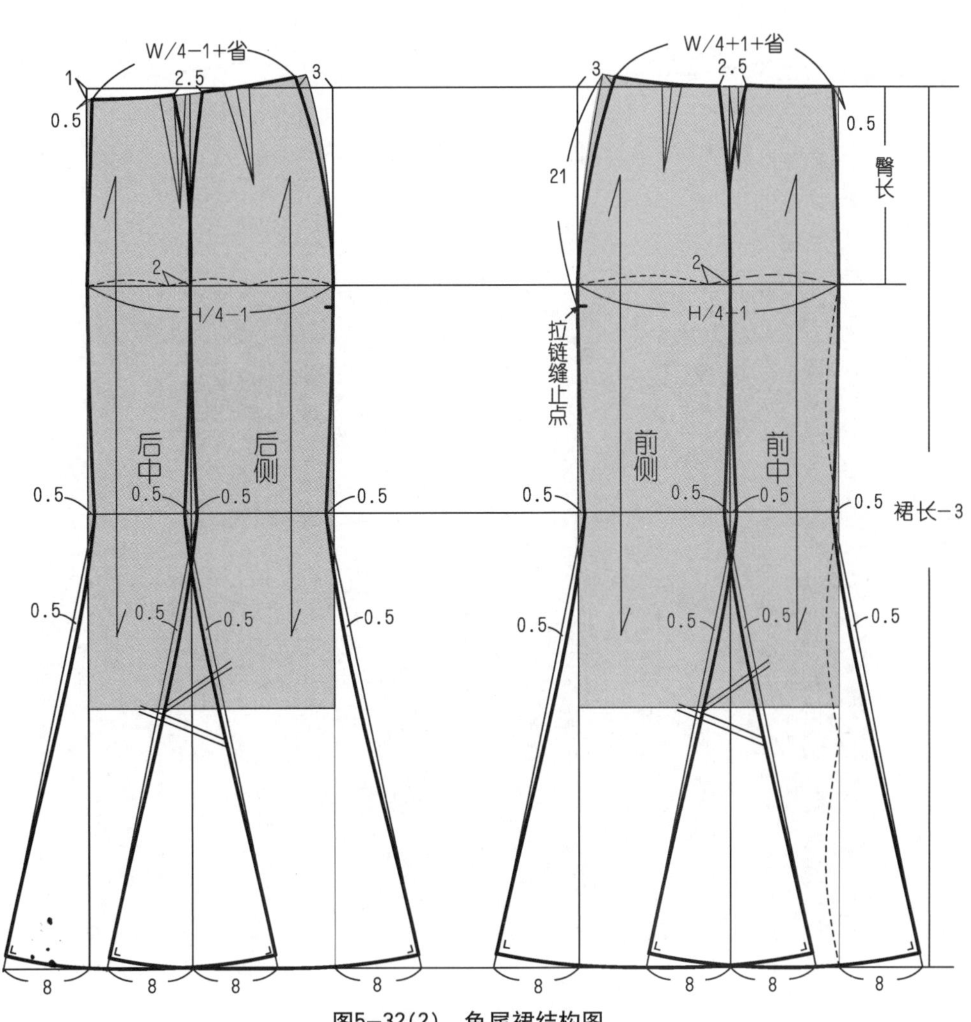


图5-32(2) 鱼尾裙结构图

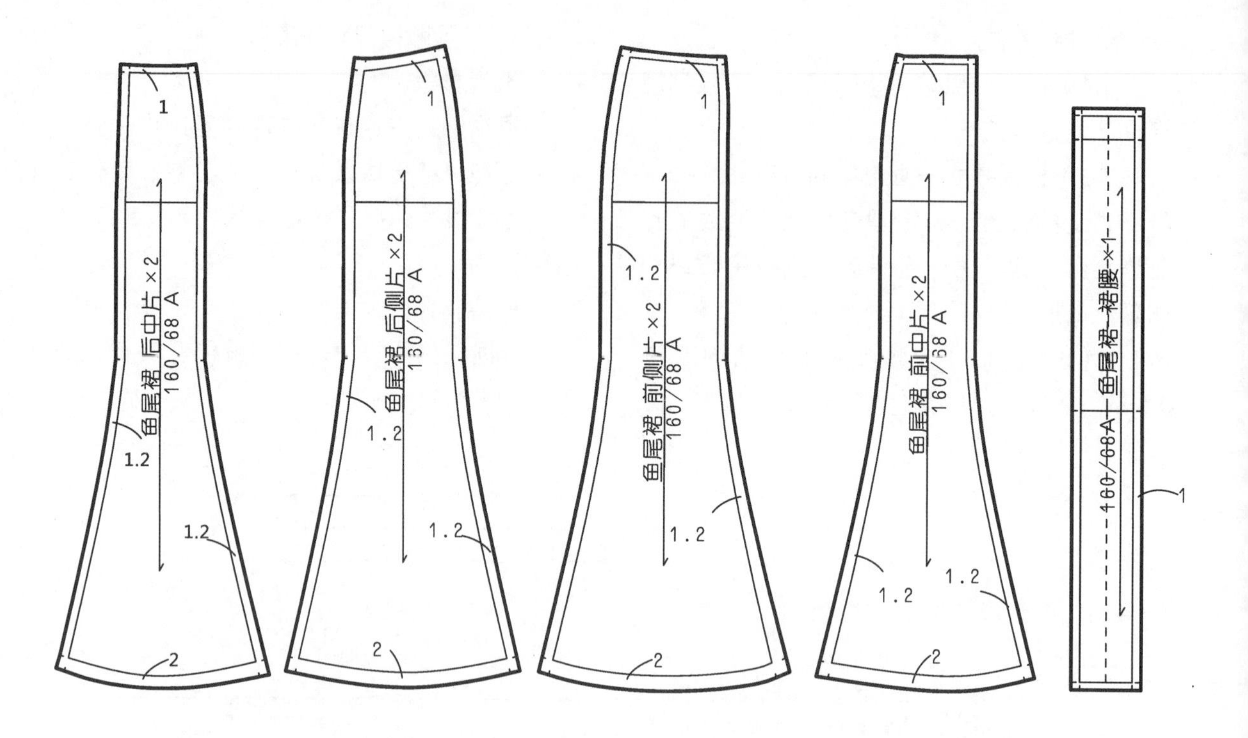


图5-32(3)　鱼尾裙毛样板

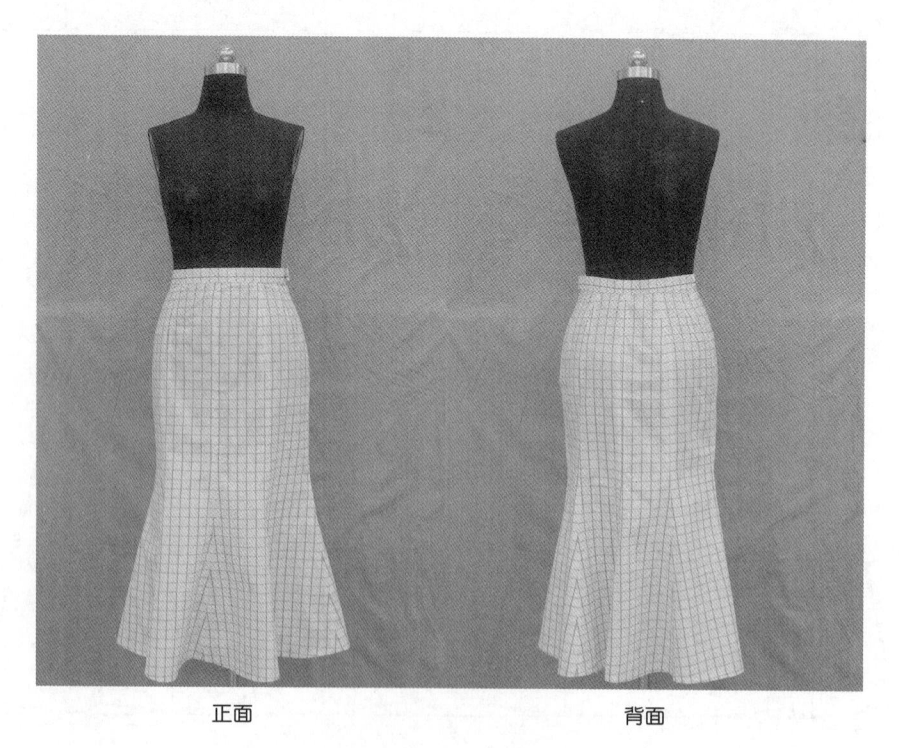

正面　　背面

图5-32(4)　鱼尾裙实样

### 5.4.9 抽褶裙

裙身腰部抽褶，下摆横向分割抽褶形成波浪边，整体显喇叭造型。款式图如图5–33(1)所示。

通常根据材料质地和造型设计确定抽褶量的大小。如图5–33(2)所示。

**1.规格设计**

W=W*+2㎝=70cm；

HL=0.1h+2㎝=18cm；

SL=0.4h+1cm=65cm （含腰宽3cm）；

腰部抽褶量=W/4；

裙摆抽褶量=2/3 × 裙摆长。

**2.结构制图**

结构图如图5–33(3)所示。

结构制图要点：

（1）作腰围线、臀围线、裙长、裙摆分割线、中心线等基础线。

（2）取W/4作为裙身腰部抽褶量，侧缝处起翘1cm，画顺侧缝线及下摆线，后腰中心下落1cm。

（3）取2/3裙摆长作为抽褶量作裙下摆波浪边。

（4）画顺裙片外轮廓线。

**3.毛样板**

根据结构图通过拓样逐个复制样片，在样片上加放缝份以及标注样片名称、对位记号、丝缕线等，制作成毛样板，如图5–33(4)所示。

**4.实样照片**

根据结构图经过裁剪、缝制，实样完成照片如图5–33(5)所示。

图5–33(1)　抽褶裙款式图

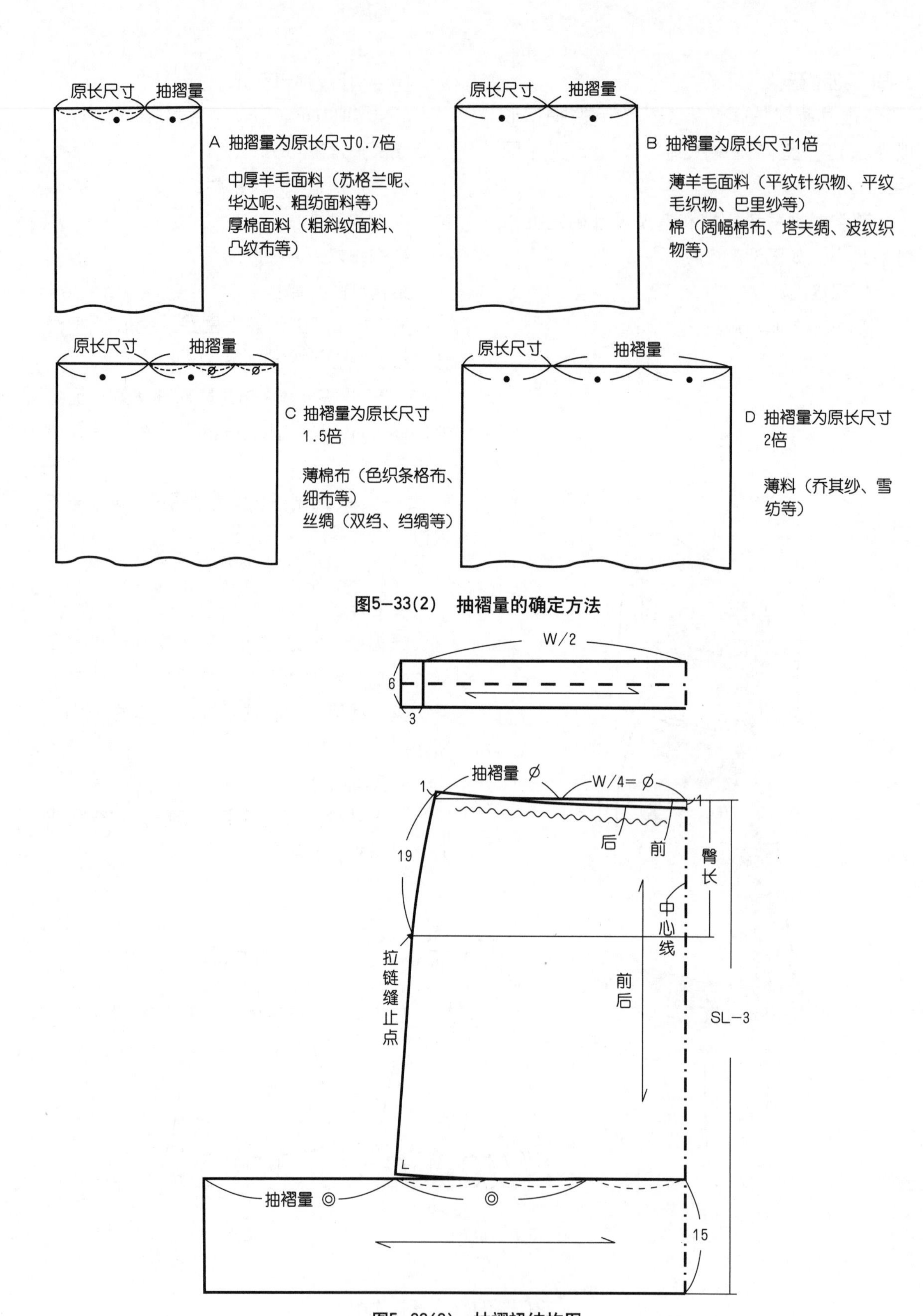


图5−33(2)　抽褶量的确定方法

图5−33(3)　抽褶裙结构图

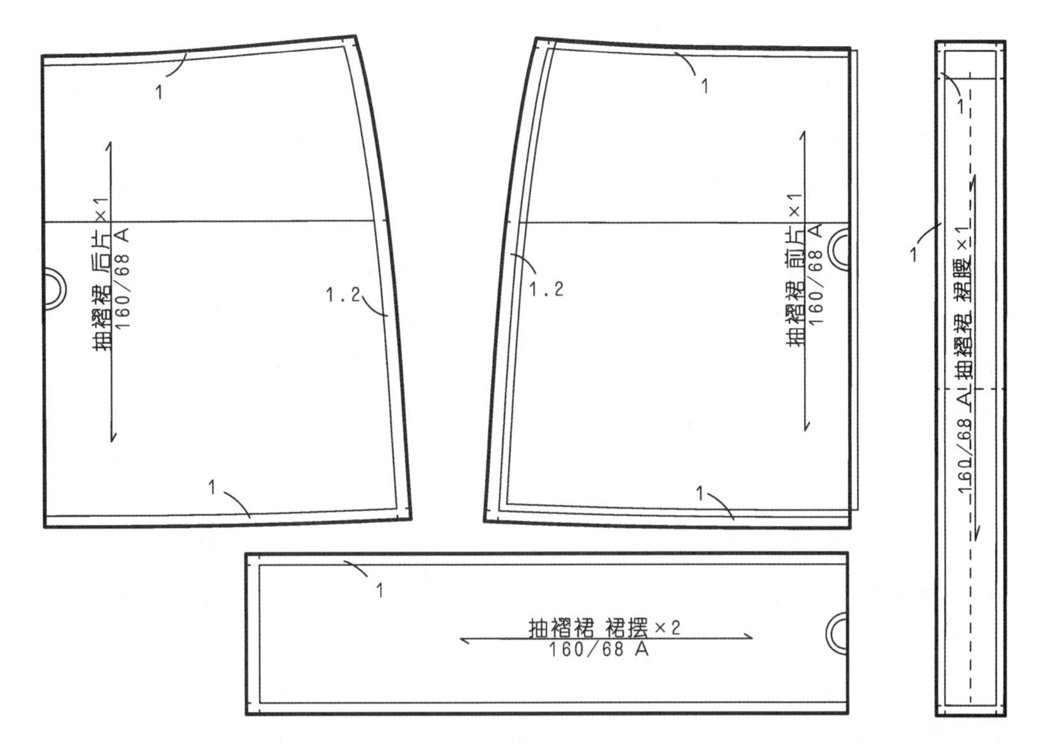


图5-33(4) 抽褶裙毛样板

正面　　背面

图5-33(5) 抽褶裙实样

### 5.4.10 多节裙

裙身横向分割并加入抽褶，行走时具有动感。多节裙的分割位置从上至下应呈等差变化，给人以节奏感。若在各节上变化布纹方向，或采用不同面料进行组合变化，可产生丰富多彩的效果。抽褶量由面料的厚薄和造型决定的。款式图如图5–34(1)所示。

**1.规格设计**

W=W*+2cm=70cm；

HL= 0.1h+2cm=18cm；

SL=0.5h–5cm=75cm（含腰宽3cm）；

各节比例=1.5∶1.8∶2.6；

各节抽褶量=2/3×原长。

**2.结构制图**

结构图如图5–34(2)所示。

结构制图要点：

（1）根据款式图各节长度的比例关系作矩形，每节抽褶量为2/3原长。

（2）后腰中心下落1cm。

（3）画顺裙片外轮廓线。

**3.毛样板**

根据结构图通过拓样逐个复制样片，在样片上加放缝份以及标注样片名称、对位记号、丝缕线等，制作成毛样板，如图5–34(3)所示。

**4.实样照片**

根据结构图经过裁剪、缝制，实样完成照片如图5 34(4)所示。

正面　　背面

图5–34(1)　多节裙款式图

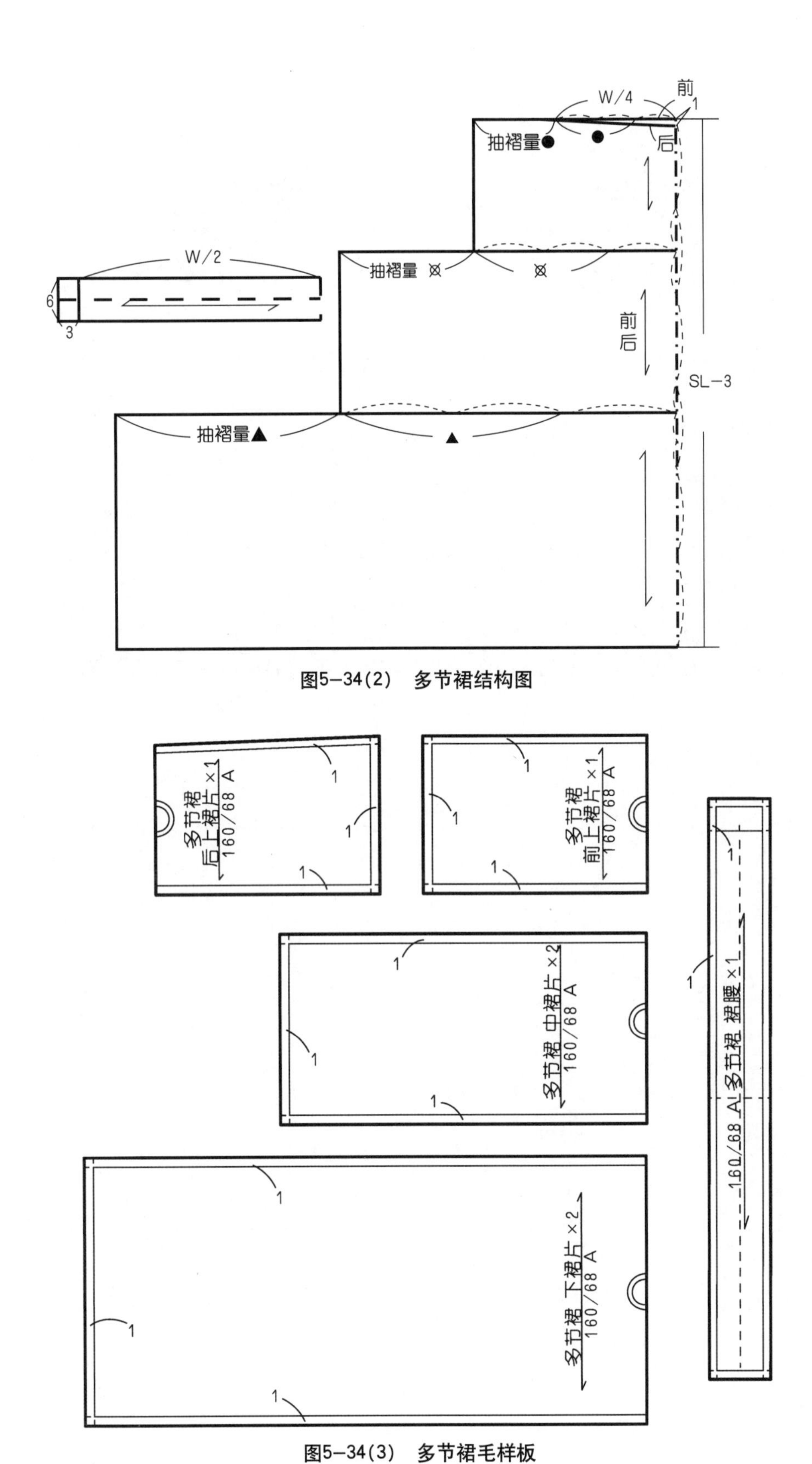


图5-34(2) 多节裙结构图

图5-34(3) 多节裙毛样板

正面　　　　　　　　　　背面

图5-34(4)　多节裙实样

### 5.4.11 百褶裙

裙身上若干个褶裥，方向一致，有规则地折叠形成的裙装款式。随人体活动褶裥展开闭合而具有律动的美感。款式图如图5–35(1)所示。

#### 1.规格设计

W=W*+2cm=70cm；

H=H*+6cm=96cm；

HL=0.1h+2cm=18cm；

SL=0.4h=64cm（含腰宽3cm）。

#### 2.结构制图

结构图如图5–35(2)所示。

结构制图要点：

（1）在裙装原型结构图基础上，将臀围线12等分，作褶裥的展开线，为增加造型的美观性，在下摆处每条褶裥展开线向两侧加宽0.5m。

（2）将臀腰差12等分，在褶裥中消除，并沿展开线逐一拉展加入褶裥量8cm。

（3）画顺腰围线、侧缝线和下摆线。

#### 3.毛样板

根据结构图通过拓样逐个复制样片，在样片上加放缝份以及标注样片名称、对位记号、丝缕线等，制作成毛样板，如图5–35(3)所示。

#### 4.实样照片

根据结构图经过裁剪、缝制，实样完成照片如图5–35(4)所示。

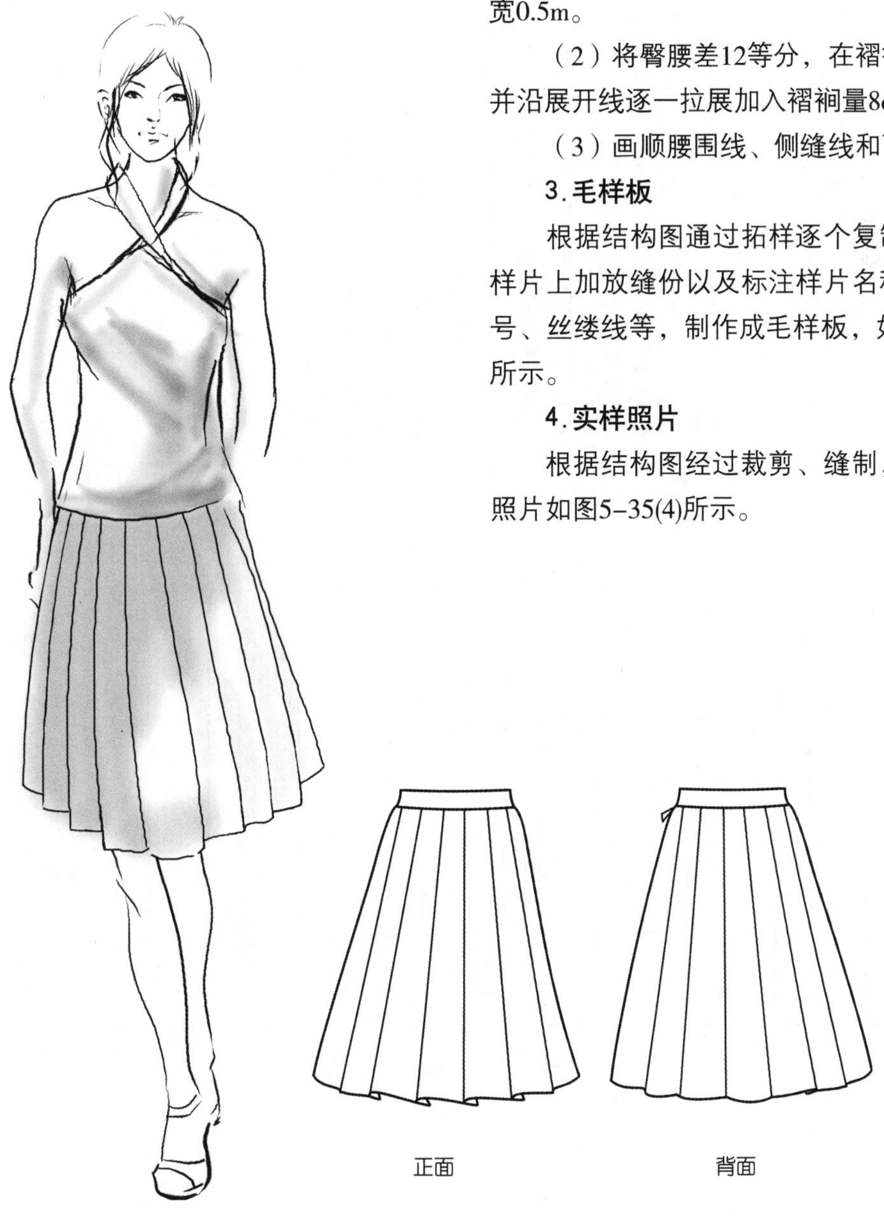


图5–35(1) 百褶裙款式图

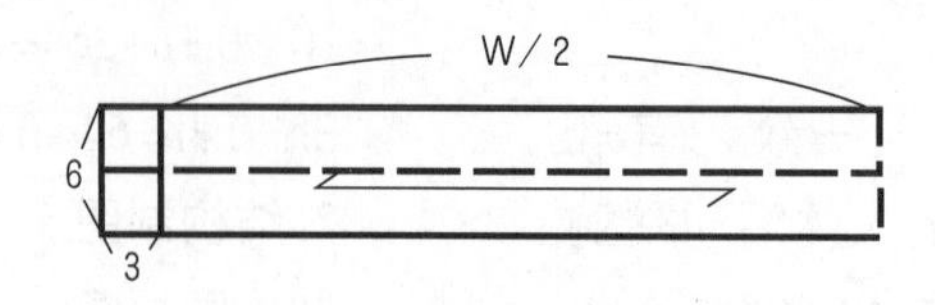


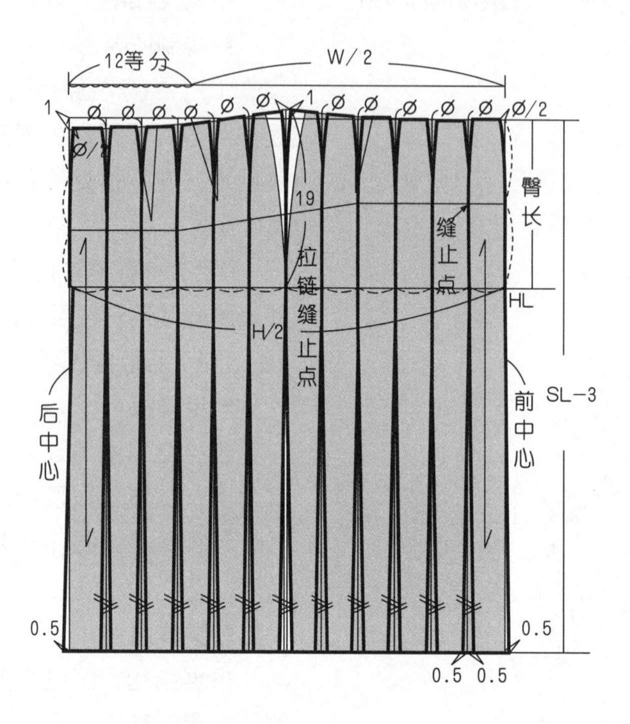


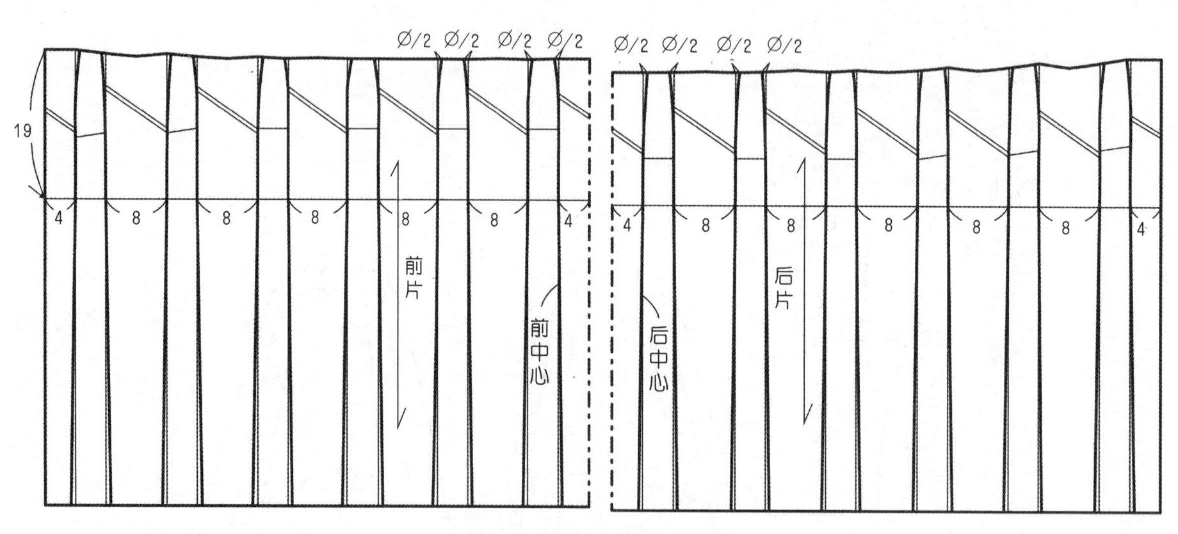


图5−35(2) 百褶裙结构图

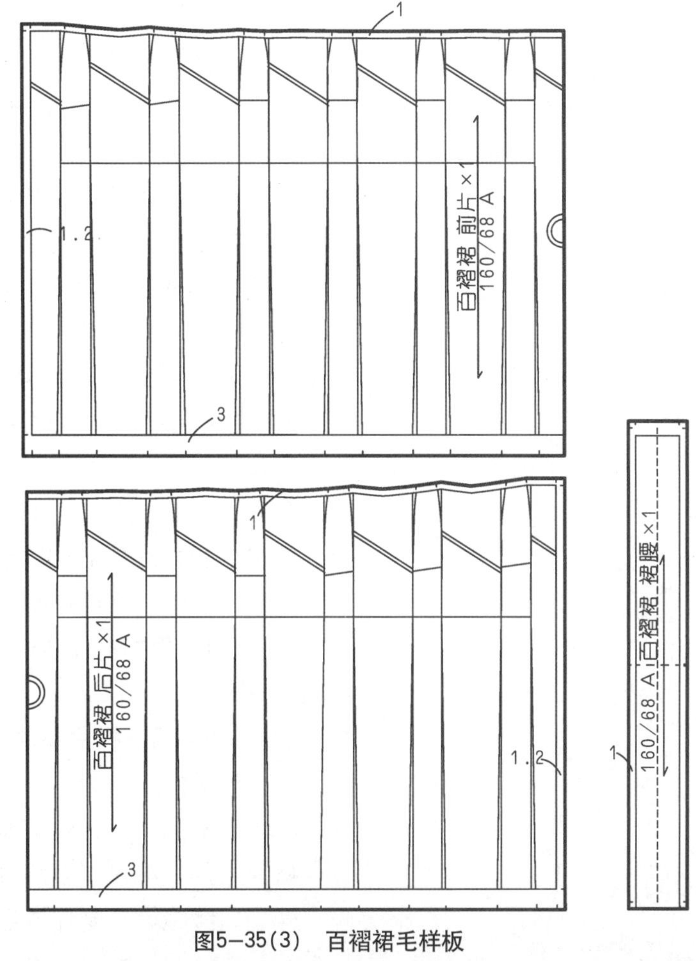


图5-35(3) 百褶裙毛样板

正面 背面

图5-35(4) 百褶裙实样

### 5.4.12 斜向褶裥裙

腰部斜向省道，并与褶裥相连。裙身为A形裙轮廓，具有很强律动感。款式图如图5-36(1)所示。

**1.规格设计**

W=W*+2cm=70cm;

H=H*+12cm=102cm;

HL=0.1h+2cm=18cm;

SL=0.4h-7cm=57cm。

**2.结构制图**

结构图如图5-36(2)所示。

结构制图要点：

（1）以前片结构变化为例，在裙装原型结构图基础上，闭合部分腰省，在臀围及下摆处加入展开量●，满足臀围H的规格设计，得到A形裙廓形。

（2）在A形裙结构图基础上，作斜向省道和褶裥展开线，造型不完整的部分要拼接完整。

（3）沿展开线拉展加入褶裥量，因斜省末端和裙摆处的倒褶量不同，裙片呈扇形打开，将剩余臀腰差▲在斜省中消除。

（4）根据前片结构处理方法绘制后裙片结构图。

（5）画顺样片外轮廓线。

**3.毛样板**

根据结构图通过拓样逐个复制样片，在样片上加放缝份以及标注样片名称、对位记号、丝缕线等，制作成毛样板，如图5-36(3)所示。

**4.实样照片**

根据结构图经过裁剪、缝制，实样完成照片如图5-36(4)所示。

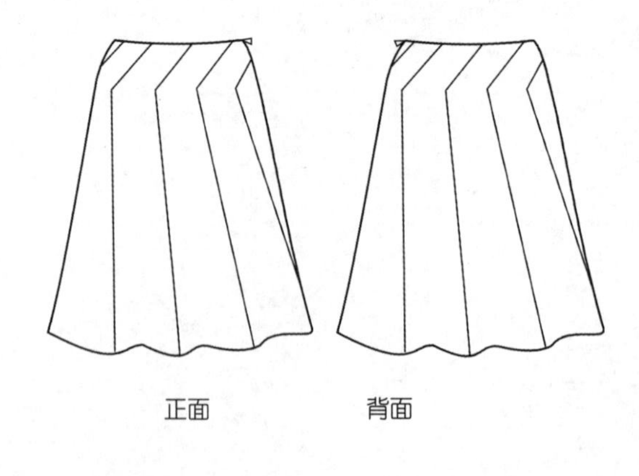


图5-36(1) 斜向褶裥裙款式图

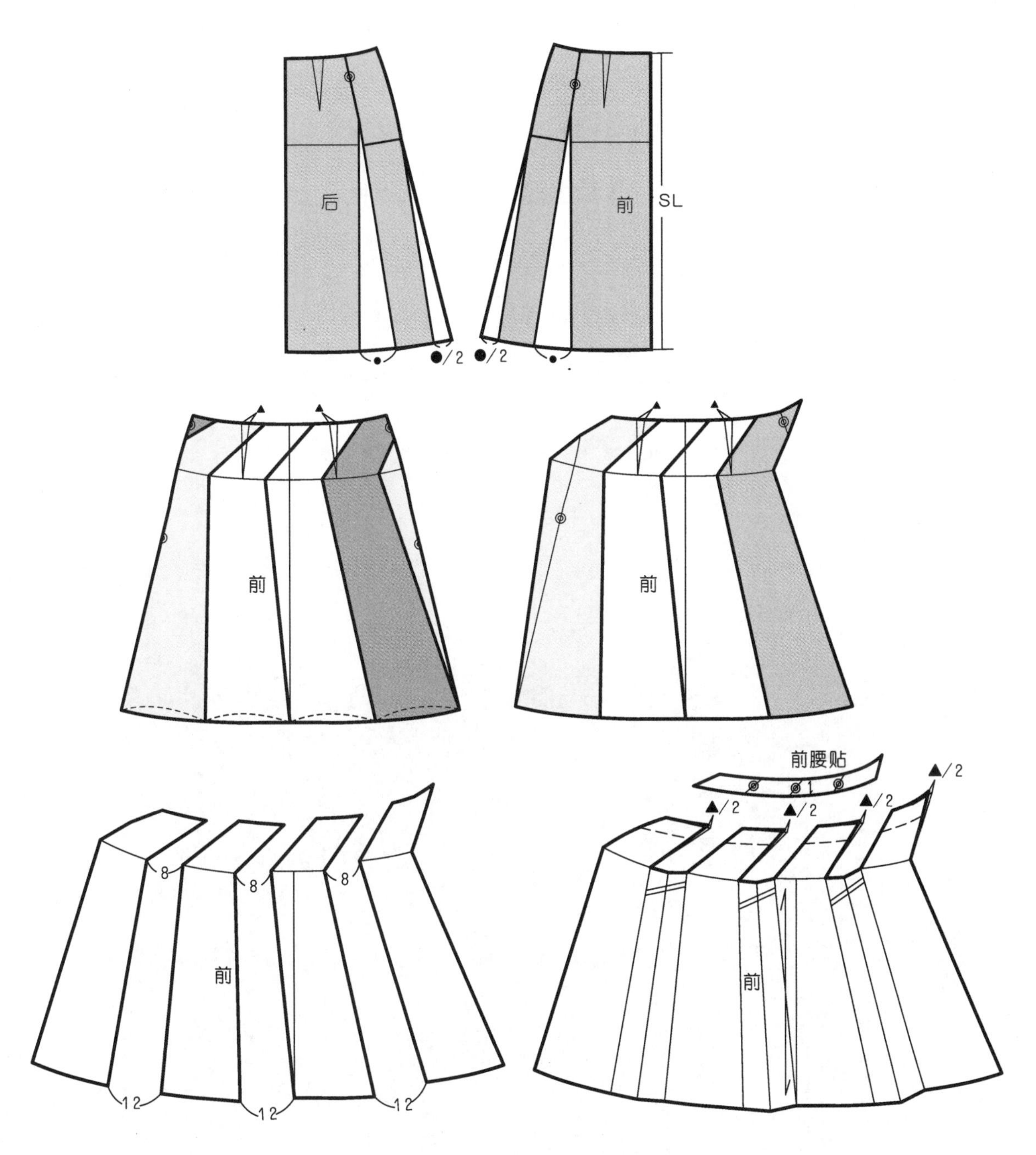


图5-36(2) 斜向褶裥裙结构图

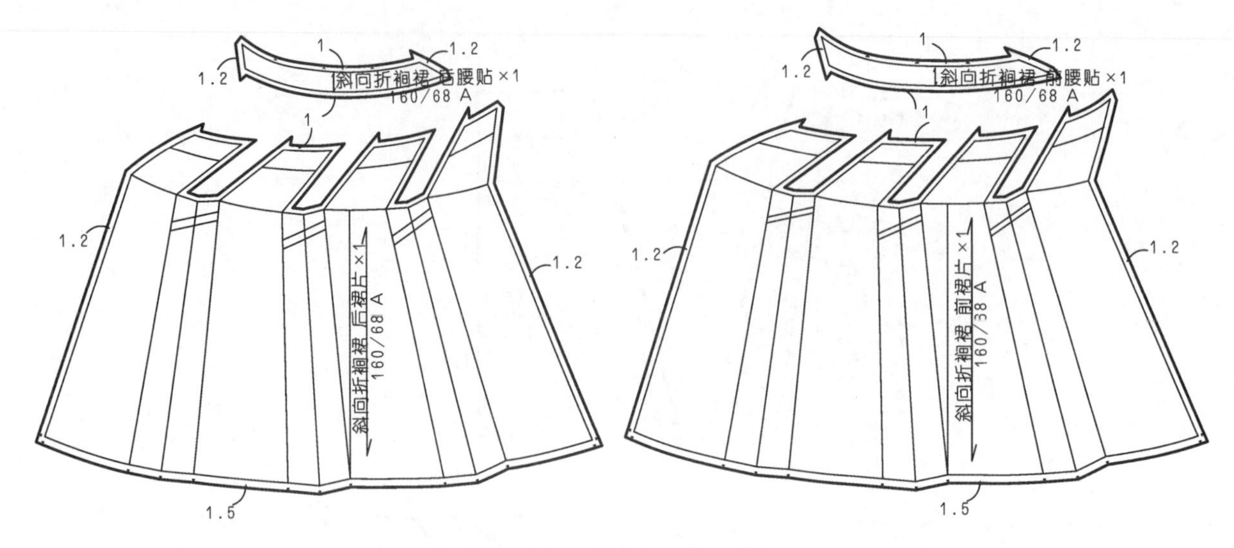


图5–36(3) 斜向褶裥裙毛样板

正面　　背面

图5–36(4) 斜向褶裥裙实样

### 5.4.13　不对称双层褶裥裙

连续对裥造型，裥底向外，下摆处不需压烫，形成波浪堆积感。款式图如图5–37(1)所示。

**1.规格设计**

W=W*+2cm=70cm；

H=H*+12cm=102cm；

HL=0.1h+2cm=18cm；

SL=0.4h−4cm=60cm。

**2.结构制图**

结构图如图5–37(2)所示。

结构制图要点：

（1）以前片结构变化为例，在裙装原型结构图基础上，根据规格设计确定裙长；闭合部分腰省，在臀围及下摆处加入展开量，满足臀围H的规格设计，得到A形裙廓形。

（2）在A形裙结构图基础上，根据款式图在腰部作育克分割，以及外层裙的轮廓线。

（3）闭合育克中的省道，画顺育克片外轮廓线，在裙片内均匀添加褶裥展开线，展开拉展加入褶裥量。

（4）根据前片结构处理方法绘制后裙片结构图。

（5）画顺样片外轮廓线。

**3.毛样板**

根据结构图通过拓样逐个复制样片，在样片上加放缝份以及标注样片名称、对位记号、丝缕线等，制作成毛样板，裙摆底边和裹裙边缘可采用密拷处理，如图5–37(3)所示。

**4.实样照片**

根据结构图经过裁剪、缝制，实样完成照片如图5–37(4)所示。

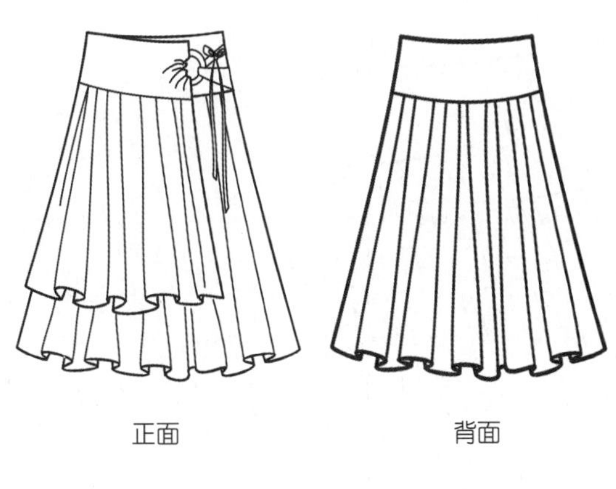


图5–37(1)　不对称双层褶裥裙款式图

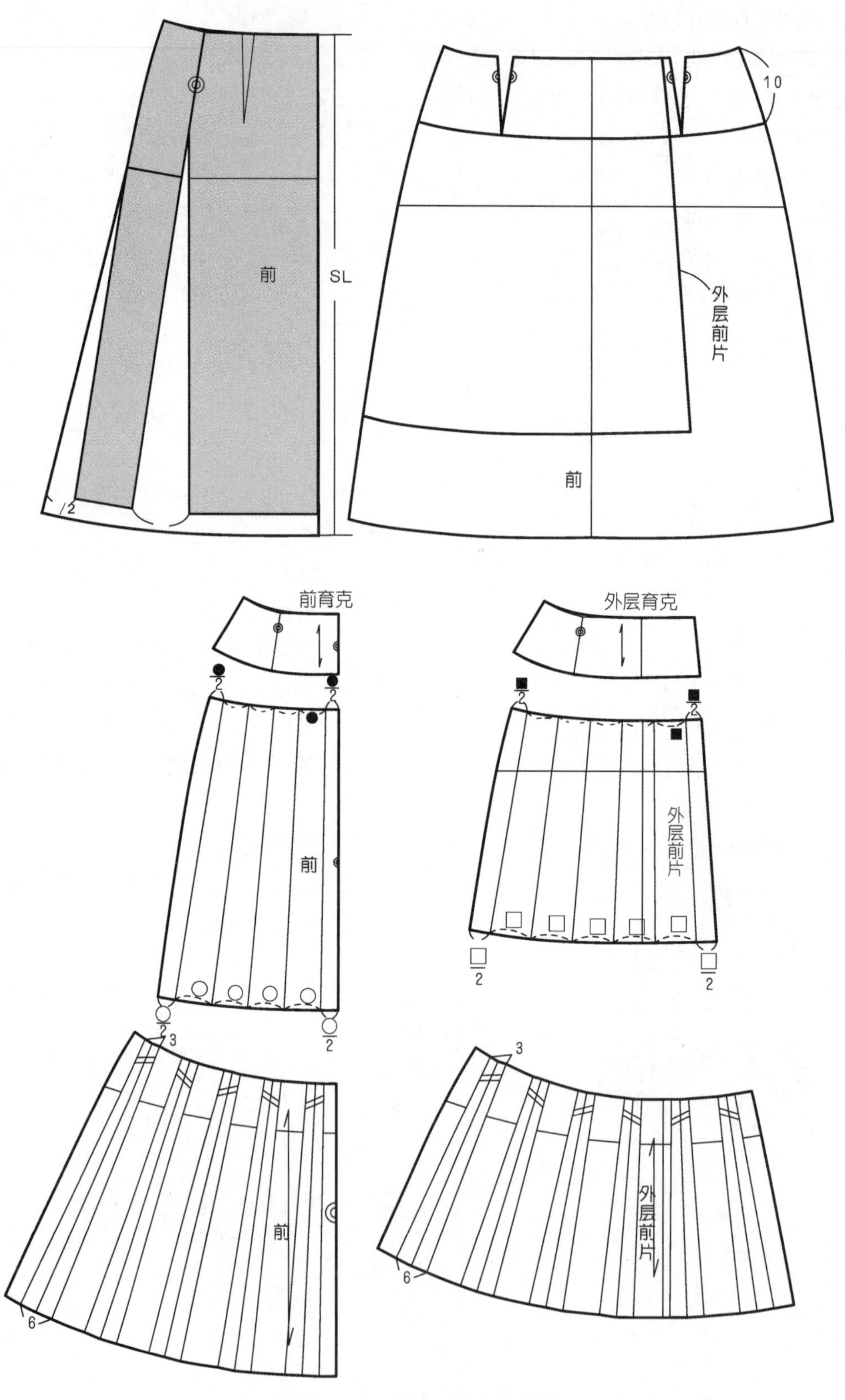


图5-37(2)　不对称双层褶裥裙结构图

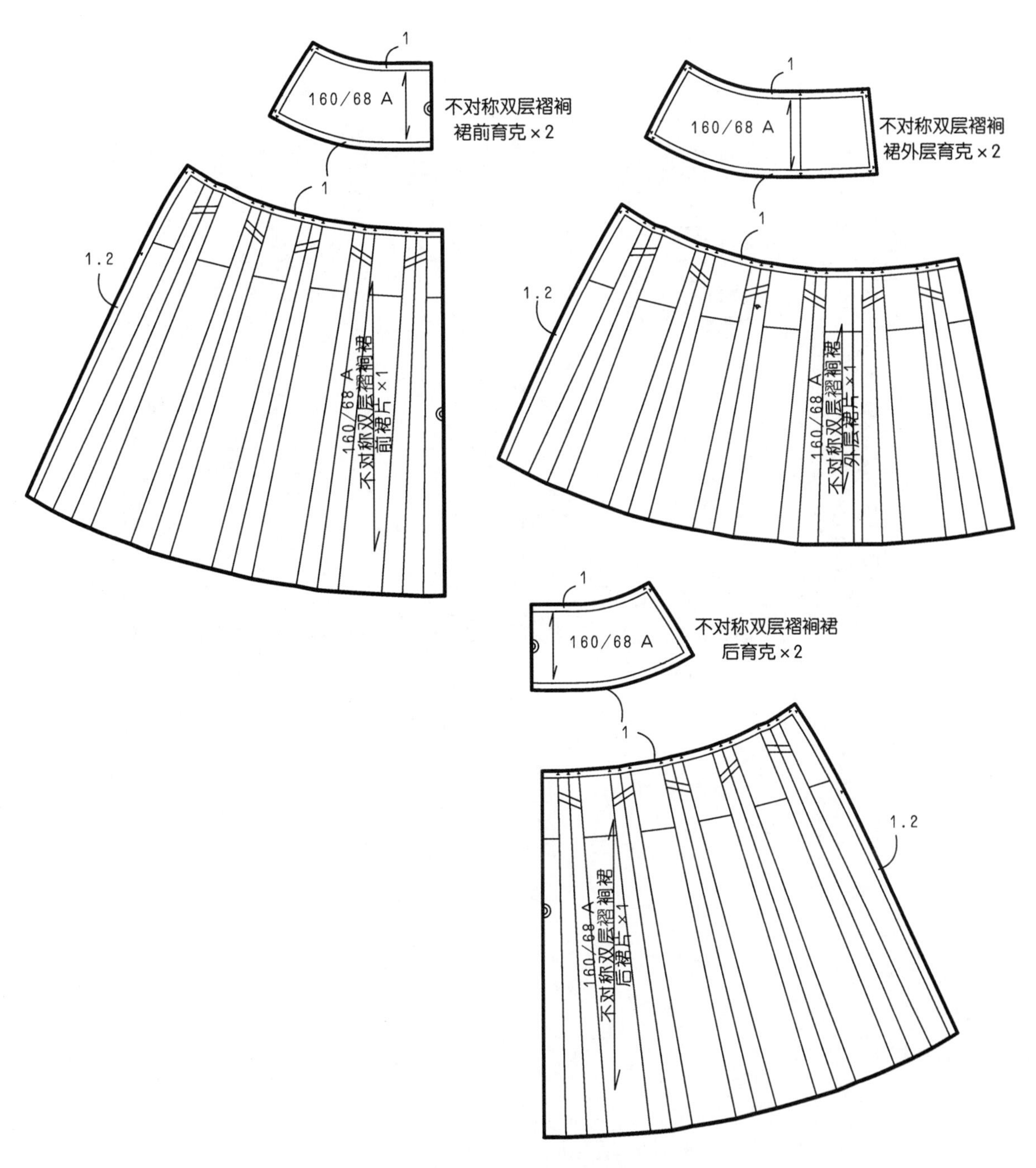


图5-37(3) 不对称双层褶裥裙毛样板

正面　　　　背面

图5-37(4)　不对称双层褶裥裙实样

### 5.4.14 螺旋波浪裙

裙身均匀斜向分割，下摆处加入波浪，给人以旋转的感觉，故称为螺旋裙。款式图如图5–38(1)所示。

**1.规格设计**

W=W*+2cm=70cm；

H=H*+4cm=94cm；

HL=0.1h+2cm=18cm；

SL=0.5h=80cm。

**2.结构制图**

结构图如图5–38(2)所示。

结构制图要点：

（1）在裙装原型结构图基础上，根据规格设计确定裙长；闭合部分腰省，在臀围及下摆处加入展开量，满足臀围H的规格设计，得到A形裙廓形。

（2）在A形裙结构图基础上，对称裙片得到完整裙片。根据款式图在裙身上作斜向分割线，对不完整的分割片要拼接完整。

（3）以①号和③号裙片为例，把剩余腰臀差按照裙片数量等分，在腰围线处消除。从裙摆向分割线方向添加辅助线，展开拉展加入波浪量，使裙摆形成螺旋效果。其余样片结构处理方法相同。

（4）画顺裙片外轮廓线。

**3.毛样板**

根据结构图通过拓样逐个复制样片，在样片上加放缝份以及标注样片名称、对位记号、丝缕线等，制作成毛样板，底边可采用密拷或折边缝，如图5–38(3)所示。

**4.实样照片**

根据结构图经过裁剪、缝制，实样完成照片如图5–38(4)所示。

图5–38(1)　螺旋波浪裙款式图

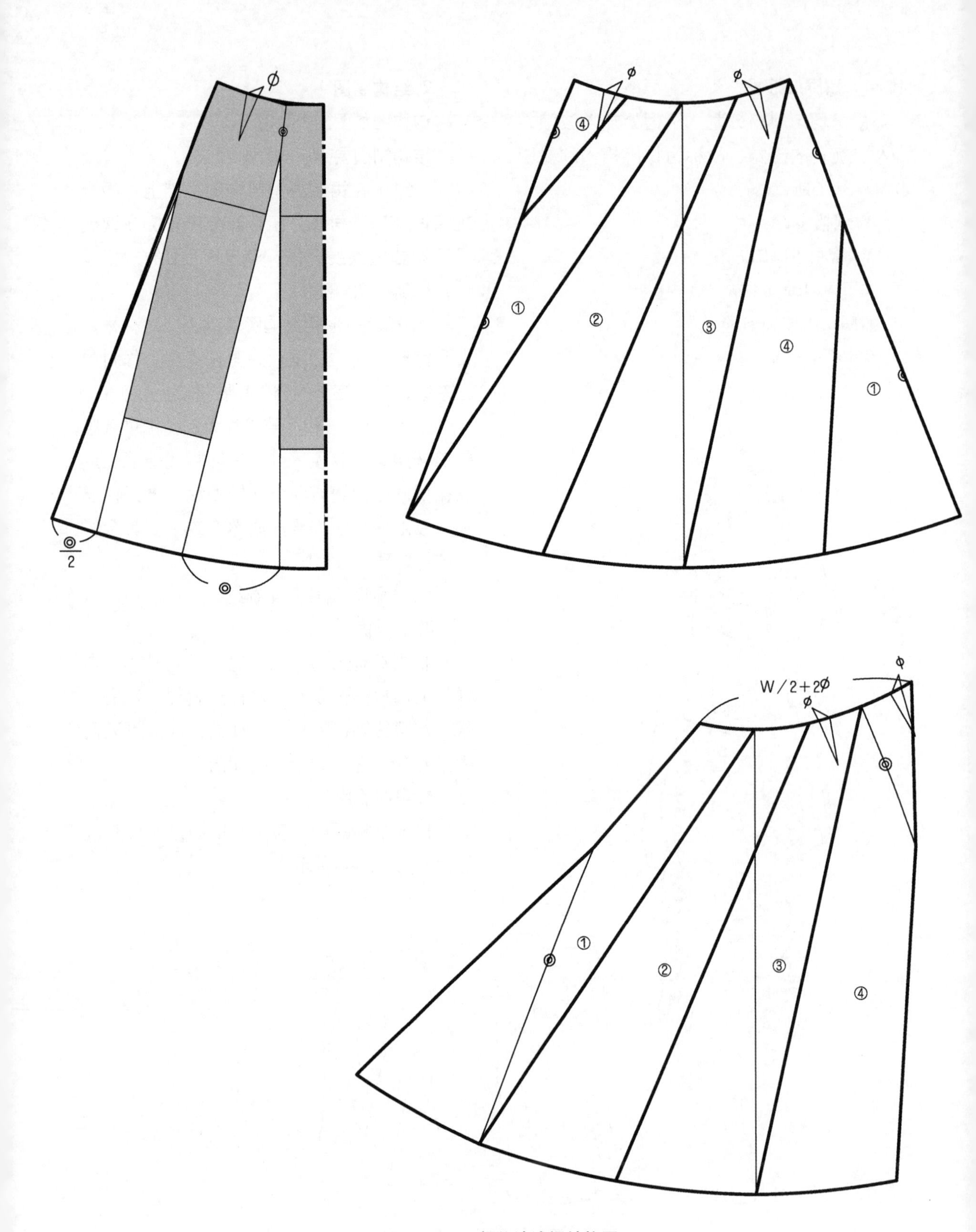


图5-38(2)　螺旋波浪裙结构图

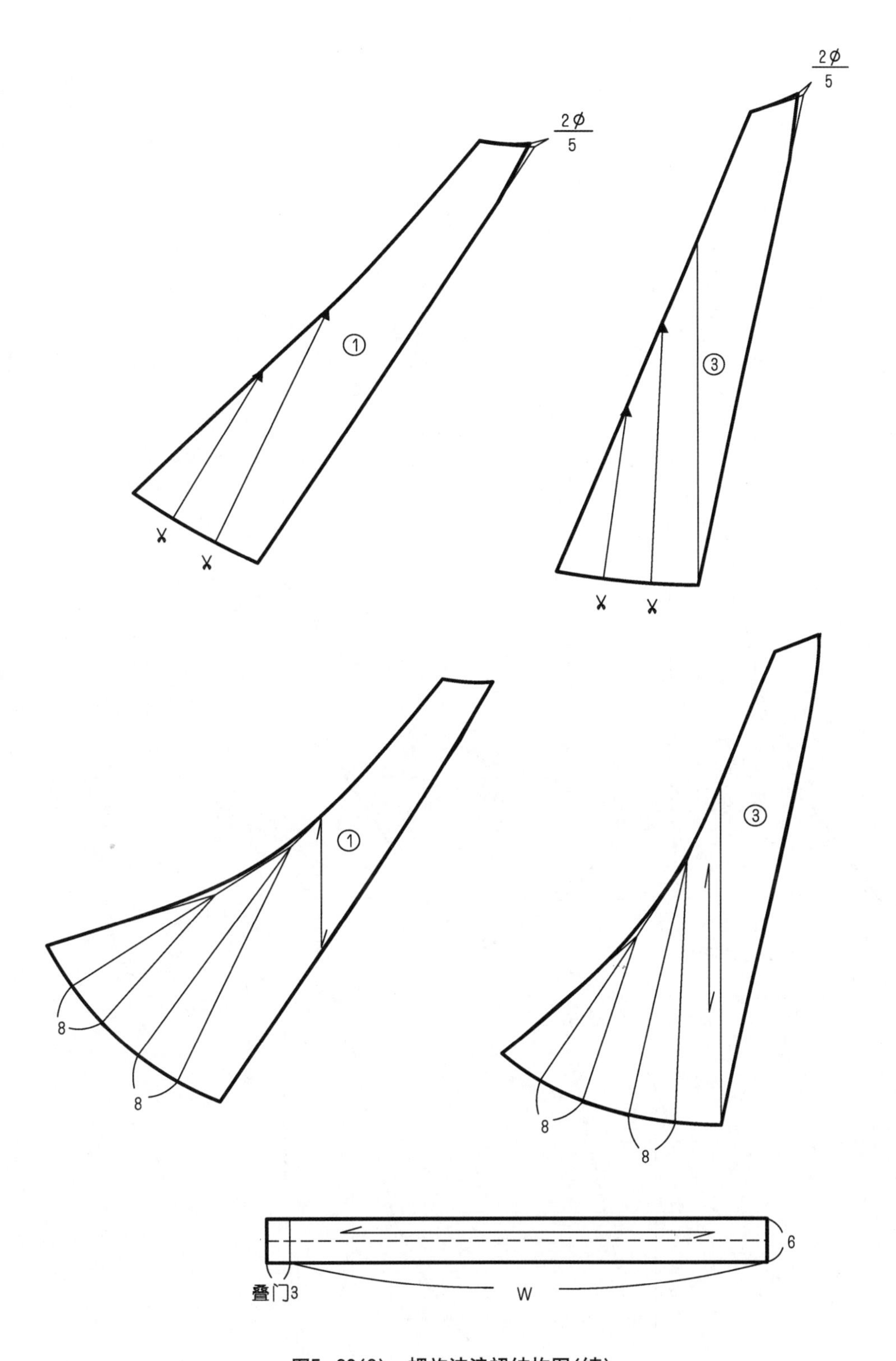


图5-38(2)　螺旋波浪裙结构图(续)

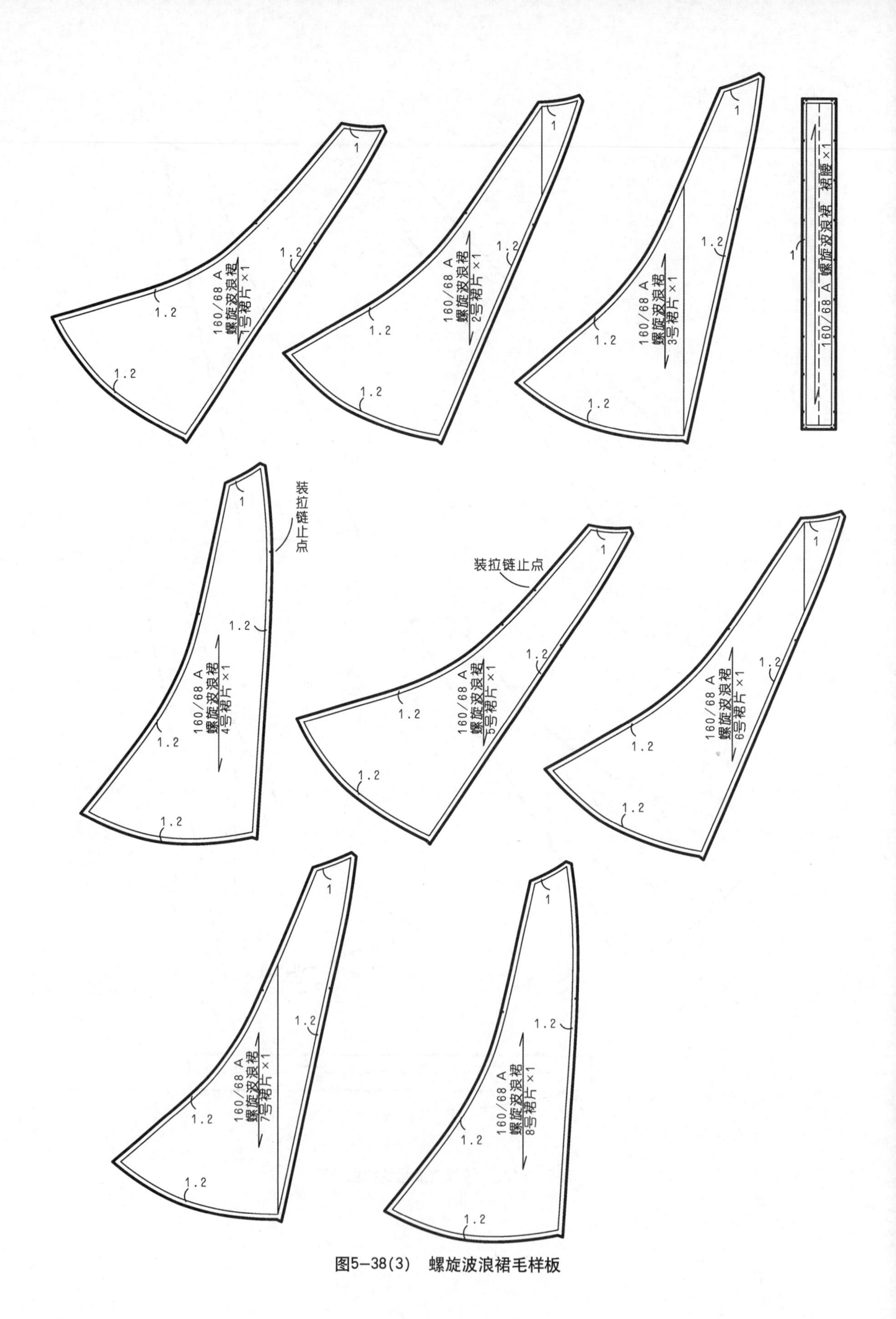


图5-38(3) 螺旋波浪裙毛样板

正面　　　　背面

图5-38(4)　螺旋波浪裙实样

### 5.4.15 不对称高腰围裹裙

高腰，腰部抽褶，不对称围裹式造型，行走时具有飘逸动感。款式图如图5-39(1)所示。

**1.规格设计**

W=W*+2cm=70cm；

H= H*+（>12cm）；

HL=0.1h+2cm=18cm；

SL=0.5h-6cm=74cm （含腰宽=6cm）。

**2.结构制图**

结构图如图5-39(2)所示。

结构制图要点：

（1）在裙装原型结构图基础上，由省尖点向下摆作辅助线，展开拉展加入臀围松量和腰部抽褶量。

（2）对称展开前裙片，根据款式图作外层裙轮廓线和门襟，并在门襟处作辅助线，展开拉展加入抽褶量。

（3）分别以实际前、后腰围和高腰宽作矩形，在上口处加入展开量。

（4）画顺裙片外轮廓线。

**3.毛样板**

根据结构图通过拓样逐个复制样片，在样片上加放缝份以及标注样片名称、对位记号、丝缕线等，制作成毛样板，如图5-39(3)所示。

**4.实样照片**

根据结构图经过裁剪、缝制，实样完成照片如图5-39(4)所示。

图5-39(1) 不对称高腰围裹裙款式图

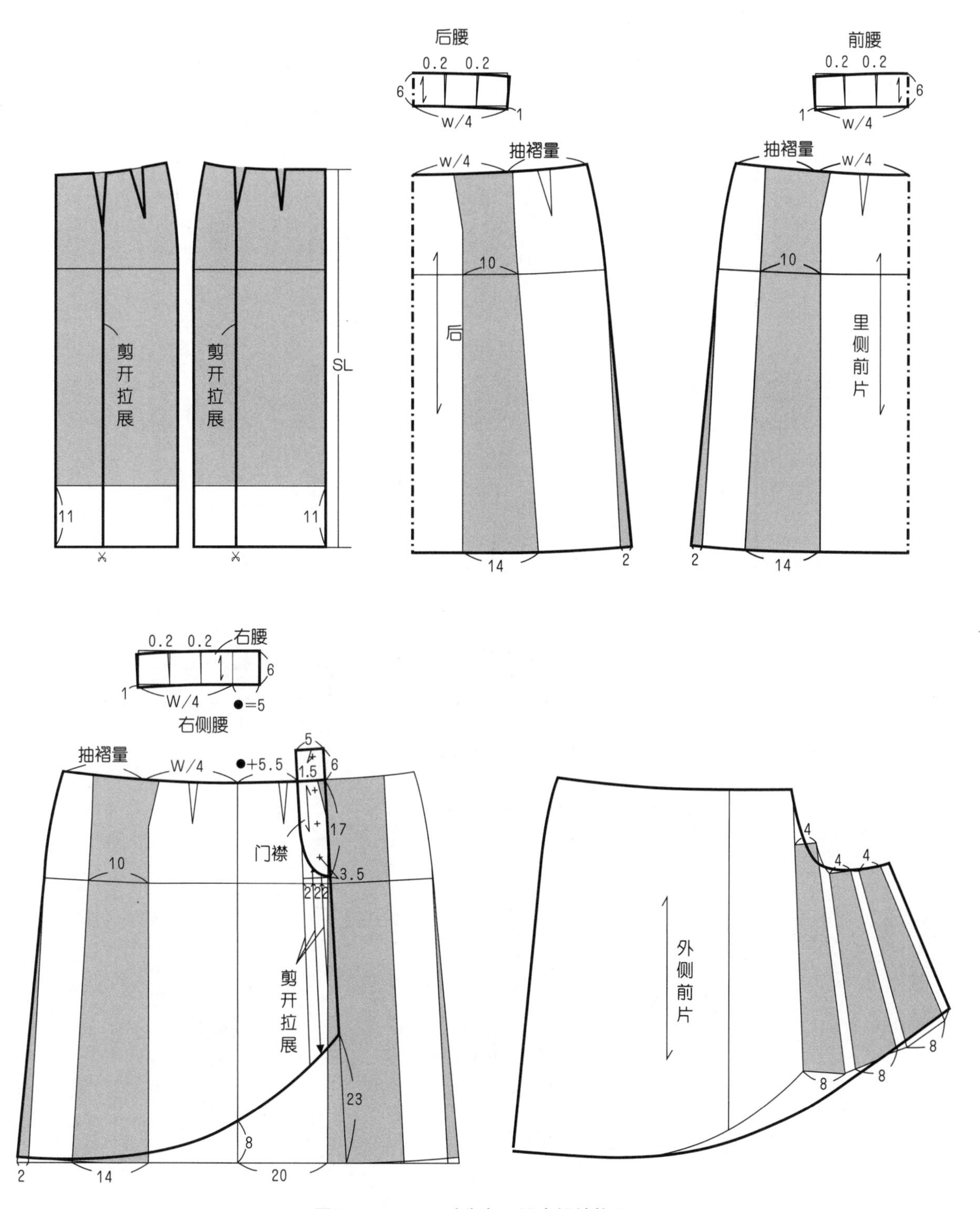


图5-39(2)　不对称高腰围裹裙结构图

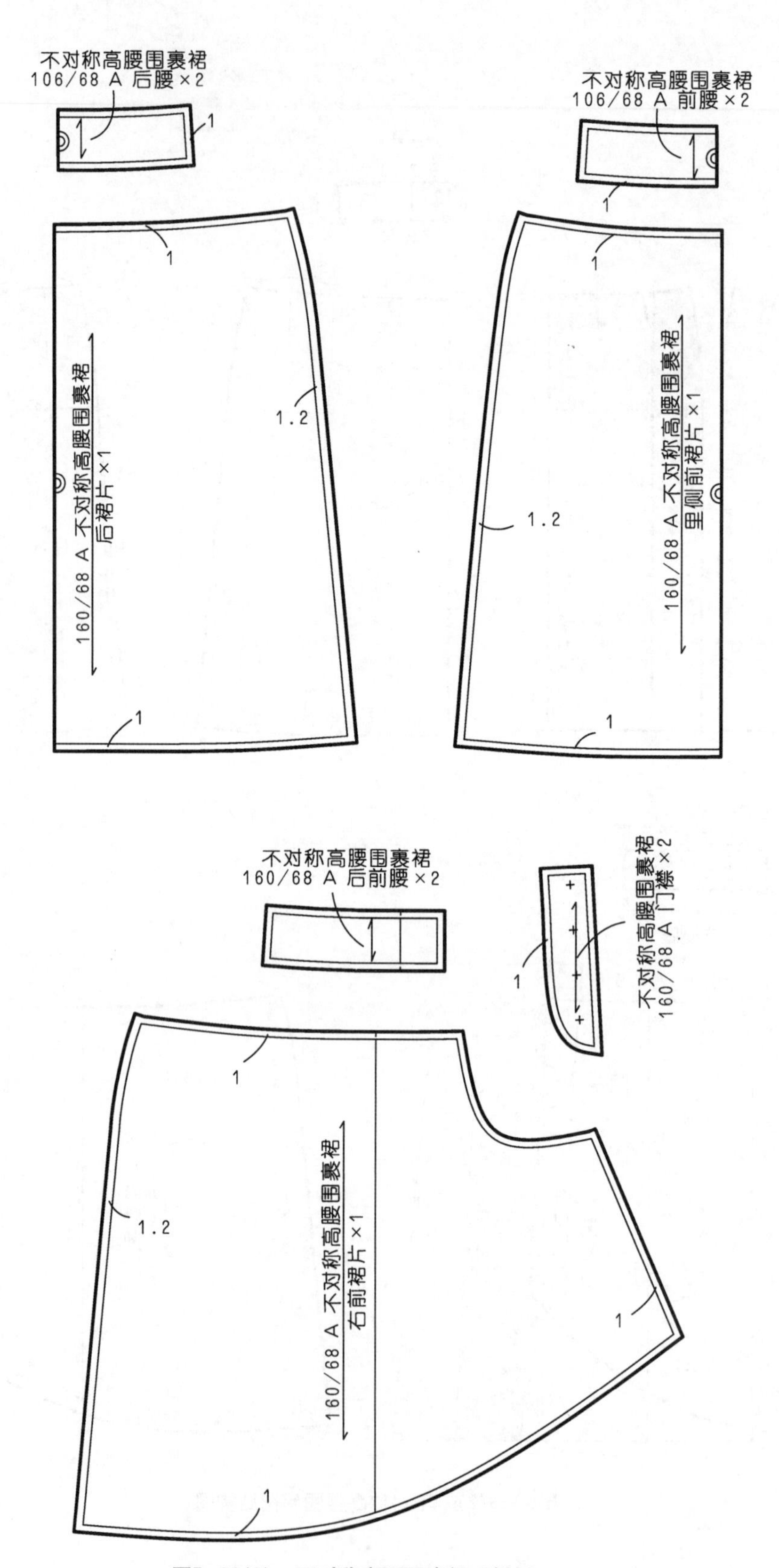

图5-39(3) 不对称高腰围裹裙毛样板

正面　　　　背面

图5-39(4)　不对称高腰围裹裙实样

### 5.4.16 偏门襟翻折腰裙

偏门襟，高腰向外翻折，裙身为A形裙轮廓。款式图如图5-40(1)所示。

**1.规格设计**

W=W*+2cm=70cm；

H=H*+6cm=96cm；

HL=0.1h+2cm=18cm；

SL=0.5h=80cm（含腰宽4cm）。

**2.结构制图**

结构图如图5-40(2)所示。

结构制图要点：

（1）在裙装原型结构图基础上，取前臀围H/4+0.5cm，后臀围H/4-0.5cm，前腰围W/4+0.5cm+3cm（省量），后腰围W/4-0.5cm+3.5cm（省量），根据规格尺寸确定裙长，侧缝向外撇5cm，画顺侧缝线。

（2）对称展开前裙片，作偏门襟线及贴边线。

（3）以实际前、后腰围和高腰宽（底座宽=4cm，翻折部分宽=5cm）作矩形，在上口处加入展开量，画出翻折线。

（4）画顺裙片外轮廓线。

**3.毛样板**

根据结构图通过拓样逐个复制样片，在样片上加放缝份以及标注样片名称、对位记号、丝缕线等，制作成毛样板，如图5-40(3)所示。

**4.实样照片**

根据结构图经过裁剪、缝制，实样完成照片如图5-40(4)所示。

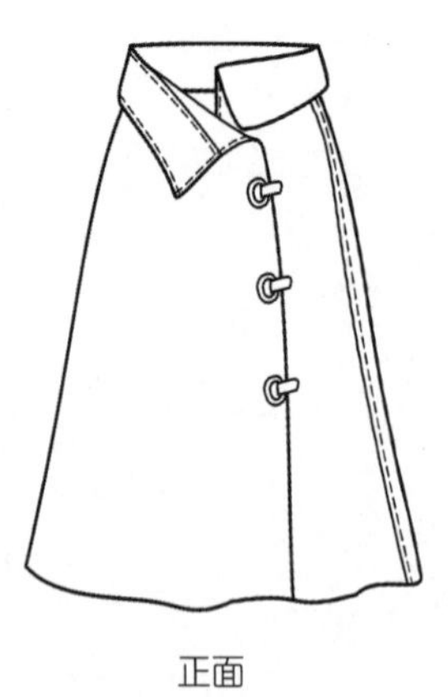

图5-40(1) 偏门襟翻折腰裙款式图

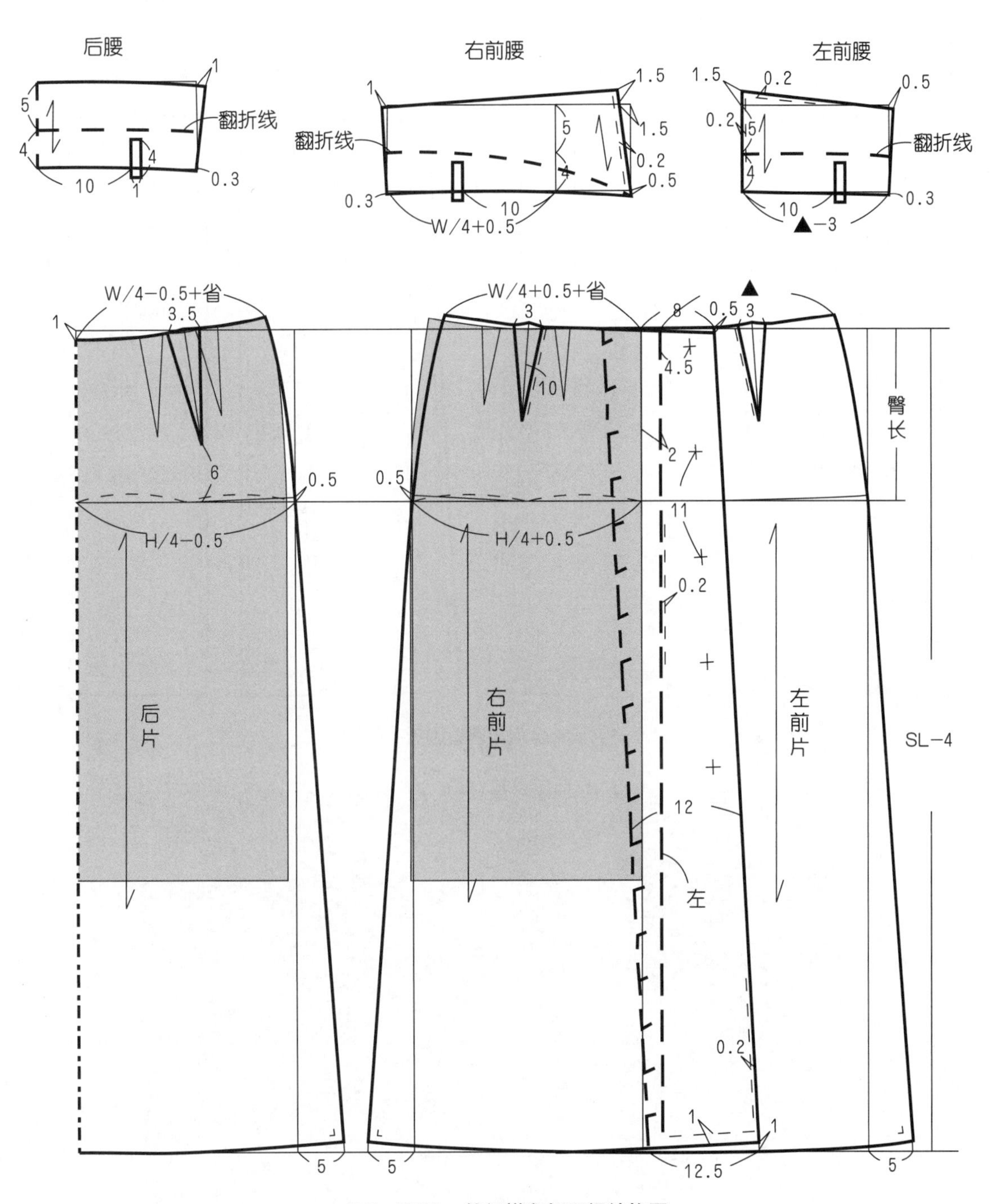


图5-40(2) 偏门襟翻折腰裙结构图

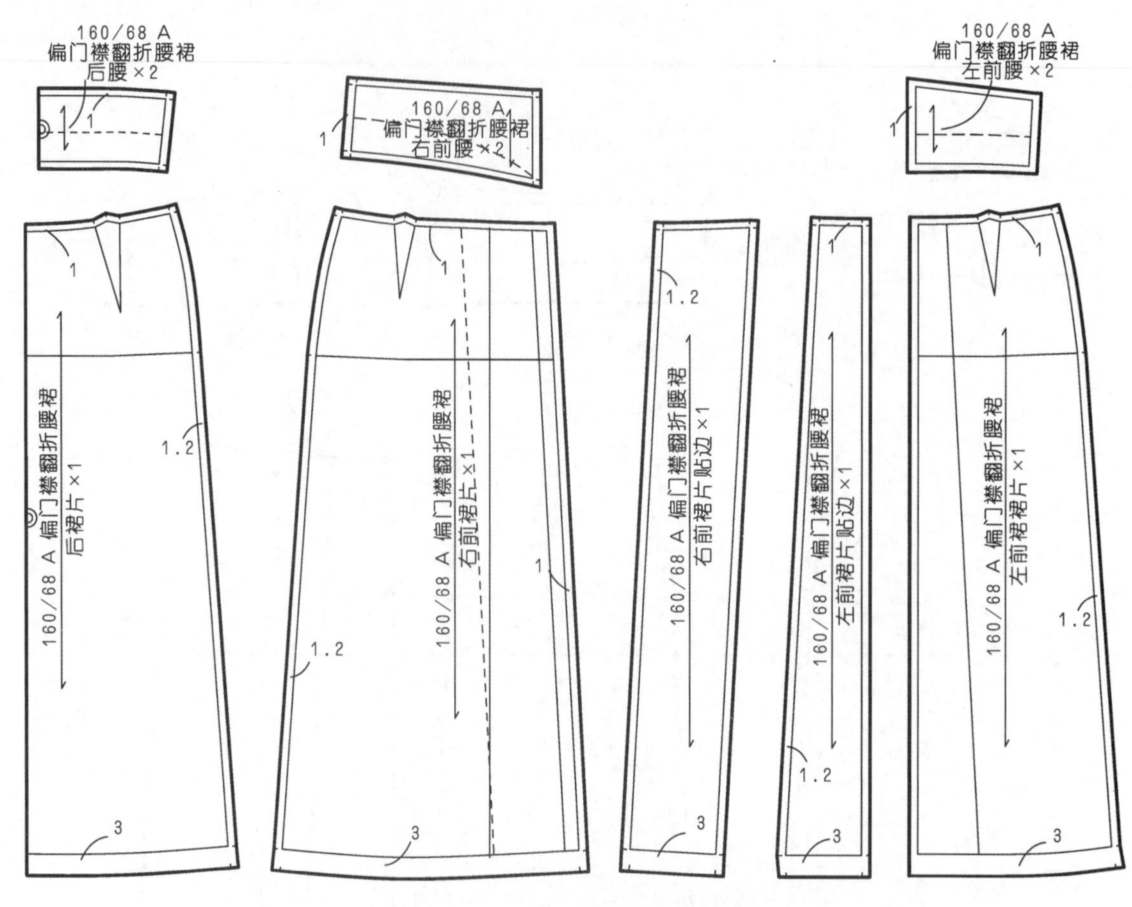


图5-40(3) 偏门襟翻折腰裙毛样板

正面　　背面

图5-40(4) 偏门襟翻折腰裙实样

### 5.4.17 迷你裙

低腰，腰部育克分割，后片有贴袋。款式图如图5-41(1)所示。

**1.规格设计**

W=W*=68cm（人体腰围线处）；

低腰量=6cm；

H=H*+4cm=94cm；

HL=0.1h+2cm=18cm；

SL=0.3h -8cm=40cm。

图5-41(1) 迷你裙款式图

**2.结构制图**

结构图如图5-41(2)所示。

结构制图要点：

（1）在A形裙结构图基础上，腰线下落6cm作低腰线，再向下截取腰宽3cm，根据款式图作育克分割线，调整省道长度，闭合前、后腰以及育克中的省道。

（2）根据款式图作侧片分割造型线，装饰扣襟造型和口袋定位。

（3）画顺裙片外轮廓线。

**3.毛样板**

根据结构图通过拓样逐个复制样片，在样片上加放缝份以及标注样片名称、对位记号、丝缕线等，制作成毛样板，如图5-41(3)所示。

**4.实样照片**

根据结构图经过裁剪、缝制，实样完成照片如图5-41(4)所示。

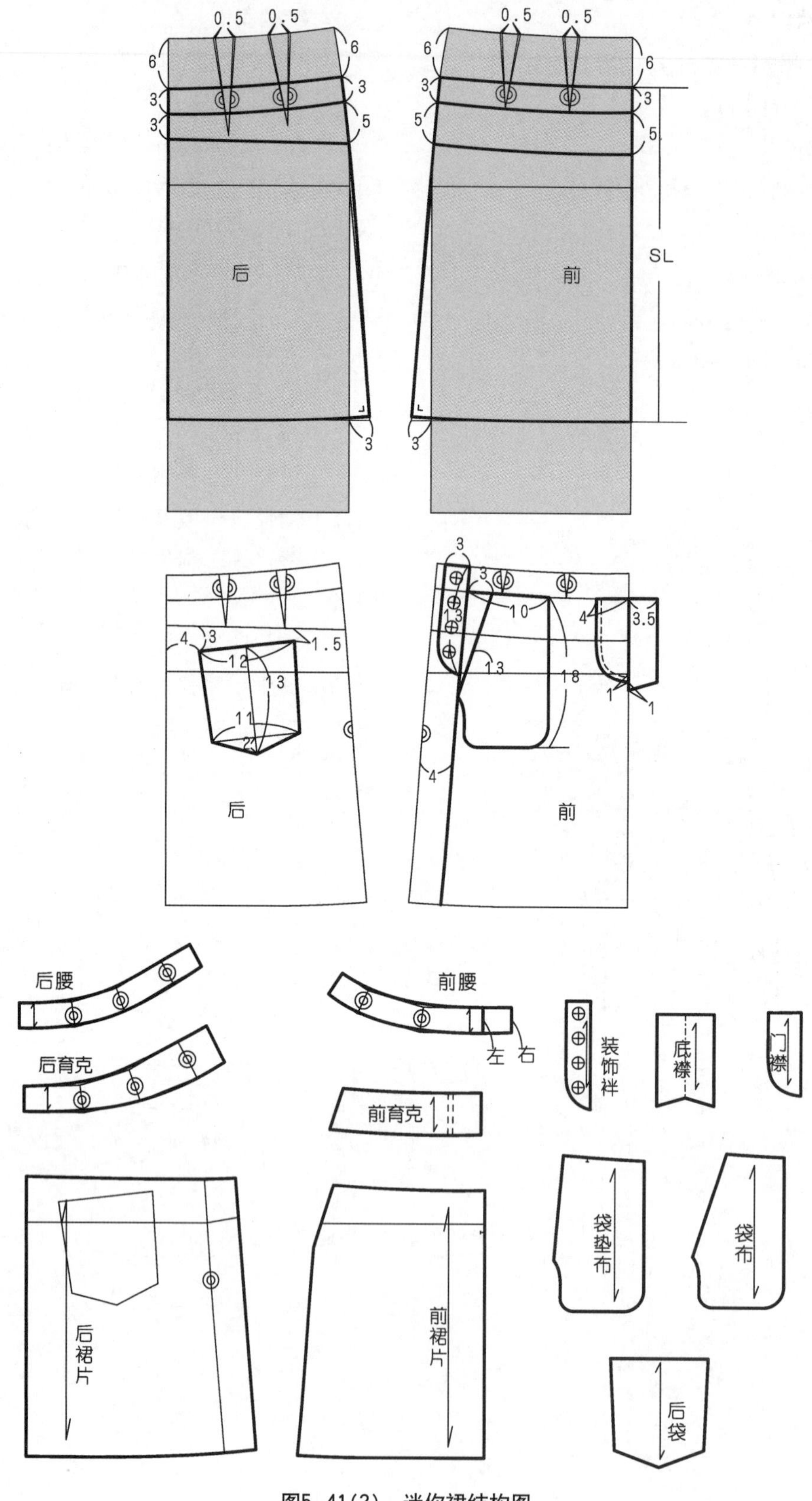


图5-41(2) 迷你裙结构图

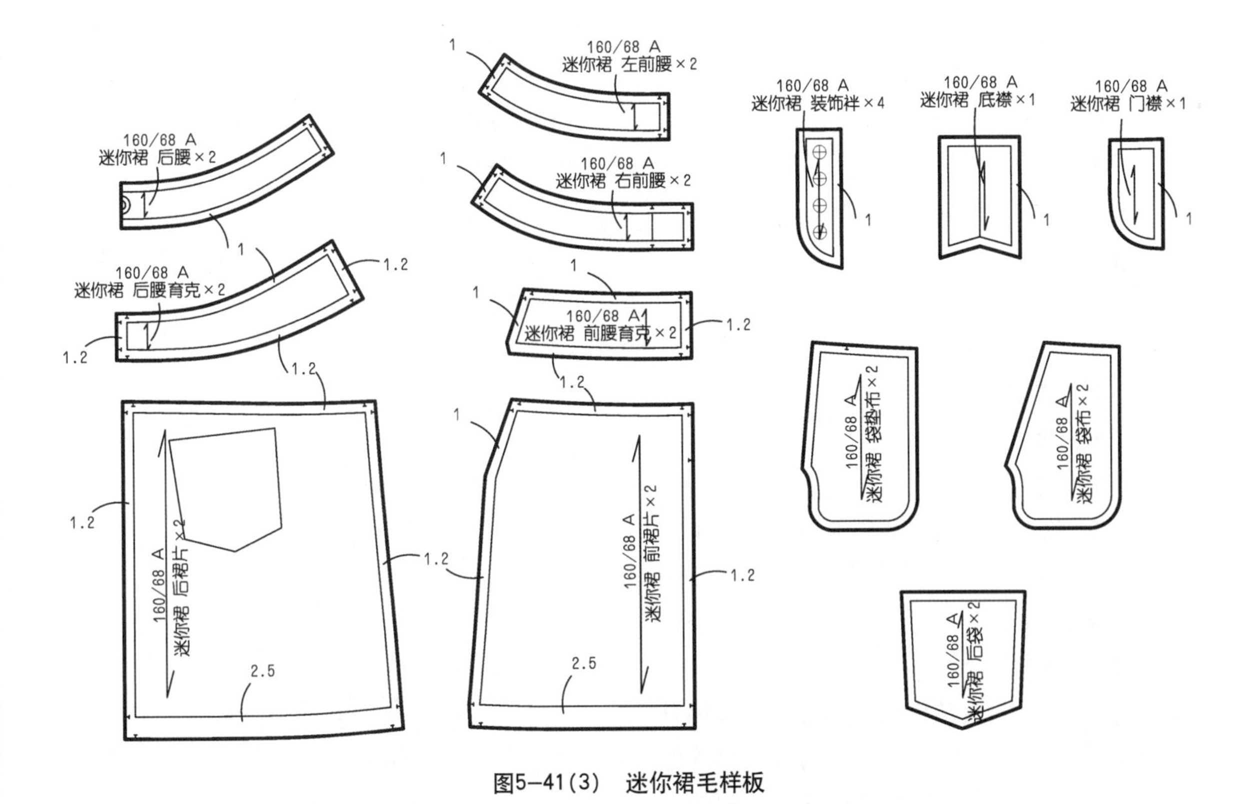


图5-41(3) 迷你裙毛样板

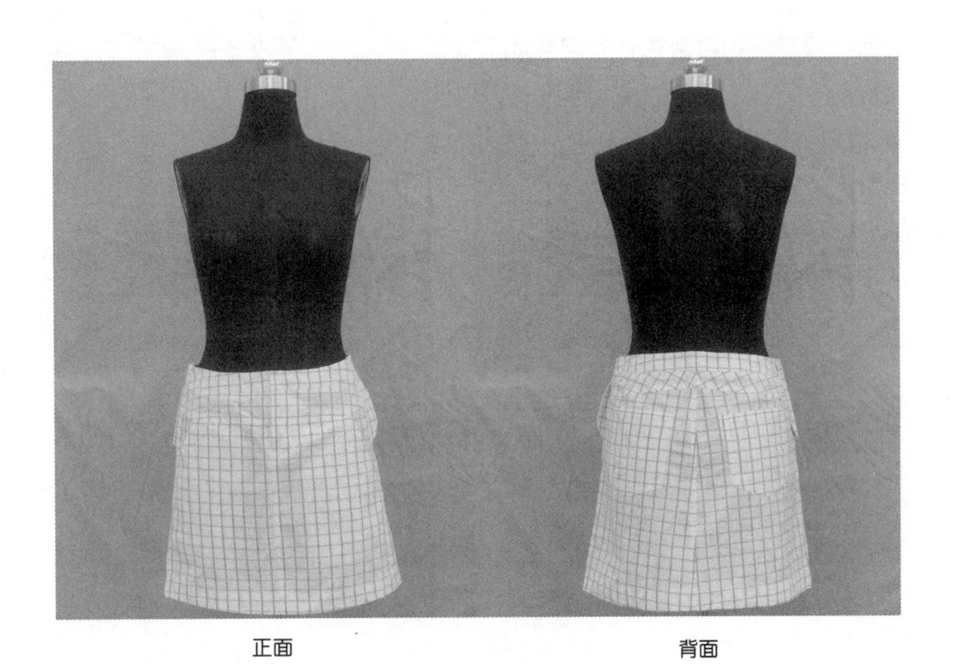

正面　　背面

图5-41(4) 迷你裙实样

### 5.4.18 不对称分割波浪裙

裙身不对称分割，裙摆长度也是不规则造型，活泼富有动感。款式图如图5–42(1)所示。

**1. 规格设计**

W=W*+2cm=70cm；

H=H*+12cm=102cm；

HL=0.1h+2cm=18cm；

SL=0.3h+2cm=50cm。

**2. 结构制图**

结构图如图5–42(2)所示。

结构制图要点：

（1）在裙装原型结构图基础上，根据规格设计确定裙长；闭合部分腰省，在臀围及下摆处加入展开量，满足臀围H的规格设计，得到A形裙廓形。

（2）在A形裙结构图基础上，对称展开裙片，根据款式图作不对称分割线，后片作育克分割线，闭合左前片和后片育克中的腰省。

（3）根据款式图分别在右前片和后片的裙摆波浪和褶裥展开位置作辅助线，展开拉展加入裙摆波浪量和褶裥量。

（4）画顺裙片外轮廓线。

**3. 毛样板**

根据结构图通过拓样逐个复制样片，在样片上加放缝份以及标注样片名称、对位记号、丝缕线等，制作成毛样板，裙摆底边可采用宽度很小的折边缝或者密拷处理，如图5–42(3)所示。

**4. 实样照片**

根据结构图经过裁剪、缝制，实样完成照片如图5–42(4)所示。

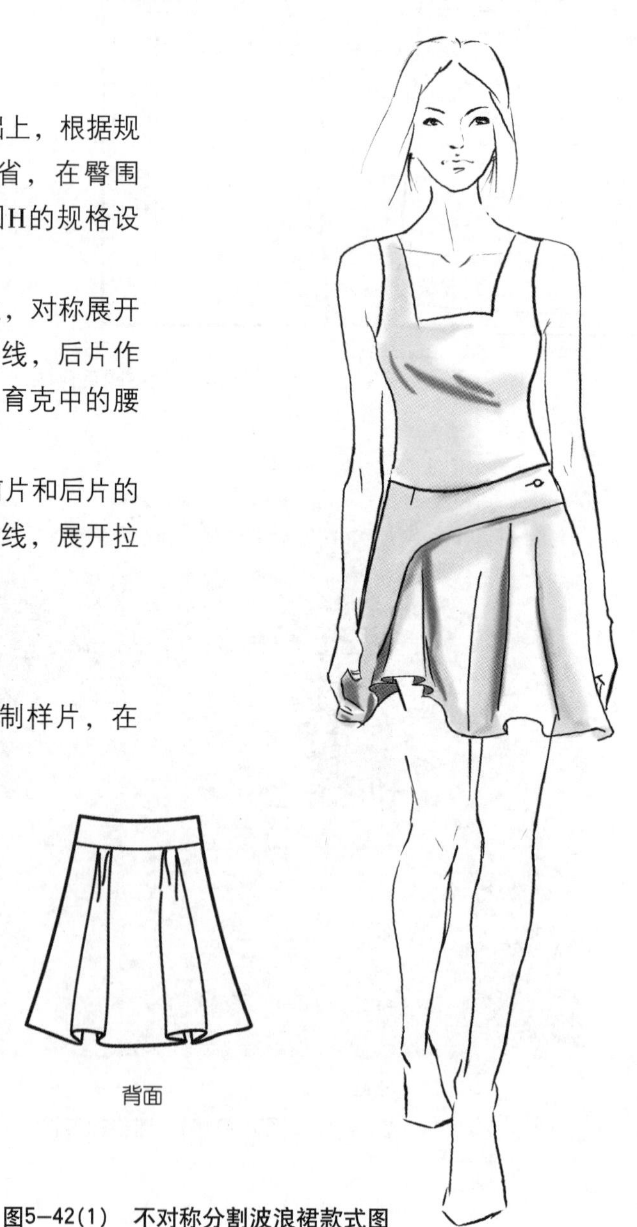

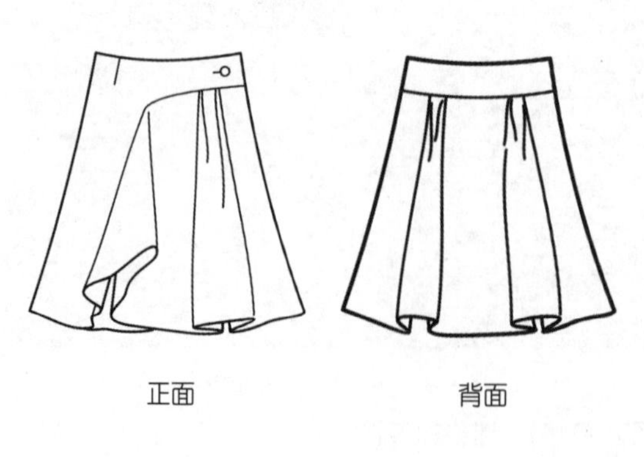


图5–42(1)　不对称分割波浪裙款式图

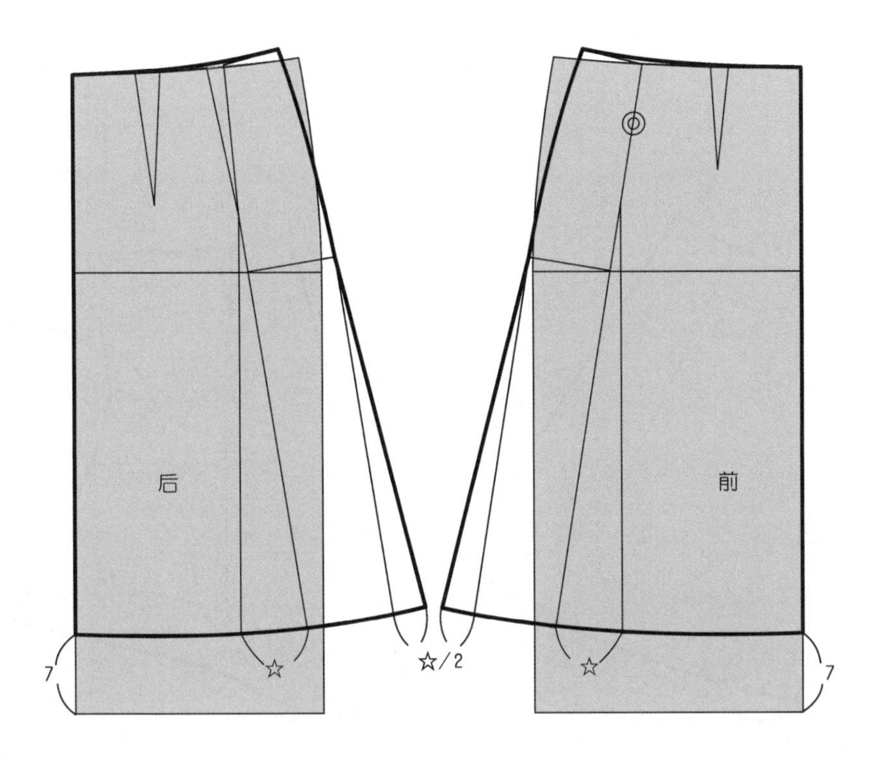


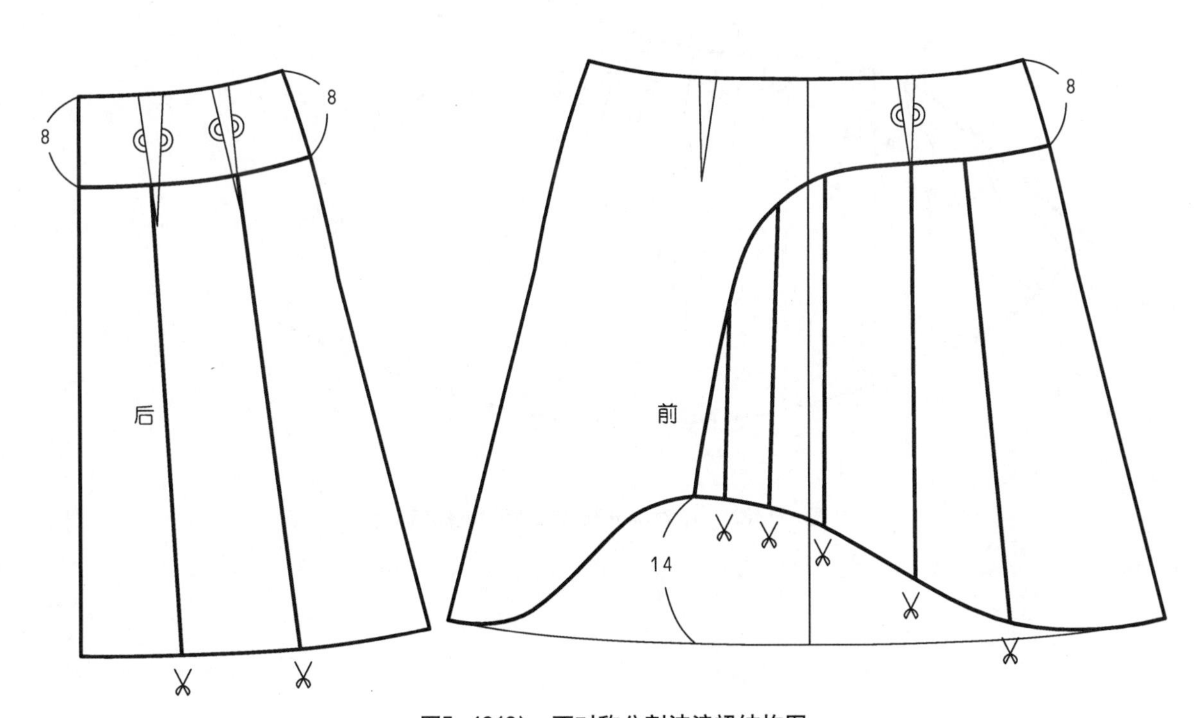


图5–42(2)　不对称分割波浪裙结构图

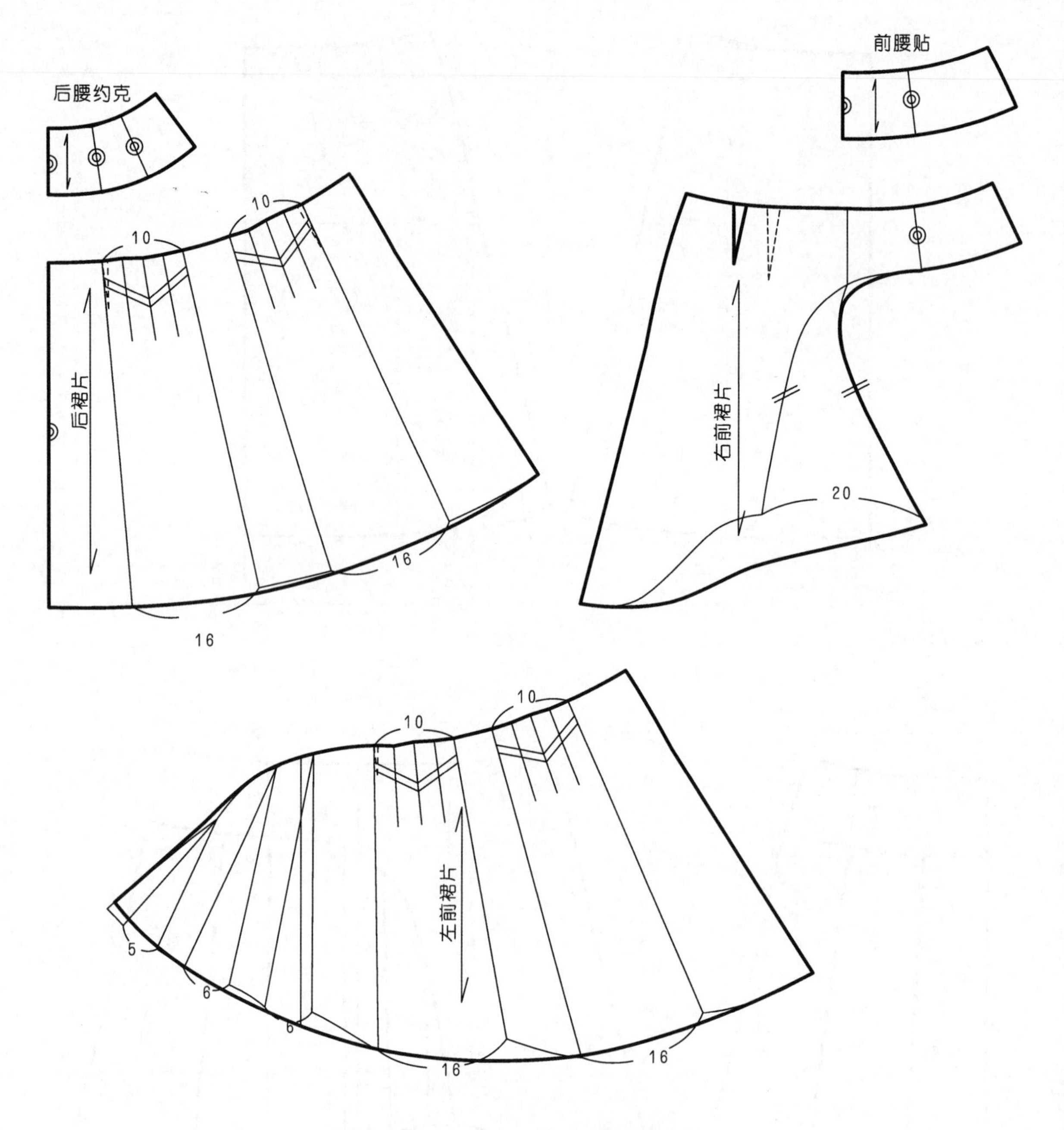


图5-42(2)　不对称分割波浪裙结构图(续)

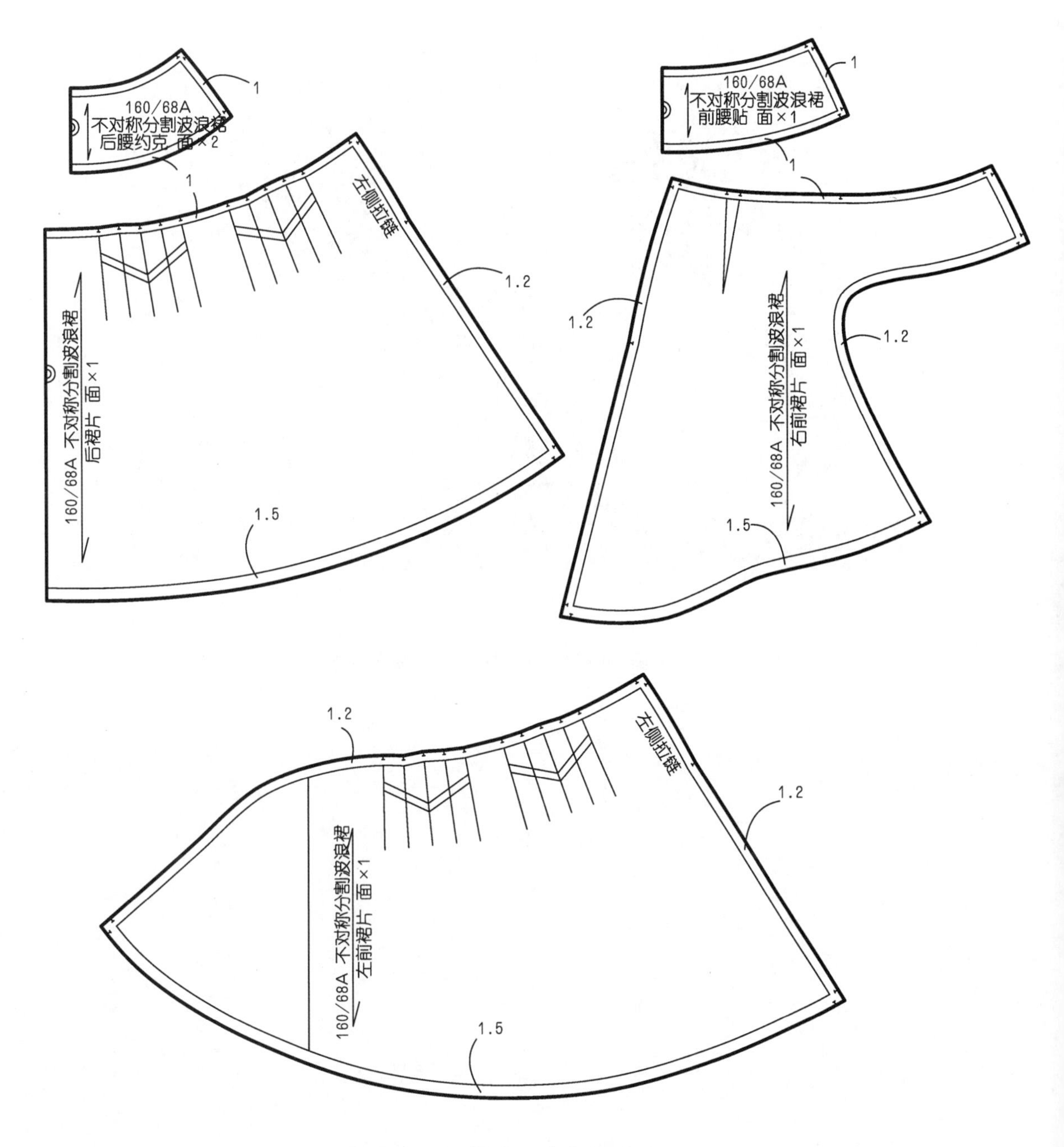


图5—42(3) 不对称分割波浪裙毛样板

正面　　　　背面

图5-42(4)　不对称分割波浪裙实样

## 5.5 裙装疵病补正

在正式缝制之前应使用坯布或替代面料依据样板进行裁剪——假缝——试穿，以对结构设计的适体性和正确性加以检验，对样板中存在问题的部位进行修正。

### 5.5.1 试穿方法

模特应站在能照到全身的镜子前，在静态下观察（图5–43）：

（1）前后中心线在身体中心处是否挺直，臀围线与下摆线是否水平。

（2）腰围、臀围的松紧是否合适。

（3）腰围部位是否平整，前后腰围线是否稳定。

（4）省量大小是否合理，侧缝是否处于正确的平衡位置。

（5）裙长比例是否均衡。

在动态下观察：

（1）进行日常基本动作（步行、坐、上下台阶等）时，腰围、臀围的松紧是否合适，下摆的大小是否合适。

（2）缝合止点的位置（开衩、褶裥等）是否合适。

### 5.5.2 疵病补正

试穿后，对存在疵病的部位在结构图上进行修正，重新制作样板的过程称为疵病补正。裙装常见疵病主要有：

**1.后中心吊起**

由于臀部过于丰满，将裙子撑起造成后裙片吊起的疵病。为使裙摆呈水平状态，需要在后片腰围处进行追加，在侧缝处追加后臀

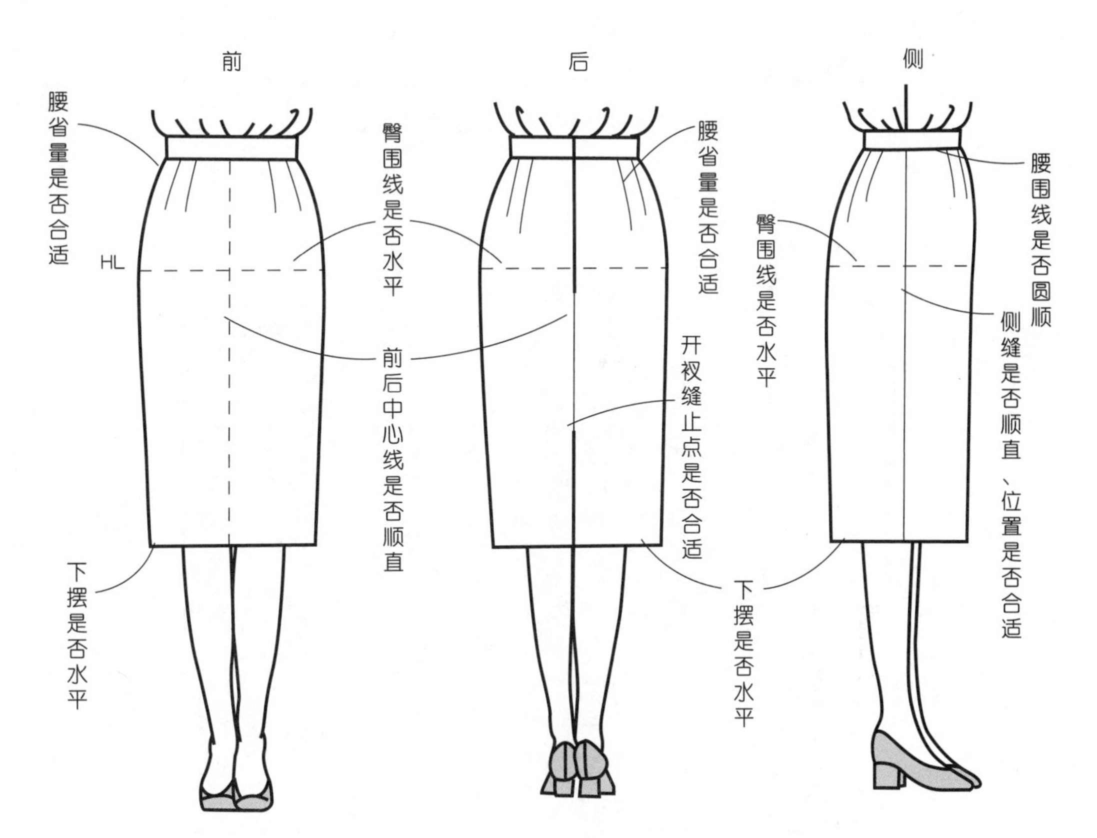


图5–43 静态下裙装试穿要求

围大，并增大省量，在前片去掉后片追加的量，并减少省量，如图5-44所示。

**2.前中心吊起**

由于腹部过于凸起，将裙子撑起造成前裙片吊起的疵病。为使裙摆呈水平状态，需要在前片腰围处进行追加，在侧缝处追加前臀围大，在后片去掉前片追加的量，并减少省量，如图5-45所示。

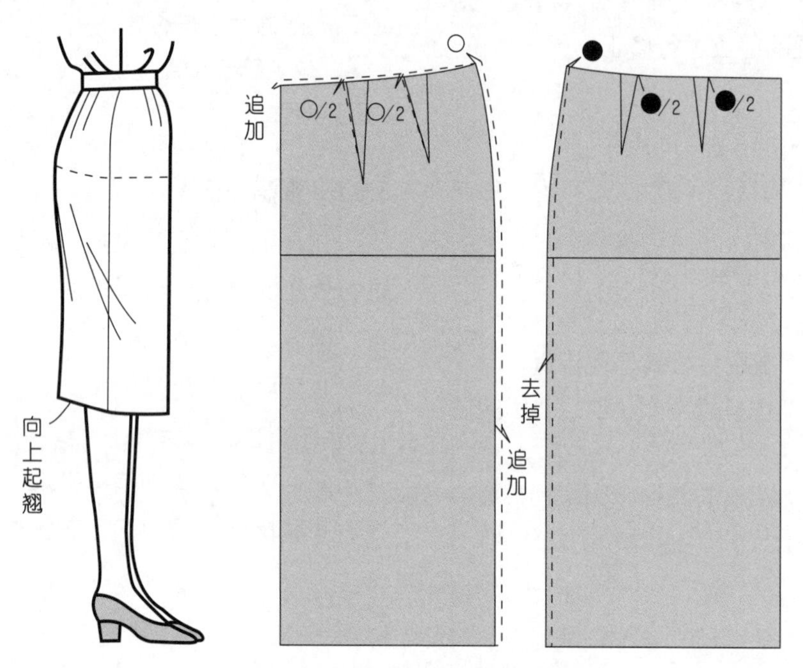


图5-44　后中心吊起疵病及样板修正

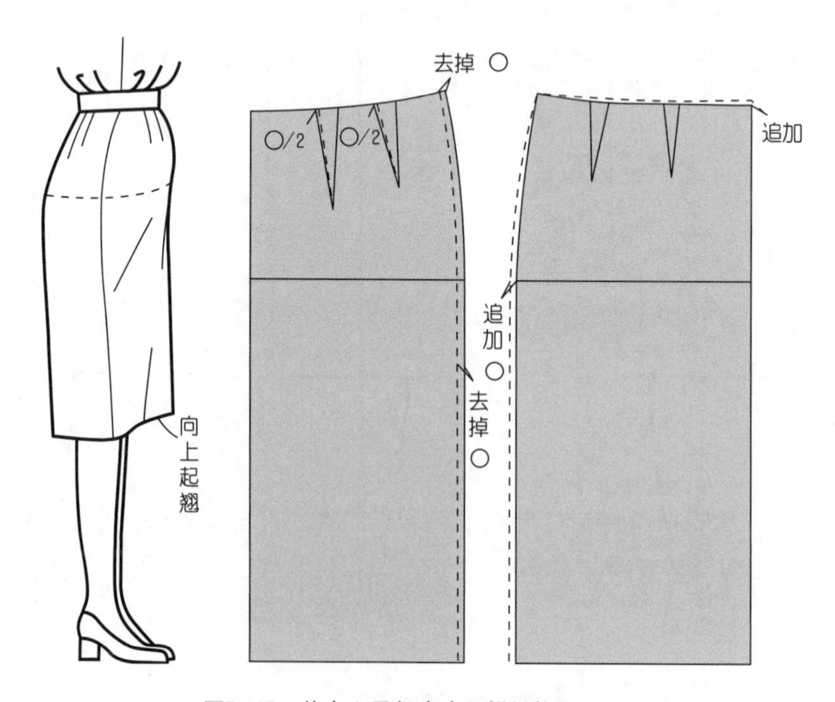


图5-45　前中心吊起疵病及样板修正

**3.裙两侧出现紧绷横缕**

由于大腿过于丰满，将裙子撑起造成大腿部位围度不足的疵病。为使裙身平整，需要在侧缝大腿部位追加前片宽，如图5-46所示。

**4.腰腹部出现横缕**

由于腰节高、中臀围尺寸不足，使裙子腰部出现横缕的疵病。为使裙身平整，需要在侧缝从腰围线到臀围线间追加不足量。在腰围处追加的量可在缝制时归拢或转化为省量，如图5-47所示。

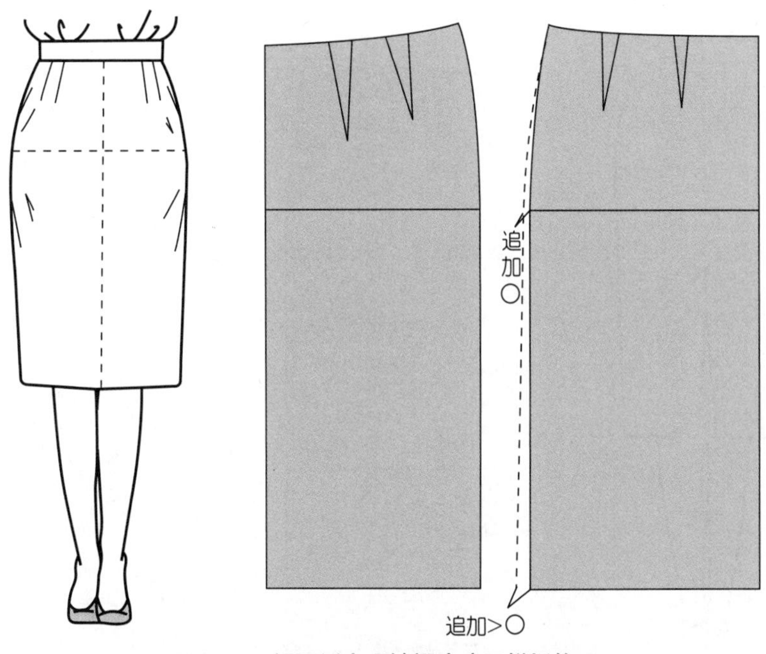


图5-46　裙两侧出现皱褶疵病及样板修正

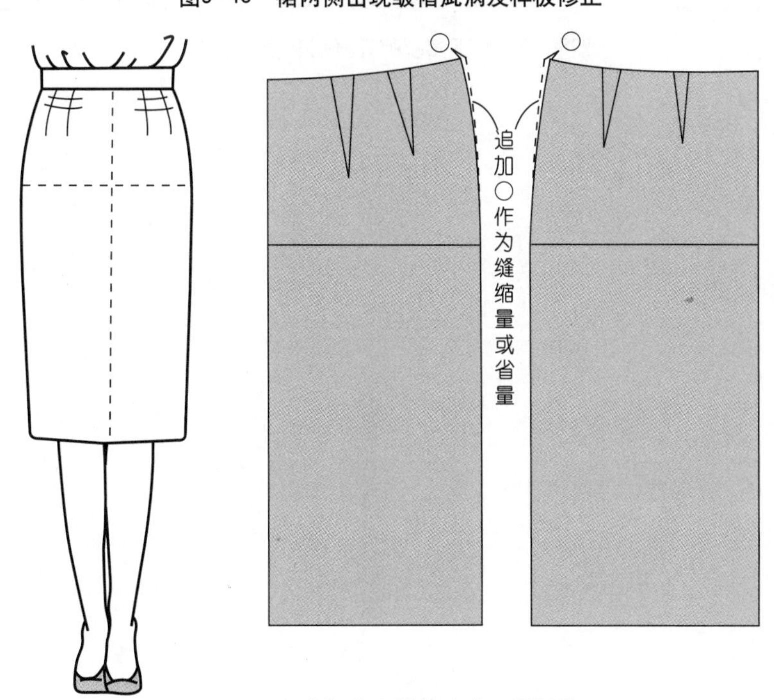


图5-47　腰腹部出现横缕疵病及样板修正

### 5.后下摆衩豁开

由于腰节低，使裙子后下摆开衩出现豁开的疵病。为使裙身平整，需要在前中心去掉多余量，如图5-48所示。

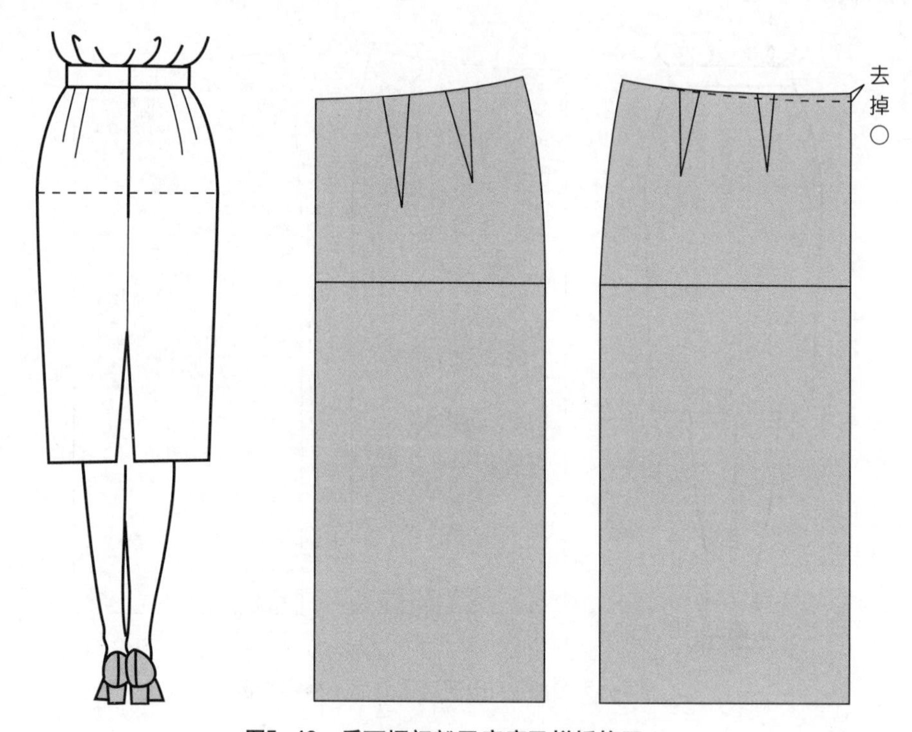


图5-48　后下摆衩豁开疵病及样板修正

# 第 6 章　裤装结构设计

裤装（trousers或slacks）是包裹人体下肢部位的一种服装品类，因便于运动以及具有良好的功能性成为男性的主要服装，女性穿着裤装出现于20世纪初。随着时代的变迁，裤装造型也不断变化，特别是在追求轻便化、功能性的现代服装中，裤装具有无可替代的位置。裤装适用的面料可参见卷头“常用面料名称”。

## 6.1　裤装分类与结构设计原理

裤装的造型多种多样，可根据裤装的宽松程度、裤长、裤身造型等对裤装进行分类。

### 6.1.1　裤装分类

**1.裤装基本结构分类**

1）按裤装臀围宽松量分类（图6–1）

（1）贴体风格裤装：臀围松量为4～6cm的裤装；

(2)较贴体风格裤装。臀围松量为6～12cm的裤装；

(3)较宽松风格裤装。臀围松量为12～18cm的裤装；

（4）宽松风格裤装。臀围松量为18cm以上的裤装。

2）按裤装长度分类（图6–2）

可分为超短裤、短裤、中裤、中长裤、七分裤、九分裤、长裤等。

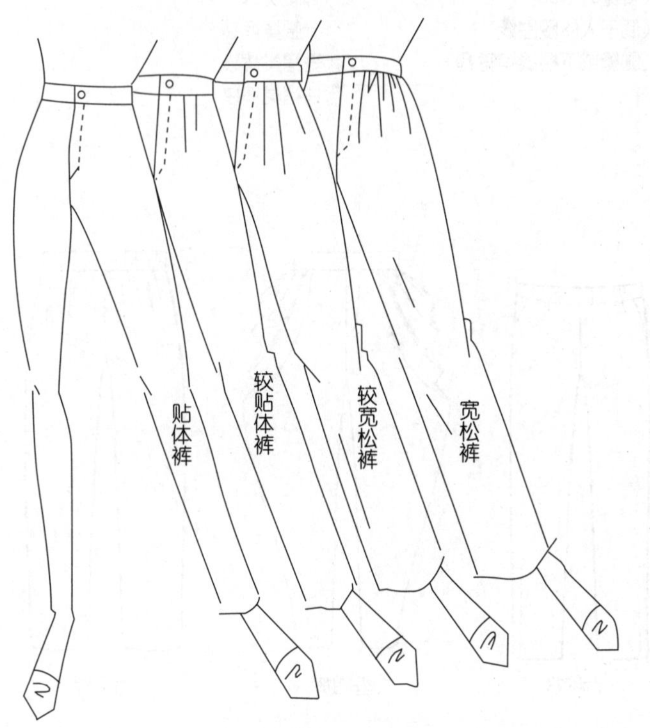


图6–1　裤装臀围宽松量分类

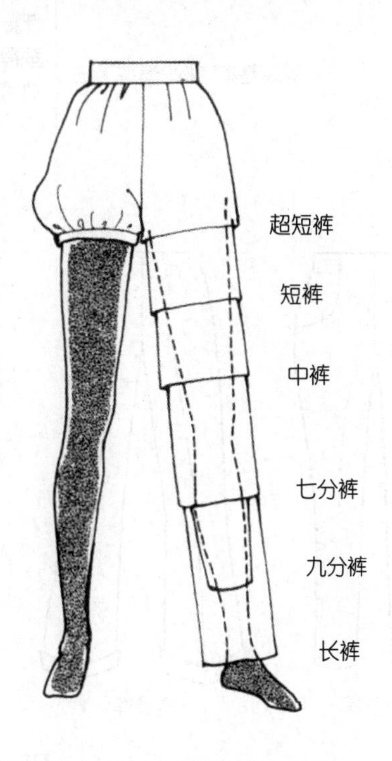


图6–2　裤装长度分类

3）按裤脚口大小分类（图6–3）

（1）直筒裤。中裆与裤脚口基本相等的裤装，裤脚口＝0.2H～0.2H+5㎝。

（2）窄脚裤。中裆大于裤脚口的裤装，裤脚口≤0.2H–3㎝。

（3）宽脚裤。中裆小于裤脚口的裤装，裤脚口≥0.2H+10㎝。

**2.裤装造型分类**

1）按裤装造型方法分类

在裤装基本结构基础上，与其它造型方法相结合可形成多种多样的裤装变化造型，两者之间的关系如图6–4所示。

2）按裤装前袋造型分类

前插袋是裤装重要的设计部位，造型富于变化，如图6–5所示。

3）按裤装后袋造型分类

裤装后袋兼具功能性和装饰性，如图6–6所示。

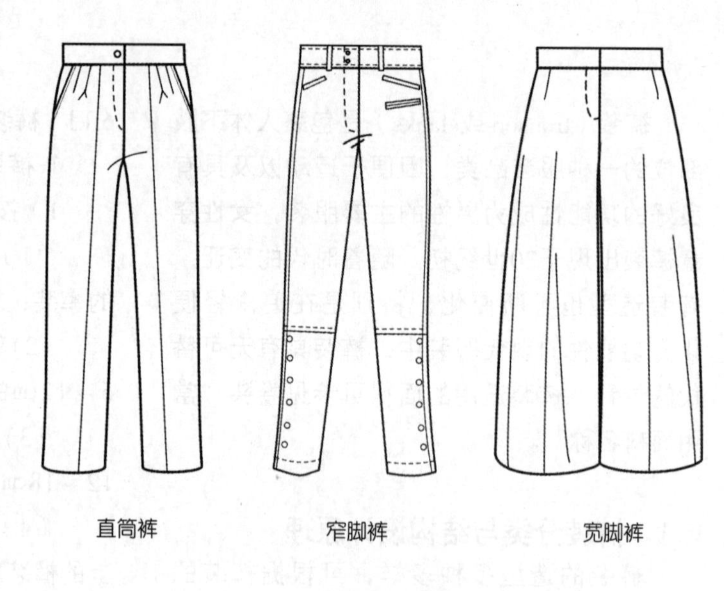


图6–3　裤脚口大小分类

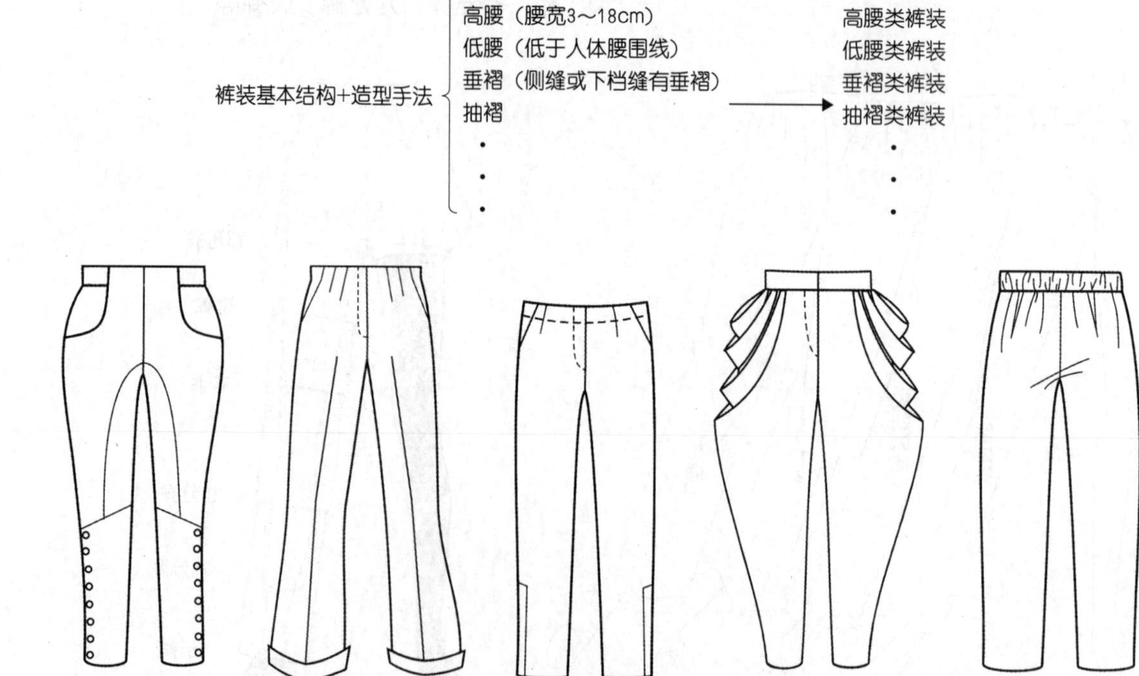


图6–4　裤装造型方法分类

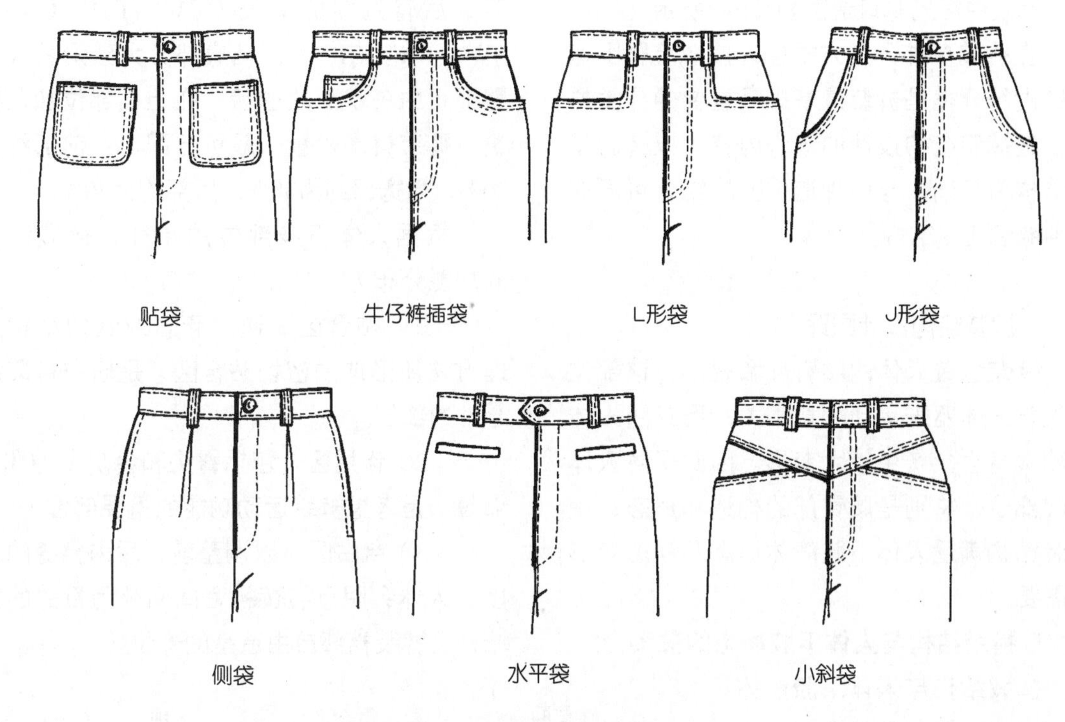

图6-5　裤装前袋造型分类

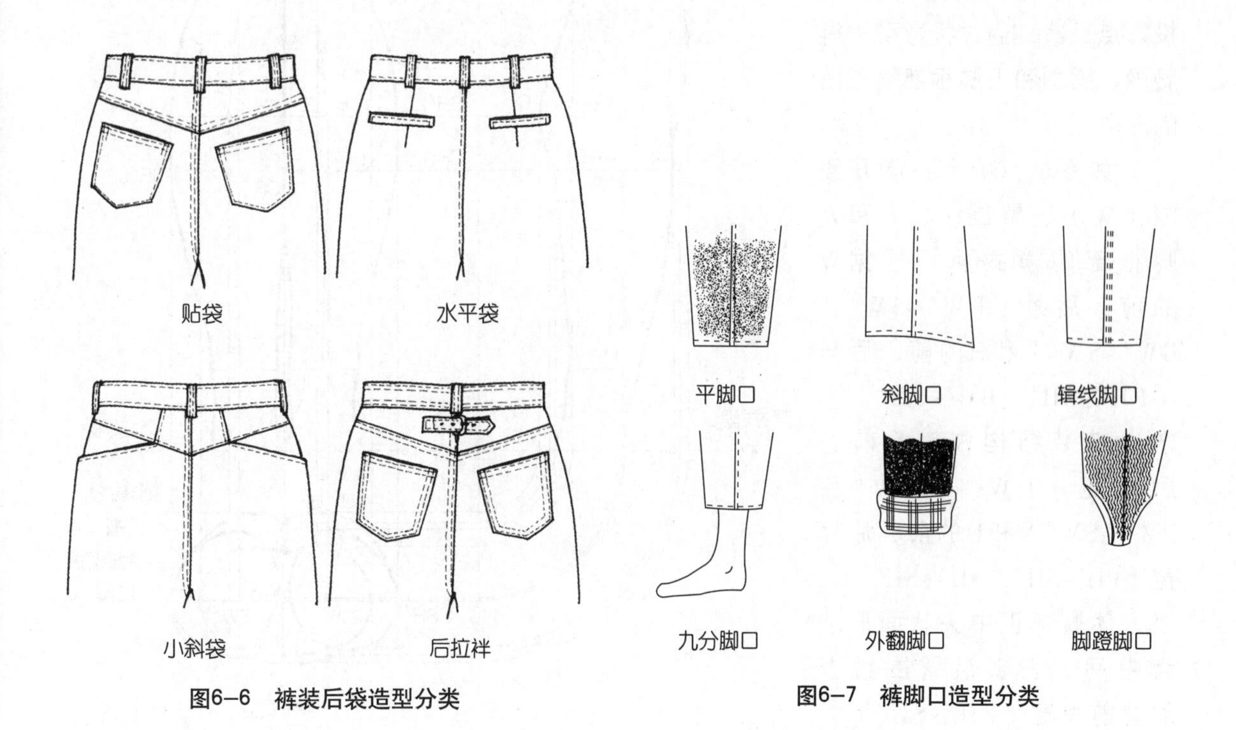

图6-6　裤装后袋造型分类

图6-7　裤脚口造型分类

4）按裤脚口造型分类

裤装中常见脚口造型如图6-7所示。

在裤装多种分类方式中，按裤装臀围宽松量进行分类是裤装最基础最重要的分类方式，是裤装结构设计的核心内容。以裤装基本结构为基础，与各种造型方法结合可形成各种裤装变化结构。

### 6.1.2 裤装结构设计原理

裤装包覆人体的腰臀部和腿部，该部位不仅与人体躯干运动密切相关，而且随人体运动本身也会产生较大变形。因此了解人体下肢部位，特别是腰臀部的构造和形态，使裤装结构满足人体下肢静体形态及动态变形的需要。

#### 1.裤装结构与人体下肢静态的关系

裤装结构与人体下肢静体形态之间的关系如图6-8所示。在下肢体表上设定必要的投影点、线，通过投影可求得腰围、臀围和大腿根部横截面的形态。

如图6-9所示，展开腰围（W）、臀围（H）和大腿根部的横截面，根据W的前、后面（FW′~SW′、BW′~SW′）和H的前、后面（FH′~SH′、BH′~SH′），求出裤装结构中W的前、后片宽（FW″~SW″、BW″~SW″）和H的前、后片宽（FH″~SH″、BH″~SH″）。以人体臀部正中矢状面形态为中间，在裤装臀围线上配置前片宽（FH″~SH″）、裆宽（FH″~BH″）和后片宽（BH″~SH″）。展开腹臀部纵向截面前、后臀沟线的实长（FW″~FH″~CR″、BW″~BH″~CR″），裆底部分大致沿着人体臀部正中矢状面的形状。在上裆部位加入松量，裤装臀围松量一般可分配为：前部约为30%，裆宽部约为30%，后部约为40%。

根据人体下肢部位的特征，裤装结构的功能分布为：

（1）贴合区。通过腰省或其他结构处理方法所形成的密切贴合区，是研究裤装贴合性的部位。

（2）作用区。包括臀沟和会阴点（CR）部位，是考虑裤装运动功能的重要部位。

（3）自由区。以调整前、后内裆缝的连接、人体会阴点与裤裆之间间隙为目的的区域，是裤装裆部自由造型的部位。

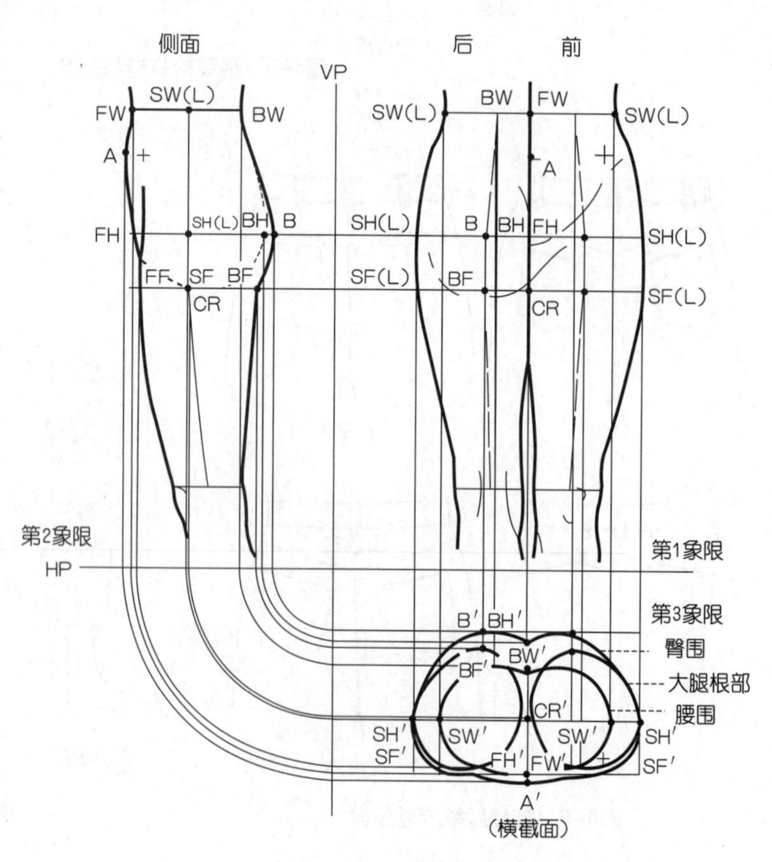


图6-8 下肢主要部位横截面投影图

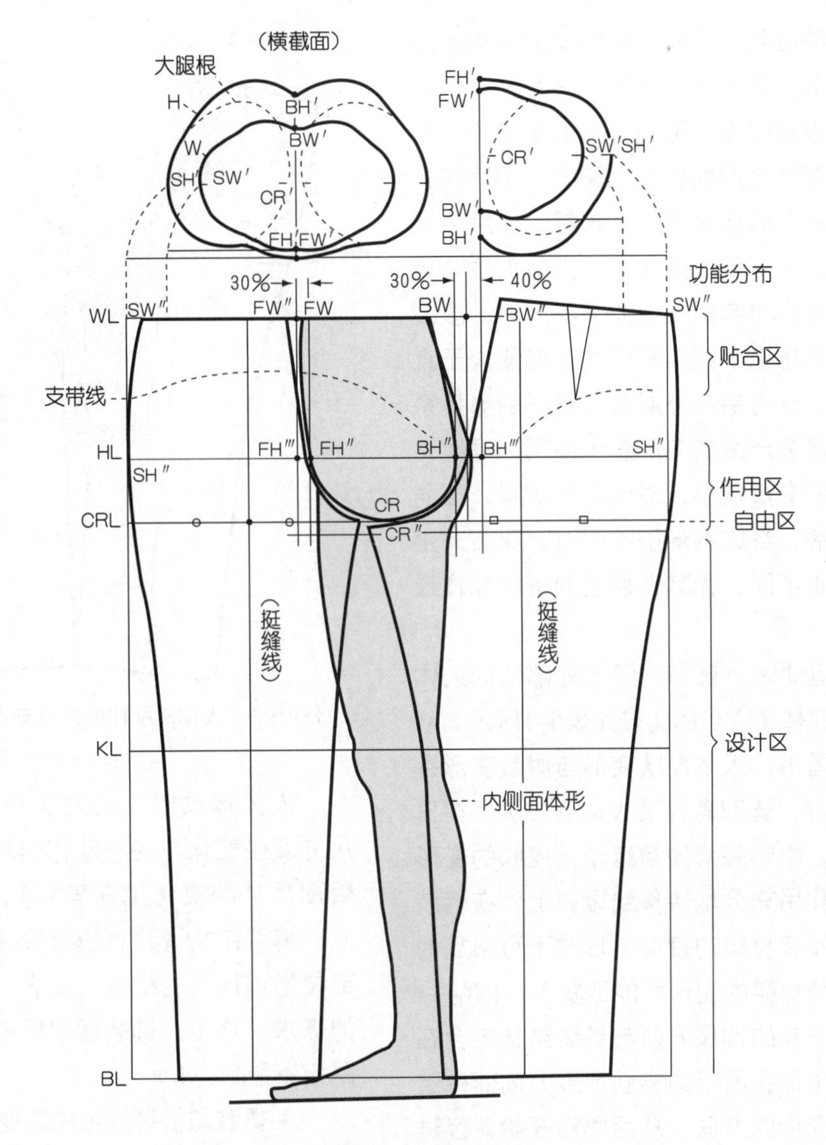

图6-9　人体下肢形态的平面展开

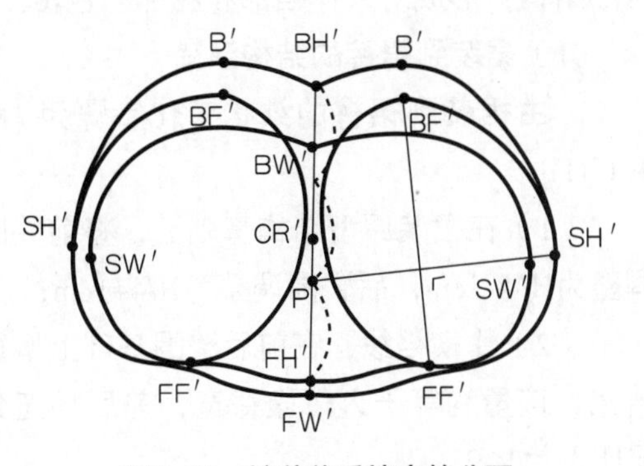

图6-10　裤装前后裆宽的分配

（4）设计区。可进行裤装造型设计的部位。

如图6-10所示，连接大腿根部截面的最长矢径FF′~ BF′，通过臀侧部SH′作该线垂线，可得到裤装内裆缝的参考位置，该位置决定了裤装前后裆宽的分配。从图中可知，一般前后裆宽的分配比例约为1∶2，根据不同款式风格可进行适当调整。

**2.裤装结构与人体下肢动态的关系**

人体运动时体表形态发生变化，并且通

过人体皮肤与服装材料之间的摩擦作用引起服装的变形。在人体运动时，服装产生的变形量受到很多因素的影响：当人体部位与相对应服装部位之间的衣下空间大小不同时，服装产生的变形量也不同，松量大的服装变形量相对较小，反之则大；当人体部位与相对应服装部位材料的布纹方向不同时，服装产生的变形量也不同，斜料的变形量大于直料和横料；当内层与外层服装材料的摩擦系数不同，服装产生的变形量也不同，摩擦系数小的服装变形量小；对于同种材料，相同松量的服装，当结构形态不同时，服装产生的变形量也不同，尤其在裤装的上裆部位最为明显。

人体运动时，臀部、膝部等部位的人体皮肤变形和裤装变形的比较如表6-1所示。从表中可以看出，人体皮肤变形与服装变形存在一定差异，臀部差异最大达到23%。在日常生活中，由于膝部经常运动，皮肤的变形通过摩擦作用充分地转移到服装上，在裤装膝部引起服装材料的疲劳，形成不可回复的变形（部分材料的变形可能回复）。图6-11是将人体皮肤的伸展方向与裤装结构结合在一起，图中箭头所示的皮肤伸展方向即裤装产生拉伸变形的方向，从后腰部开始，经过臀沟、内裆部位的配置空间至膝部（图中斜线部分）。在这一区域内增大面积或距离，就会提高裤装的运动功能，特别是在后裤片腰臀部的纵向自由区与横裆线自由区的交叉部位（相当于臀沟处）增加最为有效。

表6-1 皮肤变形与裤装变形

| 人体部位 | 臀部 | 膝部 | |
|---|---|---|---|
| 运动方式 | 上体前倾 | 屈曲 | |
| 伸展方向 | 斜 | 纵 | 横 |
| 皮肤伸展A（%） | 40 | 40 | 25 |
| 服装伸展B（%） | 17 | 40 | 20 |
| A-B | 23 | 0 | 5 |

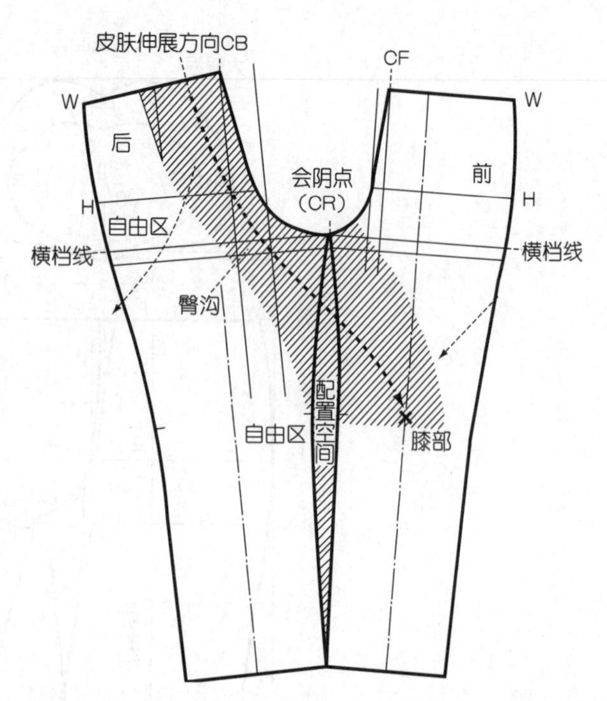

图6-11 人体皮肤伸展方向与裤装结构的关系

人体运动时，必然会使腰围、臀围的尺寸发生变化，各种动作引起的人体腰围、臀围尺寸的变化见前表5-1、5-2所示。因此，裤装结构设计也应考虑在腰围、臀围等部位增加适当的松量，以满足人体正常生理的需求。通常，裤装腰围松量为0～2cm，臀围松量最少为4cm。

### 3.裙装与裤装的结构演变

裙装、裤装均属于下装，两者在结构上的主要差别在于：裤装在裙装基础上增加了裆部结构，形成对人体裆部和腿部的包覆。

1）裙装到裙裤的结构演变

由裙装到裙裤的结构变化步骤为［图6-12(1)]：

（1）在裙装原型结构基础上，将前臀围调整为H/4-1cm，后臀围调整为H/4+1cm；

（2）作横裆线，在前后臀围基础上增加裆宽，该量约等于人体腹臀宽，前后裆宽分配比例为1∶2；

（3）前中心处向内撇进消除部分省量，合并其余省道并调整省道位置；

（4）作中裆线和脚口线，画顺外轮廓线，形成基本裙裤结构。

2）裙裤到裤装的结构演变

由裙裤到裤装的结构变化步骤为：

（1）在裙裤结构基础上，根据裤装脚口大小将中裆及脚口部位的多余量消除，形成腿部较合体的裤装结构［图6–12(2)、(3)］；

（2）为增大裤装后上裆部位的运动舒适性，将后裤片部分省量转移至后中心线，以增长后上裆长［图6–12(4)］；

（3）合并省道，调整省道位置，画顺外轮廓，形成基本裤装结构［图6–12(5)］。

**4.裤装结构设计要素**

1) 上裆长

裤装结构中，上裆长是指从腰围线至横裆线的距离，与人体股上长有着密切联系。由于人体下肢运动皮肤的伸展，特别对于臀沟部位，需要裤装裆部与人体会阴点之间具有一定的间隙量（一般≤3cm），以增加裤装上裆部的运动松量，这部分区域在裤装结构功能分布中称为自由区，因此，裤装上裆长=人体股上长+裆底松量。裤装上裆长与人体股上长的关系如图6–13所示。

根据人体测量数据，女性中间体（160/84A）的股上长约为25cm，在裤装结构设计中，可以将该量作为设计上裆长的依据；裆底松量的设计根据裤装不同风格具有不同的取值范围，通常，裙裤为3cm，宽松风格裤装为2~3cm，较宽松风格裤装为1~2cm，较帖体风格裤装为0~1cm，贴体风格

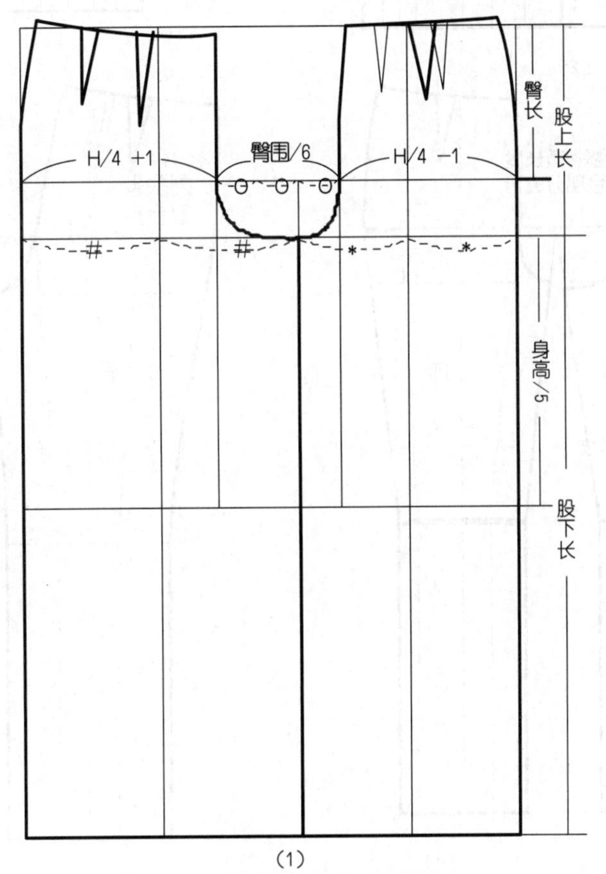


(1)

图6–12　裙装与裤装的结构演变

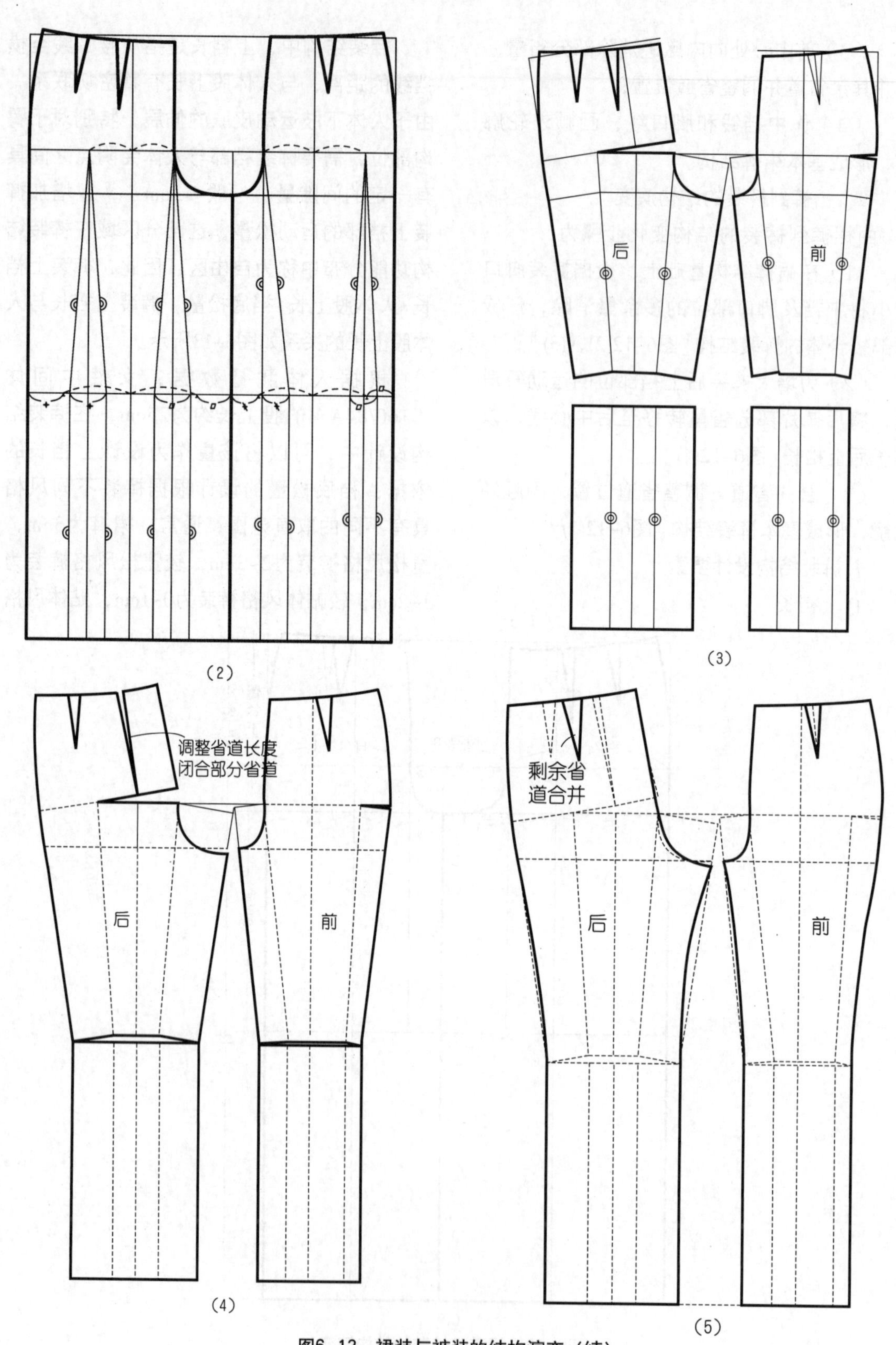


图6-12　裙装与裤装的结构演变（续）

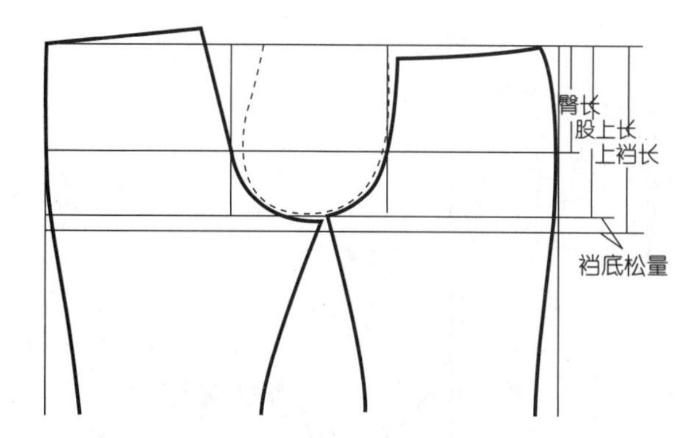


图6-13　裤装上裆长与人体股上长的关系

裤装为0cm。

对于在人体腰围线装腰的裤装款式，上裆长=股上长+裆底松量+腰宽；对于低腰裤装款式，上裆长=股上长+裆底松量-低腰量。

2）后上裆倾斜角

如图6-14所示，根据人体测量数据，人体臀突角（臀部体表在臀突点与竖直方向的夹角）约为19.14°，人体臀沟角（腹臀沟在臀围线上与竖直方向的夹角）约为11°，由于裤装上裆部位包覆人体的腹臀沟，因此臀沟角对裤装上裆部位结构有直接影响，是设计裤装后上裆倾斜角的依据。以人体臀沟角为参考，通过增大后上裆倾斜角可增长后上裆长，从而增加裤装的运动功能性，并且增大后上裆倾斜角也可有效地消除后裤片的臀腰差。

根据裤装不同风格，后上裆倾斜角可设计为：裙裤为0°，宽松风格裤装为<8°，较宽松风格裤装为8°～10°，较贴体风格裤装为10°～12°,贴体风格裤装为12°～15°，运动型裤装常取15°～20°。

后上裆倾斜角的取值还受到材料拉伸性能的影响。若材料拉伸性好且主要考虑裤装静态美观性，后上裆倾斜角应取≤12°；若材料拉伸性差且主要考虑裤装动态舒适性，后上裆倾斜角取值趋向15°。

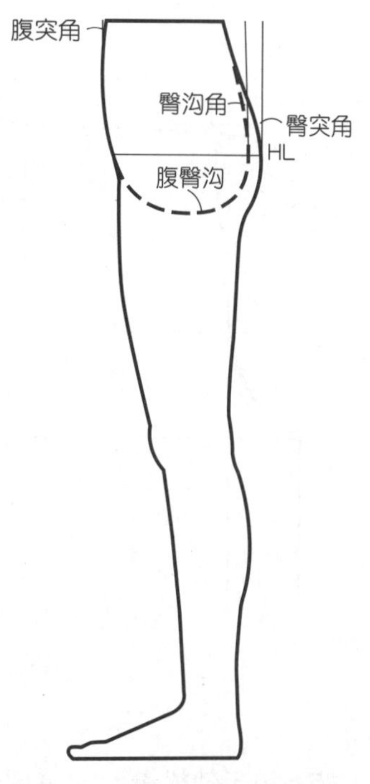


图6-14　人体上裆部位体表角

3）前上裆倾斜量

如图6-14所示，人体腹部呈外凸弧形，根据测量数据，人体腹突角约为5°。在裤装结构中，前上裆部位的结构设计主要考虑静态合体性，为适合人体在前中心处增加倾斜角，使前上裆线向内倾斜。通常，前上裆倾斜角的结构处理形式是在前中心向内撇进约1cm左右。在特殊的情况下（如腰部没有省道或褶裥时），为解决前腰臀差，撇去量也可≤2cm。

综上所述，各要素在裤装上裆部位结构设计的关系如图6-15所示，其中裤装上裆运动松量=后上裆倾斜角产生的增量●+裆底松量◎。通常，裤装上裆运动松量的处理方法有三种：

（1）裤上裆运动松量——→后上裆倾斜增量（常用于贴体风格裤装）；

（2）裤上裆运动松量——→裆底松量（常用于宽松风格裤装）；

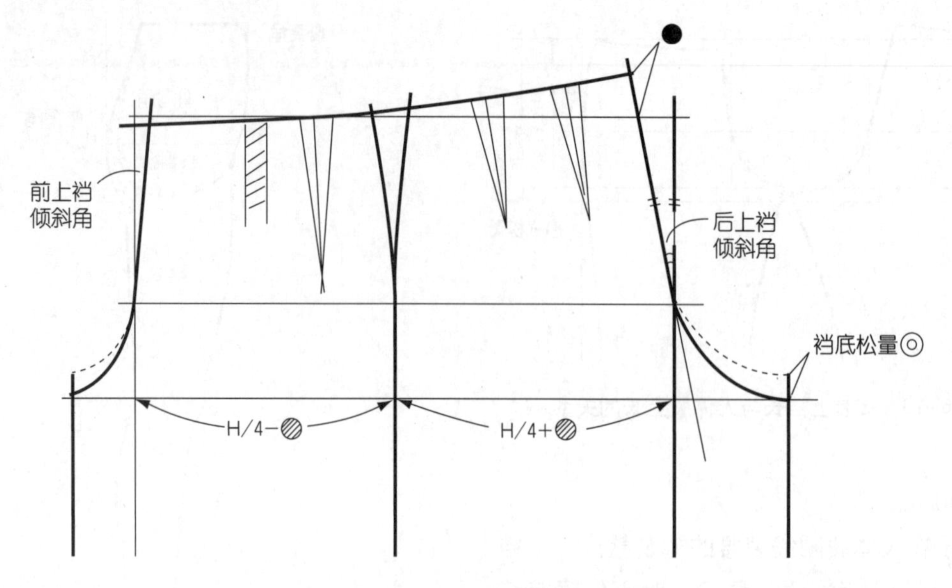


图6-15 裤装上裆部位结构设计要素

（3）裤上裆运动松量——→部分后上裆倾斜增量+部分裆底松量（常用于较宽松、较贴体风格裤装）。

4）上裆宽及前、后裆宽的分配

在裤装结构中，上裆宽是以人体腹臀宽为基础进行设计的。一般人体腹臀宽=0.24H*，对于脚口宽大的裙裤而言，上裆宽=人体腹臀宽+少量松量，考虑到制图计算的方便性和统一性，常用H代替H*，一般裙裤上裆宽=0.21H。在裙裤向普通裤装的演变过程中（图6-12），消除中档及脚口部位的多余量，使前、后裆宽点分别下落，且两点之间产生一定间隙，因此，一般裤装实际上裆宽的设计可小于裙裤上裆宽，不仅可以满足人体穿着的基本要求，而且可减小裤装横裆尺寸，使造型更加美观。一般裤装上裆宽取值为0.13H～0.16H，即可满足裤装结构功能的要求。

裤装内裆缝的位置即为前后裆宽的分界，一般前后裆宽的分配比例约为1∶2，在具体应用时可根据款式风格进行适当调整。

5）中裆的位置及大小

在裤装结构中，中裆线的位置对应于人体膝盖中点高。根据人体测量数据，人体膝长（从腰围线至膝盖骨中点的距离）约为57cm，通过调节中裆线位置的高低可以强化裤身造型风格，如适当提高中裆线位置可使腿部显得更加修长。中裆的大小对应于人体膝围，并且要综合考虑膝部前屈所需的运动松量以及面料拉伸性等因素。

6）挺缝线的造型与位置

挺缝线也称为烫迹线，是裤装前后裤筒的成形线。裤装挺缝线的造型有两种形式：一是前、后挺缝线均为直线型；二是前挺缝线为直线型，后挺缝线为合体型。

（1）前、后挺缝线均为直线型的裤装结构

前挺缝线位于前横裆中点位置，即侧缝至前裆宽点的1/2处；后挺缝线位于后横裆中点位置，即侧缝至后裆宽点的1/2处，这类结构为基本裤装结构。

（2）前挺缝线为直线型、后挺缝线为合体型的裤装结构。

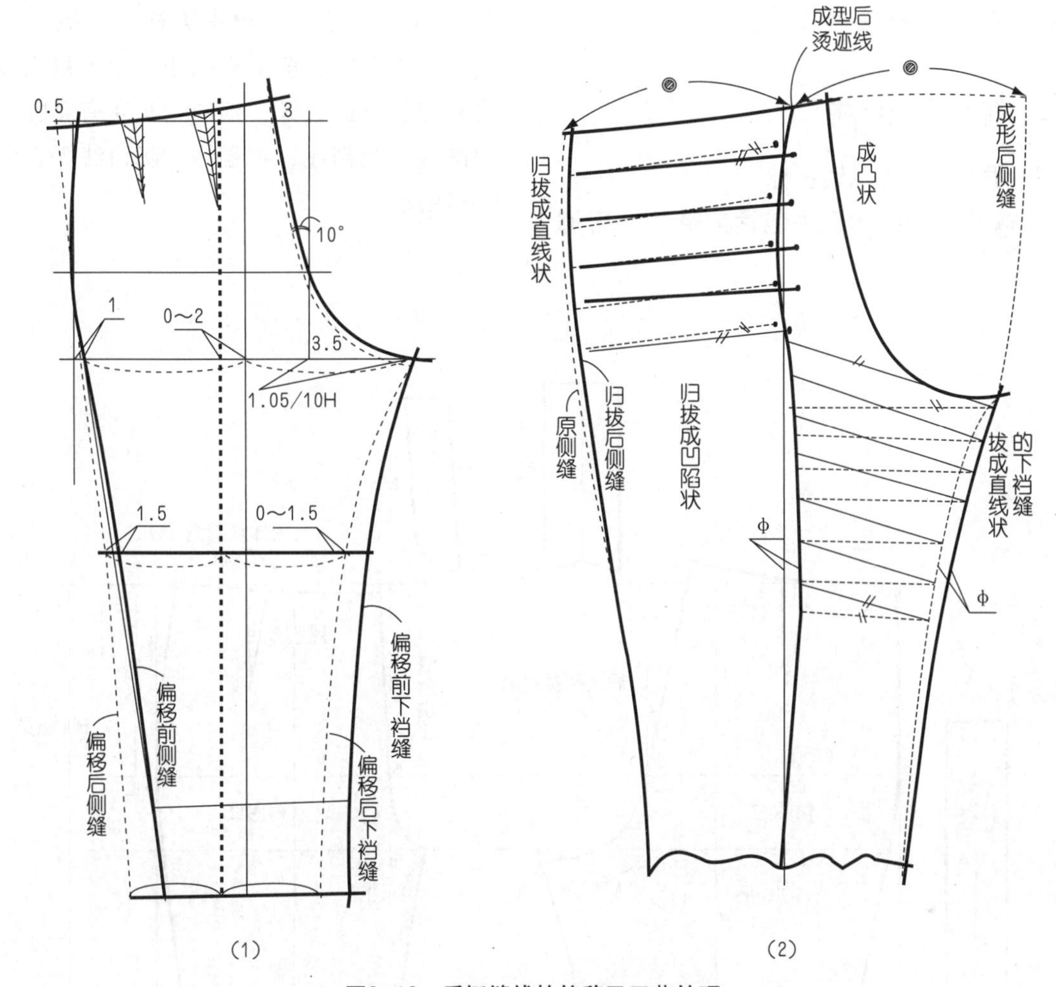


图6-16 后挺缝线的偏移及工艺处理

前挺缝线位于前横裆中点位置；后挺缝线位于后横裆的中点向侧缝偏移0～2cm处，如图6-16(1)所示。后挺缝线偏移后，对后裤片必须进行熨烫工艺处理。在内裆缝处进行拉伸熨烫，将凹陷状的内裆缝拉伸，拔开呈直线状，并将裤身部分向挺缝线处归烫，并且在侧缝上部进行归拢熨烫呈直线状后向挺缝线处推开，通过熨烫使裤装成形挺缝线造型（将裤装沿挺缝线进行折叠后观察挺缝线的形状）呈上凸下凹的弧形，凸出部位对应于人体臀部，凹陷部位对应于人体大腿部，形成合体型的裤身造型，如图6-16(2)所示。偏移量与裤后挺缝线的造型有关，偏移量越大，后挺缝线的贴体程度越高。

对于休闲风格的裤装，挺缝线不需烫出，因此可采用前、后挺缝线分别均向侧缝偏移的结构处理，前挺缝线偏移量为0~1cm，后挺缝线偏移量为0~2cm。挺缝线的偏移可带动中裆和脚口向侧缝方向偏移，使下裆部位的配置空间区域增加，从而增加裤装的运动功能性，并且挺缝线的偏移会影响裤装成型上裆宽的大小，使有效裆宽进一步增大。因此，为增强裤装的合体性可适当减少上裆宽的设计值，对于一些特殊款式（如睡裤），前、后挺缝线的偏移量最大时可使前、后侧缝线呈直线状，因此可将前、后裤片在侧缝处拼合在一起进行结构设计。

## 6.2 裤装原型结构

### 6.2.1 裤装原型结构线名称

裤装原型结构图中包括前裤片、后裤片、裤腰、门襟、里襟等样片。纵向结构线有：侧缝线、前上裆弧线、后上裆弧线、内裆缝、挺缝线等；横向结构线有腰围线、臀围线、横裆线、中裆线、脚口线等。如图6-17所示。

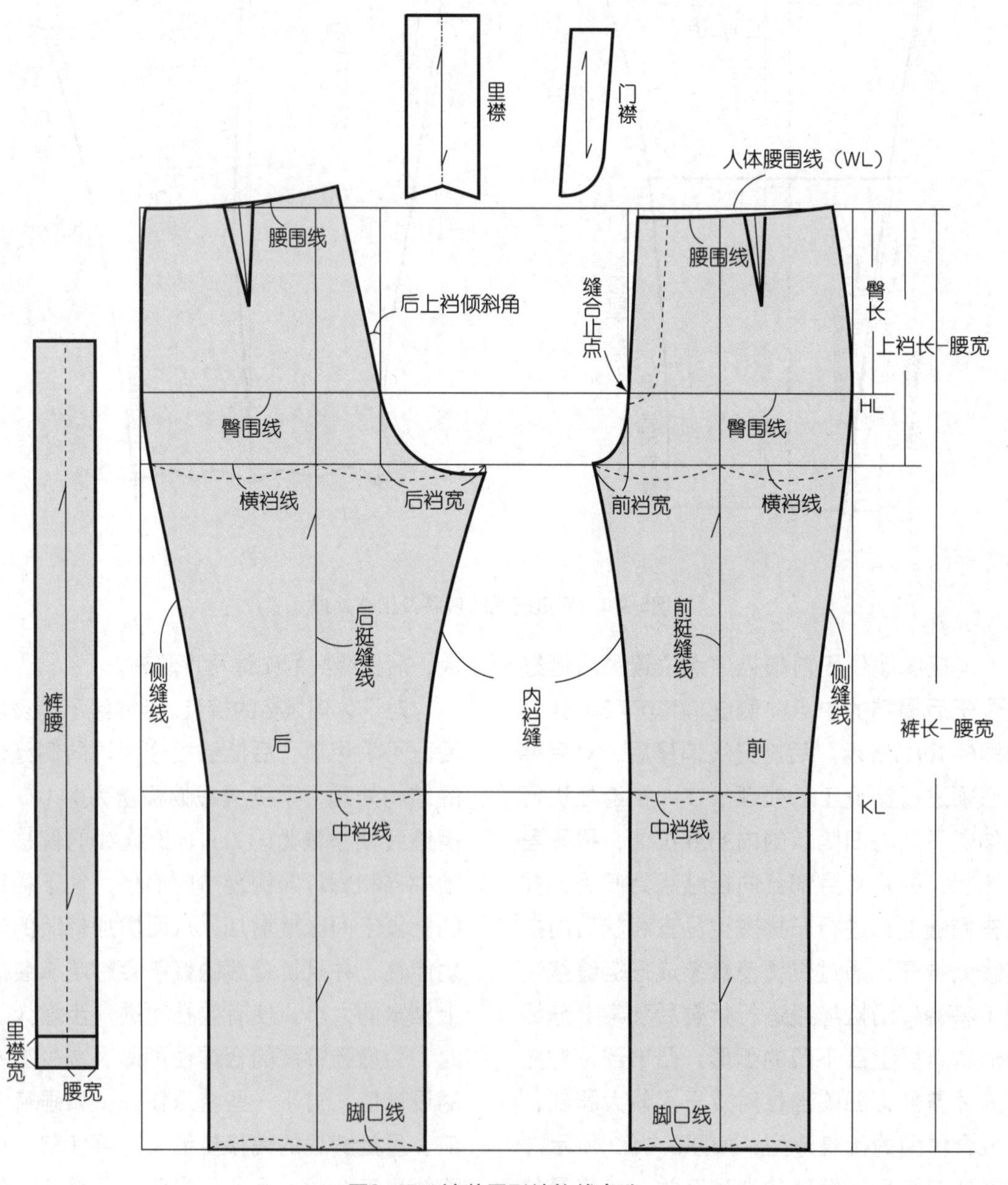


图6-17 裤装原型结构线名称

### 6.2.2 裤装原型结构构成

**1.款式特征**

裤装原型是最基本的裤装款式，体现出人体测量的基本信息。款式造型为腰臀部位贴合人体，前后片各设置1个省道，横裆部位较合体，中档与脚口大小基本相同，整体裤筒呈直线型，与人体腿部较贴合，长度至脚踝处，腰线在人体腰围线处，裤腰为装腰结构。款式图如图6-18所示。

**2.裤装原型的立体构成**

1) 坯布准备

裤片长度是以裤长为基础，加上腰部缝份及脚口折边宽，再加一定余量；宽度是以人台半身臀围尺寸为基础，加上臀围松量（1~1.5cm）、裆部宽度、侧缝线和内裆缝缝份，以及一定余量（4~5cm）。裤腰片长度是以半身腰围为基础，加上腰围松量以及中心侧的余量；宽度为2倍腰宽加上缝份。各样片坯布如图6-19所示，在坯布上标出前后挺缝线、臀围线和中档线。

2）人台准备

用标记带在人台上分别贴出腰围线、臀围线、中裆线、脚口线、侧缝线、内裆缝和上裆弧线，如图6-20所示。

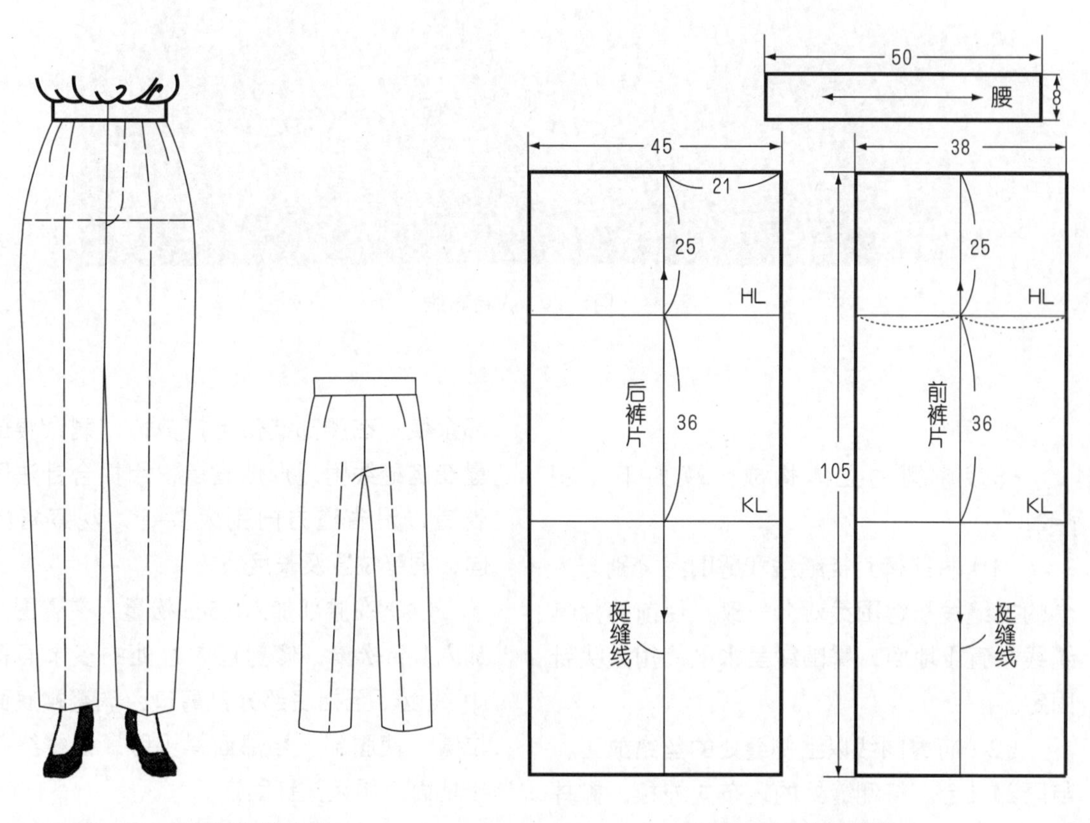


图6-18　裤装原型款式图　　图6-19　坯布准备

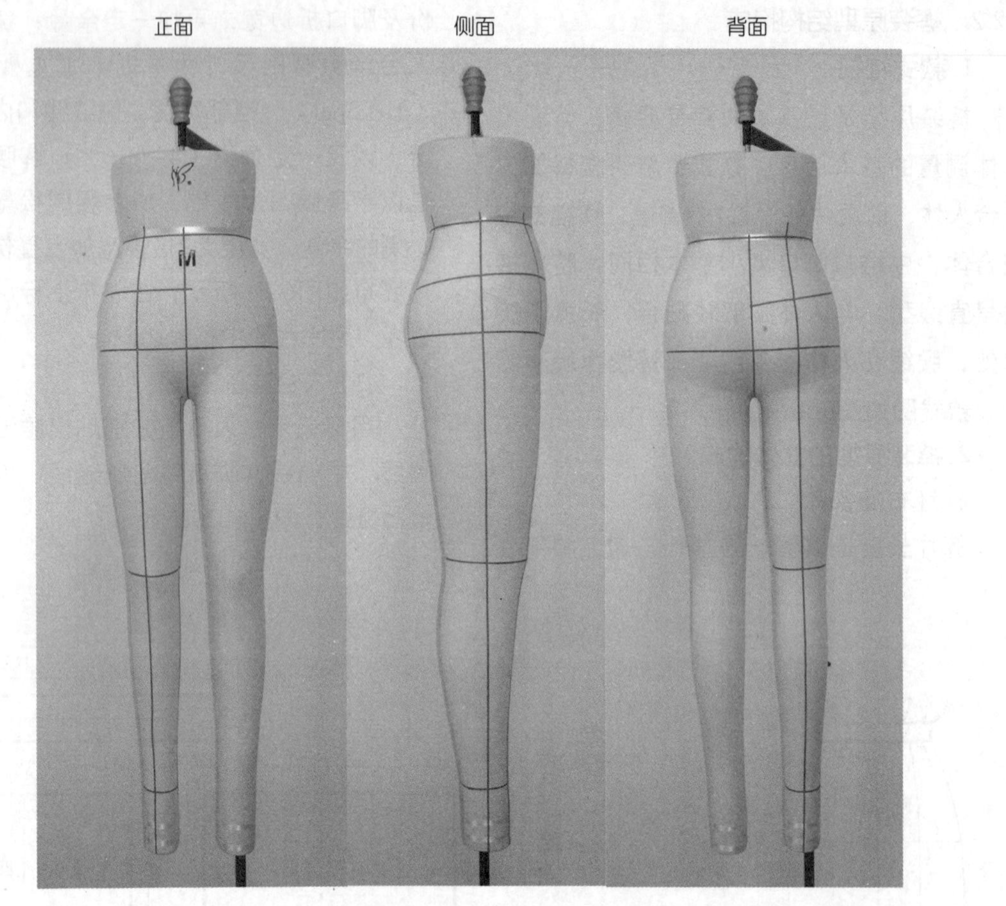


图6–20　人台布线

3）别样

裤装原型的立体构成步骤如下（图6–21）：

（1）将前裤片挺缝线和臀围线分别与人台的挺缝线和臀围线对合一致，使前裤片挺缝线垂直于地面，臀围线呈水平，用大头针固定。

（2）将臀围线以上侧缝处的丝绺放正，与腰部贴合。将侧缝处的坯布向外拉，撇掉部分余量，对侧缝上段出现的松量作缝缩处理。

（3）在前中心处坯布丝绺放正与前腰处贴合，将坯布向外拉1cm左右，消除部分腰部余量；在腰部缝份上打剪口，剩余腰部余量在挺缝线附近形成省道，用抓合针法固定省道，沿省道方向别大头针，观察省的方向，调整位置及长度。

（4）在腰部加入0.5cm松量，在臀围线上加入1cm松量，修剪前中心处的多余面料，HL线以下至裆底部分打剪口，调整裆底面料位置，使腹部、裆部面料平服，挺缝线垂直于地面，用大头针固定。

（5）分别在中档和脚口处对等量出中档大和脚口大，并在侧缝和内裆缝处用大头针固定。修剪多余面料，中档处打剪口，稍拔开面料，形成平服而贴体的裤身造型。

（6）根据人台的标记线分别贴出侧缝线、脚口线、前中线和内裆缝线。

（7）后裤片与前裤片一样，将后裤片挺缝线和臀围线分别与人台的挺缝线和臀围线对合一致，用大头针固定。

（8）在侧缝处消除部分腰部余量；后中心处的坯布向外拉2～3cm，在腰部缝份上打剪口，剩余腰部余量在挺缝线附近形成省道，用抓合针法固定省道，沿省道方向别大头针，观察省的方向，调整位置及长度。

（9）在腰部加入0.5cm松量，在臀围线上加入1cm松量，修剪后中心处的多余面料，臀围线以下至裆底部分需打剪口，调整裆底面料的位置，使得臀部和裆部的面料平服，挺缝线与地面垂直，用大头针固定。

（10）分别在中档和脚口处对等量出中档大和脚口大，修剪多余面料，在中档处打剪口，稍拔开面料，整理裤身造型，将前、后裤片在侧缝和内裆缝处叠合，并用大头针沿标记线固定。

（11）确定造型后，在后裤片上分别贴出侧缝线、脚口线、后中线和内裆缝线。

（12）为满足人体后上裆部位的运动松量，从后中心处稍高于腰线的位置开始，由后向前贴出顺滑的腰线，前中心处腰线低于人台标记线

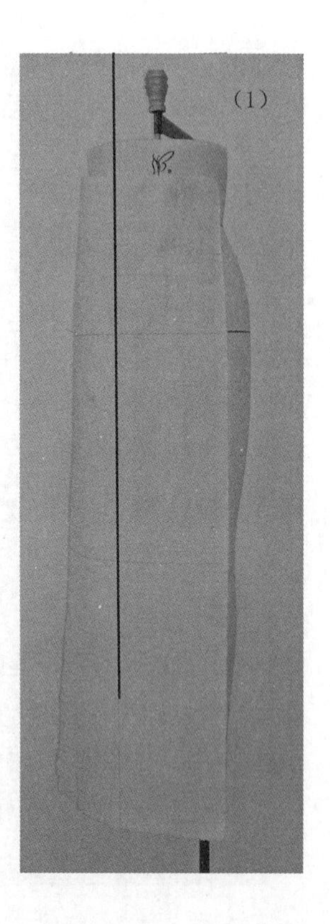


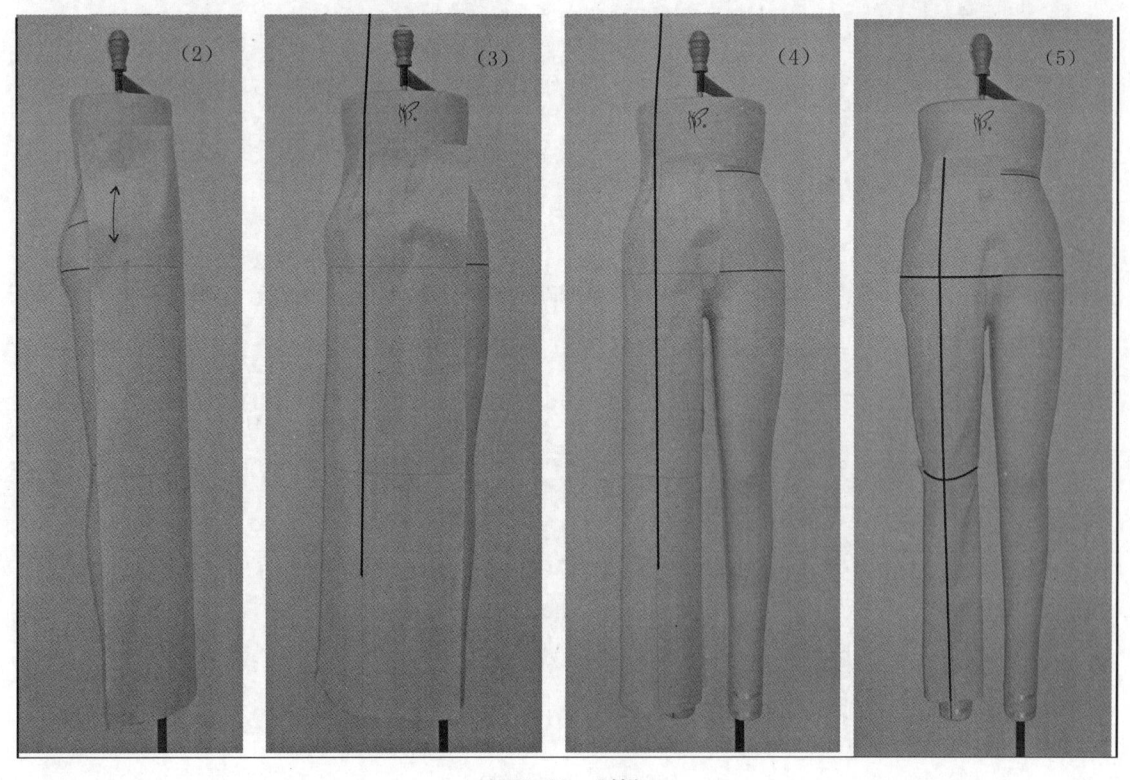


图6-21　别样

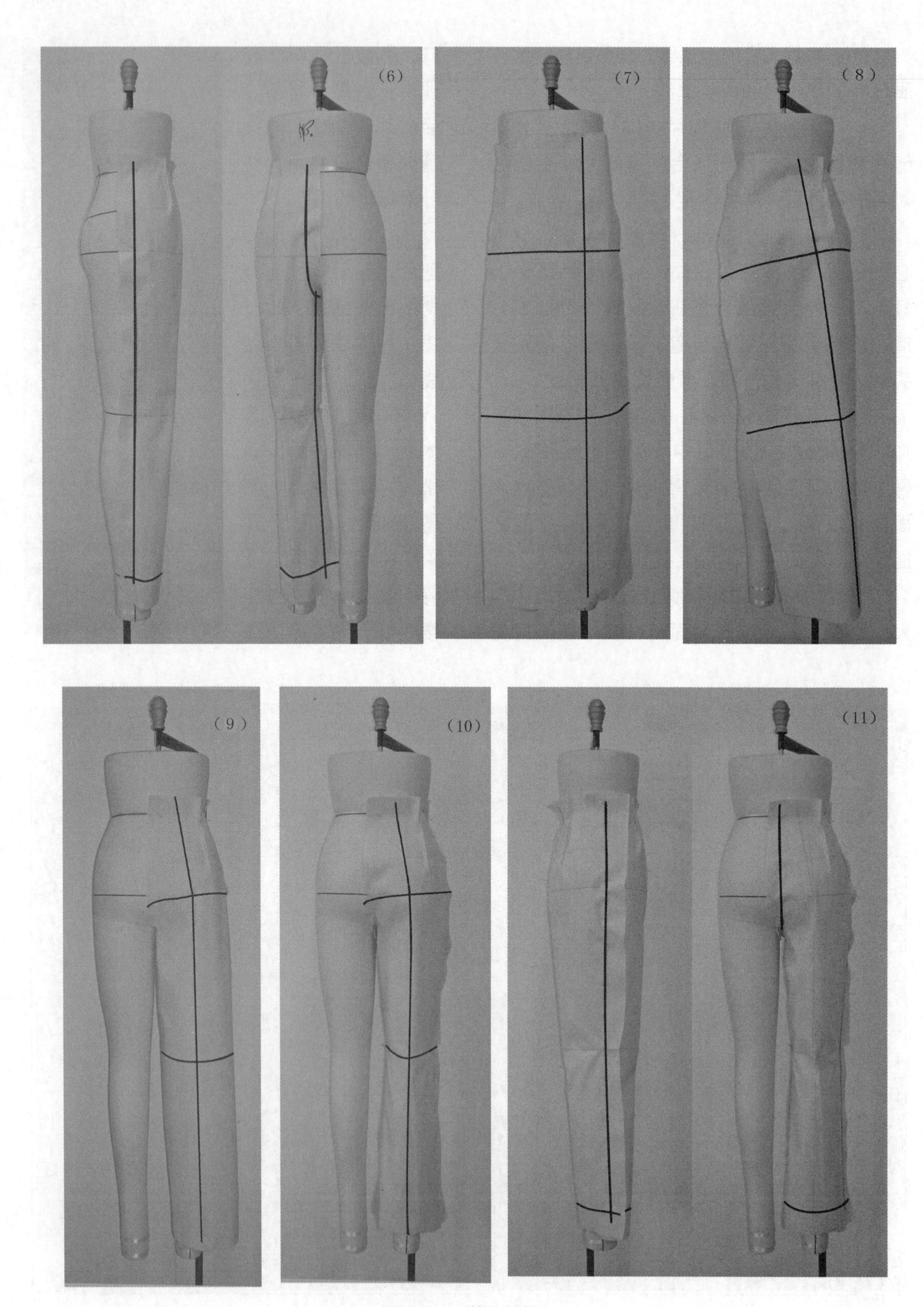


图6-21　别样（续）

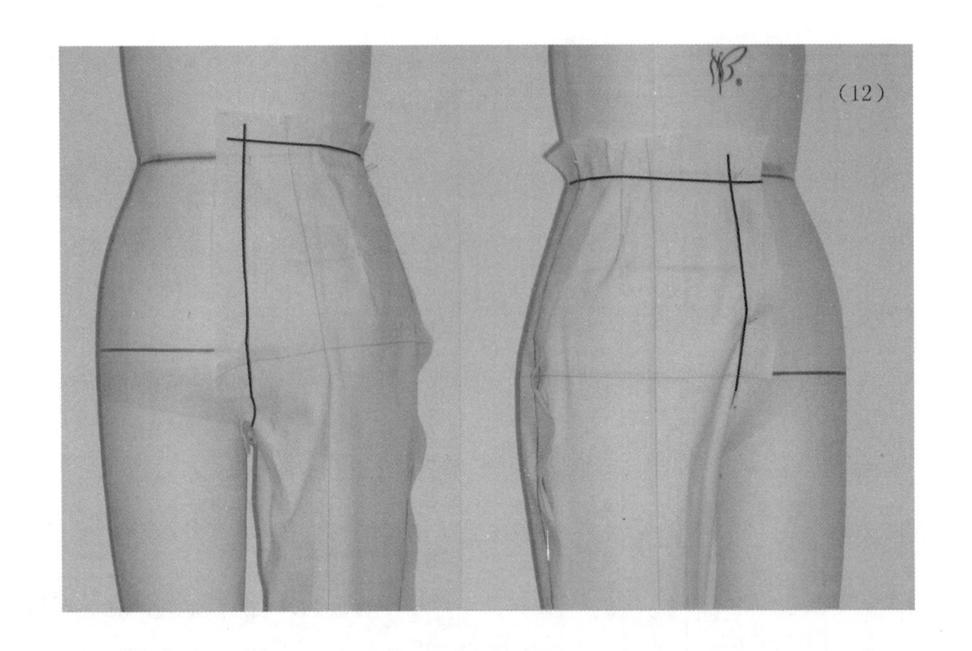


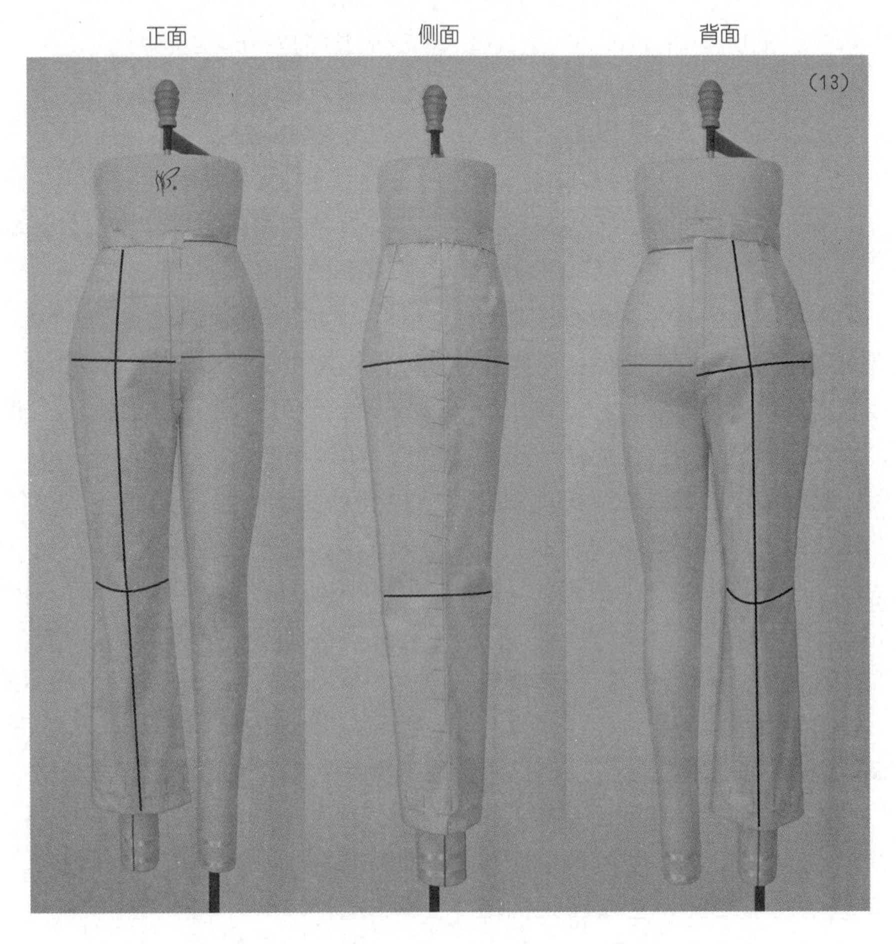


图6-21　别样（续）

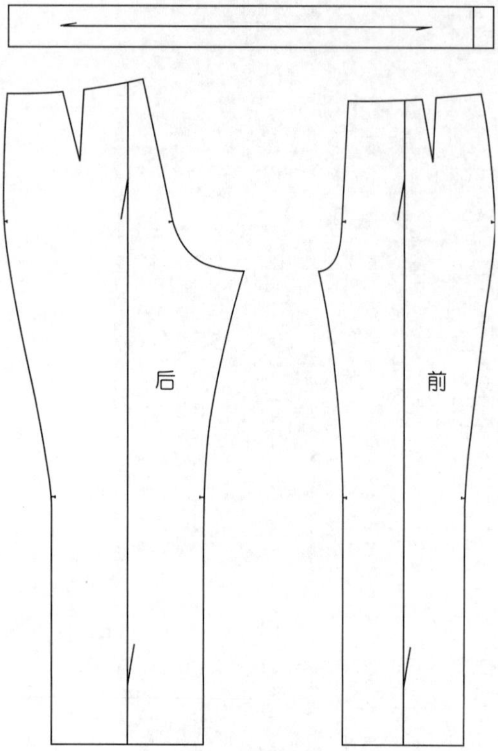

裤腰

后

前

图6–22　描图

1cm左右。

（13）从人台上取下裤片，以标记带为基准用铅笔画顺腰围线、侧缝线、内裆缝线、脚口线和前、后上裆弧线，标记省道。整理布样，用大头针别样，前、后片省道均倒向中心侧，侧缝和内裆缝线的缝份均倒向后裤片，在完成线上用大头针斜向别上，下摆处用大头针纵向别住折边。折叠裤腰，用大头针水平别上腰片。

（14）描图。将别样获得的布样转换成平面纸样，如图6–22所示。

### 3.裤装原型的平面结构

以立体构成获得的裤装原型为基准，采用平面制图方法直接作出裤装原型的平面结构图。裤装原型的规格设计是以国家标准中女性中间体的人体尺寸为基础，加放人体运动所需的最少松量进行确定的。女性中间体的人体尺寸：h=160cm，W*=68cm，H*=90cm。

裤装原型的规格尺寸：

腰围（W）= 人体净腰围+最少松量=W*+（0~2cm）=70cm；

臀围（H）= 人体净臀围+最少松量=H*+4cm=94cm；

臀长（HL）=人体臀长=18cm；

上裆长=人体股上长+腰宽=25cm+3cm=28cm；

下裆长（人体会阴点至外踝点的距离）=67cm；

裤长（TL）=上裆长+下裆长=28cm+67cm=95cm；

上裆宽=0.15H；

脚口（SB）=20cm；

中裆=20cm；

后上裆倾斜角=12°。

裤装原型的平面结构图如图6–23所示。主要制图步骤如下：

1）绘制基础线

作水平腰围基础线，根据臀长、上裆长、中档、裤长分别作臀围线、横裆线、中裆线和脚口线等水平基础线；取H/2+上裆宽+10cm（前后裤片之间的空隙量），作纵向侧缝基础线，取前臀围H/4–1cm，后臀围H/4+1cm，前裆宽0.04H，后裆宽0.11H。

2）前上裆部位

取前腰围W/4+0.5cm，前中心处向内撇进1cm，前腰中心下落1cm，前侧缝向内撇进1.5cm，其余臀腰差量作为省量，画顺腰围线、前上裆弧线和上裆部位的侧缝线，省道的位置约在前腰围中点偏向侧缝处。

3）后上裆部位

取后上裆倾斜角12°，在腰围基础线上取后上裆斜线与侧缝的中点并向后上裆斜线作垂线，确定后上裆起翘量；取后腰围W/4-0.5cm，后侧缝向内撇进0.5cm，其余臀腰差量作为省量，画顺腰围线、后上裆弧线和上裆部位的侧缝线，省道的位置约在后腰围中点处。

4）下裆部位

经前、后横裆中点作前、后挺缝线，以前、后挺缝线为中心，分别在脚口线上取前脚口为SB-2cm，后脚口为SB+2cm，距横裆线32cm作中档线，前、后中裆分别与脚口大小相同，连接中档和脚口；用内凹形的曲线画顺中裆线以上的侧缝线和内裆缝，注意线条要流畅顺滑。

5）后裆宽点下落调整

测量前、后裤片内裆缝的长度并将后裆宽点作下落调整，使前、后内裆缝长度相等。一般后裆下落量为0~1cm。

6）绘制裤腰

取腰宽3cm，腰长为W+里襟宽，裤腰为连裁直线型结构。

7）画顺裤片外轮廓线

画顺各样片外轮廓线，并标注布纹线、样片名称、主要部位尺寸、对位记号等样片标注内容。

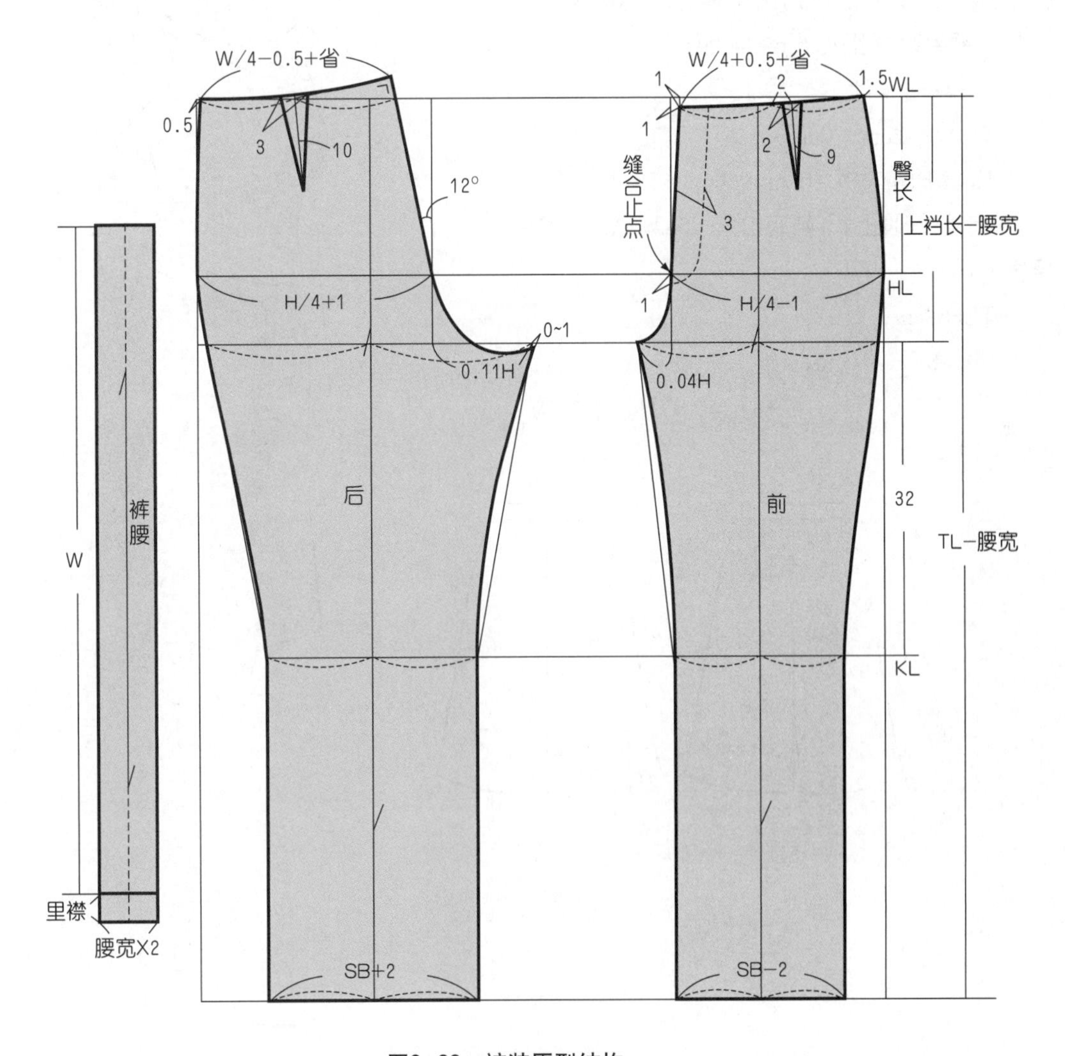


图6–23　裤装原型结构

## 6.3 裤装基本结构

基于裤装原型的基础结构，在腰线位置、腰头形状及宽度、臀围松量、上裆长、裤长、脚口大小等基本设计要素变化的裤装结构统称为基本裤装结构。

### 6.3.1 裙裤

在款式上，裙裤是介于裙装和裤装之间的过渡款式，兼具裙和裤的特点，臀围较合体，脚口宽大，外观上看像裙子，便于运动。在结构上，裙裤是在裙装基础上增加了裆部结构，从而形成对人体腿部包裹的裤装结构。裙裤款式图如图6-24(1)所示。

1）规格设计

W=W*+2cm=70cm；

H=（H*+内裤)+6cm=96cm；

上裆长=股上长+裆底松量=25+3=28cm（含腰宽3cm）；

TL=68cm；

SB＞0.2H+10cm；

总裆宽=0.21H（前裆宽=0.07H，后裆宽=0.14H）；

后上裆倾斜角=0°。

2）结构制图

结构图如图6-24(2)所示。

结构制图要点：

（1）在裙装原型基础上，取前臀围为H/4+0.5cm，后臀围为H/4−0.5cm，前腰围为W/4+0.5cm，后腰围为W/4−0.5cm，前中心向内

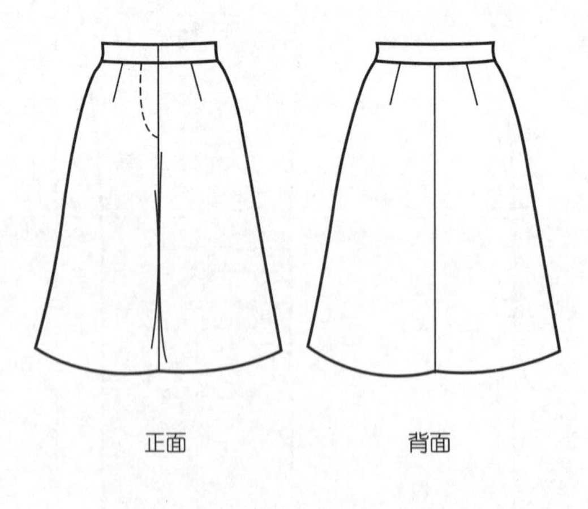

图6-24(1) 裙裤款式图

撇进1cm，臀围起翘约1.2cm，前侧缝向内撇进4cm，其余前臀腰差量作为省量；后腰中心下落1cm，后侧缝向内撇进4cm，其余后臀腰差量作为省量，画顺基础腰围线。

（2）平行基础腰围线向下截取腰宽3cm，闭合腰宽内省道，画顺前、后腰片。

（3）在横裆线上取前、后裆宽，画顺前、后上裆弧线。

（4）基于前、后横裆和侧缝的纵向基础线，将脚口分别向两侧加放一定量，与横裆连接，画顺内裆缝、侧缝线和脚口弧线。

（5）根据前门襟缉缝明线的宽度，配置门襟、里襟样板。

（6）画顺样片外轮廓线。

3）毛样板

根据结构图通过拓样逐个复制样片，在样片上加放缝份以及标注样片名称、对位记号、丝缕线等，制作成毛样板，如图6-24(3)所示。

4）实样照片

根据毛样图经过裁剪、缝制，实样完成照片如图6-24(4)所示。

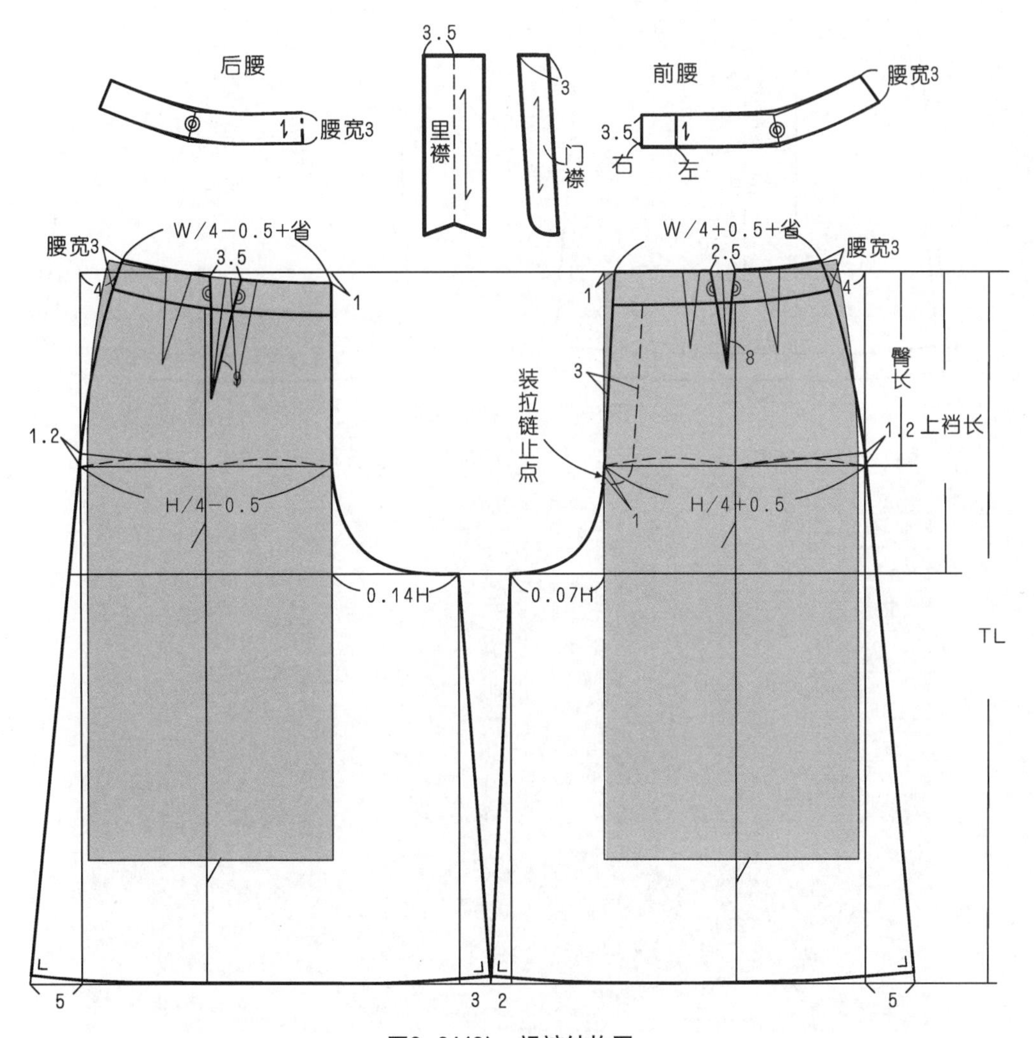


图6-24(2) 裙裤结构图

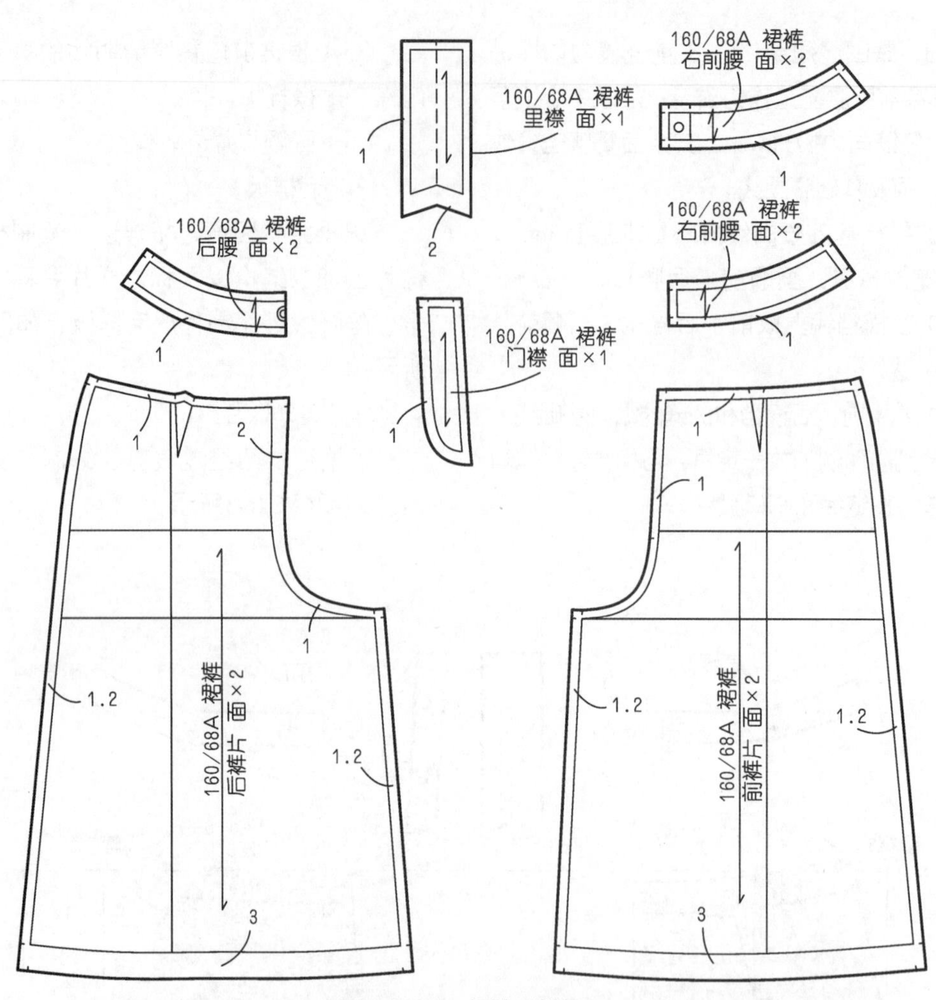


图6-24(3) 裙裤毛样板

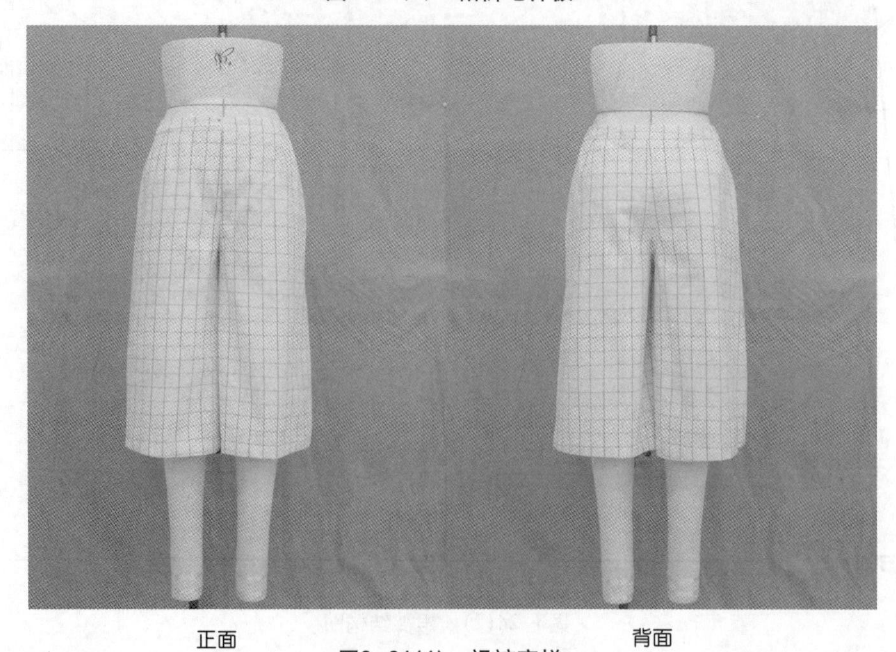

正面 背面

图6-24(4) 裙裤实样

### 6.3.2 大喇叭裤

臀围较合体，从横裆至脚口逐渐变宽大的裤装款式，体现女性优雅气质。款式图如图6-25(1)所示。

1）规格设计

规格设计

W=W*+2cm=70cm （人体自然腰围线处）；

H=(H*+内裤)+6cm=96cm；

上裆长=股上长+裆底松量-低腰量=25+1-3=23cm（含腰宽3cm）；

TL=95cm；

SB>0.2H+10cm；

总裆宽=0.15H（前裆宽=0.045H，后裆宽=0.105H）；

后上裆倾斜角=10°。

2) 结构制图

结构图如图6-25(2)所示。

结构制图要点：

（1）根据臀长、上裆长、裤长等尺寸绘制腰围线（WL）、臀围线（HL）、横裆线、裤长线（TL）等横向基础线；取前臀围为H/4、后臀围为H/4、前裆宽为0.045H、后裆宽为0.105H，做纵向基础线。

（2）取前腰围为W/4+0.5cm，前腰中心向内收进1cm，前侧缝向内撇进2.5cm，在前腰中心处设置1个省道，其余前臀腰差量作为省量，省道长约11cm；取后腰围为W/4-0.5cm，后裆倾斜角10°，后侧缝向内撇进1.5cm，在后腰中心处设置1个省道，其余后臀腰差量作为省量，省道长约12cm；画顺基础腰围线。

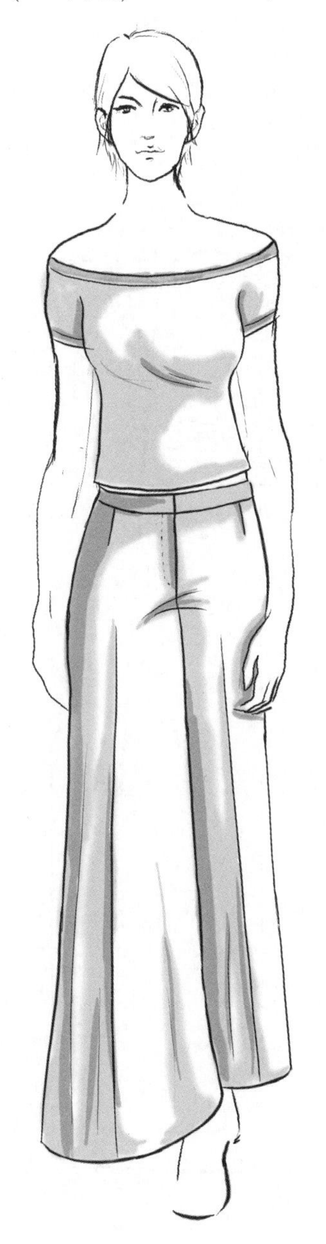

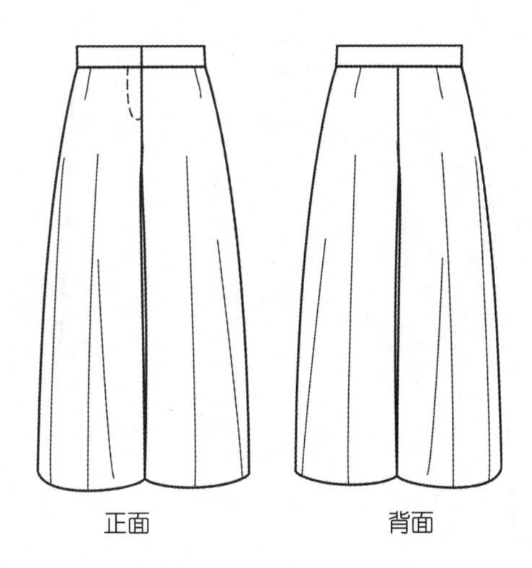


图6-25(1) 喇叭裤款式图

（3）平行基础腰围线低落3cm作低腰线，再向下截取腰宽3cm，闭合前、后腰片内的省道，注意前中线处修正为直角。

（4）确保裤侧部造型一致，前、后片设置相同脚口增大量，根据实际造型确定脚口大小，注意修正脚口的弧线造型。

（5）根据前门襟缉缝明线的宽度，配置门襟、里襟样板。

（6）画顺各样片轮廓线。

3）毛样板

根据结构图通过拓样逐个复制样片，在样片上加放缝份以及标注样片名称、对位记号、丝缕线等，制作成毛样板，如图6–25(3)所示。

4）实样照片

根据毛样图经过裁剪、缝制，实样完成照片如图6–25(4)所示。

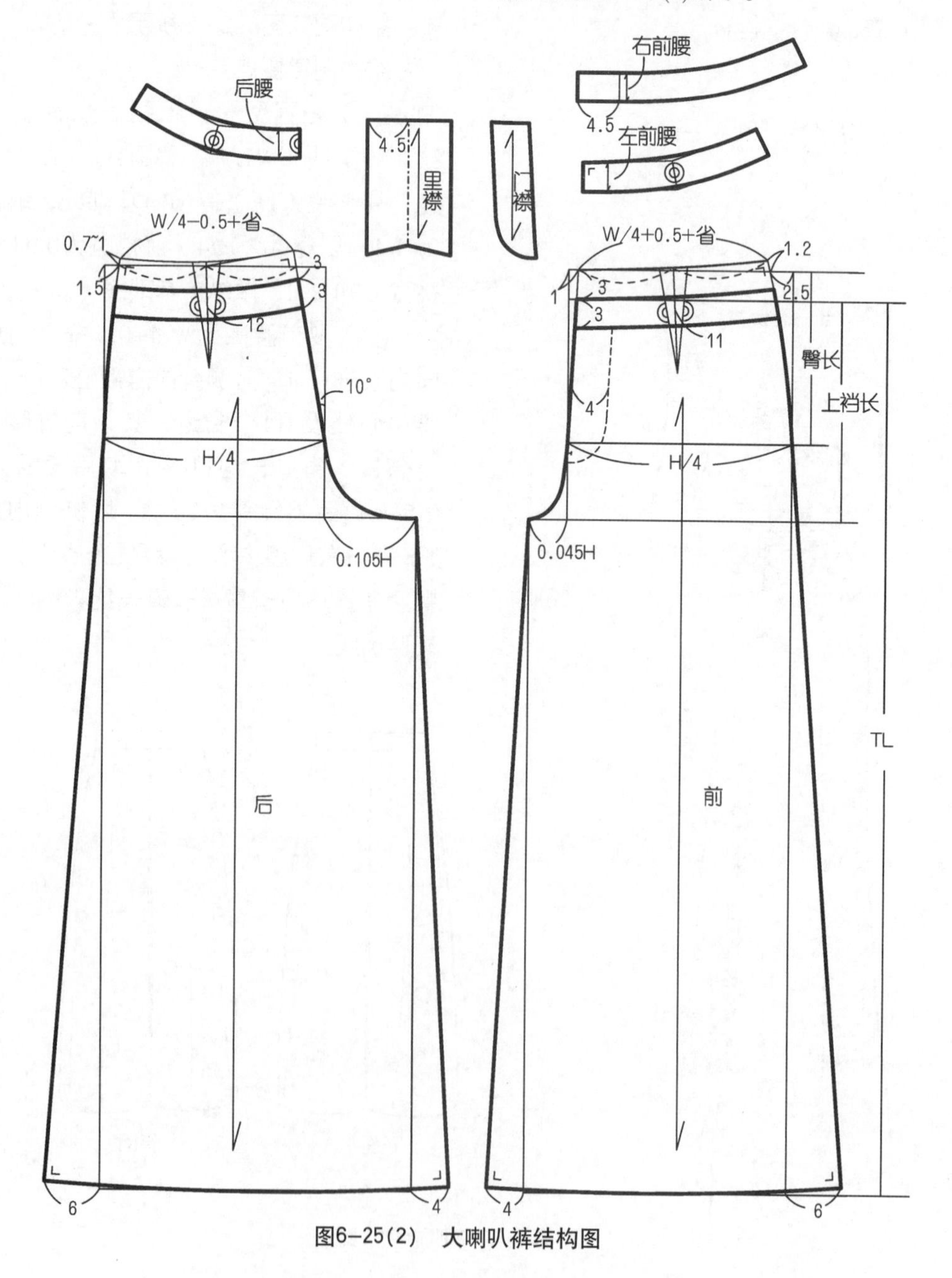


图6–25(2)　大喇叭裤结构图

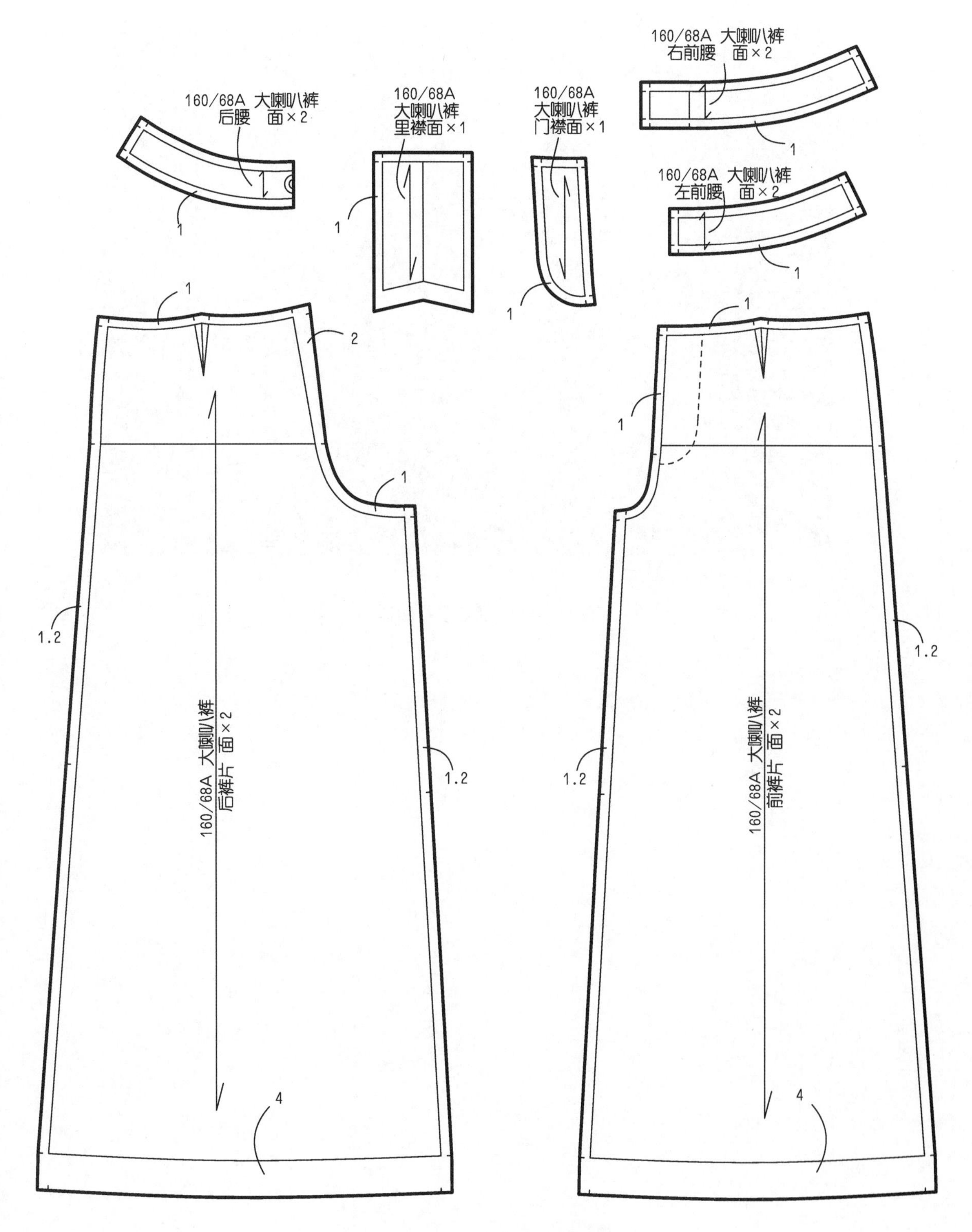


图6-25(3) 大喇叭裤毛样板

正面　　　　　　　　　　背面

图6–25(4)　大喇叭裤实样

### 6.3.3 翻腰多裥裤

因前腰部设置多个褶裥，臀围较宽松，脚口亦较宽大；裤腰向外翻折形成翻折腰的裤装款式。款式图如图6–26(1)所示。

1）规格设计

W=W*+2cm=70cm；

H=(H*+内裤)+10cm=100cm；

上裆长=股上长+裆底松量=25+1=26cm；

TL= 98cm；

SB=0.2H+8cm≈30cm；

总裆宽=0.15H（前裆宽=0.04H，后裆宽=0.11H）；

后上裆倾斜角=10°；

总腰宽=6cm。

2）结构制图

结构图如图6–26(2)所示。

结构制图要点：

（1）根据臀长、上裆长、裤长等尺寸绘制腰围线（WL）、臀围线（HL）、横裆线、裤长线（TL）等横向基础线；取前臀围为H/4+1cm、后臀围为H/4–1cm、前裆宽为0.04H、后裆宽为0.11H，做纵向基础线。

（2）取前腰围为W/4+0.5cm，前腰中心向下低落1cm，绘制前腰弧线，其余前臀腰差量作为腰部褶裥量；取后裆倾斜角10°，绘制后裆倾斜线，取后腰围为W/4–0.5cm+省，后侧缝向略向外内撇出，画顺后腰弧线。

（3）将后腰口弧线三等分，设置后腰省位置，后腰省道长约11cm，做前腰弧线的垂线设置前腰裥位置，并画腰省线。

（4）在前、后横裆中点做前、后挺缝线，取前脚口为SB–4cm，后脚口为SB+4cm，前、后中裆分别比脚口小2cm，连接横裆，画顺内裆缝和侧缝线。

（5）设置前片左侧腰口嵌条位置，后片对应位置增加底襟量，画顺裤片轮廓线。

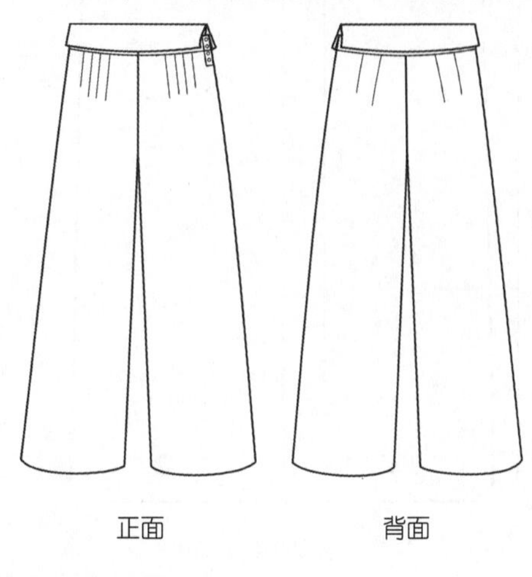


图6–26（1） 翻腰多裥裤款式图

（6）分别以前、后腰围和总腰宽做前、后腰基础矩形，标记左、右位置，在三等分处对腰上口线进行拉展，画顺轮廓线；绘制侧腰嵌条、贴边的样板。

（7）画顺各样片外轮廓线。

3）毛样板

根据结构图通过拓样逐个复制样片，在样片上加放缝份以及标注样片名称、对位记号、丝缕线等，制作成毛样板，如图6–26(3)所示。

4）实样照片

根据结构图经过裁剪、缝制，实样完成照片如图6–26(4)所示。

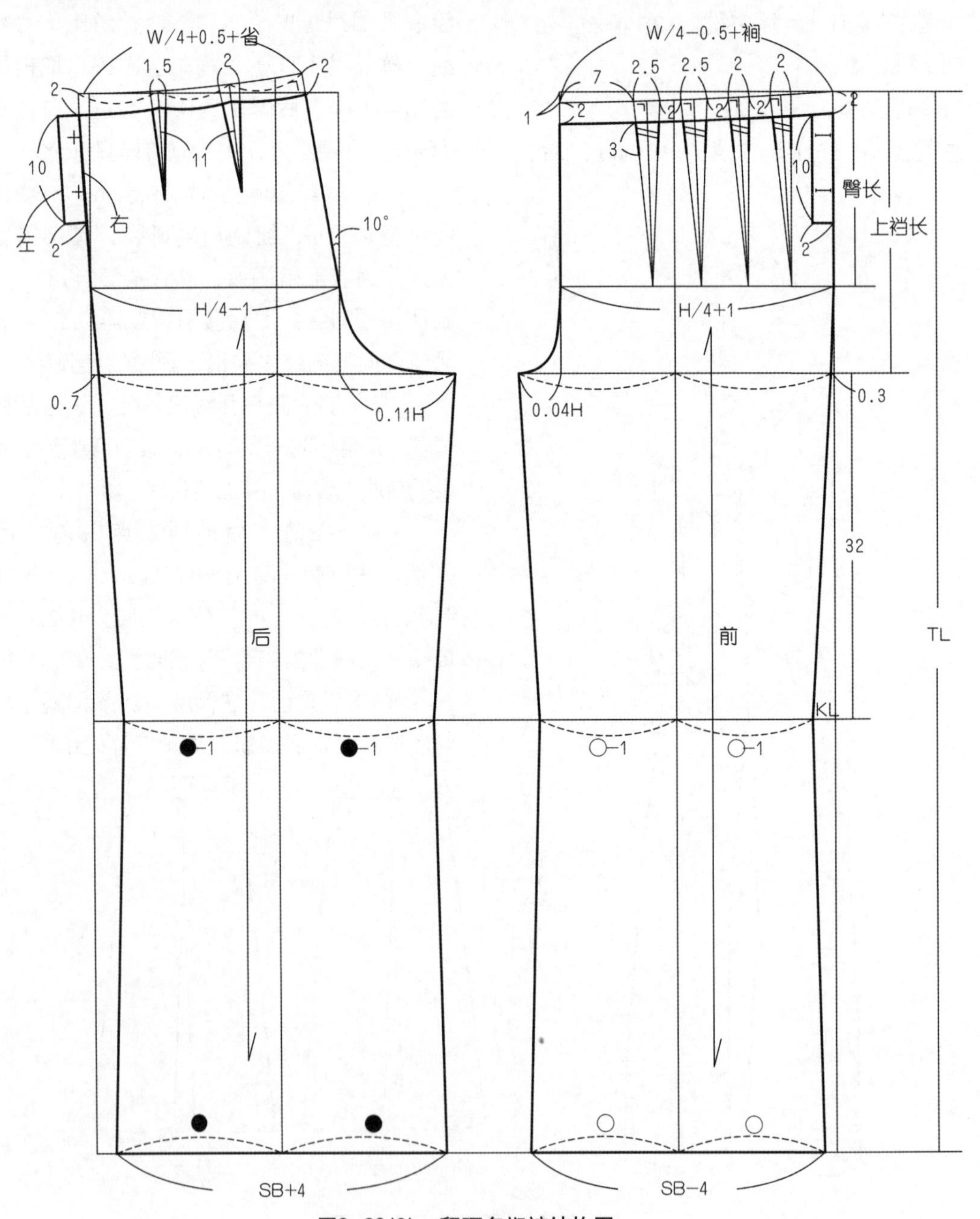


图6–26(2)　翻腰多裥裤结构图

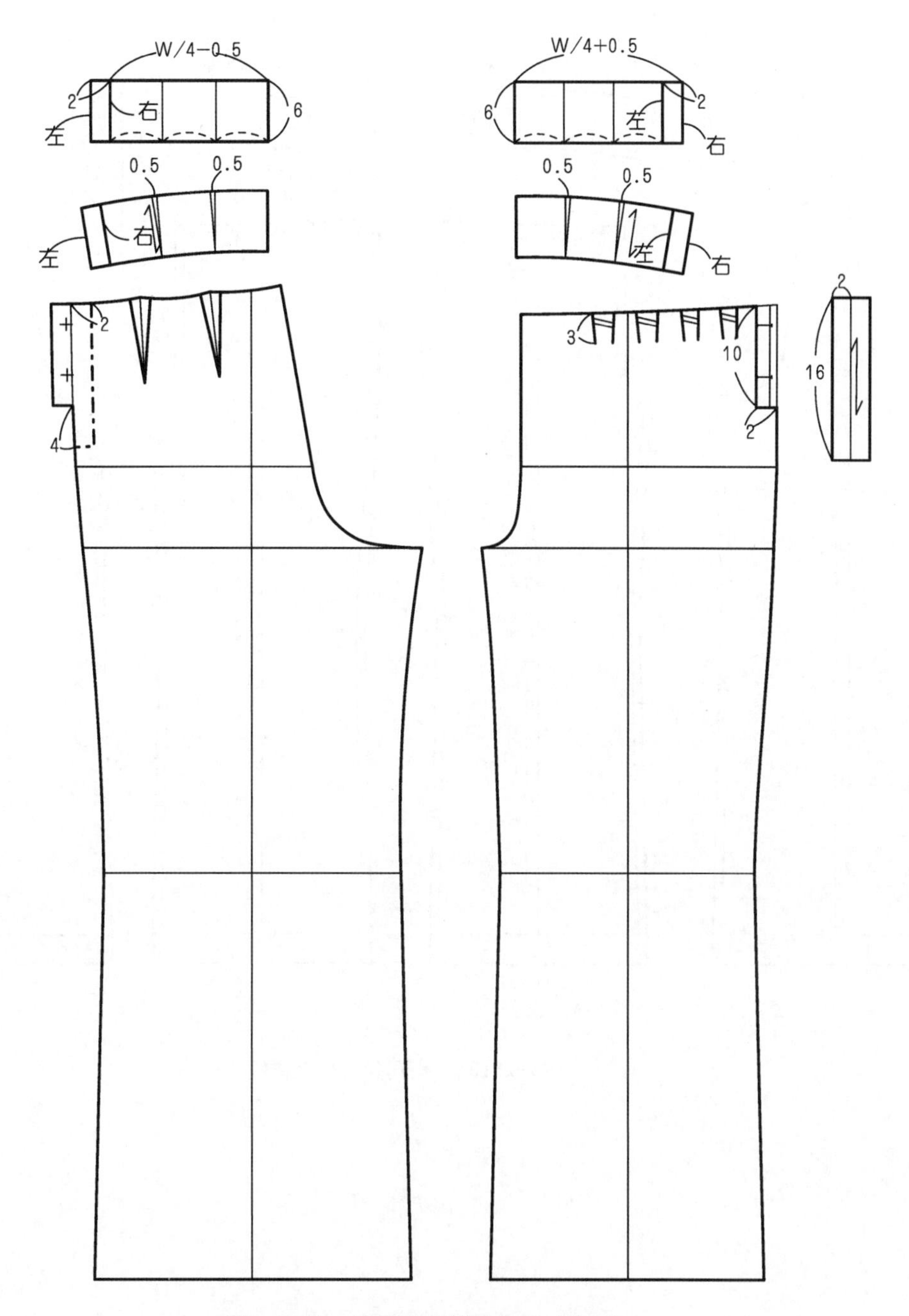


图6–26(2)　翻腰多裥裤结构图（续图）

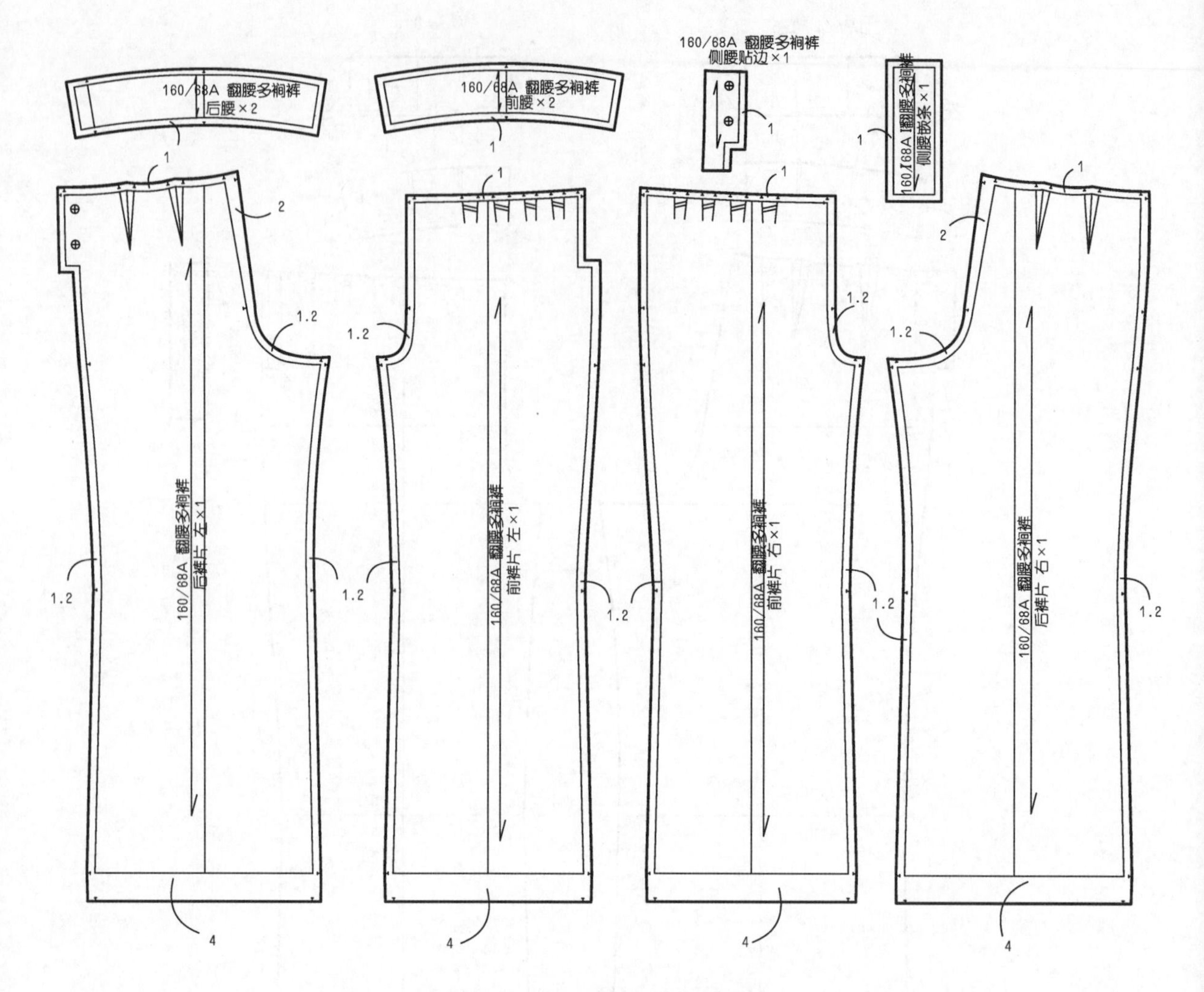


图6-26(3) 翻腰多裥裤毛样板

图6-26(4) 多裥裤实样

### 6.3.4 直筒裤

臀围较合体，裤筒较合体，呈直线形，造型流畅，能够弥补腿型的不足，是广受青睐的基本裤装款式。款式图如图6-27(1)所示。

1）规格设计

W=W*+2cm=70cm；

H=(H*+内裤)+6~12cm=98cm；

上裆长=股上长+裆底松量+腰宽=25+0.5+3=28.5cm；

TL=100cm；

SB=0.2H+2cm=22cm；

总裆宽=0.14H（前裆宽=0.035H，后裆宽=0.105H）；

后上裆倾斜角=12°。

2）结构制图

结构图如图6-27(2)所示。

结构制图要点：

（1）根据臀长、上裆长、裤长等尺寸绘制腰围线（WL）、臀围线（HL）、横裆线、裤长线（TL）等横向基础线；取前臀围为H/4-0.5cm、后臀围为H/4+0.5cm、前裆宽为0.035H、后裆宽为0.105H，做纵向基础线。

（2）取前腰围为W/4-0.5cm，前中心向内撇进1cm，前腰中心下落1cm，前侧缝向内撇进1cm，其余前臀腰差量作为褶裥和省量；取后裆倾斜角为12°，后腰围为W/4+0.5cm，后侧缝向内撇进0.5cm，其余后臀腰差量作为省量；画顺前、后裤片腰围线、上裆弧线和上裆部位侧缝线。

（3）作前挺缝线位于前横裆中点处，后挺缝线位于后横裆中点向侧缝偏移1cm处，取前脚口为SB-2cm，后脚口为SB+2cm，中裆大小与

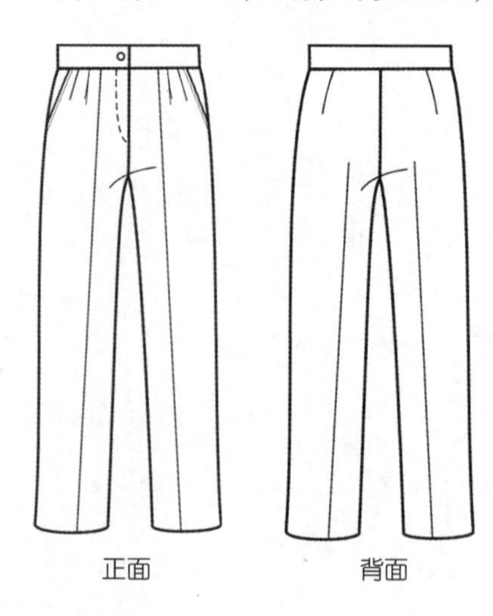


图6-27(1)　直筒裤款式图

脚口相同，连接横裆，画顺内裆缝和侧缝线。

（4）根据前门襟缉缝明线的宽度，配置门襟、里襟样板。

（5）画顺各样片外轮廓线。

3）毛样板

根据结构图通过拓样逐个复制样片，在样片上加放缝份以及标注样片名称、对位记号、丝缕线等，制作成毛样板，如图6–27(3)所示。

4）实样照片

根据结构图经过裁剪、缝制，实样完成照片如图6–27(4)所示。

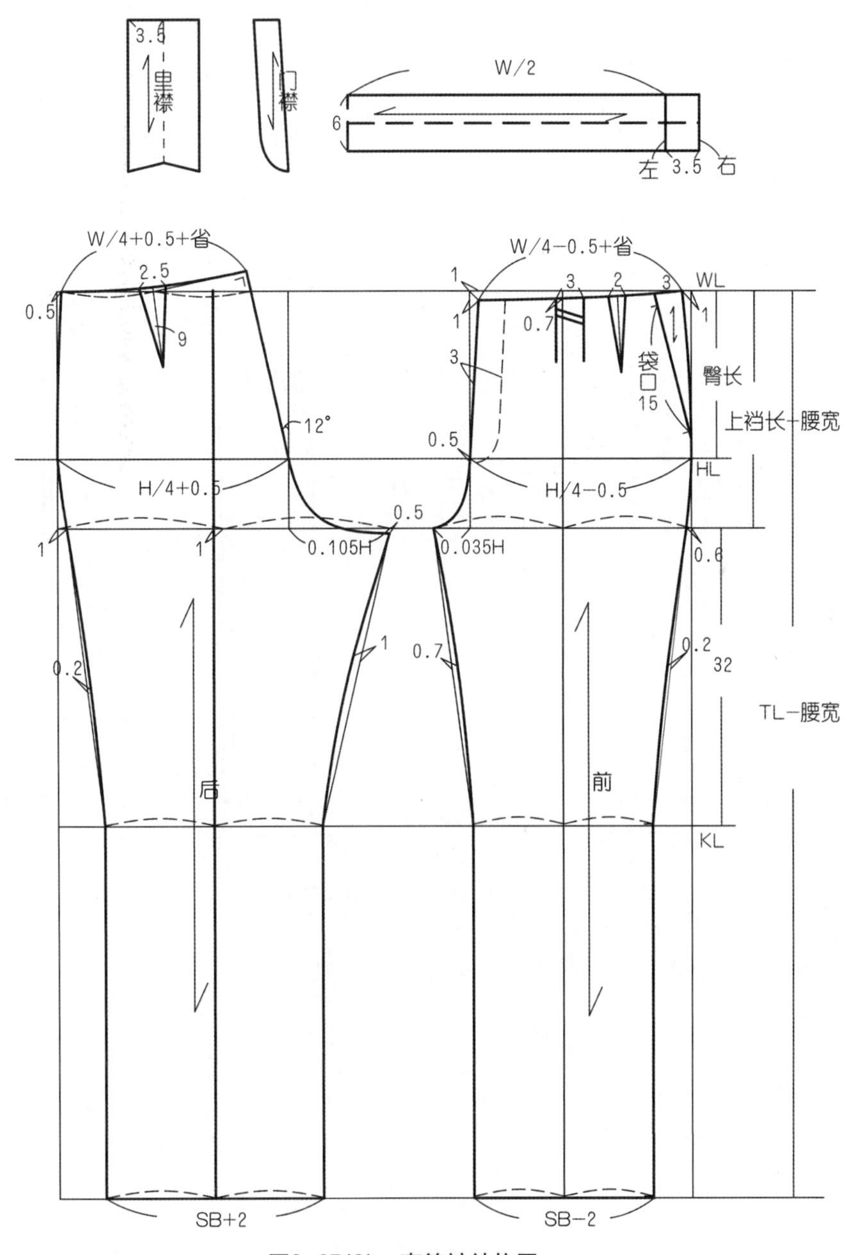


图6–27(2)　直筒裤结构图

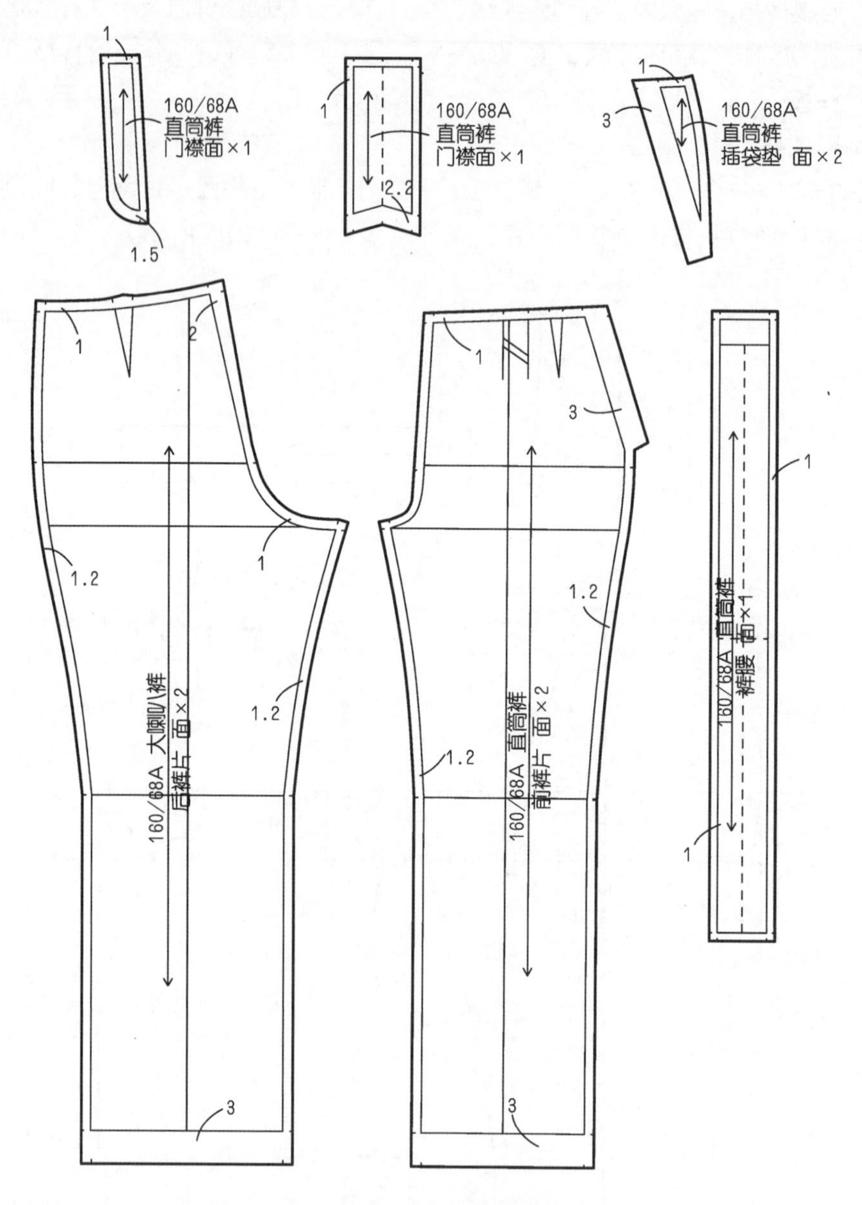


图6-27(3) 直筒裤毛样板

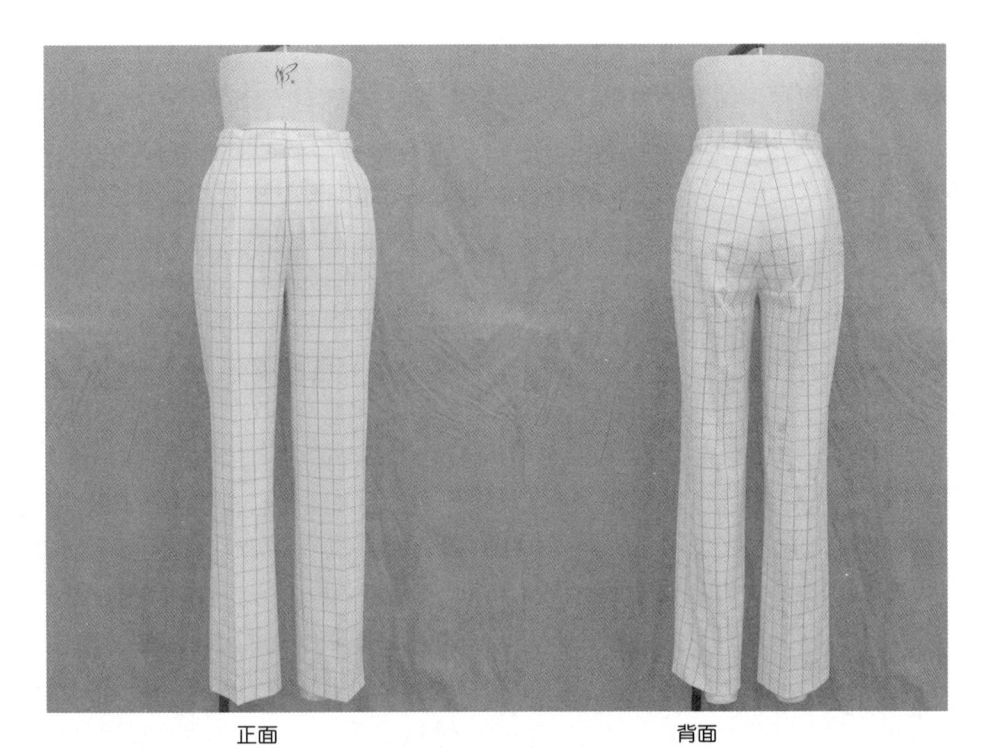

正面　　　　背面

图6-27(4)　直筒裤实样

### 6.3.5 连腰直筒裤

臀围较宽松，连腰，前裤片腰部加入褶裥，腰侧部有斜插袋，脚口比较宽大并向外翻折，裤身为直筒造型的裤装款式。款式图如图6-28(1)所示。

1）规格设计

W=W*+4cm=74cm（人体自然腰围线处）；

H=(H*+内裤)+8cm=98cm；

上裆长=股上长+裆底松量+连腰宽=25+1+5=31cm；

TL=上裆长+下裆长=98cm；

SB=0.2H+8cm≈28cm；

总裆宽=0.15H（前裆宽=0.04H，后裆宽=0.11H）；

后上裆倾斜角=10°。

2）结构制图

结构图如图6-28(2)所示。

结构制图要点：

（1）根据臀长、上裆长、裤长等尺寸绘制腰围线（WL）、臀围线（HL）、横裆线、裤长线（TL）等横向基础线；取前臀围为H/4-0.5cm、后臀围为H/4+0.5cm、前裆宽为0.04H、后裆宽为0.11H，做纵向基础线。

（2）综合考虑前腰裥的个数和裥量大小，取前腰围为W/4+0.5cm+裥量，前中心低落1cm，侧缝撇进2cm，画顺前腰弧线；取后裆倾斜角10°，确定后腰起翘量，取后腰围为W/4-0.5cm+省量，画顺后腰弧线；画顺前、后上裆弧线；前侧横裆处收进约0.3cm，后侧横裆处收进约0.7cm，画前、后侧缝线。

（3）将后腰弧线三等分，设置后腰省位置，做前腰弧线的垂线设置前腰褶裥位置，并画腰省线，平行腰线向上5cm确定连腰宽，延伸各省、裥至腰围线，修正高腰线处省端点位置，补足腰上口围度增大量；确定斜插袋的位置和大小。

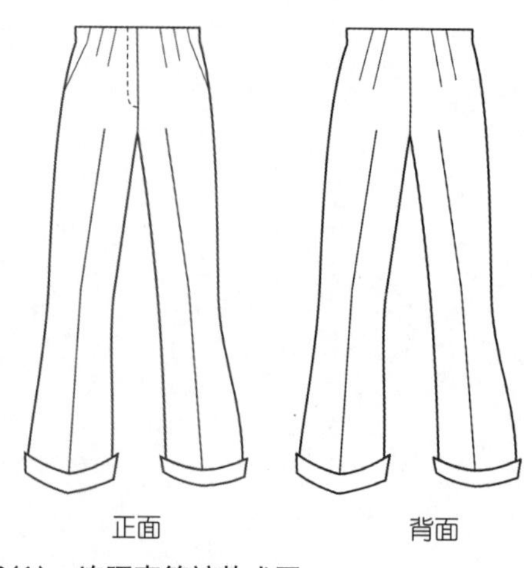


图6-28(1)　连腰直筒裤款式图

（4）作前挺缝线位于前横裆中点，后挺缝线位于后横裆中点向侧缝偏移1cm处，取前脚口为SB−2cm，后脚口为SB+2cm，中裆比脚口分别小2cm，与横裆连接，确定后裆下落量，画顺内裆缝和侧缝线。

（5）平行腰线向下3cm确定腰贴边宽，闭合腰贴边省道，画顺腰贴边轮廓线。

（6）平行脚口向上4.5cm确定翻边宽，平行脚口线取2倍翻边宽画脚口线。

（7）设计袋布大小和形状，确定袋布样片。

（8）根据门襟缉缝明线的宽度配置门襟、底襟毛样板。

（9）画顺各样片外轮廓线。

3）毛样板

根据结构图通过拓样逐个复制样片，在样片上加放缝份以及标注样片名称、对位记号、丝缕线等，制作成毛样板，如图6−28(3)所示。

4）实样照片

根据结构图经过裁剪、缝制，实样完成照片如图6−28(4)所示。

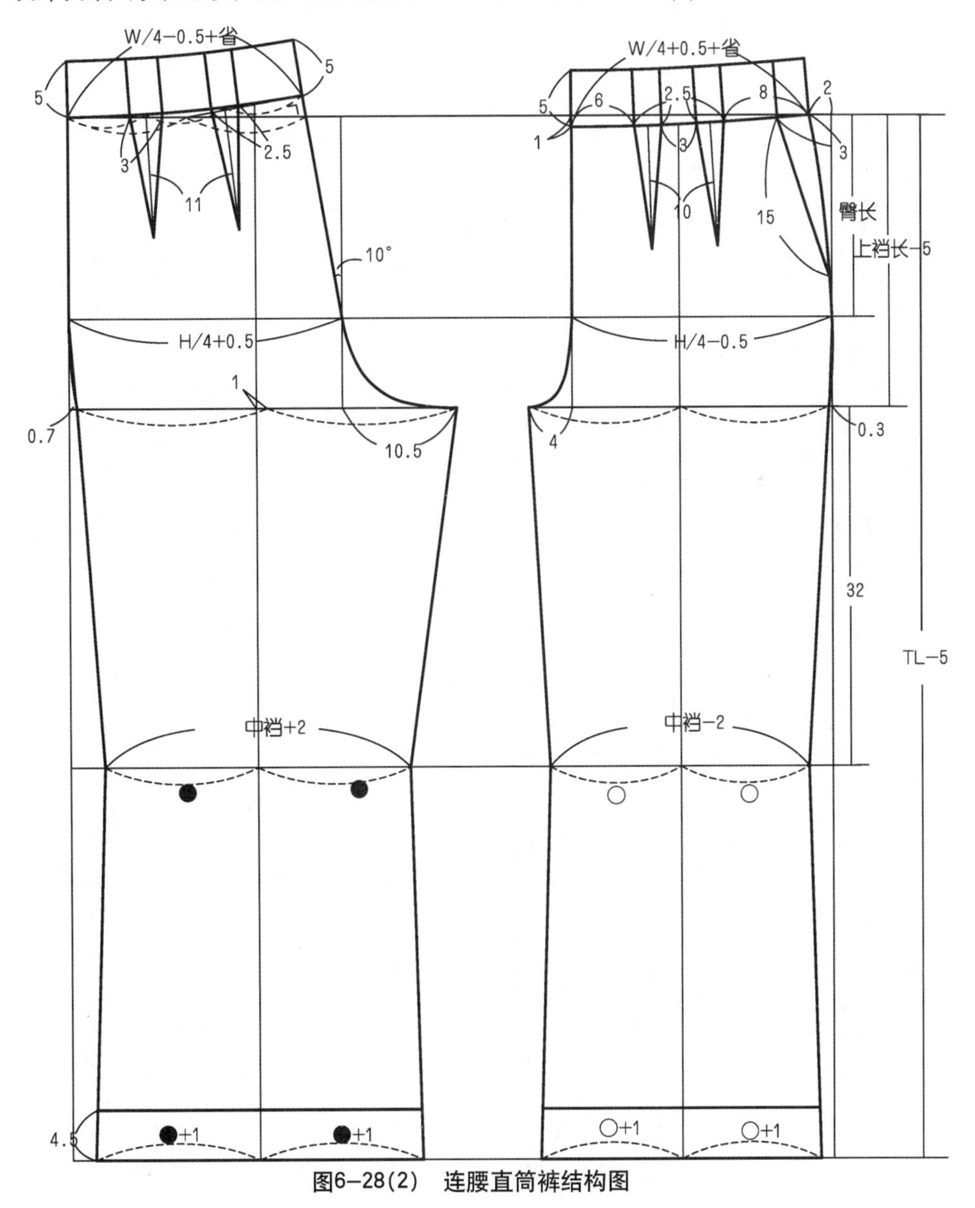


图6−28(2)　连腰直筒裤结构图

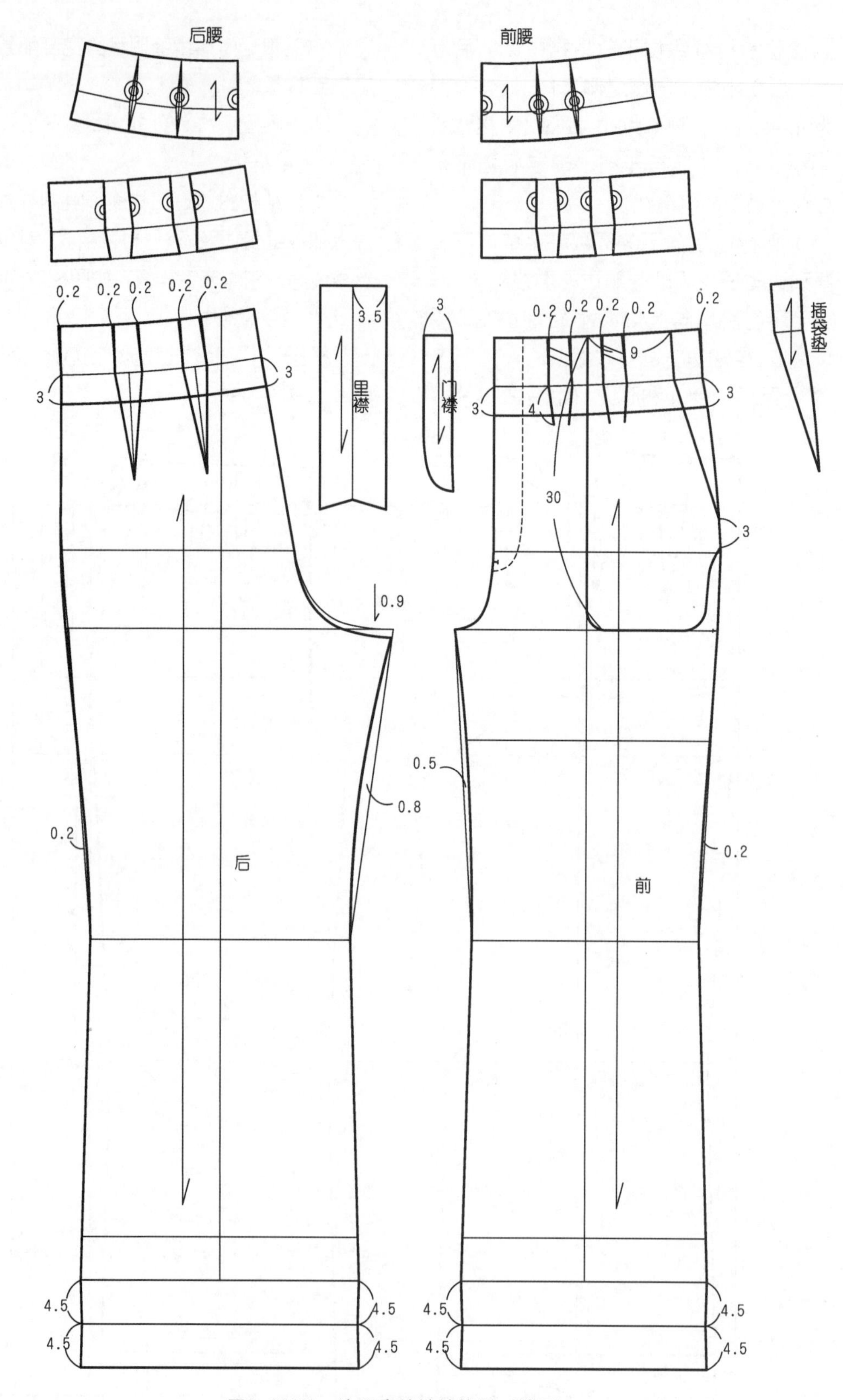


图6-28(2) 连腰直筒裤结构图（续图）

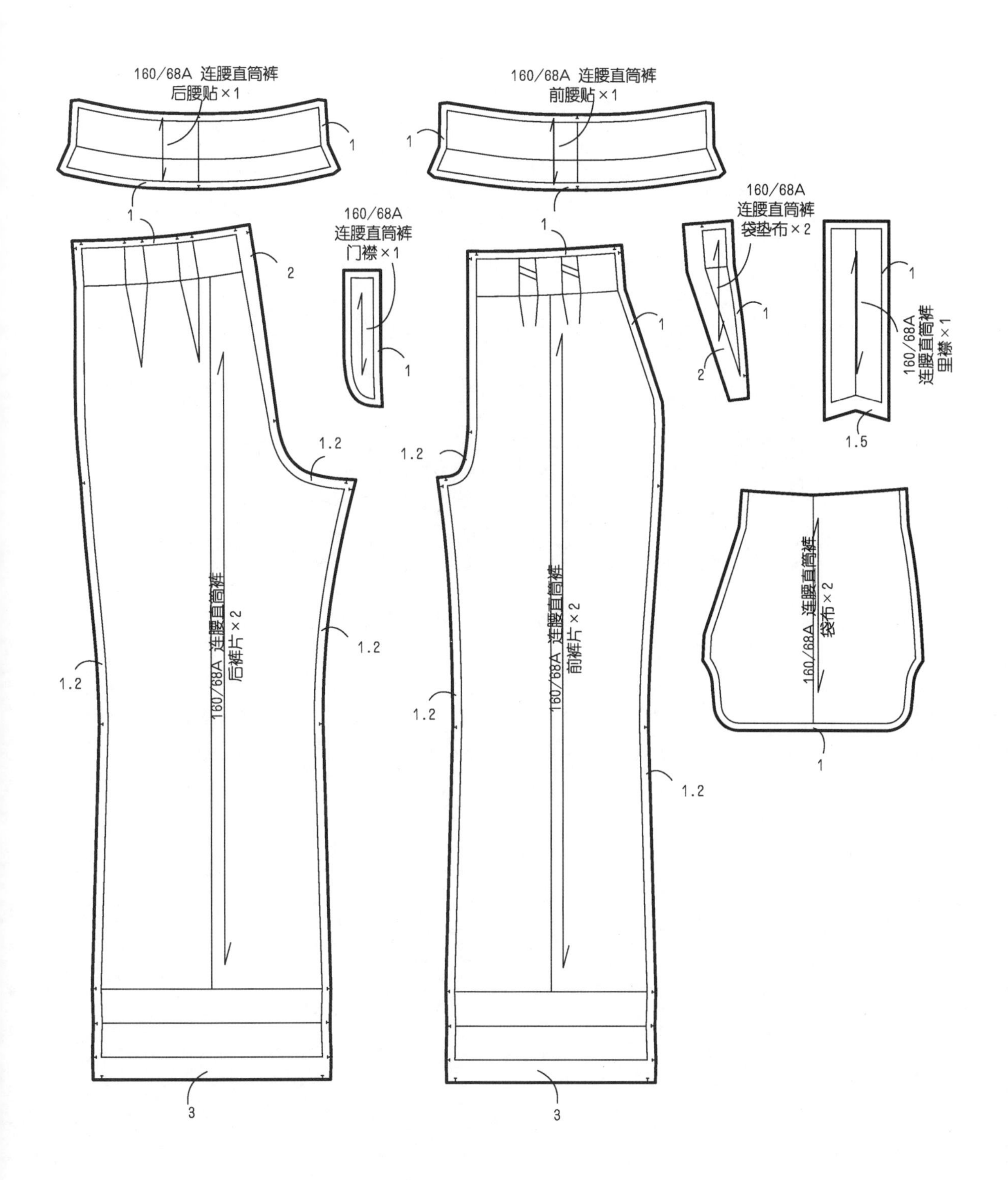


图6-28(3) 连腰直筒裤毛样板

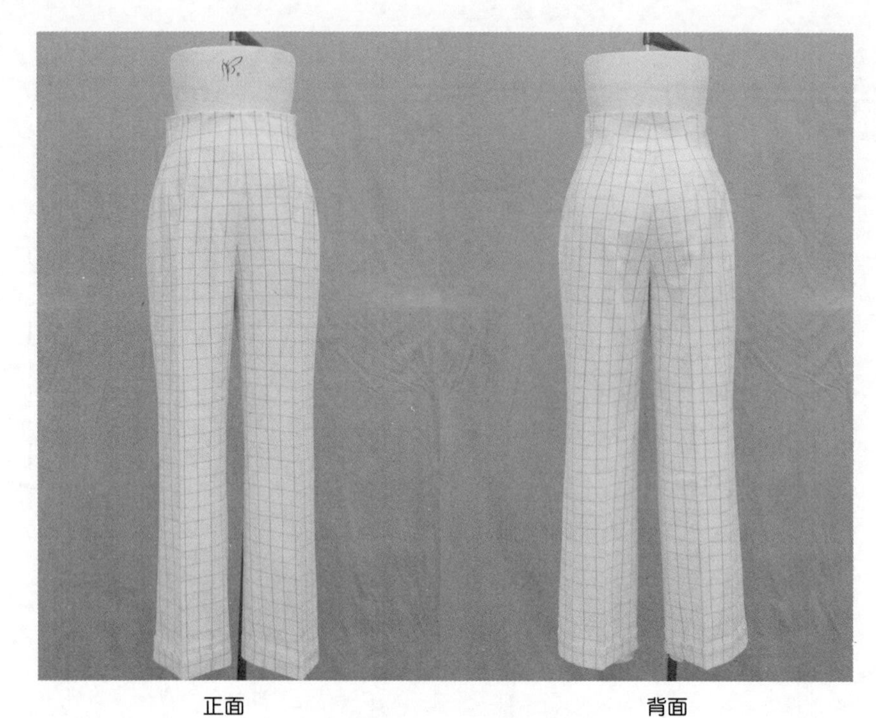

正面　　　　　　　　　　背面

图6-28(4)　连腰直筒裤实样

### 6.3.6 低腰直筒裤

臀围合体，无腰，腰线低于人体自然腰围线，腰内装贴边，腰侧部有斜插袋，脚口开口可装拉链，裤身为直筒造型的裤装款式。款式图如图6–29(1)所示。

1）规格设计

W=W*+2cm=70cm（人体自然腰围线处）；

H=(H*+内裤)+4~6cm=96cm；

上裆长=股上长–低腰量=25–3=22cm；

TL= 94cm；

SB=0.2H+2cm≈21cm；

总裆宽=0.135H（前裆宽=0.035H，后裆宽=0.1H）；

后上裆倾斜角=15°。

2）结构制图

构图如图6–29(2)所示。

结构制图要点：

（1）根据臀长、上裆长、裤长等尺寸绘制腰围线（WL）、臀围线（HL）、横裆线、裤长线（TL）等横向基础线；取前臀围为H/4–1cm，后臀围为H/4+1cm，前裆宽为0.035H、后裆宽为0.1H，做纵向基础线。

（2）前腰围为W/4+1cm，前中心向内撇进1cm，前腰中心下落1cm，前侧缝向内撇进1cm，其余前臀腰差量作为省量；取后裆倾斜角为15°，后腰围为W/4–1cm，后侧缝向内撇进1cm，其余后臀腰差量作为省量，画顺前、后裤片基础腰围线、上裆弧线和上裆部位侧缝线。平行基础腰围线向下3cm作腰围线。

（3）作前挺缝线位于前横裆中点处，后挺缝线位于后横裆中点向侧缝偏移1cm处，取前脚口为SB–2cm，后脚口为SB+2cm，中裆大小与脚口基本相同，连接横裆，画顺内裆缝和

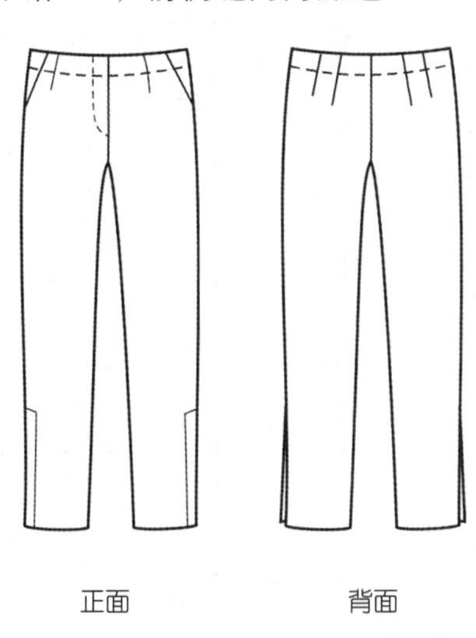


图6–29(1) 低腰直筒裤款式图

侧缝线。

（4）平行低腰线向下4cm作贴边线，闭合省道，画顺前、后腰贴边。

（5）根据前门襟缉缝明线的宽度，配置门襟、里襟样板。

（6）画顺各样片外轮廓线。

3）毛样板

根据结构图通过拓样逐个复制样片，在样片上加放缝份以及标注样片名称、对位记号、丝缕线等，制作成毛样板，如图6-29(3)所示。

4）实样照片

根据结构图经过裁剪、缝制，实样完成照片如图6-29(4)所示。

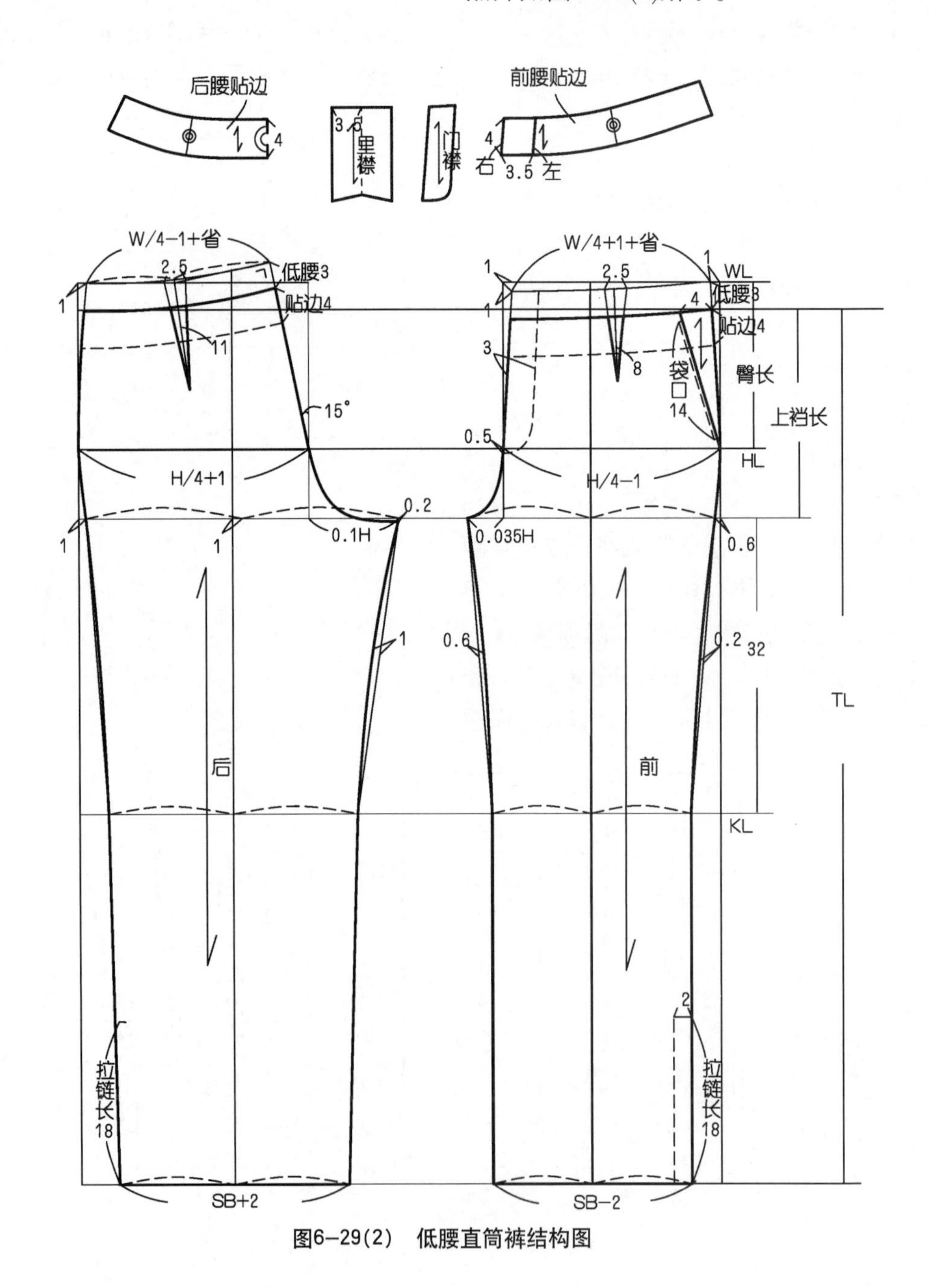


图6−29(2)　低腰直筒裤结构图

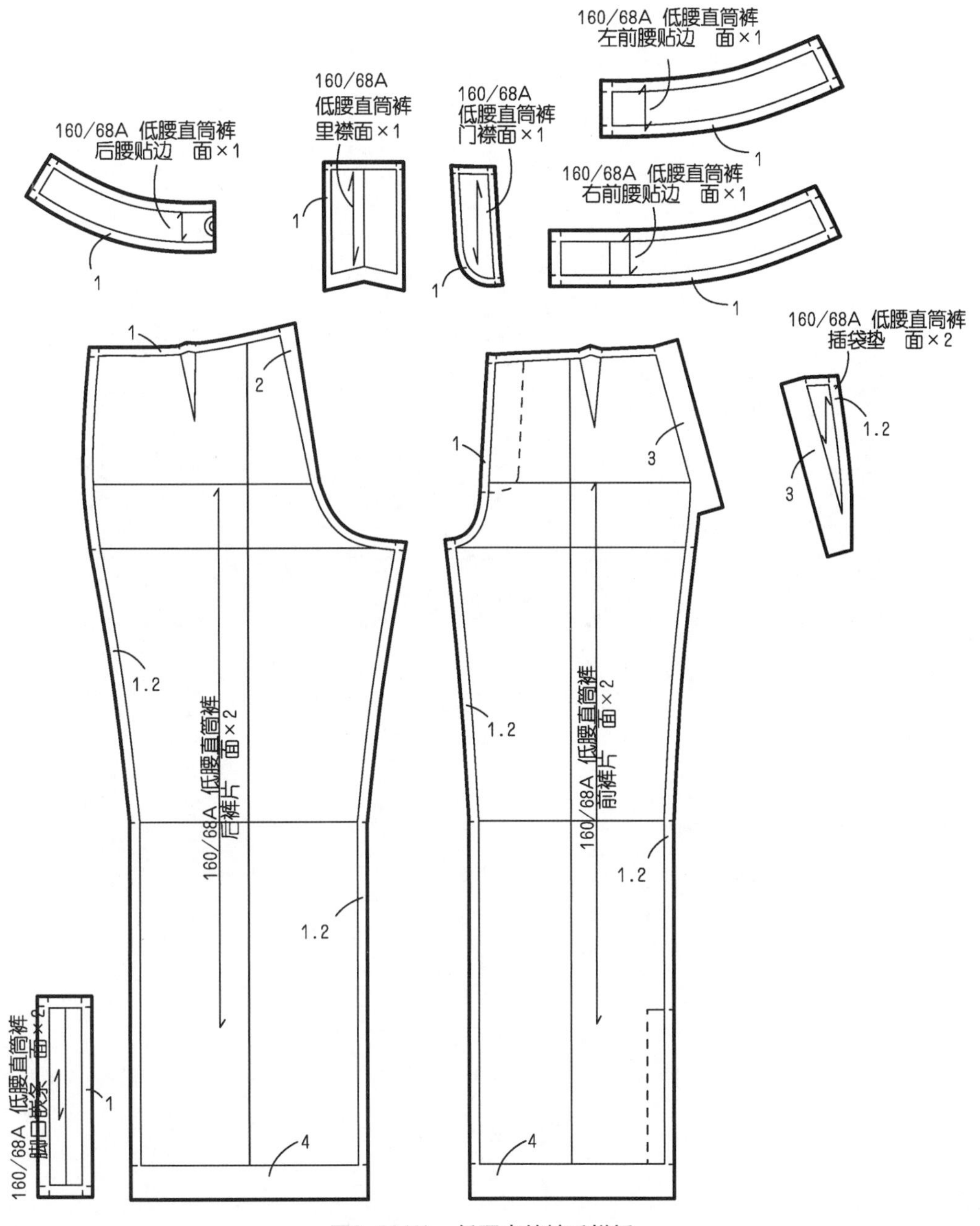


图6-29(3) 低腰直筒裤毛样板

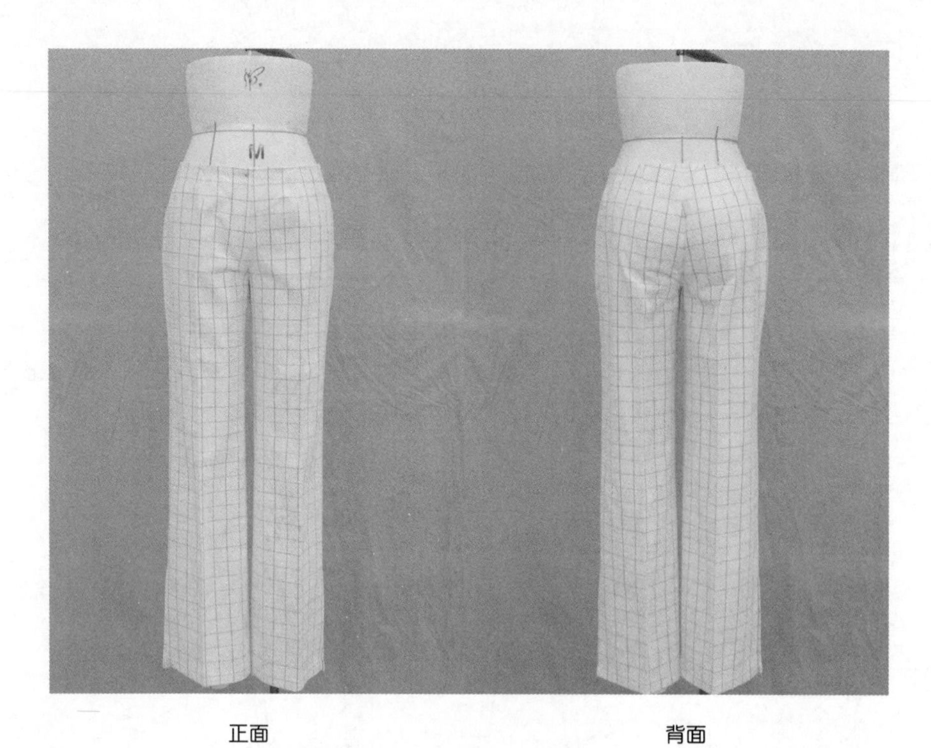

正面　　背面

图6-29(4)　低腰直筒裤实样

### 6.3.7 牛仔裤

起源于1850年，美国西部淘金者工作时穿着的裤子，因采用比较紧密结实的斜纹牛仔布制作而得名，因穿着方便而一直延续至今。腰围至臀围合体，膝部至脚口逐渐变宽，裤筒形成微喇叭造型。款式图如图6–30(1)所示。

1）规格设计

W= W*+2cm=70cm（人体腰围线处）；

H=(H*+内裤)+4~6cm=94cm；

上裆长=股上长–低腰量=25–4=21cm（含腰宽4cm）；

TL=94cm；

SB=0.2H+7cm≈26cm；

总裆宽=0.13H（前裆宽=0.03H，后裆宽=0.1H）；

后上裆倾斜角=15°。

2）结构制图

结构图如图6–30(2)所示。

结构制图要点：

（1）根据臀长、上裆长、裤长等尺寸绘制腰围线（WL）、臀围线（HL）、横裆线、裤长线（TL）等横向基础线；取前臀围为H/4–1cm、后臀围为H/4+1cm、前裆宽为0.03H、后裆宽为0.1H，做纵向基础线。

（2）取前腰围为W/4+0.5cm，前中心向内撇进1.5cm，前腰中心下落1.5cm，前侧缝向内撇进1cm，其余前臀腰差量作为省量；取后裆倾斜角为15°，后腰围为W/4–0.5cm，后侧缝向内撇进0.5cm，其余后臀腰差量作为省量；画顺前、后裤片基础腰围线、上裆弧线和上裆部位侧缝线。

（3）平行基础腰围线低落4cm作腰围线，再向下截取腰宽3.5cm，闭合前、后腰中的省

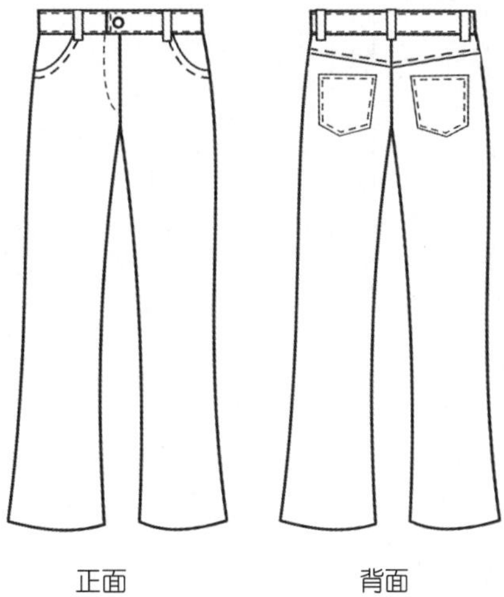


图6–30(1) 牛仔裤款式图

道，画顺前、后腰。

（4）在后裤片作育克分割线，闭合省道，画顺后育克。

（5）作前挺缝线位于前横裆中点向侧缝偏移1cm，后挺缝线位于后横裆中点向侧缝偏移2cm处；根据款式特征，中档线应向上

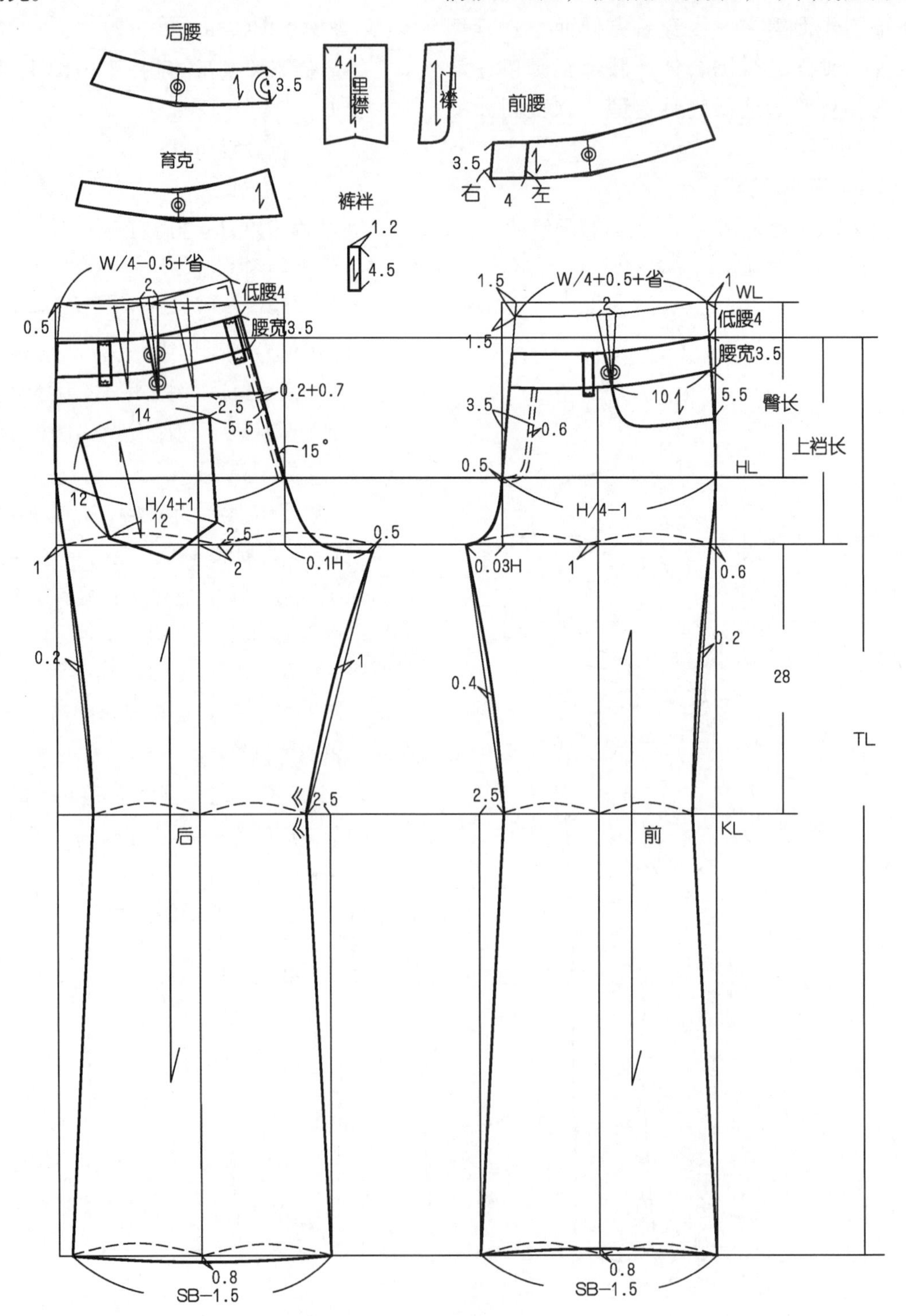


图6−30(2)　牛仔裤结构图

移，中档线距横裆线28cm。

（6）取前脚口为SB−1.5cm，后脚口为SB+1.5cm，中裆比脚口向内收进2.5cm，与横裆连接，画顺内裆缝、侧缝线和脚口弧线。

（7）根据前门襟缉缝明线的宽度，配置门襟、里襟样板。

（8）画顺各样片外轮廓线。

3）毛样板

根据结构图通过拓样逐个复制样片，在样片上加放缝份以及标注样片名称、对位记号、丝缕线等，制作成毛样板，如图6-30(3)所示。

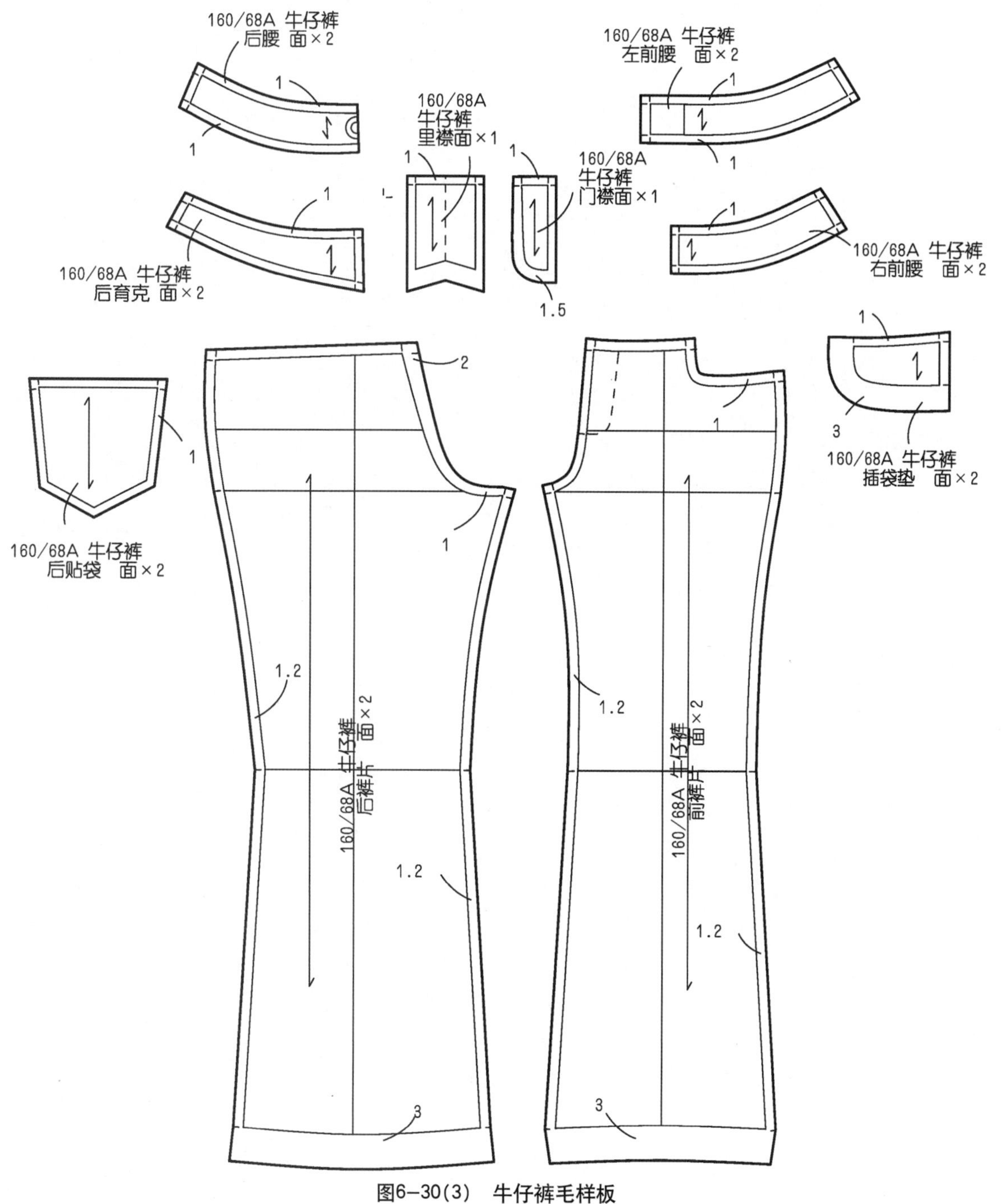


图6-30(3)　牛仔裤毛样板

4）实样照片

根据结构图经过裁剪、缝制，实样完成照片如图6-30(4)所示。

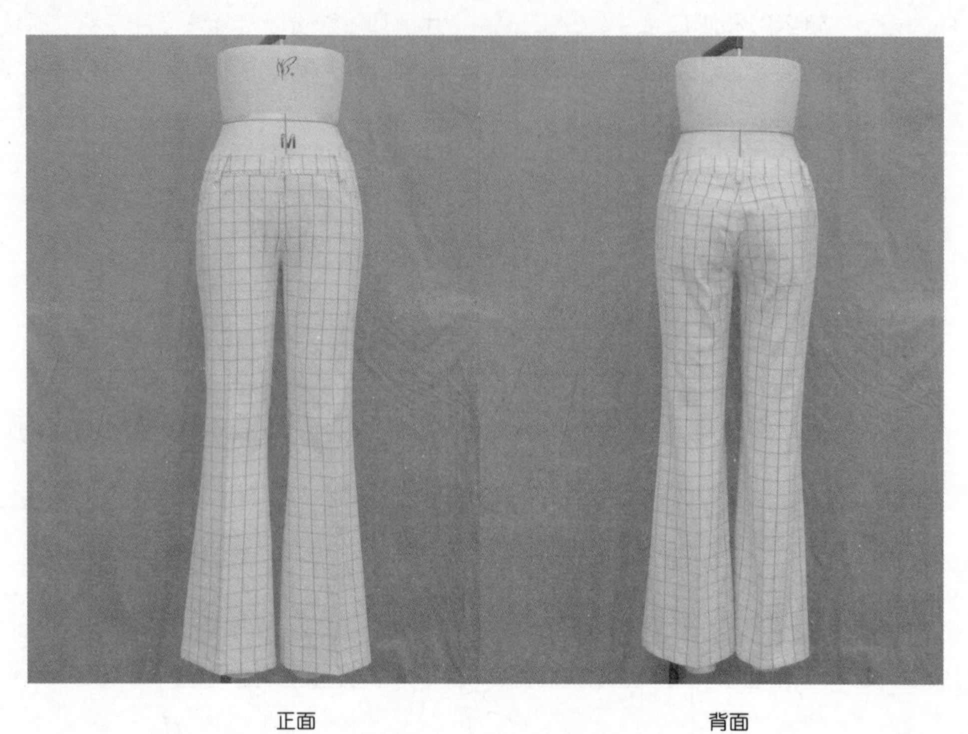

正面　　背面

图6-30(4)　牛仔裤实样

### 6.3.8 低腰窄脚裤

臀围合体，低腰，整个裤身包裹腿部，脚口较小，膝部以下裤身分割，侧部开口可钉纽扣。款式图如图6-31(1)所示。

1）规格设计

W=W*+2cm=70cm（人体腰围线处）；

H=(H*+内裤)+4~6cm=96cm；

上裆长=股上长-低腰量=25-4=21cm（含腰宽5cm）；

TL= 91cm；

SB=0.2H-1cm≈18cm；

总裆宽=0.13H（前裆宽=0.035H，后裆宽=0.095H）；

后上裆倾斜角=15°。

2）结构制图

结构图如图6-31(2)所示。

结构制图要点：

（1）根据臀长、上裆长、裤长等尺寸绘制腰围线（WL）、臀围线（HL）、横裆线、裤长线（TL）等横向基础线；取前臀围为H/4-1cm、后臀围为H/4+1cm、前裆宽为0.035H、后裆宽为0.95H，做纵向基础线。

（2）取前腰围为W/4，前中心向内撇进1.5cm，前腰中心下落1cm，前侧缝向内撇进2.5cm，其余前臀腰差量作为省量；取后裆倾斜角为15°，后腰围W/4，其余后臀腰差量作为省量，画顺基础腰围线；画顺前、后上裆弧线；前侧横裆处收进约0.5cm，后侧横裆处收进约0.7cm，画前、后侧缝线。

（3）平行基础腰围线低落4cm作腰围线，再向下截取腰宽5cm，闭合省道，画顺前、后腰。

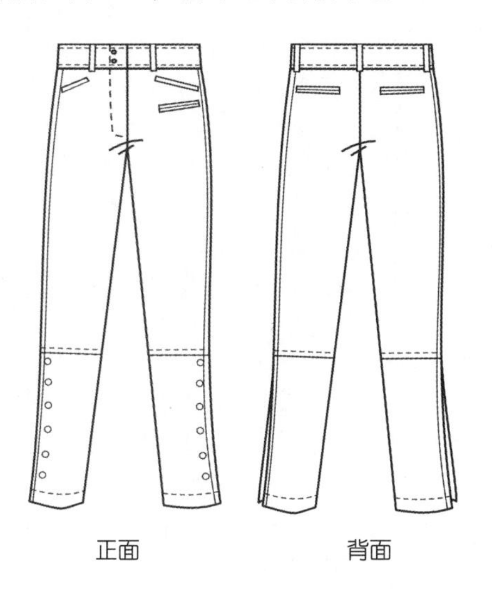


图6-31(1) 低腰窄脚裤款式图

（4）作前挺缝线位于前横裆中点处，后挺缝线位于后横裆中点向侧缝偏移1.5cm处；取前脚口为SB-1cm，后脚口为SB+1cm，中裆稍大于脚口，画顺内裆缝和侧缝线。

（5）根据款式图在裤身膝围线以下作分割线，侧缝开口处钉纽扣，加放叠门宽2cm；确定前、后嵌线袋位置与大小。

（6）根据前门襟缉缝明线的宽度，配置门襟、里襟样板。

（7）画顺各样片外轮廓线。

3）毛样板

根据结构图通过拓样逐个复制样片，在

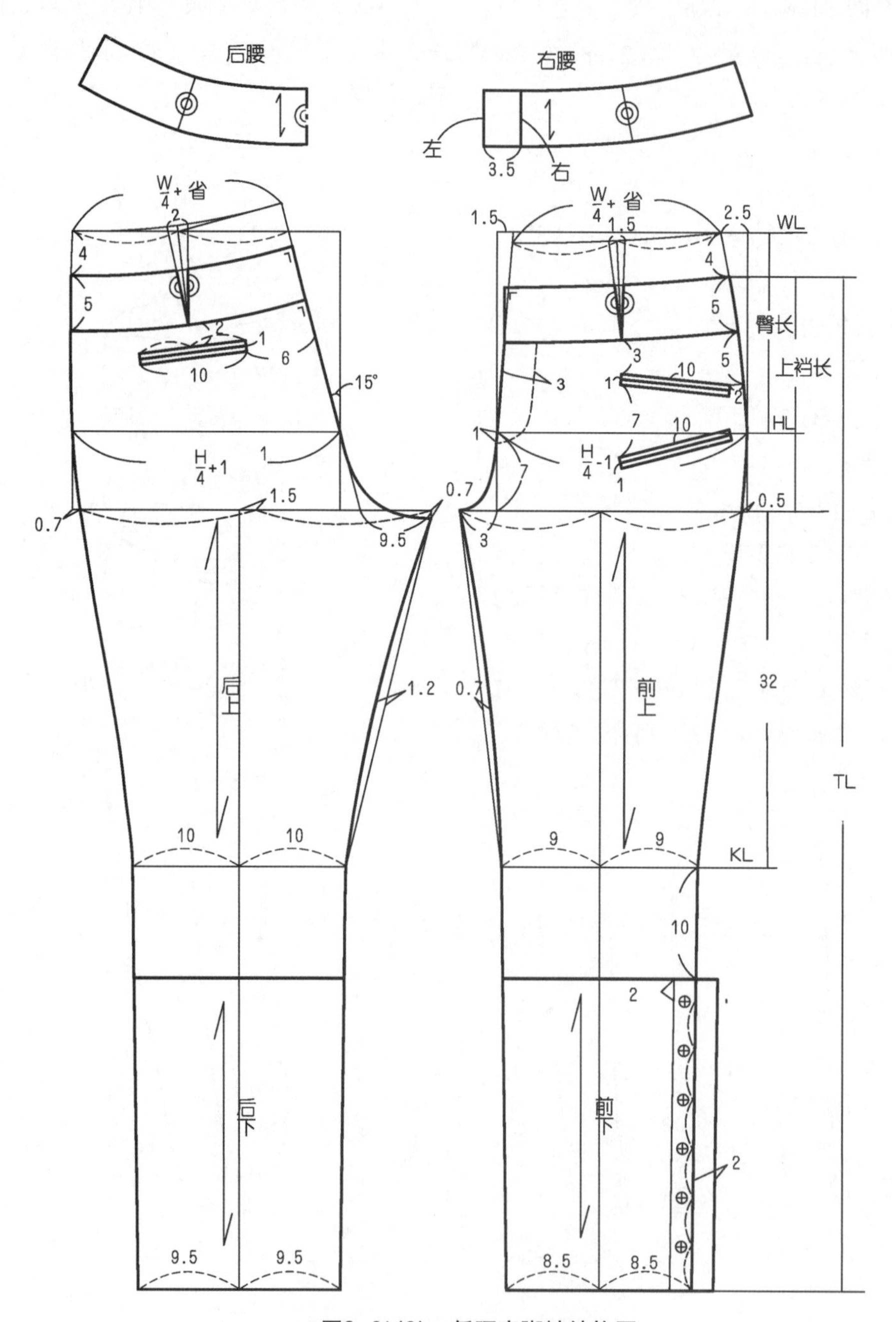


图6-31(2)　低腰窄脚裤结构图

样片上加放缝份以及标注样片名称、对位记号、丝缕线等，制作成毛样板，如图6-31(3)所示。

4）实样照片

根据结构图经过裁剪、缝制，实样完成照片如图6-31(4)所示。

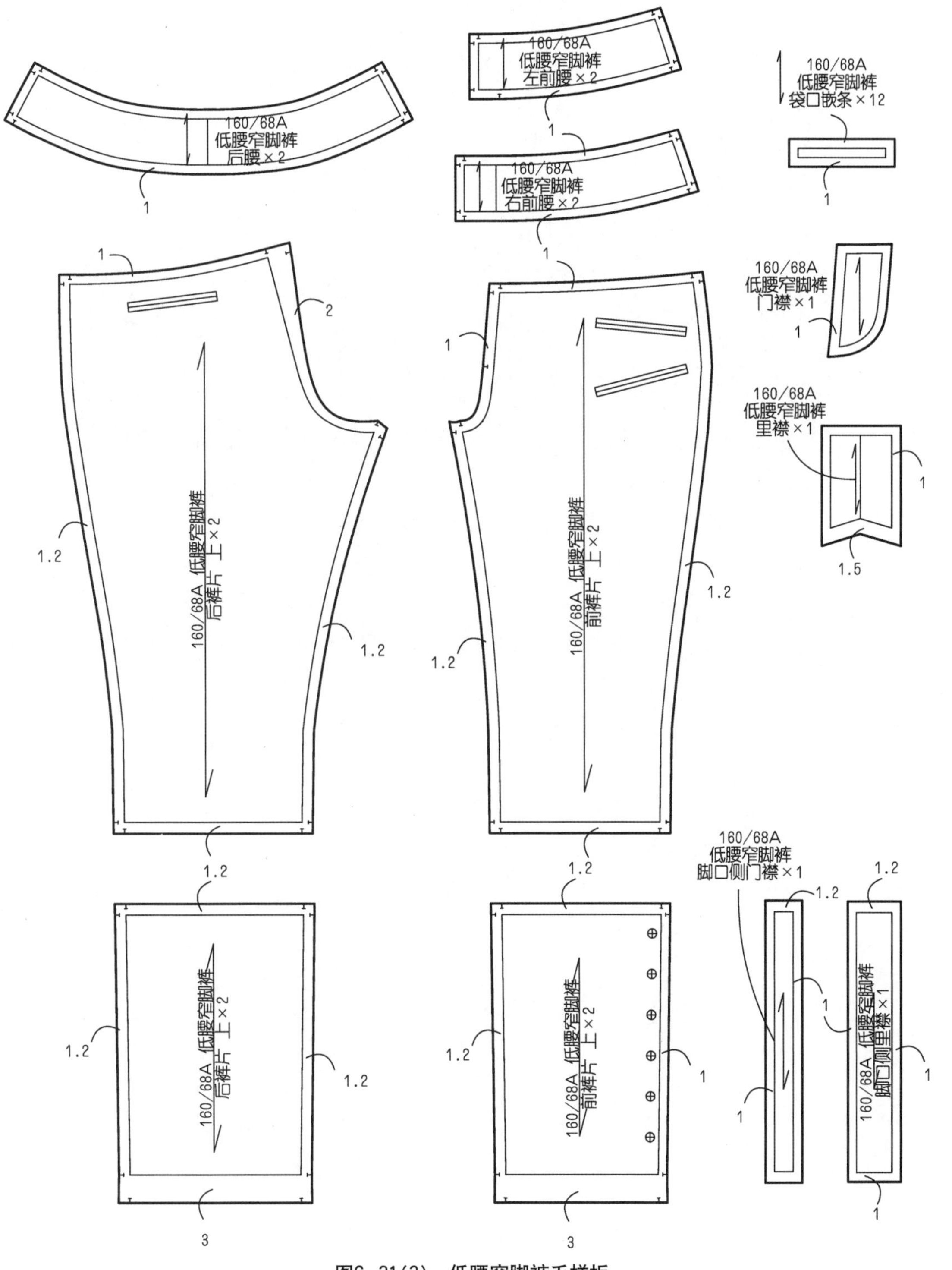


图6-31(3) 低腰窄脚裤毛样板

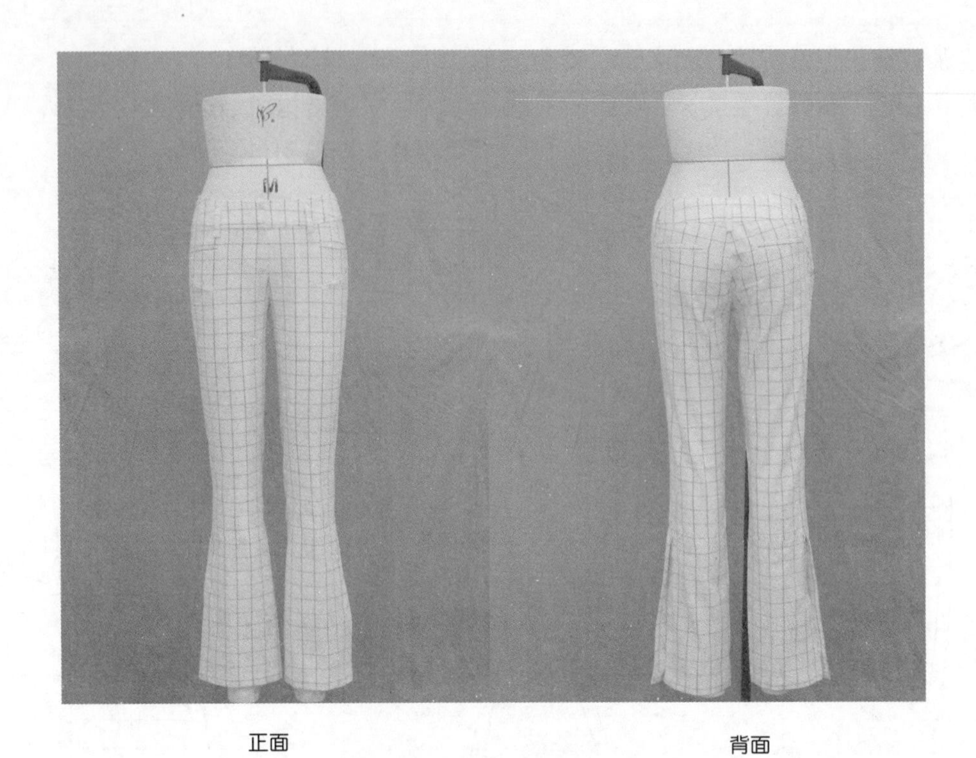

正面　　背面

图6-31(4)　低腰窄脚裤实样

### 6.3.9 中裤

臀围合体，低腰，腰侧部有斜插袋，整个裤身较合体，裤长至膝围线附近。款式图如图6–32(1)所示。

1）规格设计

W= W*+2cm=70cm（人体腰围线处）；

H=(H*+内裤)+4~6cm=96cm；

上裆长=股上长–低腰量=25–4=21cm（含腰宽4cm）；

TL=54cm；

SB=0.2H+5cm≈24cm；

总裆宽=0.13H（前裆宽=0.035H，后裆宽=0.095H）；

后上裆倾斜角=15°。

2）结构制图

结构图如图6–32(2)所示。

结构制图要点：

（1）根据臀长、上裆长、裤长等尺寸绘制腰围线（WL）、臀围线（HL）、横裆线、裤长线（TL）等横向基础线；取前臀围为H/4–1cm、后臀围为H/4+1cm、前裆宽为0.035H、后裆宽为0.095H，做纵向基础线。

（2）取前腰围为W/4+0.5cm，前中心向内撇进1cm，前腰中心下落1cm，前侧缝向内撇进1.5cm，其余前臀腰差量作为省量；取后档倾斜角为15°，后腰围为W/4–0.5cm，后侧缝向内撇进0.5cm，其余后臀腰差量作为省量，画顺前、后裤片基础腰围线、上裆弧线和上裆部位侧缝线。

（3）平行基础腰围线低落4cm作腰围线，再向下截取腰宽3cm，闭合省道，画顺前、后腰。

（4）作前挺缝线位于前横裆中点，后挺缝线位于后横裆中点向侧缝偏移1cm，取前脚口为SB–2cm，后脚口为SB+2cm，与横裆连接，画顺内裆缝和侧缝线。

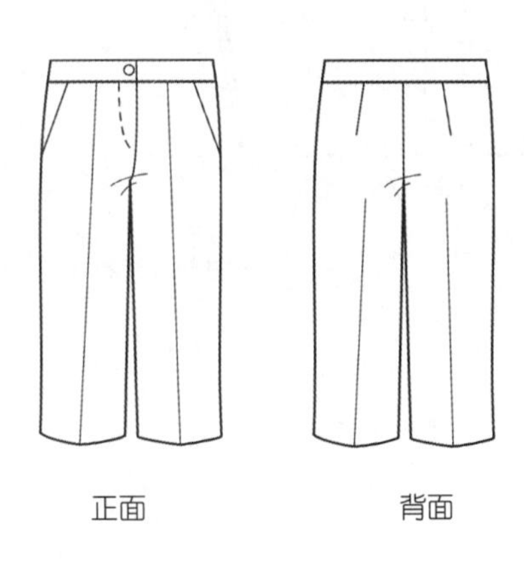


图6–32(1) 中裤款式图

（5）根据前门襟缉缝明线的宽度，配置门襟、里襟样板。

（6）画顺各样片外轮廓线。

3）毛样板

根据结构图通过拓样逐个复制样片，在样片上加放缝份以及标注样片名称、对位记号、丝缕线等，制作成毛样板，如图6-32(3)所示。

4）实样照片

根据结构图经过裁剪、缝制，实样完成照片如图6-32(4)所示。

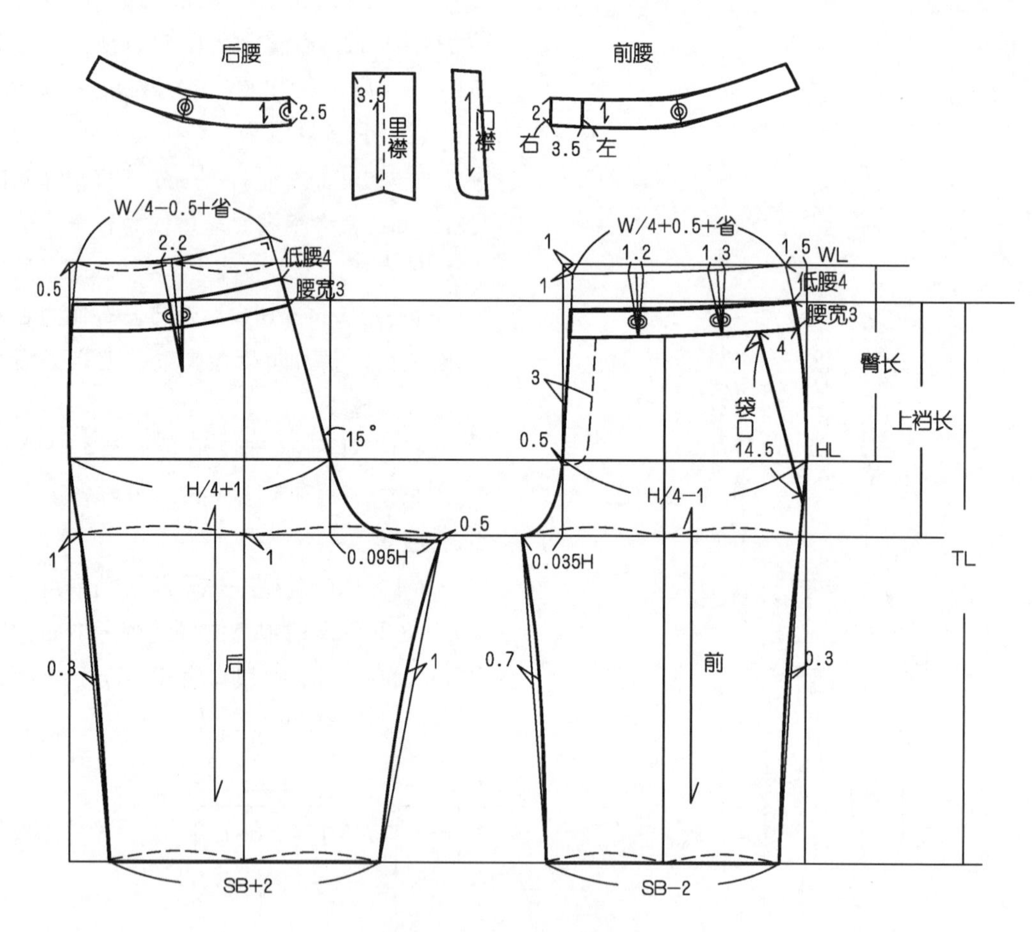


图6-32(2)　中裤结构图

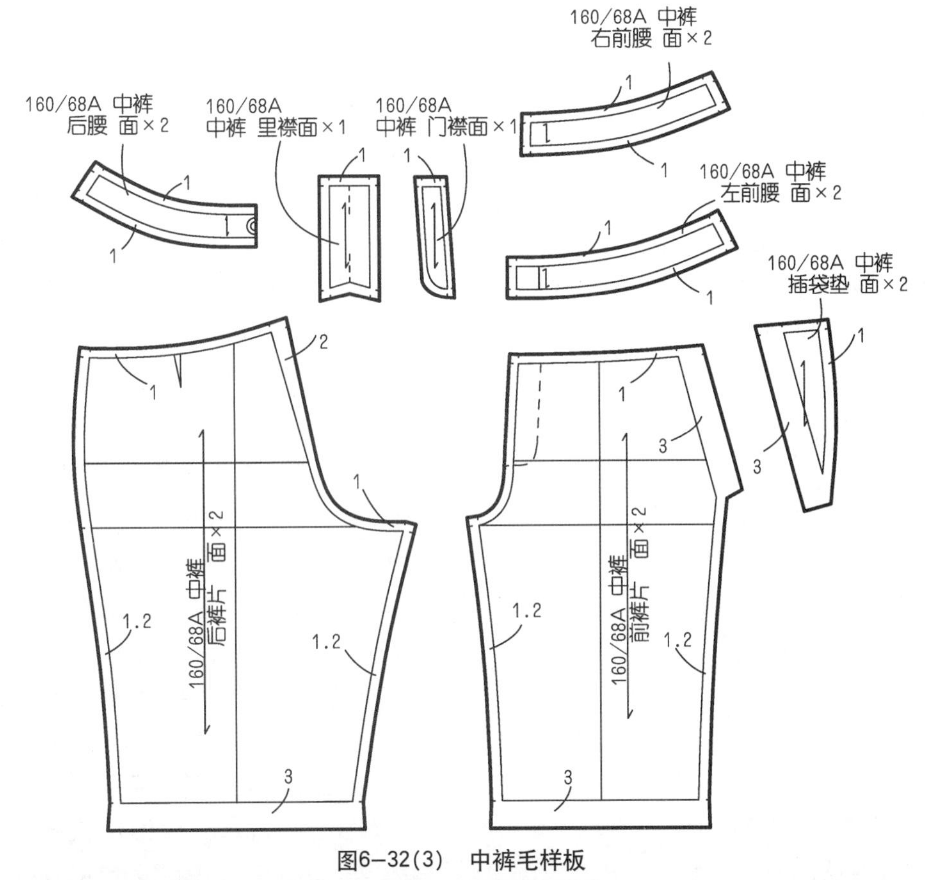


图6-32(3) 中裤毛样板

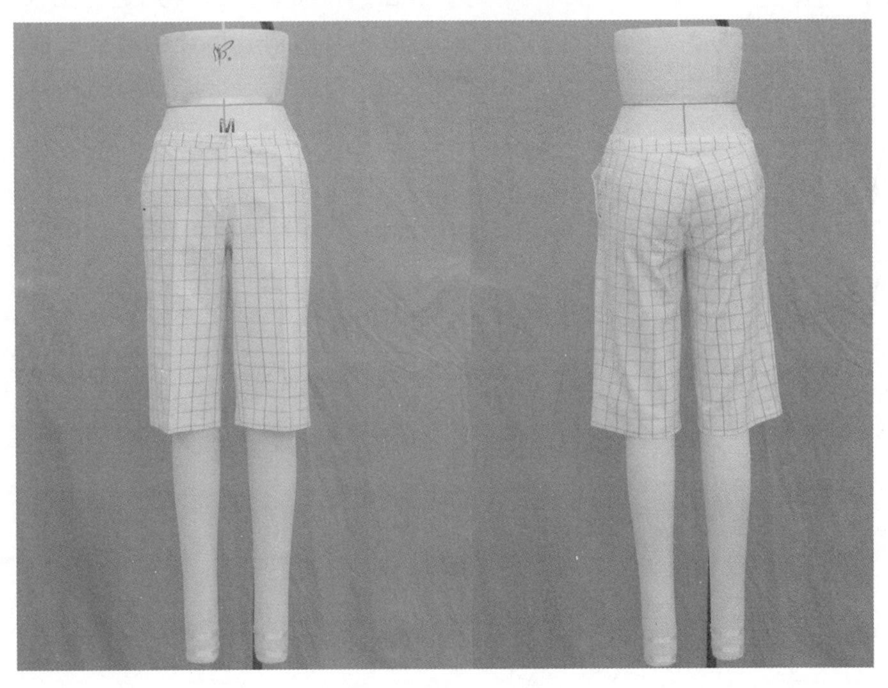

正面　　背面

图6-32(4) 中裤实样

### 6.3.10 低腰短裤

臀围合体的低腰休闲短裤。款式图如图6-33 (1) 所示。

1）规格设计

W=W*+2cm=70cm（人体腰围线处）；

H=(H*+内裤)+4~6cm=96cm；

上裆长=股上长-低腰量=25-5=20cm；

TL= 26cm；

SB=0.2H+6cm≈25cm；

总裆宽=0.13H（前裆宽=0.03H，后裆宽=0.1H）；

后上裆倾斜角=14°。

2）结构制图

结构图如图6-33(2)所示。

结构制图要点：

（1）根据臀长、上裆长、裤长等尺寸绘制腰围线（WL）、臀围线（HL）、横裆线、裤长线（TL）等横向基础线；取前臀围为H/4-1cm、后臀围为H/4+1cm、前裆宽为0.035H、后裆宽为0.1H，做纵向基础线。

（2）取前腰围为W/4，前中心向内撇进1.5cm，前腰中心下落1cm，前侧缝向内撇进2.5cm，其余前臀腰差量作为省量；取后腰围为W/4，后裆倾斜角14°，其余后臀腰差量作为省量，画顺基础腰围线。

（3）平行基础腰围线低落5cm作腰围线，再向下截取腰贴边宽3.5cm，闭合省道，画顺前、后腰贴边；画前、后上裆弧线；前侧横裆处收进约0.4cm，后侧横裆处收进约0.7cm，画前、后侧缝线。

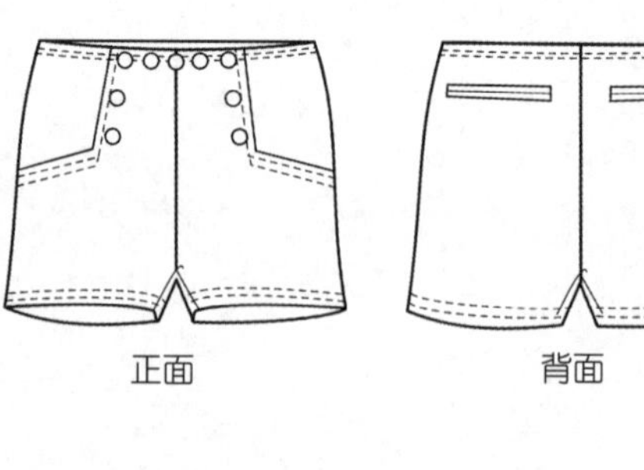


图6-33(1) 低腰短裤款式图

（4）取前脚口为SB−3cm，后脚口为SB+3cm，以内裆缝、脚口线和侧缝线相交成直角为原则，确定后裆下落量，画顺内裆缝和侧缝线。

（5）根据款式图在前裤片确定口袋位置。

（6）根据前门襟缉缝明线的宽度，配置门襟、里襟样板。

（7）画顺各样片外轮廓线。

3）毛样板

根据结构图通过拓样逐个复制样片，在样片上加放缝份以及标注样片名称、对位记号、丝缕线等，制作成毛样板，如图6−33(3)所示。

4）实样照片

根据结构图经过裁剪、缝制，实样完成照片如图6−33(4)所示。

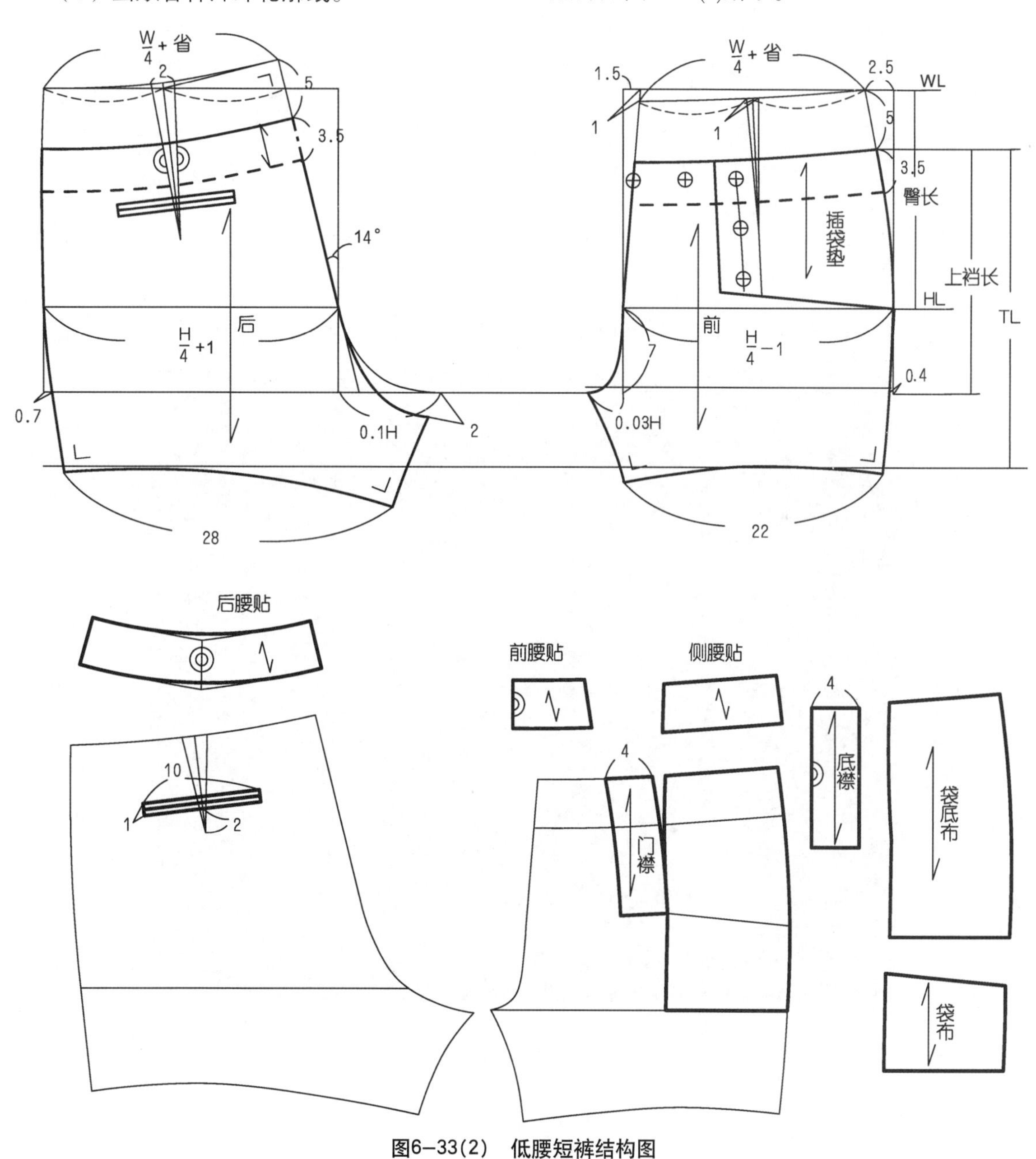


图6−33(2) 低腰短裤结构图

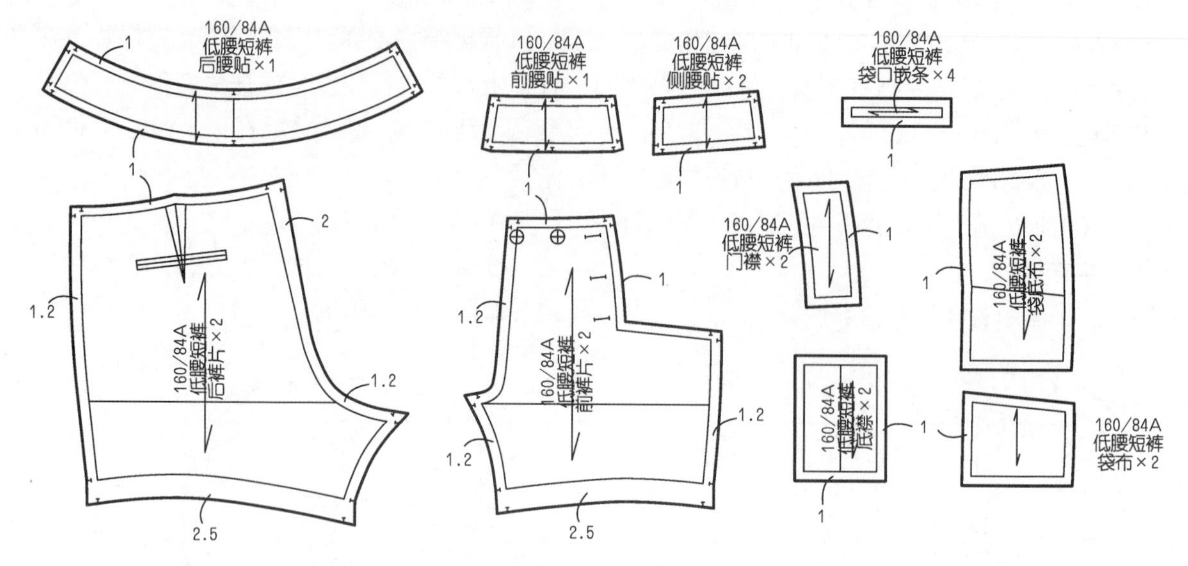


图6–33(3)　低腰短裤毛样板

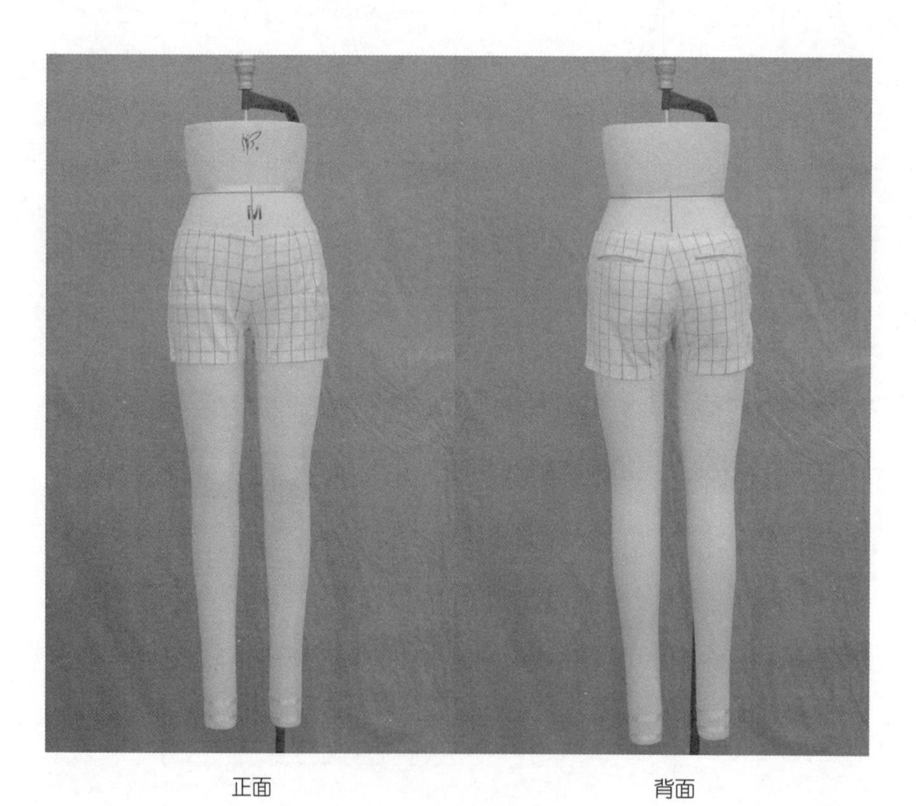

正面　　背面

图6–33(4)　低腰短裤实样

## 6.4 裤装变化结构

在基本裤装结构的基础上加入特殊省道设计、抽褶、褶裥、波浪等变化手法，以及用于特殊场合的功能裤装，我们统称为变化裤装结构设计。按照裤装臀围加放宽松量不同形成不同的裤装风格——宽松风格、较宽松风格、较贴体风格以及贴体风格进行分类，对典型裤装款式结构设计进行分析。

### 6.4.1 灯笼裤

臀围具有较大松量，裤长在膝围线附近，脚口部位通过裥或碎褶收紧并装脚口克夫，使裤身形成蓬松造型的裤装款式。款式图如图6-34(1)所示。

1）规格设计

W=W*+2cm=70cm；

H=(H*+内裤)+（>18cm）=116cm；

上裆长=股上长+裆底松量+腰宽=25cm+2cm+3cm=30cm；

TL=72cm；

SB=0.2H+5cm≈28cm （抽褶前）；

SB′=17cm（抽褶后）；

上裆宽=0.15H（前裆宽=0.045H，后裆宽=0.105H）；

后上裆倾斜角=8°。

2）结构制图

结构图如图6-34(2)所示。

结构制图要点：

（1）根据臀长、上裆长、裤长等尺寸绘制腰围线（WL）、臀围线（HL）、横裆线、裤长线（TL）等横向基础线；取前臀围为H/4+1cm、后臀围为H/4-1cm、前裆宽为0.045H、后裆宽为0.105H，做纵向基础线。

（2）取前腰围为W/4+0.5cm，前中心向内撇进1cm，前腰中心下落1cm，前侧缝向内撇进

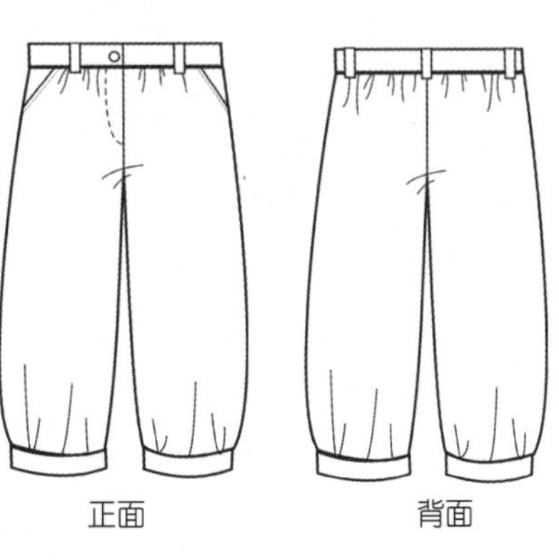


图6-34(1) 灯笼裤款式图

1cm，其余前臀腰差量作为褶裥量，共有3个褶裥；取后裆倾斜角为8°，后腰围为W/4-0.5cm，后侧缝向内撇进1cm，其余后臀腰差量作为抽褶量，画顺腰围线、上裆弧线和上裆部位侧缝线。

（3）作前、后挺缝线分别位于前、后横裆中点，取前脚口为SB-1cm，后脚口为SB+1cm，画顺内裆缝和侧缝线。

（4）以长=SB'×2+2cm（叠门宽），宽=2.5cm（脚口克夫宽）×2，作脚口克夫。

（5）根据前门襟缉缝明线的宽度，配置门襟、里襟样板。

（6）画顺各样片外轮廓线。

3）毛样板

根据结构图通过拓样逐个复制样片，在样片上加放缝份以及标注样片名称、对位记号、丝缕线等，制作成毛样板，如图6-34(3)所示。

4）实样照片

根据结构图经过裁剪、缝制，实样完成照

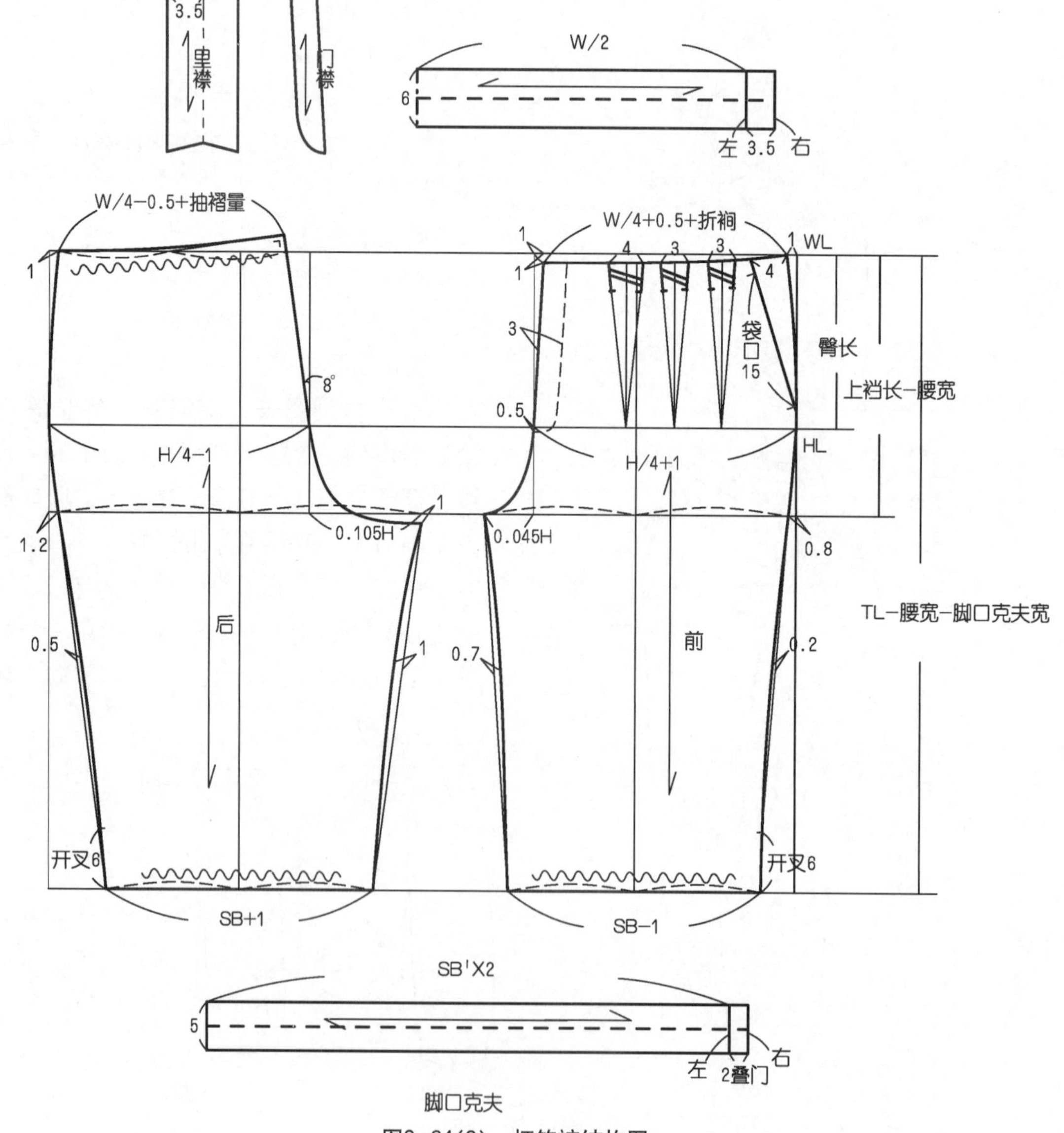


图6-34(2) 灯笼裤结构图

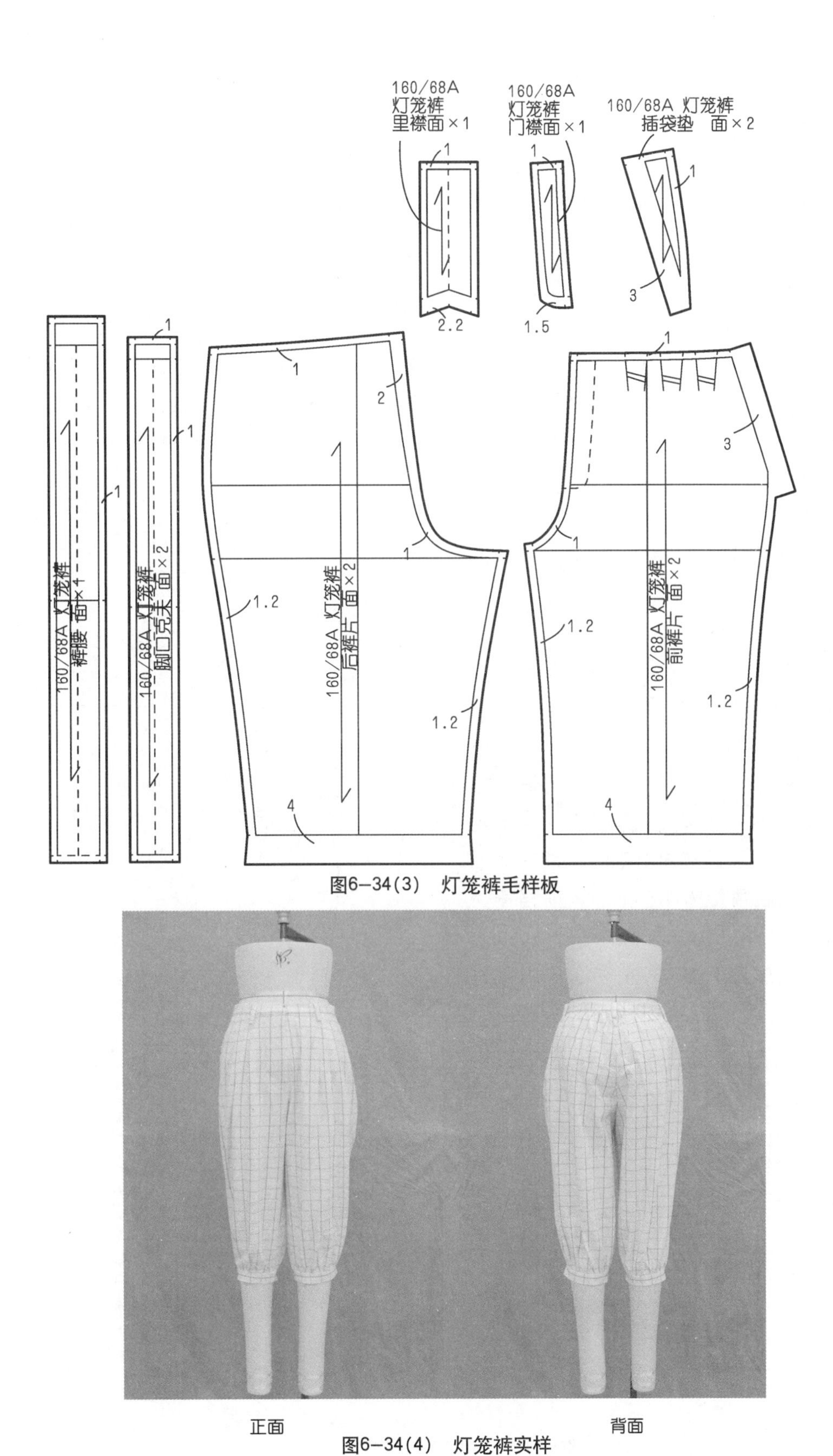


图6-34(3) 灯笼裤毛样板



图6-34(4) 灯笼裤实样

片如图6-34(4)所示。

### 6.4.2 陀螺裤

臀围松量较大，具有较强膨胀感，从横裆至脚口逐渐变细，造型像陀螺的裤装款式。款式图如图6-35(1)所示。

1）规格设计

W=W*+2cm=70c;

H=(H*+内裤)+>18cm =110cm;

上裆长=股上长+裆底松量+腰宽=25+2+3=30cm;

TL= 92cm;

SB<0.2H-3cm =16cm;

总裆宽=0.15H（前裆宽=0.4H，后裆宽=0.11H）;

后上裆倾斜角=8°。

2）结构制图

结构图如图6-35(2)所示。

结构制图要点：

（1）根据臀长、上裆长、裤长等尺寸绘制腰围线（WL）、臀围线（HL）、横裆线、裤长线（TL）等横向基础线；取前臀围为H/4+1cm、后臀围为H/4-1cm、前裆宽为0.04H、后裆宽为0.11H，做纵向基础线。

（2）取前腰围为W/4，前中心向内撇进0.5cm，前腰中心下落1cm，前侧缝向内撇进1cm，其余前臀腰差量作为褶裥量，共有3个褶裥；取后裆倾斜角为8°，后腰围为W/4，后侧缝向内撇进1cm，其余后臀腰差量作为省量，画顺前、后裤片腰围线、上裆弧线和上裆部位侧缝线。

（3）作前挺缝线位于前横裆中点，后挺缝线位于后横裆中点向侧缝偏移1cm处，取前脚口为SB-1cm，中裆处向内收进2.5cm，

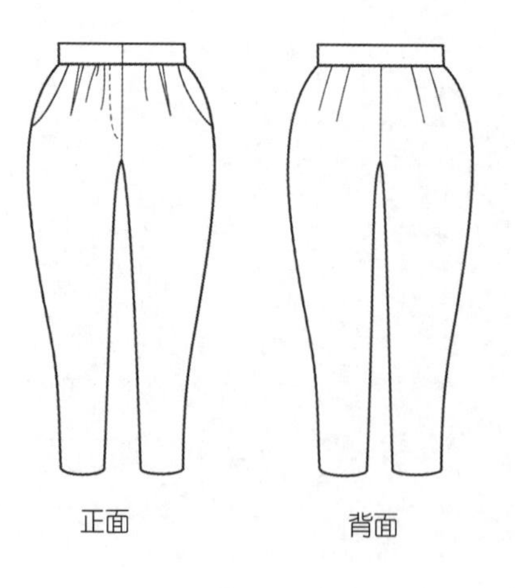

图6-35(1) 陀螺裤款式图

与横裆连接；取后脚口为SB+1cm，后裤片中裆比前片中裆大4cm，画顺内裆缝和侧缝线。

（4）根据前门襟缉缝明线的宽度，配置门襟、里襟样板。

（5）画顺各样片外轮廓线。

3）毛样板

根据结构图通过拓样逐个复制样片，在样片上加放缝份以及标注样片名称、对位记号、丝缕线等，制作成毛样板，如图6–35(3)所示。

4）实样照片

根据结构图经过裁剪、缝制，实样完成照片如图6–35(4)所示。

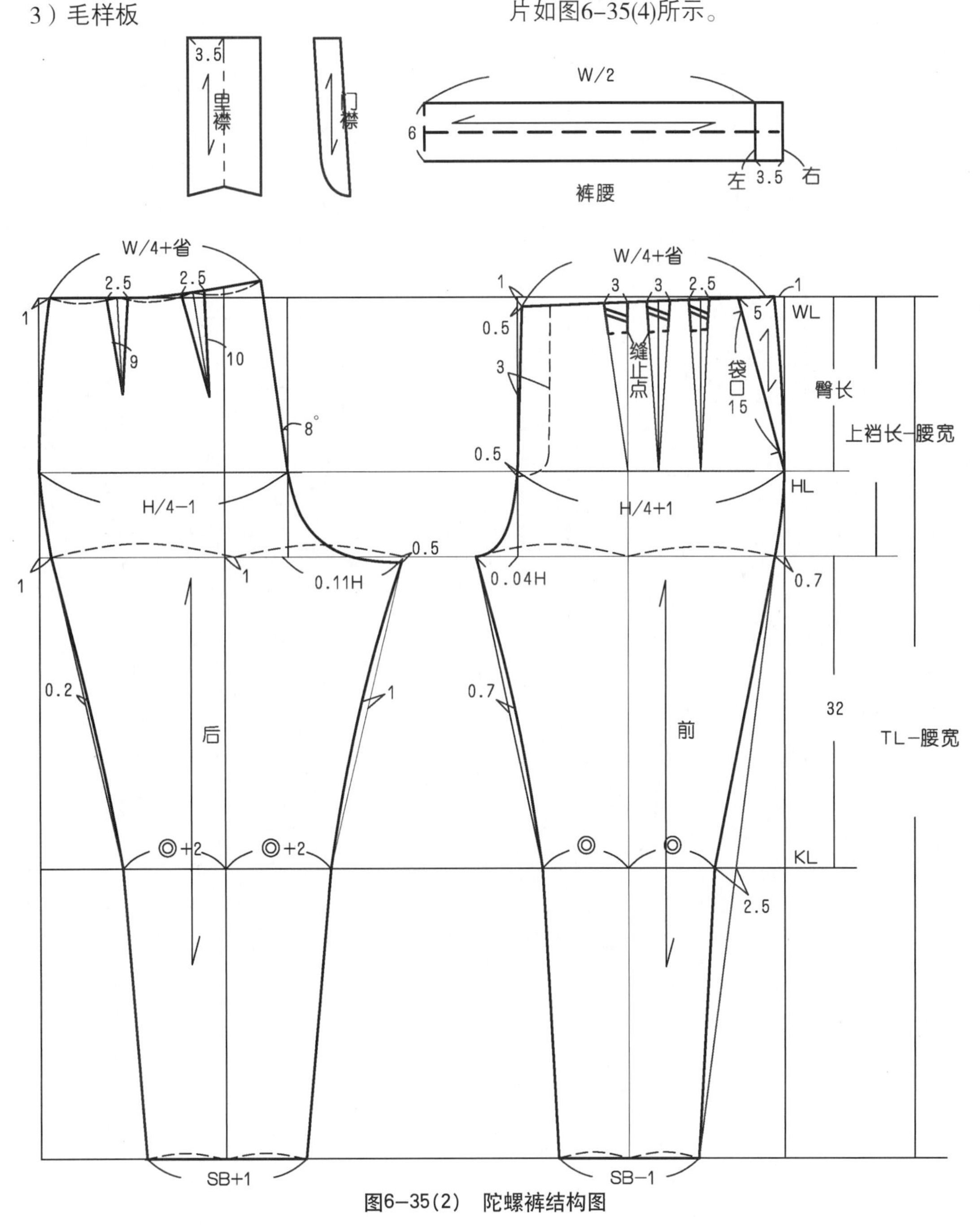


图6–35(2)　陀螺裤结构图

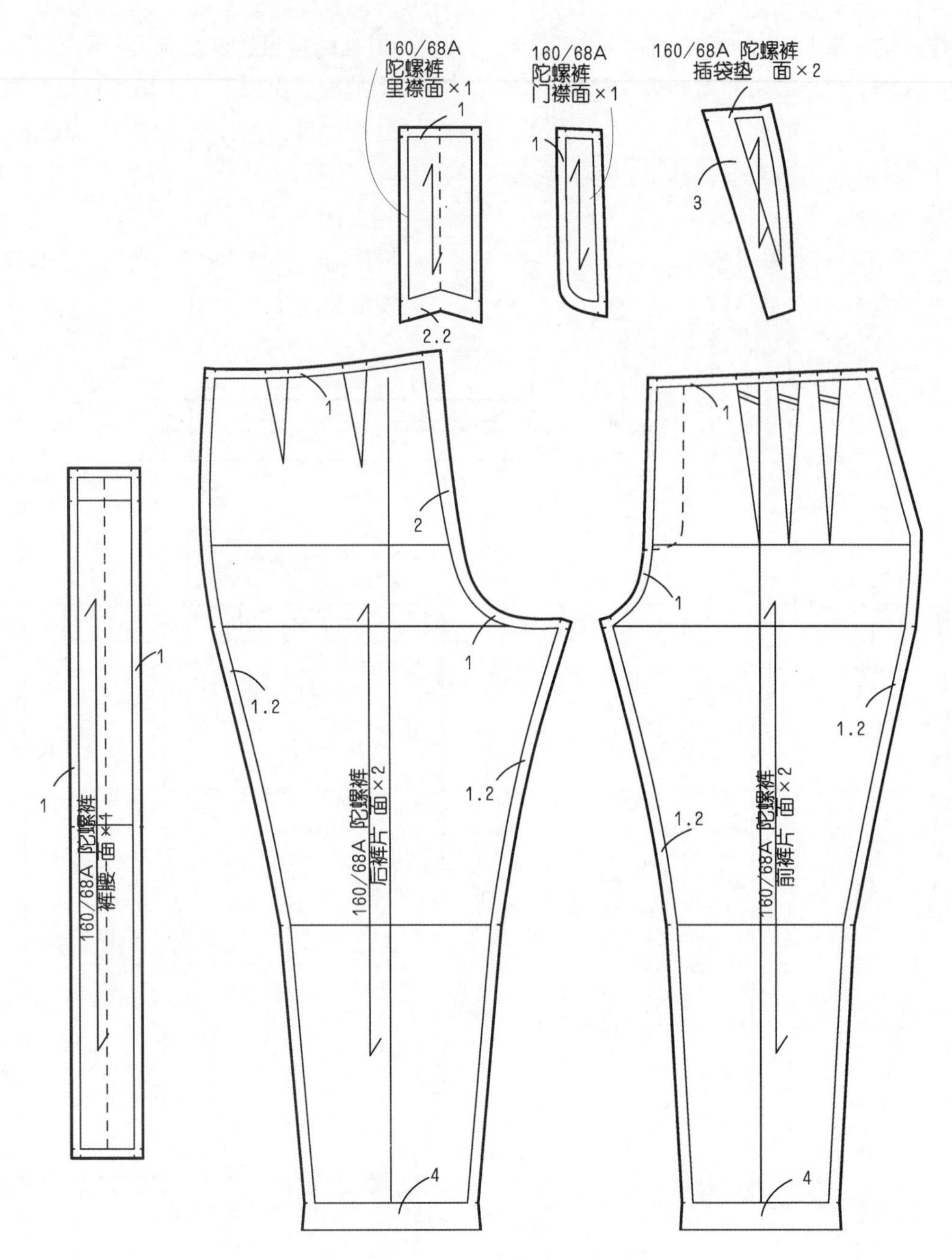


图6-35(3) 陀螺裤毛样板

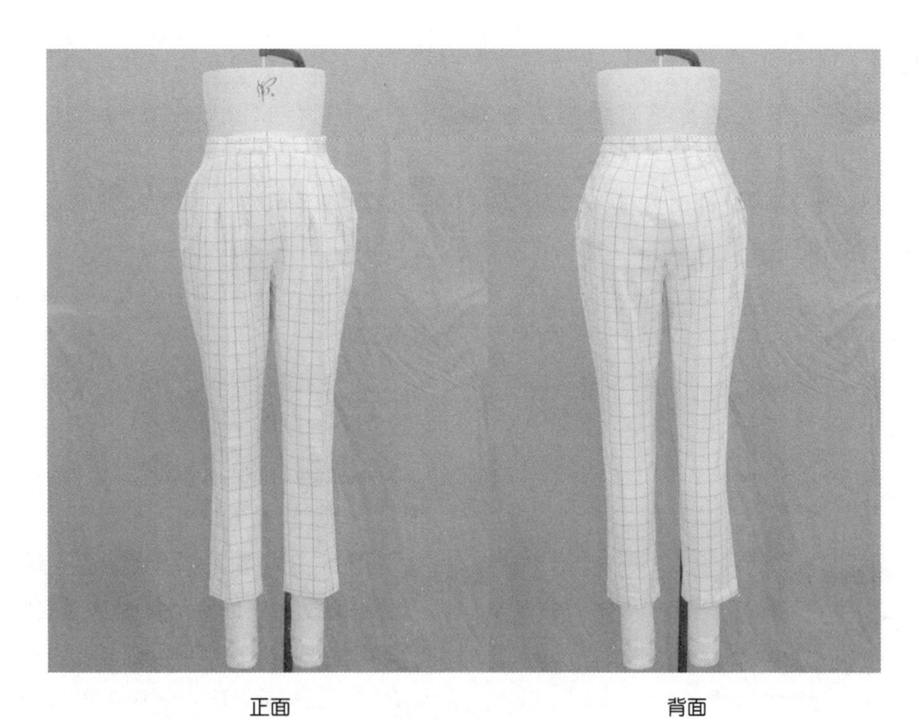

正面　　　　背面

图6-35(4)　陀螺裤实样

### 6.4.3 罗马裤

侧部有垂褶造型，使臀部有强烈膨胀感，裤身廓形呈锥形的裤装款式。款式图如图6–36(1)所示。在结构设计时应先针对基础裤进行制图，再设计垂褶造型的位置和拉展量，对样片进行拉展变化。

1）规格设计

W=W*+2 cm =70cm；

H（基本裤）=（H*+内裤）+8=98cm；

上裆长=股上长+裆底松量+腰宽=25+2+3=30cm；

TL= 90cm；

SB<0.2H–3cm≈18cm；

总裆宽=0.15H（前裆宽=0.045H，后裆宽=0.105H）；

后上裆倾斜角=12°。

2) 结构制图

结构图如图6–36(2)所示。

结构制图要点：

（1）根据臀长、上裆长、裤长等尺寸绘制腰围线（WL）、臀围线（HL）、横裆线、裤长线（TL）等横向基础线；取前臀围为H/4、后臀围为H/4、前裆宽为0.045H、后裆宽为0.105H，做纵向基础线。

（2）取前腰围为W/4，前腰中心向内收进1cm，前侧缝向内撇进2.5cm，其余前臀腰差量作为省量，在前腰设置2个省道，省道长约11cm；取后裆倾斜角为12°，后腰围W/4，其余后臀腰差量作为省量，在后腰设置2个省道，省道长约12cm；画顺基础腰围线。

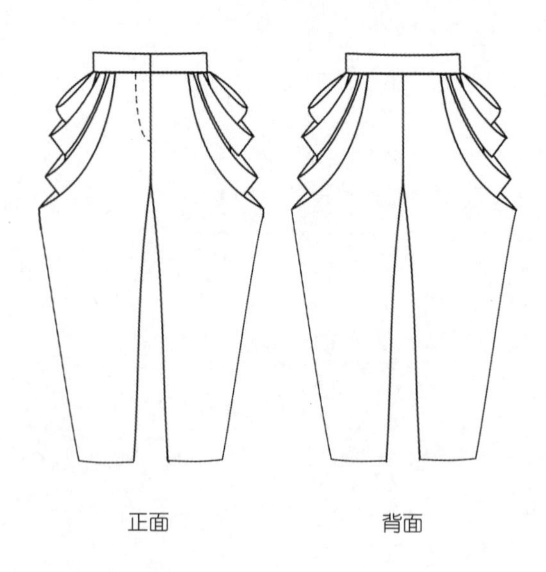


图6–36(1)　罗马裤款式图

（3）画顺前、后上裆弧线；前侧横裆处收进约0.5cm，后侧横裆处收进约1cm，画顺前、后侧缝线。

（4）作前挺缝线位于前横裆中点处，后挺缝线位于后横裆中点向侧缝偏移2cm处；取前脚口为SB−2cm，后脚口为SB+2cm，与横裆连接，中裆略大于脚口，画顺内裆缝和侧缝线。

（5）根据垂褶的数量和位置从腰围线向侧缝作辅助线，将裤片进行拉展，根据垂褶造型在腰围和侧缝加入垂褶展开量，调整前、后裤片侧缝，使其呈直线且长度相等。

（6）将前、后裤片沿侧缝线拼合，画顺脚口线。为获得较好的垂褶效果，以侧缝线为基准取45°斜丝绺线。

（7）根据前门襟缉缝明线的宽度，配置门襟、里襟样板。

（8）画顺各样片外轮廓线。

3）毛样板

根据结构图通过拓样逐个复制样片，在样片上加放缝份以及标注样片名称、对位记号、丝绺线等，制作成毛样板，如图6−36(3)所示。

4）实样照片

根据结构图经过裁剪、缝制，实样完成照片如图6−36(4)所示。

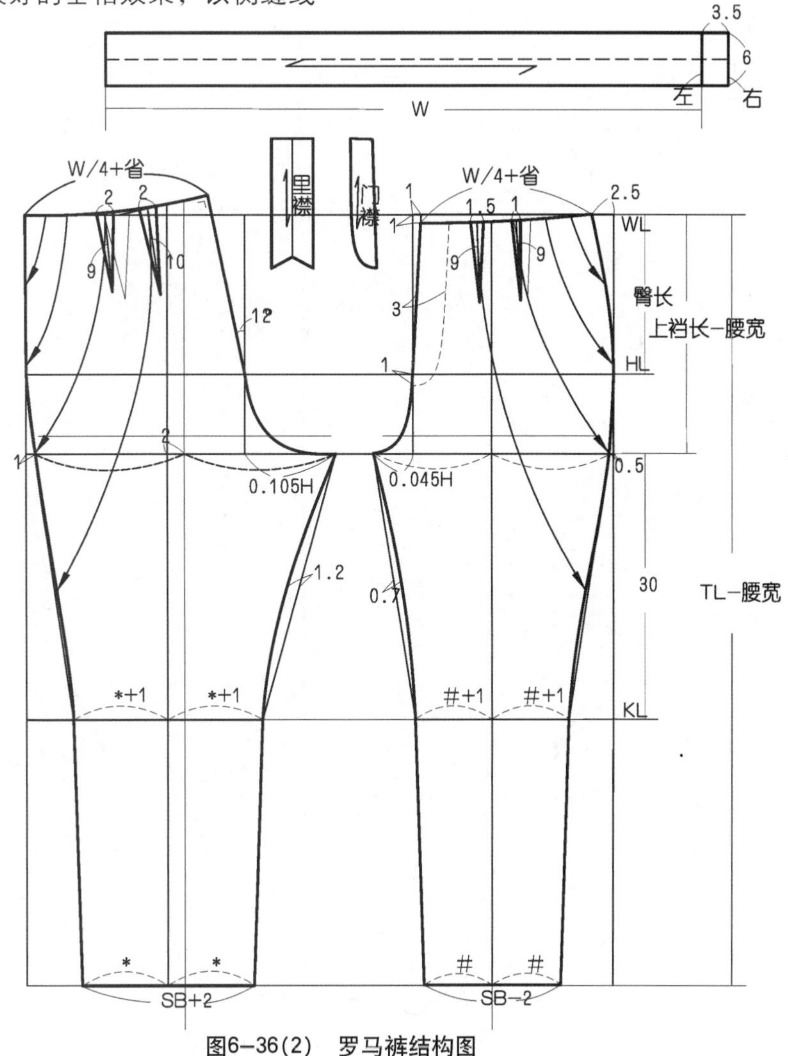


图6−36(2) 罗马裤结构图

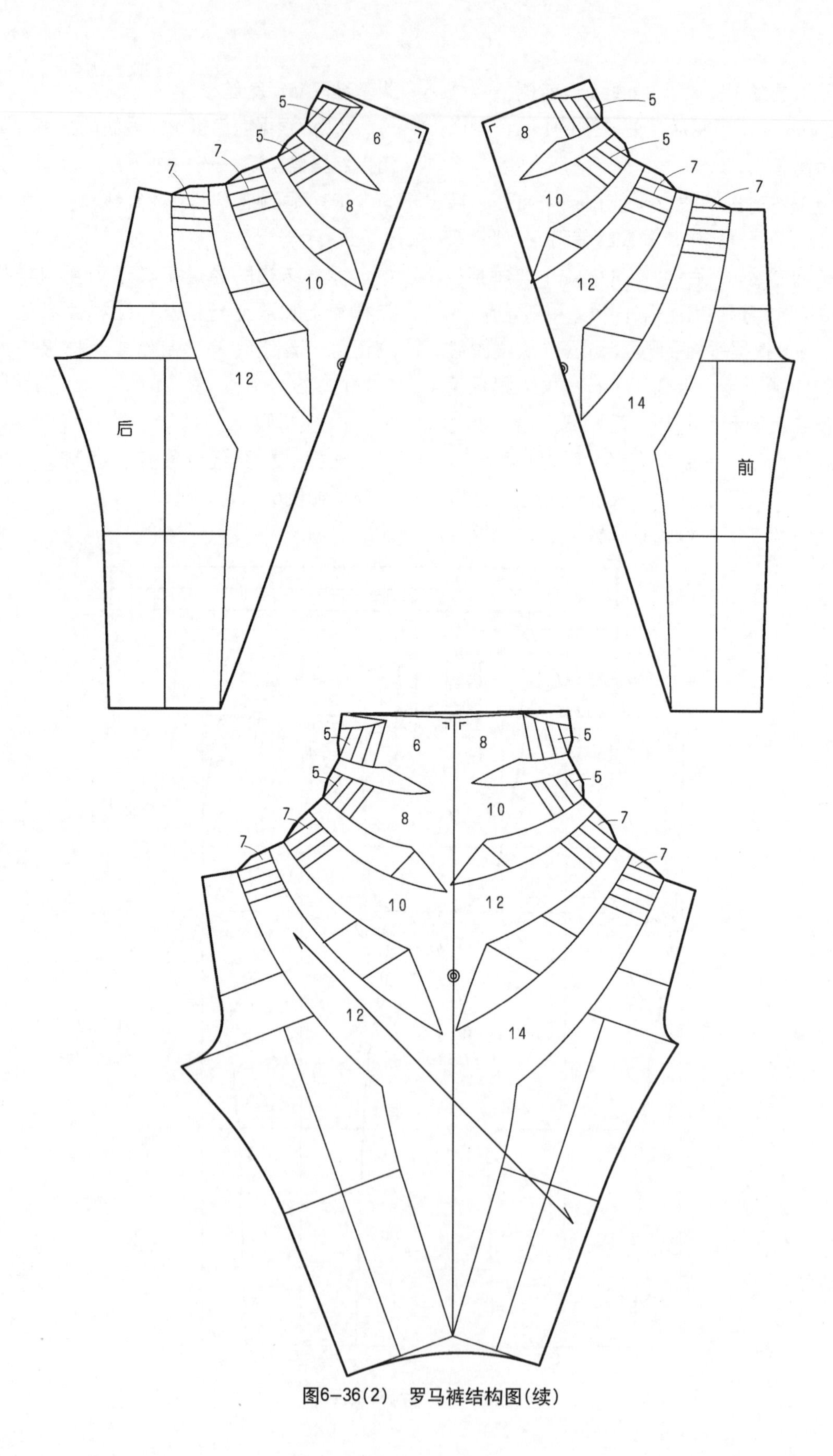


图6-36(2) 罗马裤结构图(续)

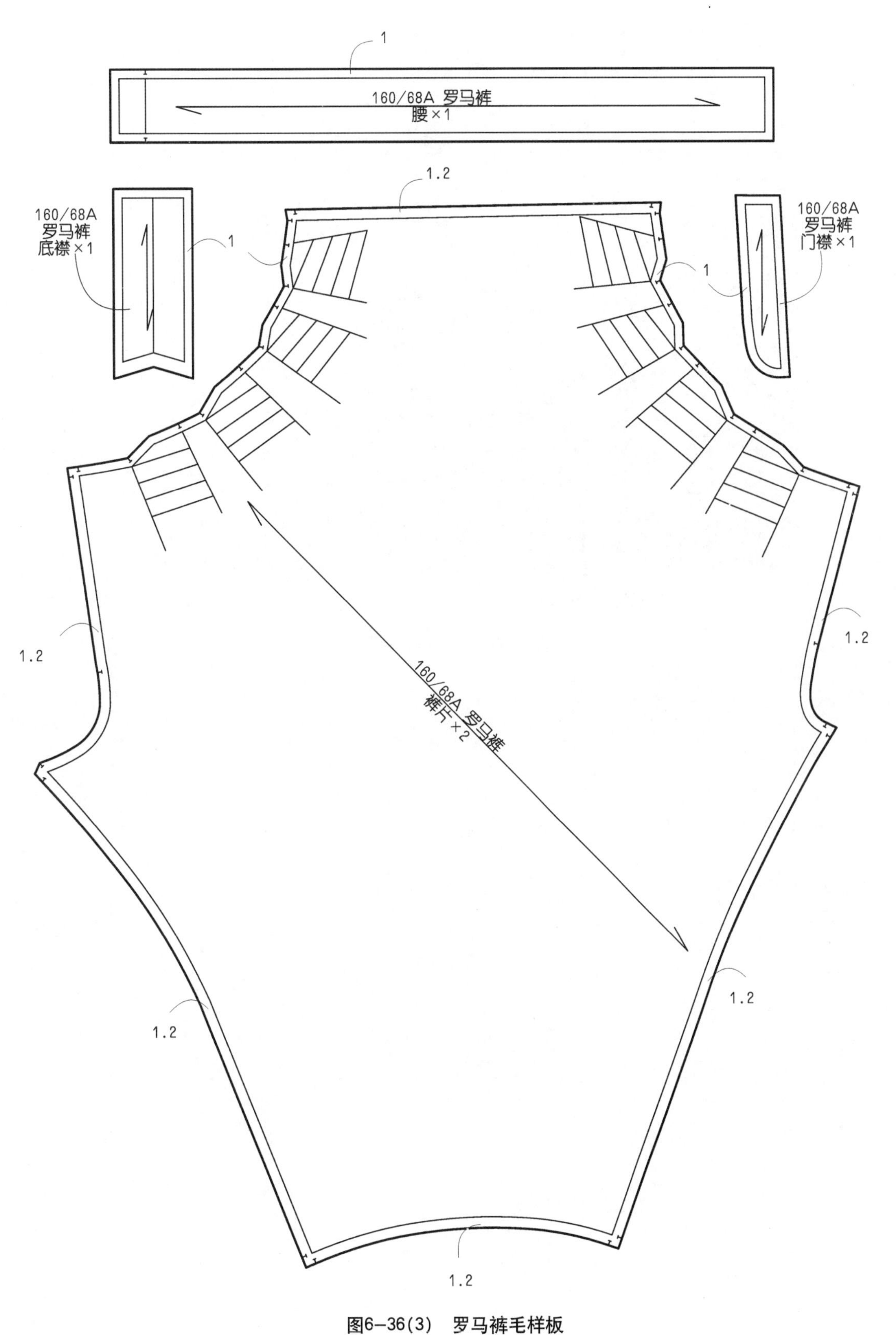


图6-36(3) 罗马裤毛样板

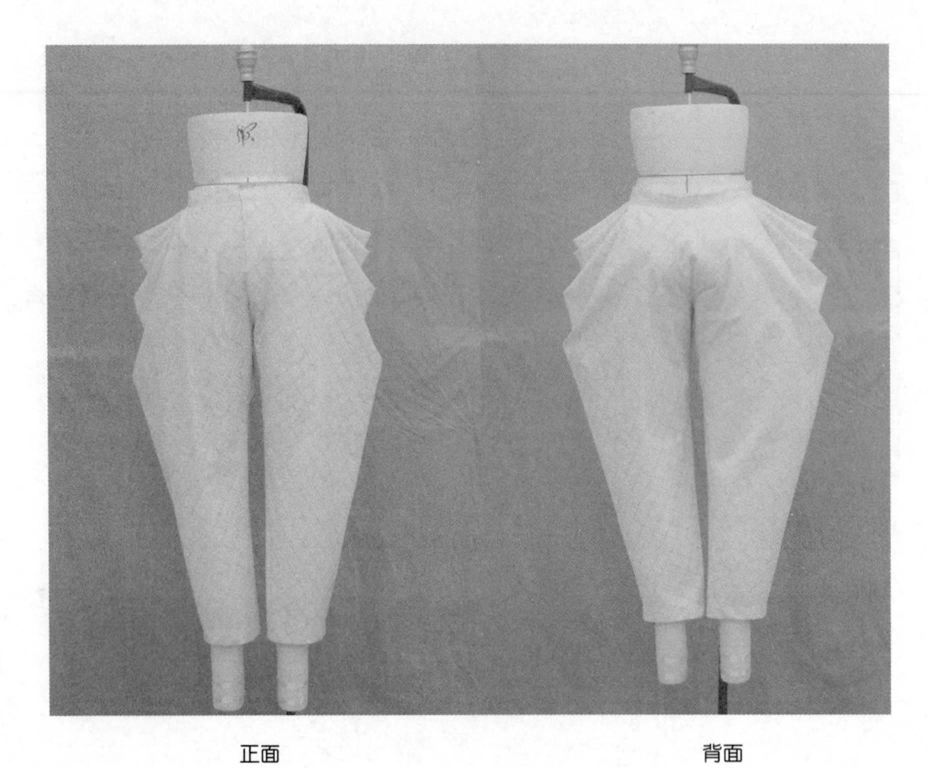

正面　　　　背面

图6-36(4)　罗马裤实样

### 6.4.4 膝部收省裤

臀围较合体，低腰，腰部宽育克分割，前裤片膝盖外侧收省道，后裤片臀侧部有横省。款式图如图6–37(1)所示。

1）规格设计

W=W*+2cm=70cm;

H=(H*+内裤)+（6~12cm）=98cm;

上裆长=股上长–低腰量=25cm–4cm=21cm;

TL= 76cm;

SB=0.2H–1cm≈19cm;

上裆宽=0.14H（前裆宽=0.04H，后裆宽=0.1H）；

后上裆倾斜角=14°。

2）结构制图

结构图如图6–37(2)所示。

结构制图要点：

（1）根据臀长、上裆长、裤长等尺寸绘制腰围线（WL）、臀围线（HL）、横裆线、裤长线（TL）等横向基础线；取前臀围为H/4–1cm、后臀围为H/4+1cm、前裆宽为0.04H、后裆宽为0.1H，做纵向基础线。

（2）取前腰W/4–0.5cm，前中心向内撇进1.5cm，前腰中心下落1cm，前侧缝向内撇进2.5cm，其余前臀腰差量作为待处理省量；取后裆倾斜角为14°，画后裆倾斜线，后腰围W/4+0.5cm，取其余后臀腰差量作为待转移省量，画顺基础腰围线。

（3）画顺前、后上裆弧线；前侧横裆线处向内收进约0.5cm，后侧横裆线处向内收进约0.7cm，画顺前、后侧缝线。

（4）作前挺缝线位于前横裆中点向侧缝偏移1.5cm处，后挺缝线位于后横裆中点向侧缝偏移3cm处，取前脚口为SB–1cm，后脚口为SB+1cm，

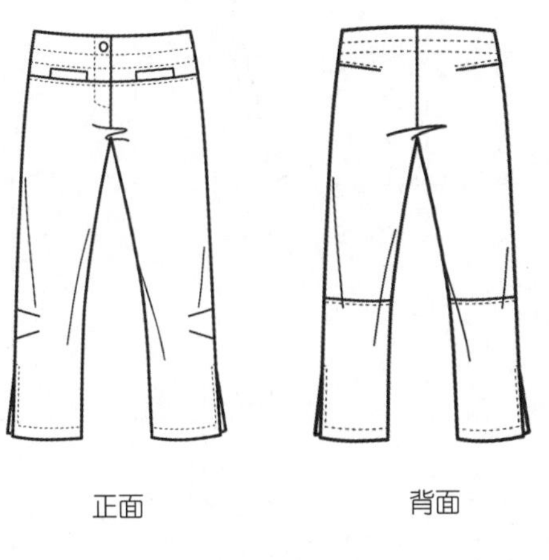


图6–37(1) 膝部收省裤款式图

中裆大小与脚口相同，与横裆连接，画顺内裆缝和侧缝线。

（5）平行基础腰围线低落4cm作低腰线，在前裤片上再向下截取10cm确定育克宽，闭合省道，画顺前育克。将后裤片腰省转移至侧缝处形成横省。

（6）根据款式图在前裤片膝部外侧确定省位，对裤片进行拉展加入省量，画顺前裤片。

（7）根据前门襟缉缝明线的宽度，配置门襟、里襟样板。

（8）画顺各样片外轮廓线。

3）毛样板

根据结构图通过拓样逐个复制样片，在样片上加放缝份以及标注样片名称、对位记号、丝缕线等，制作成毛样板，如图6-37(3)所示。

4）实样照片

根据结构图经过裁剪、缝制，实样完成照片如图6-37(4)所示。

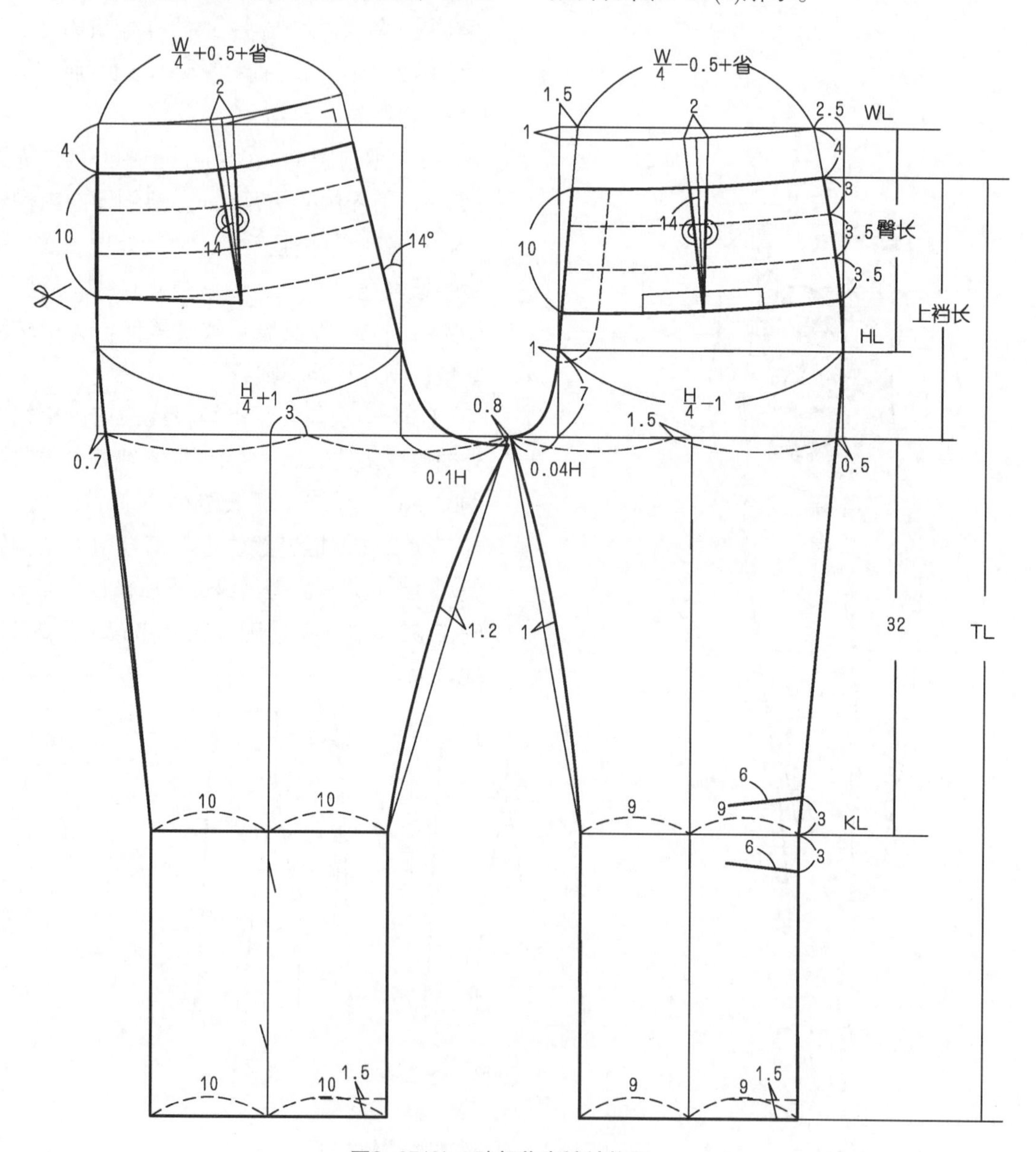


图6-37(2) 膝部收省裤结构图

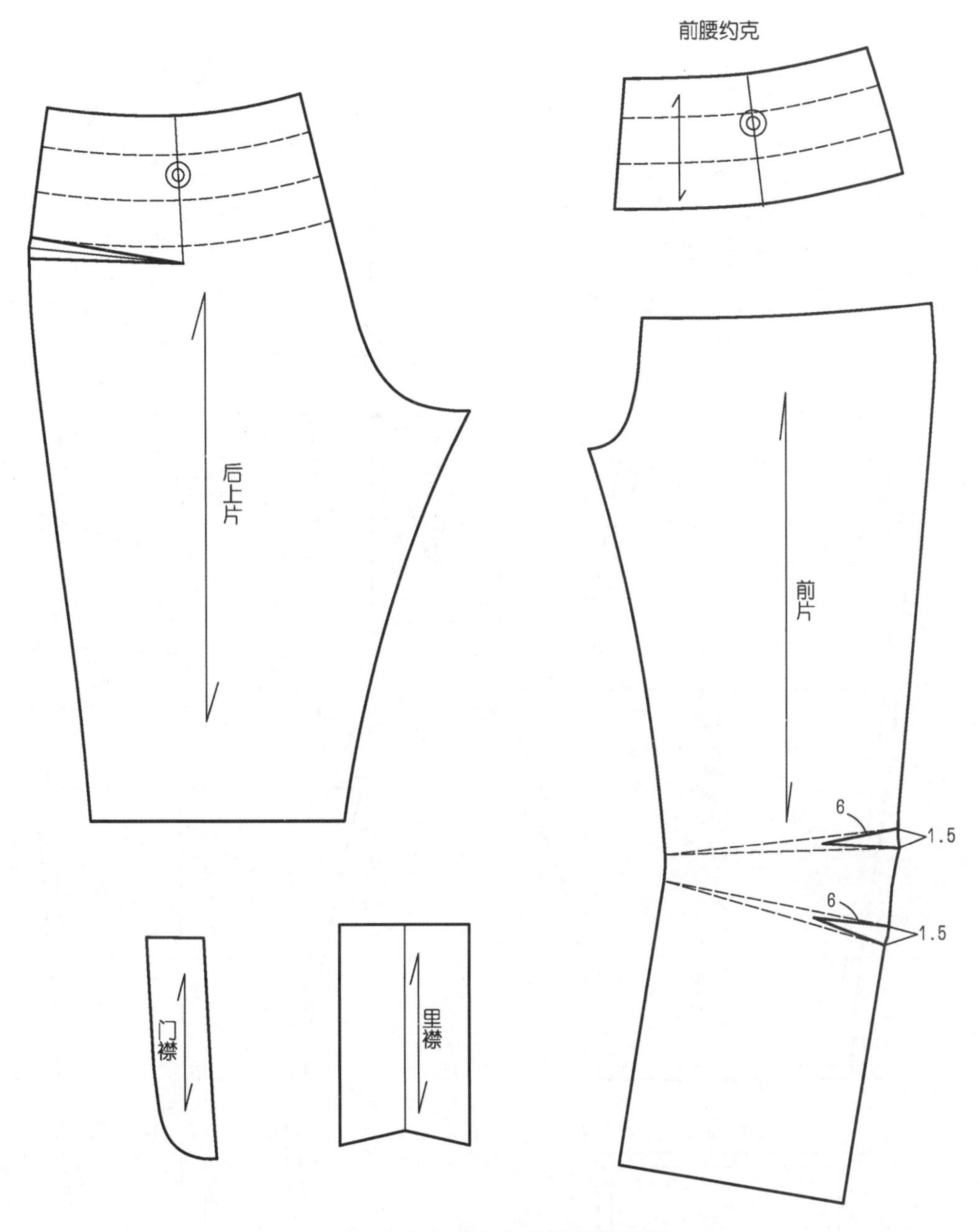


图6-37(2) 膝部收省裤结构图(续)

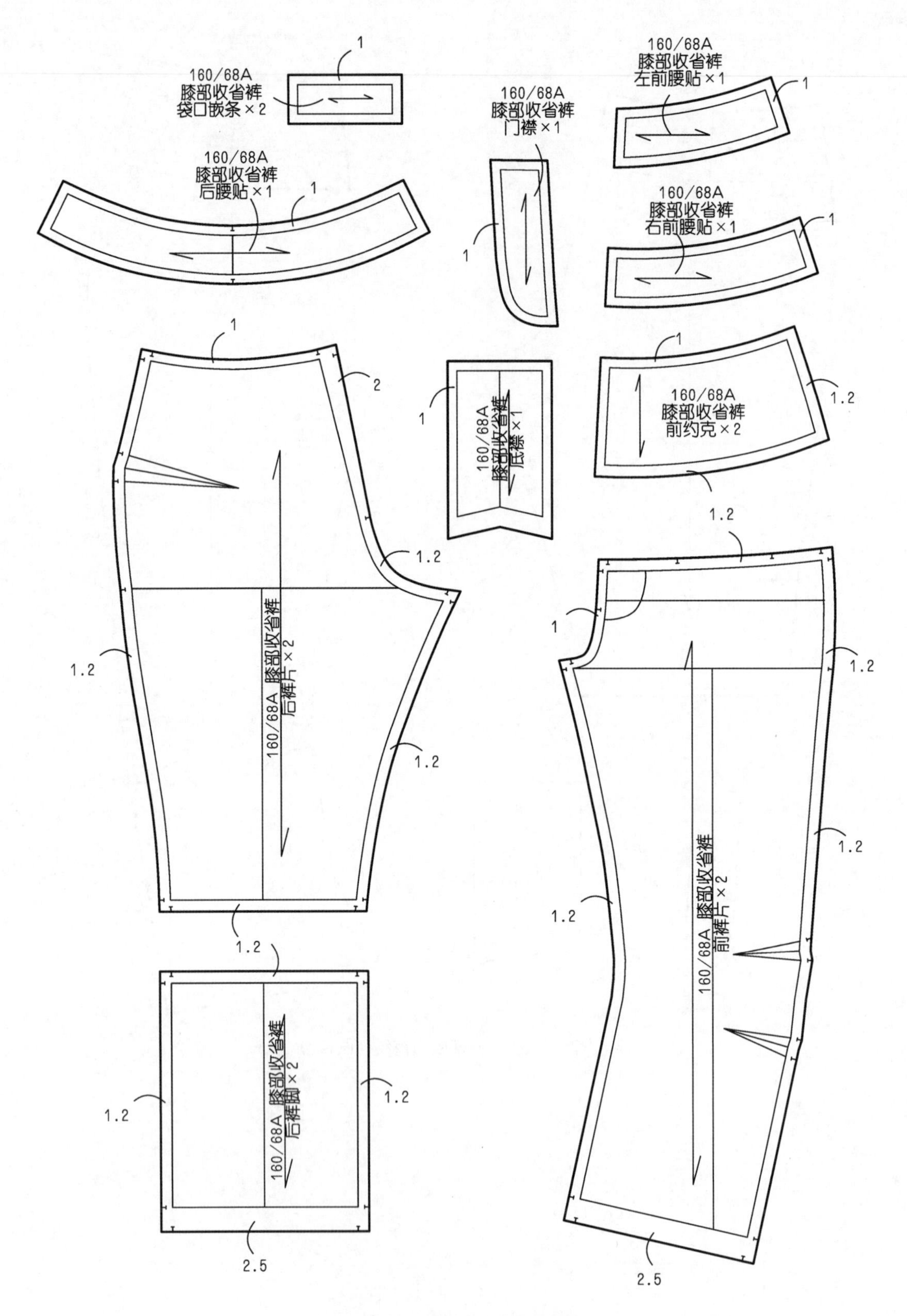


图6-37(3) 膝部收省裤毛样板

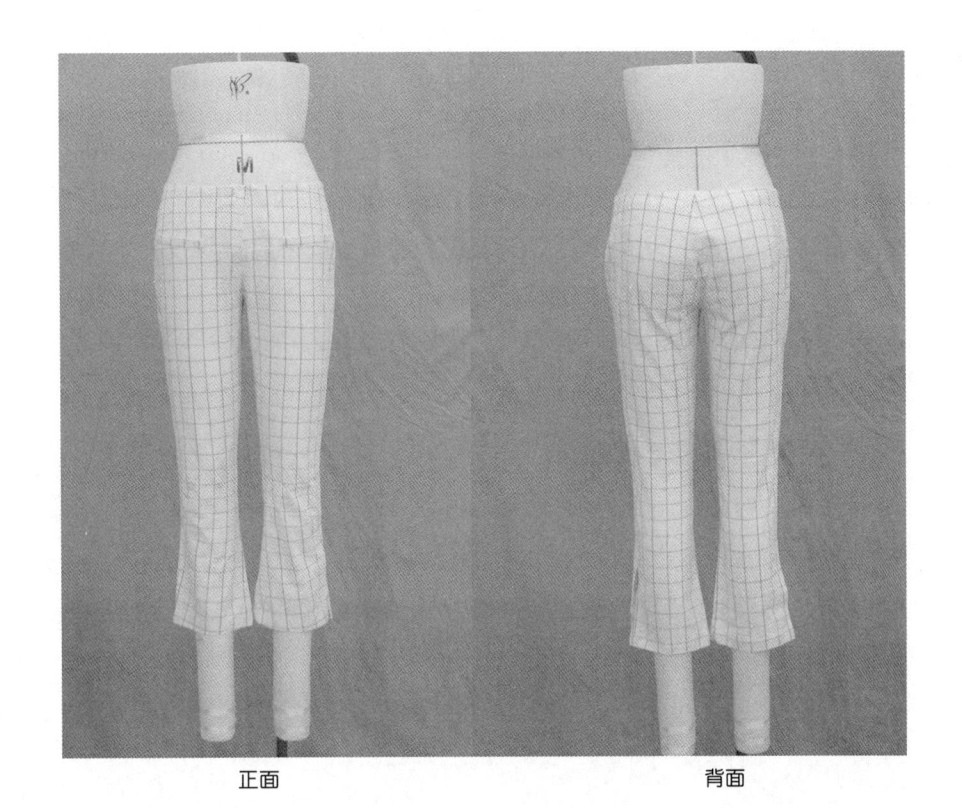


图6-37(4)　膝部收省裤实样

### 6.4.5 侧缝收省裤

臀围合体，连腰，腰部侧缝处收省道，裤身为直筒造型的裤装款式。款式图如图6−38(1)所示。

1）规格设计

W= W*+2cm=70cm （人体腰围线处）；

H=(H*+内裤)+4~6cm=96cm；

上裆长=股上长+连腰宽=25+3=28cm；

TL=100cm；

SB=0.2H+3cm≈22cm；

总裆宽=0.135H（前裆宽=0.035H，后裆宽=0.1H）；

后上裆倾斜角=12°。

2）结构制图

结构图如图6−38(2)所示。

结构制图要点：

（1）根据臀长、上裆长、裤长等尺寸绘制腰围线（WL）、臀围线（HL）、横裆线、裤长线（TL）等横向基础线；取前臀围为H/4+0.5cm、后臀围为H/4−0.5cm、前裆宽为0.035H、后裆宽为0.1H，做纵向基础线。

（2）取前腰围为W/4+1cm，前中心向内撇进1cm，前腰中心下落1cm，前侧缝向内撇进1cm，其余前臀腰差量作为省量；取后裆倾斜角为12°，后腰围为W/4−1cm，后侧缝向内撇进0.5cm，其余后臀腰差量作为省量，画顺前、后裤片基础腰围线、上裆弧线和上裆部位侧缝线。

（3）平行基础腰围线向上3cm作连腰腰围线，将上裆弧线、侧缝线以及省道竖直向上

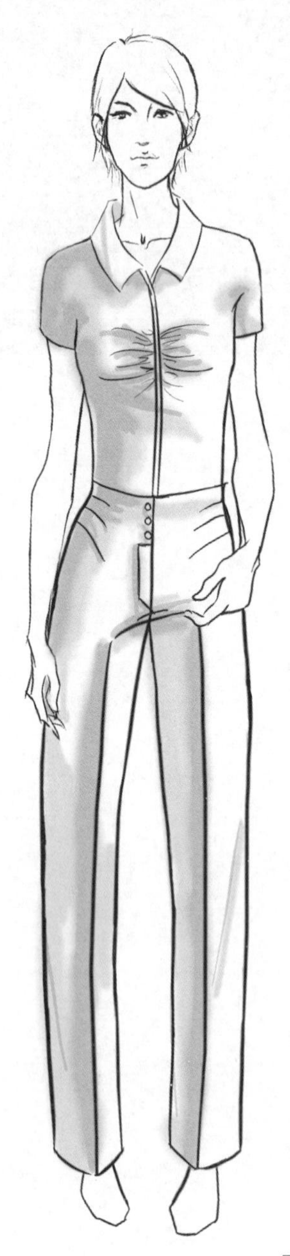

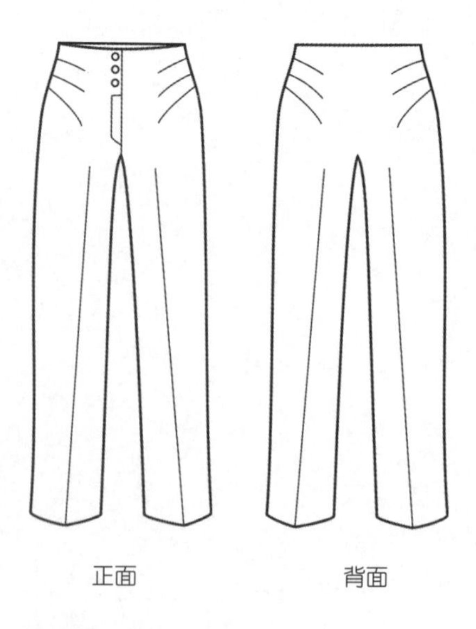


图6−38(1)　侧缝收省裤款式图

延长至连腰腰围线，闭合省道，做前、后腰贴边。

（4）作前挺缝线位于前横裆中点处，后挺缝线位于后横裆中点向侧缝偏移1cm处，取前脚口为SB-2cm，后脚口为SB+2cm，中裆与脚口大小基本相同，与横裆连接，画顺内

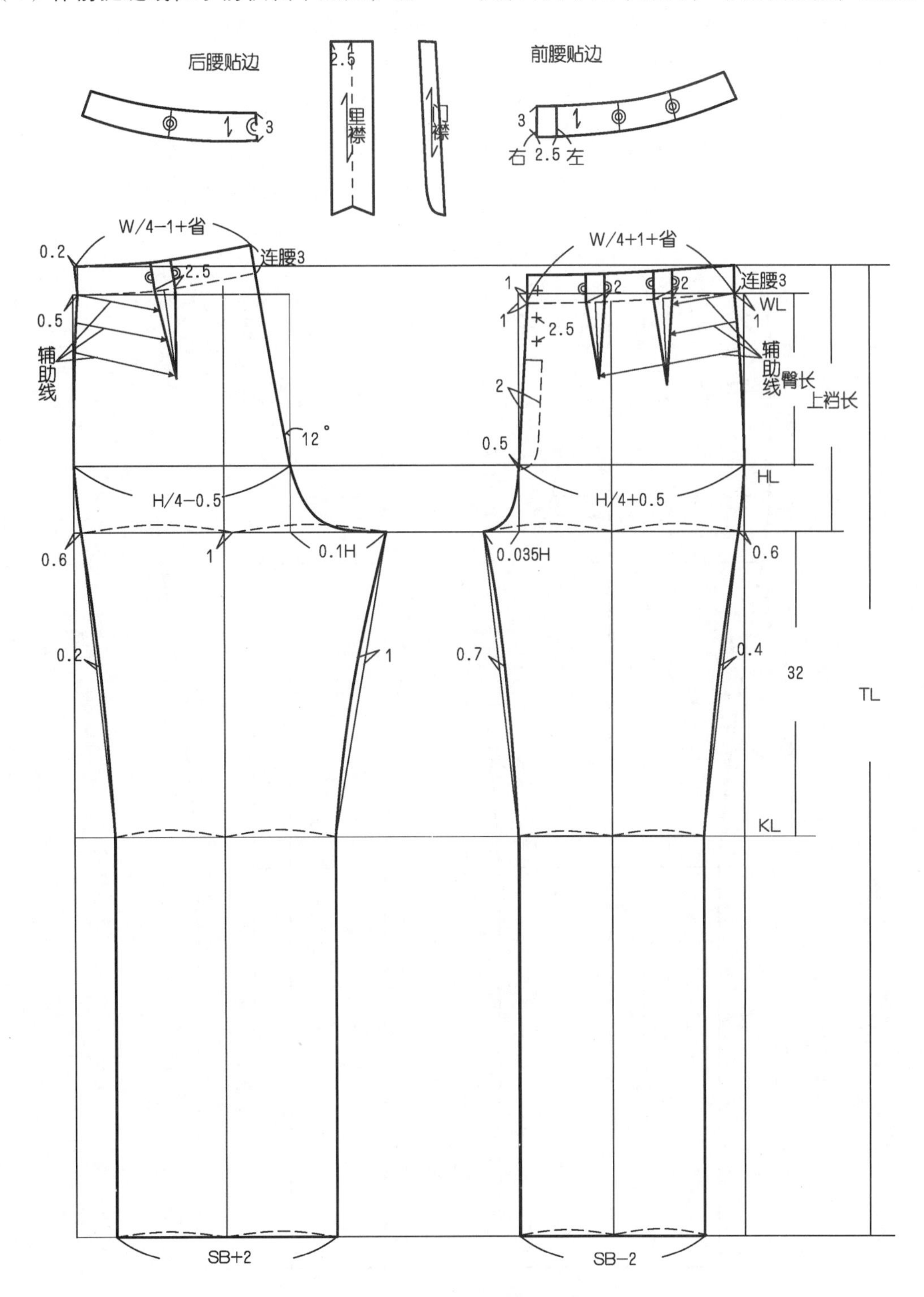


图6-38(2) 侧缝收省裤结构图

裆缝和侧缝线。

（5）根据款式图在侧缝线作三条辅助线确定省位并与腰省相连，分别将腰省转移至侧缝线形成横省，修正省长。

（6）根据前门襟缉缝明线的宽度，配置门襟、里襟样板。

（7）画顺各样片外轮廓线。

3）毛样板

根据结构图通过拓样逐个复制样片，在样片上加放缝份以及标注样片名称、对位记号、丝绺线等，制作成毛样板，如图6–38(3)所示。

4）实样照片

根据结构图经过裁剪、缝制，实样完成照片如图6–38(4)所示。

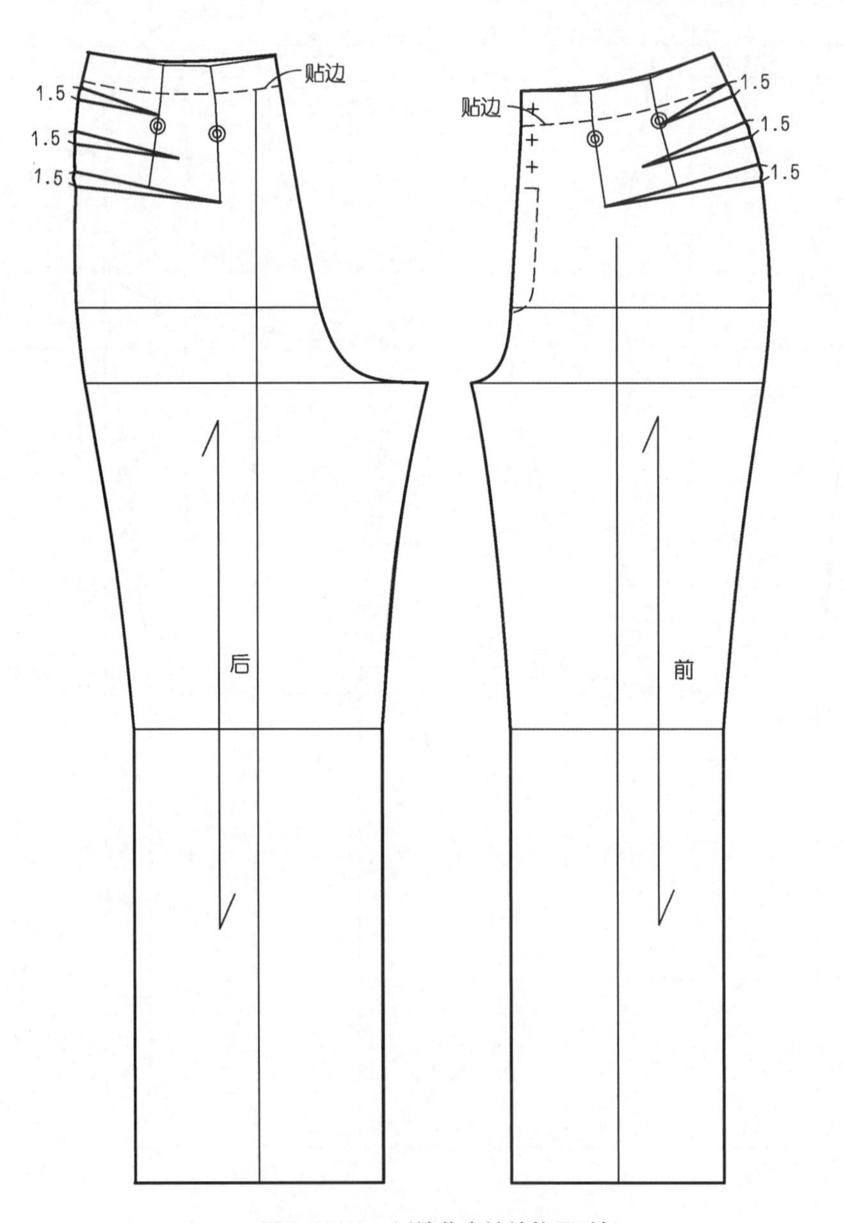


图6–38(2) 侧缝收省裤结构图(续)

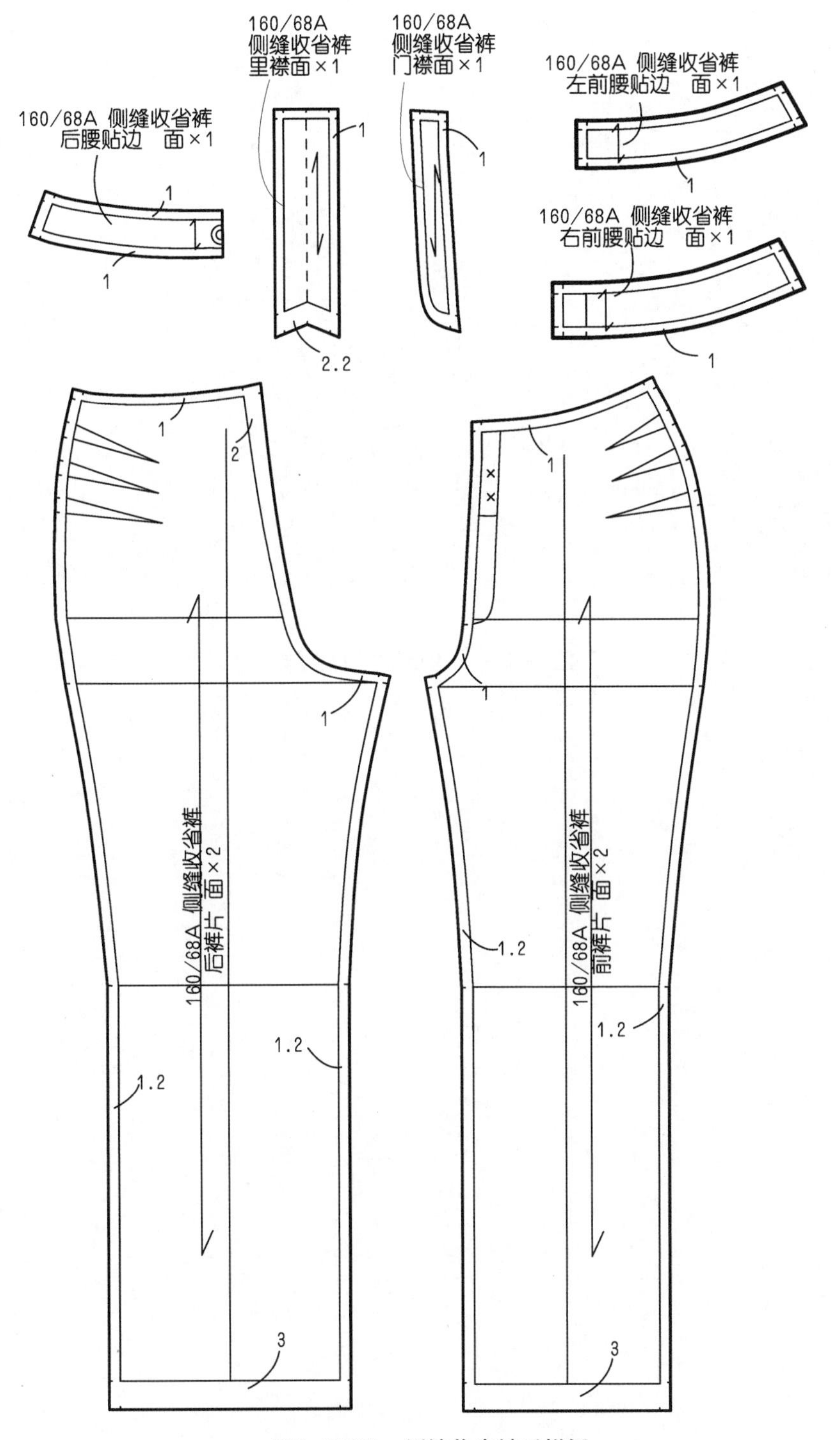


图6–38(3) 侧缝收省裤毛样板

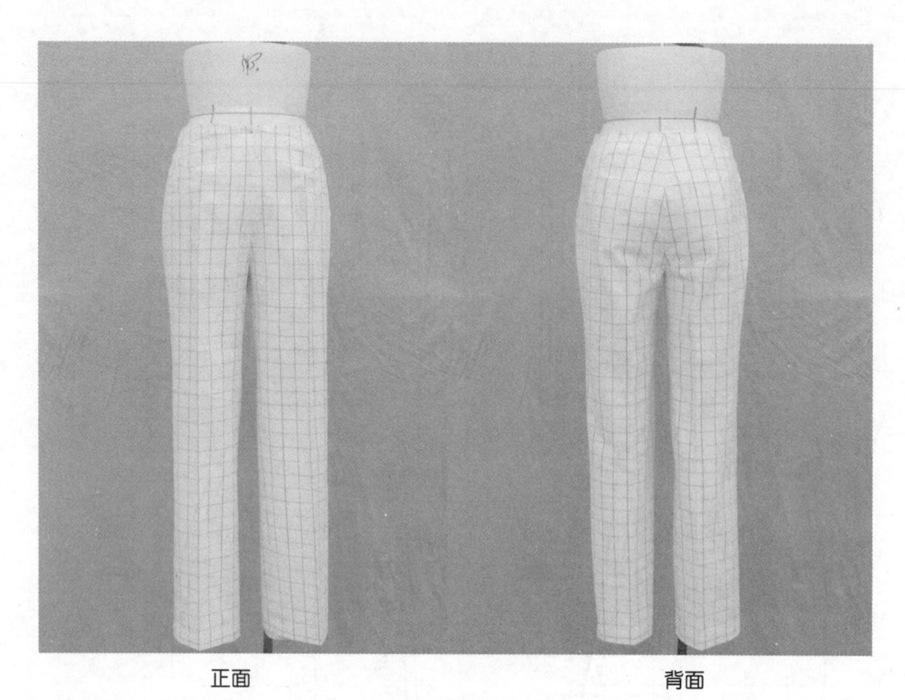

正面　　　　　　　　　　　　　　　　　　　　背面

图6-38(4)　侧缝收省裤实样

### 6.4.6 偏门襟中裤

臀围较合体，低腰，偏门襟，脚口向外翻折的休闲中裤款式。款式图如图6-39(1)所示。

1）规格设计

W= W*+2cm=70cm （人体自然腰围线处）；

H=(H*+内裤)+（6~12cm）=98cm；

上裆长=股上长-低腰量=25cm-4cm=21cm（含腰宽4cm）；

TL= 60cm；

SB=0.2H+8cm≈28cm；

上裆宽=0.145H（前裆宽=0.04H，后裆宽=0.105H）；

后上裆倾斜角=14°。

2）结构制图

结构图如图6-39(2)所示。

结构制图要点：

（1）根据臀长、上裆长、裤长等尺寸绘制腰围线（WL）、臀围线（HL）、横裆线、裤长线（TL）等横向基础线；取前臀围为H/4-1cm、后臀围为H/4+1cm、前裆宽为0.04H、后裆宽为0.1H，做纵向基础线。

（2）取前腰W/4+0.5cm，前中心向内撇进1.5cm，前腰中心下落1cm，前侧缝向内撇进2cm，其余前臀腰差量作为待处理省量；取后裆倾斜角为14°，画后裆倾斜线，取后腰围W/4-0.5cm，其余后臀腰差量作为省量，画顺基础腰围线。画顺前、后上裆弧线；前侧横裆线处向内收进约0.3cm，后侧横裆线处向内收进约0.6cm，画顺前、后侧缝线。

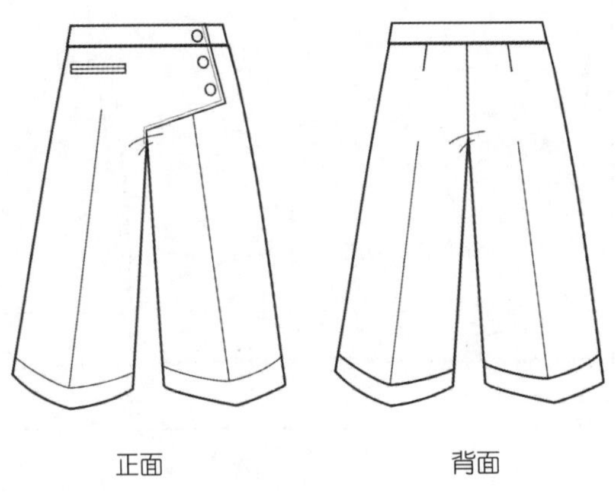


图6-39(1) 偏门襟中裤款式图

（3）作前挺缝线位于前横裆中点处，后挺缝线位于后横裆中点向侧缝偏移1.5cm处，取前脚口为SB−2cm，后脚口为 SB+2cm，与横裆连接，画顺内裆缝和侧缝线。

（4）平行基础腰围线低落4cm作低腰线，再平行低腰线向下3cm截取腰宽，闭合前、后腰中的省道，画顺前、后腰。

（5）对称前裤片，根据款式图在前裤片上确定偏门襟造型，确定双嵌线袋的造型位置。

（6）画顺各样片外轮廓线。

3）毛样板

根据结构图通过拓样逐个复制样片，在样片上加放缝份以及标注样片名称、对位记号、丝缕线等，制作成毛样板，如图6−39(3)所示。

4）实样照片

根据结构图经过裁剪、缝制，实样完成照片如图6−39(4)所示。

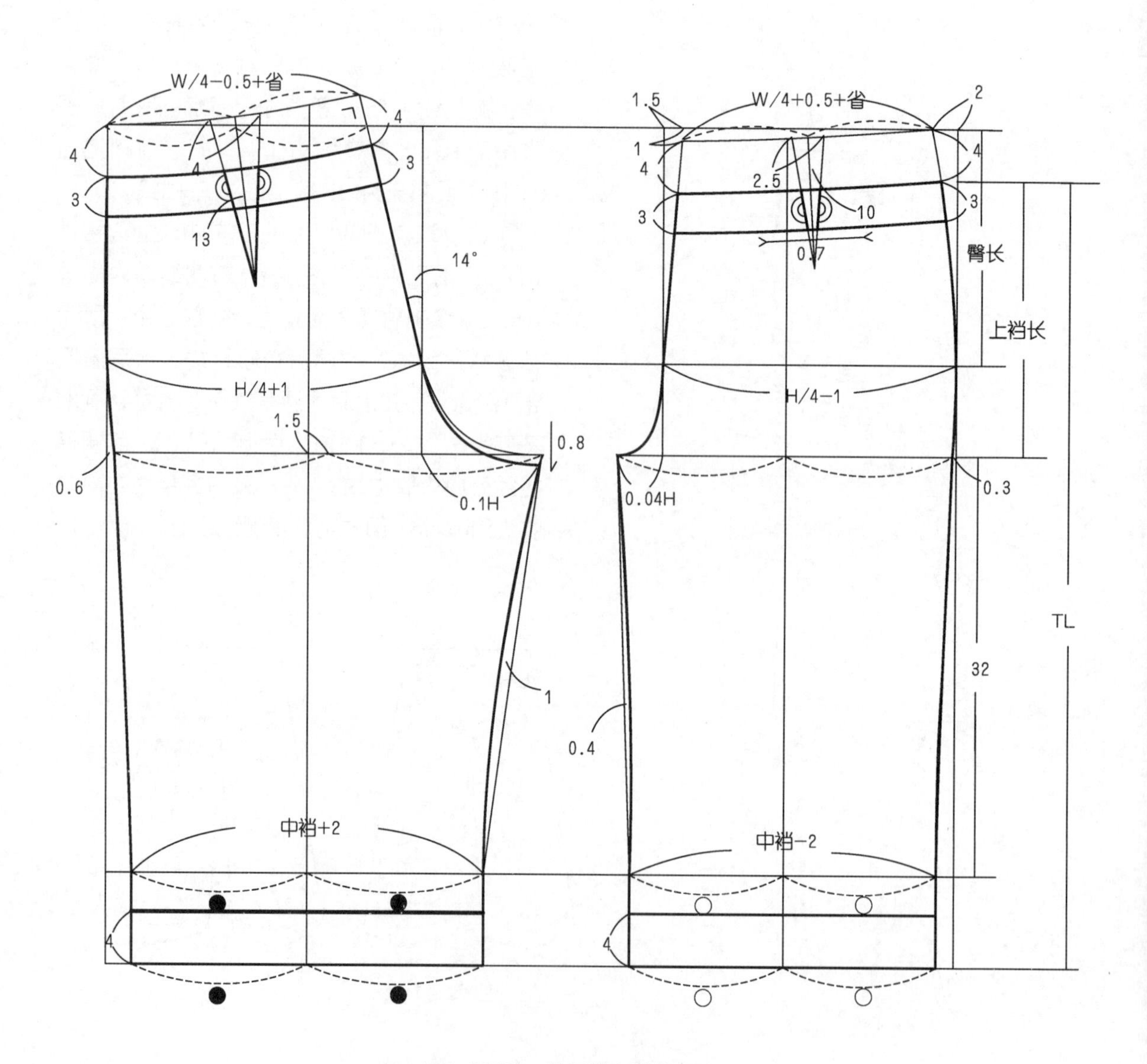


图6−39(2)　偏门襟中裤结构图

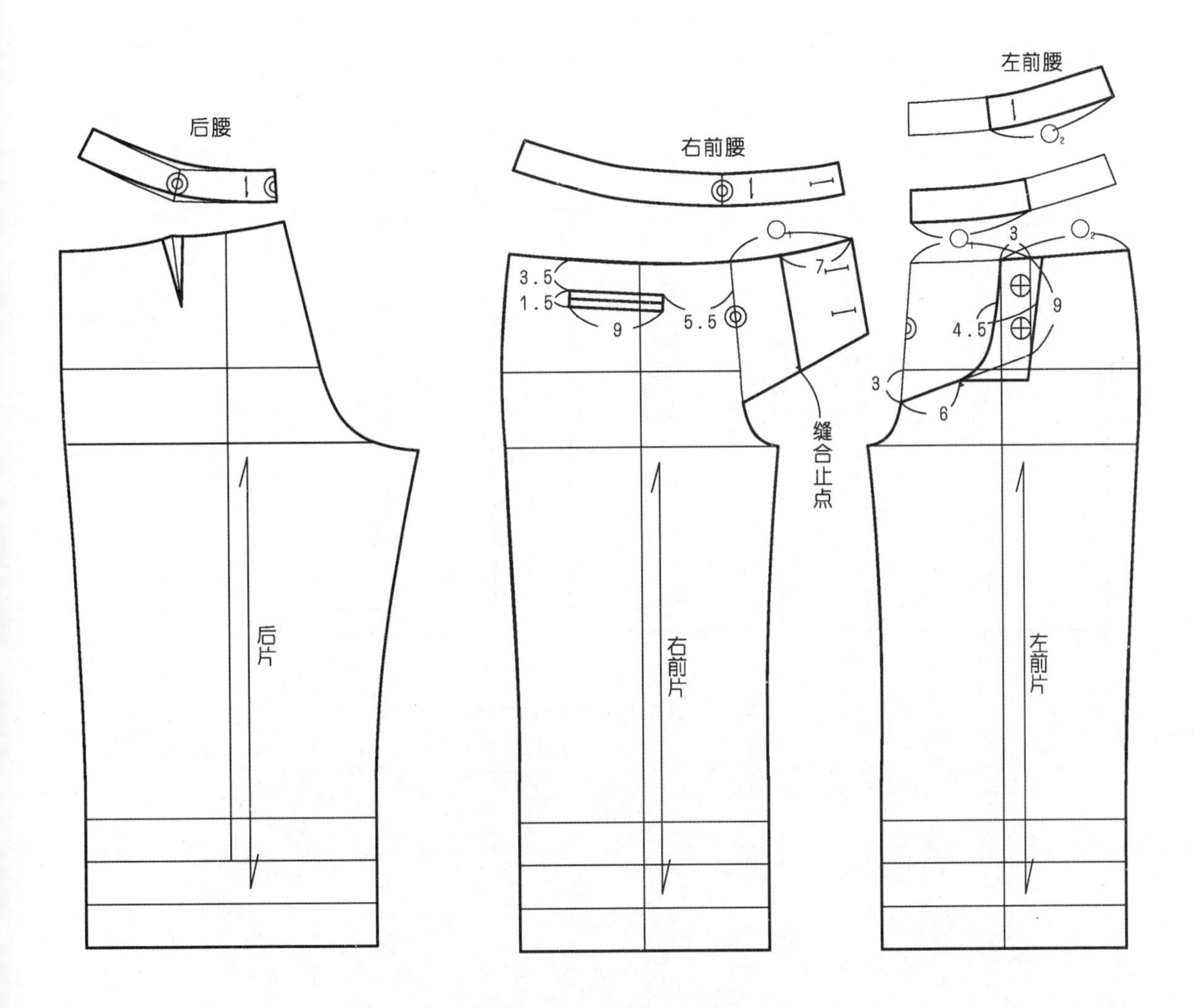


图6-39(2) 偏门襟中裤结构图(续)

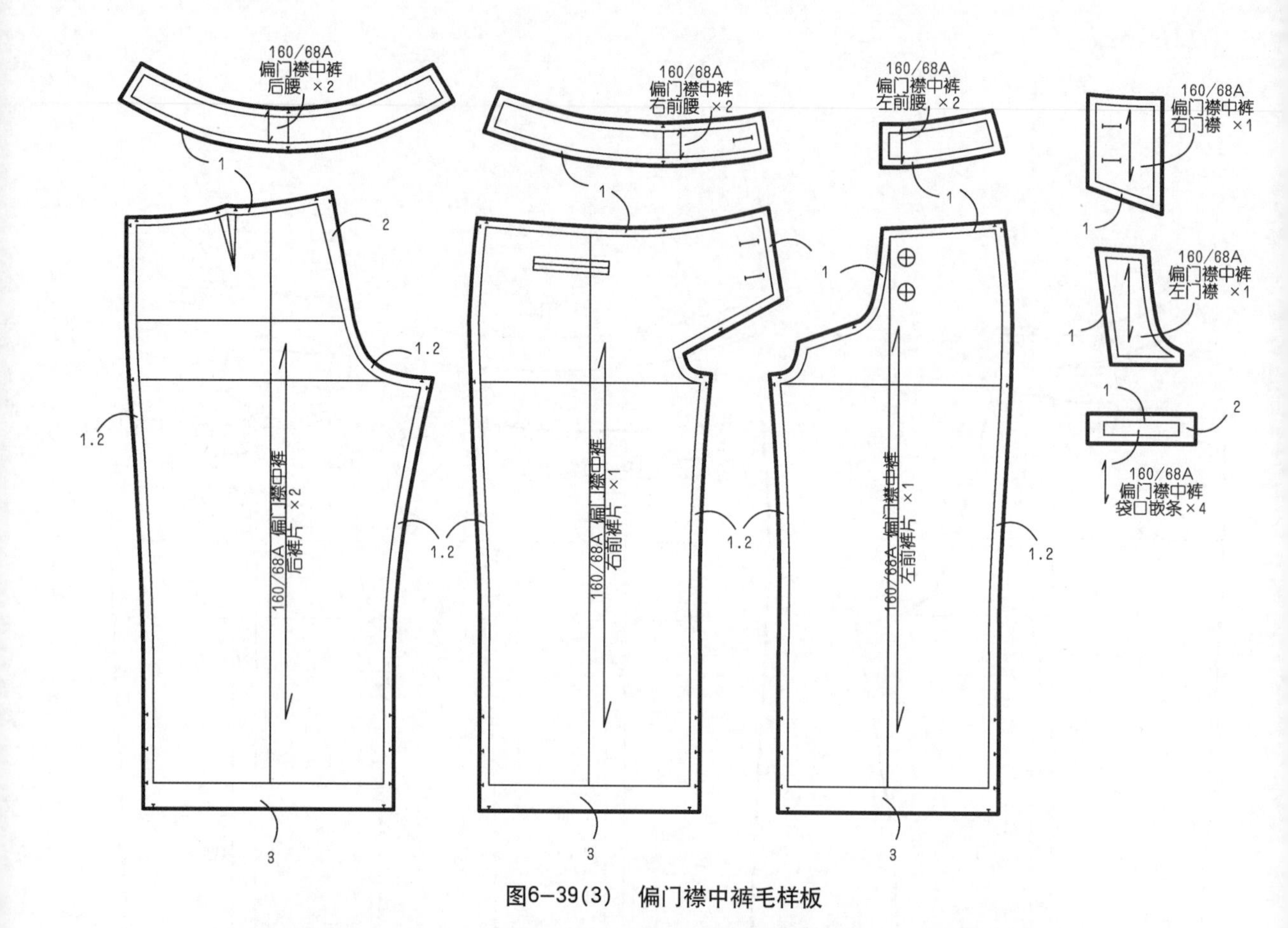


图6-39(3) 偏门襟中裤毛样板

正面 背面

图6-39(4) 偏门襟中裤实样

### 6.4.7 分割抽褶裤

臀围较合体，低腰，前裤片纵向分割后两侧抽褶的裤装款式。款式图如图6–40(1)所示。

1）规格设计

W=W*+2cm=70cm；

H=(H*+内裤)+6~12cm=98cm；

上裆长=股上长–低腰量=25cm–4cm=21cm（含腰宽3.5cm）；

TL=80cm；

SB=0.2H+2cm≈22cm；

上裆宽=0.14H（前裆宽=0.04H，后裆宽=0.1H）；

后上裆倾斜角=14°。

2）结构制图

结构图如图6–40(2)所示。

结构制图要点：

（1）根据臀长、上裆长、裤长等尺寸绘制腰围线（WL）、臀围线（HL）、横裆线、裤长线（TL）等横向基础线；取前臀围为H/4–1cm、后臀围为H/4+1cm、前裆宽为0.04H、后裆宽为0.1H，做纵向基础线。

（2）取前腰W/4+0.5cm，前中心向内撇进1.5cm，前腰中心下落1cm，前侧缝向内撇进2.5cm，其余前臀腰差量作为待处理省量；取后裆倾斜角为14°，画后裆倾斜线，后腰围W/4–0.5cm，其余后臀腰差量作为省量，画顺基础腰围线。画顺前、后上裆弧线；前侧横裆线处向内收进约0.5cm，后侧横裆线处向内收进约0.7cm，画顺前、后侧缝线。

（3）作前挺缝线位于前横裆中点处，后挺缝线位于后横裆中点向侧缝偏移1.5cm处，取前脚口为SB–2cm，后脚口为SB+2cm，中裆稍大于脚口，与横裆连接，画顺内裆缝和侧缝线。

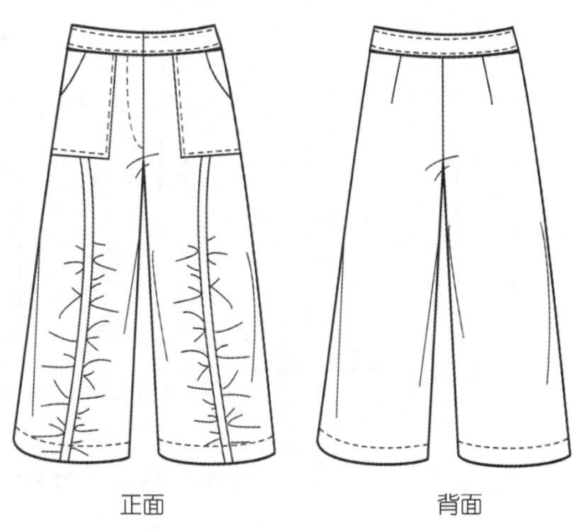


图6–40(1)　分割抽褶裤款式图

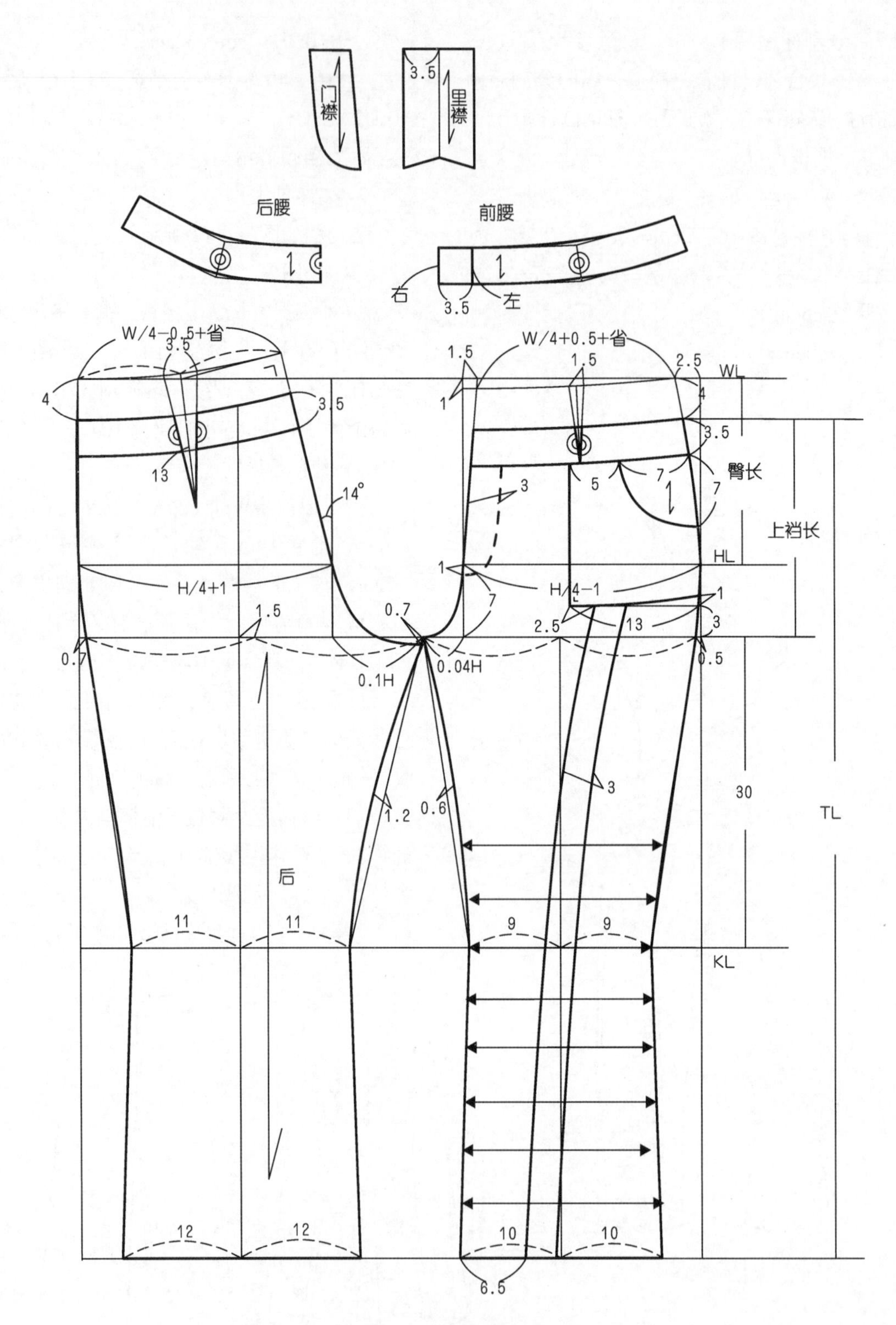


图6−40(2)　分割抽褶裤结构图

（4）平行基础腰围线低落4cm作低腰线，再平行低腰线向下3.5cm截取腰宽，闭合前、后腰中的省道，画顺前、后腰。

（5）根据款式图在前裤片上确定贴袋位置，抽褶分割线造型位置。

（6）在前裤片从中裆附近至脚口作多条辅助线，对裤片进行拉展加入抽褶量，画顺前裤片。

（7）配置门襟、底襟、袋口贴边等部件结构图。

（8）画顺各样片外轮廓线。

3）毛样板

根据结构图通过拓样逐个复制样片，在样片上加放缝份以及标注样片名称、对位记号、丝缕线等，制作成毛样板，如图6-40(3)所示。

4）实样照片

根据结构图经过裁剪、缝制，实样完成照片如图6-40(4)所示。

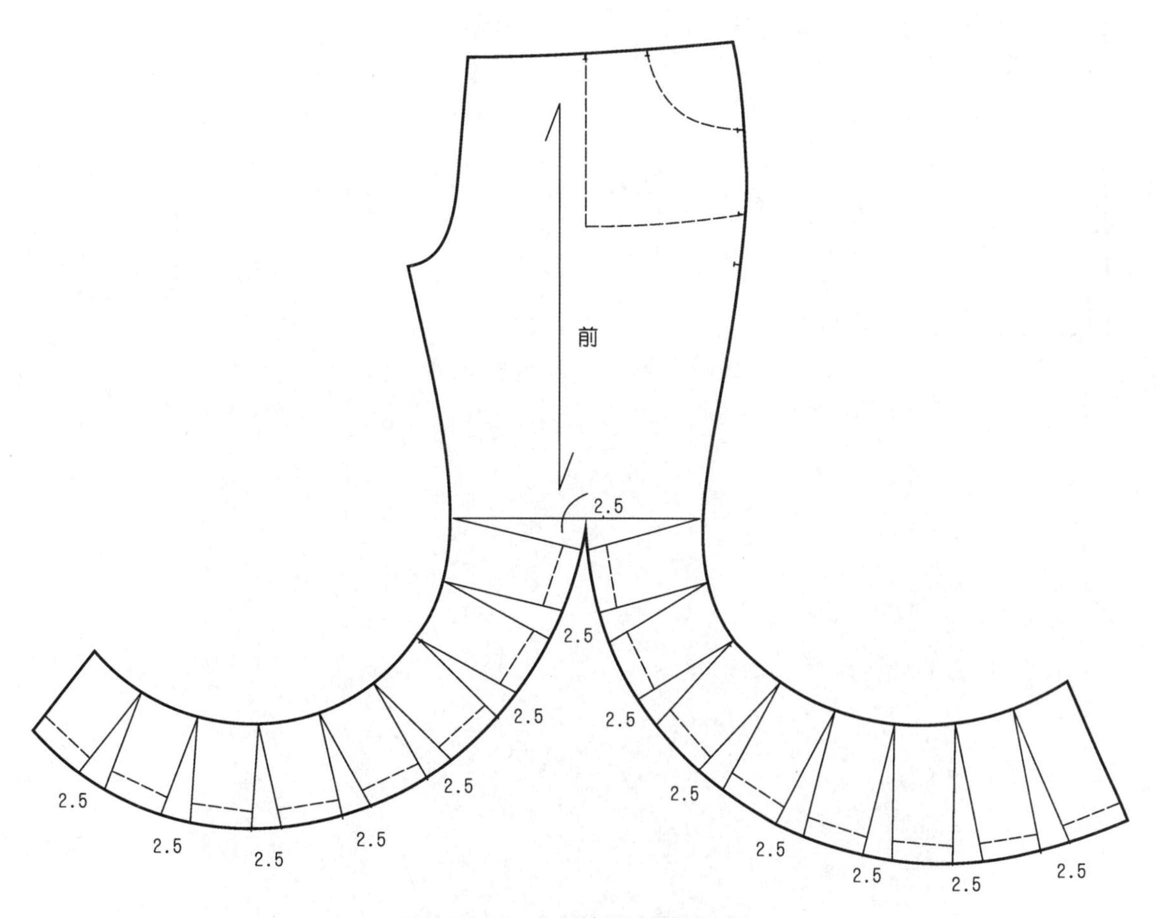


图6-40(2) 分割抽褶裤结构图(续)

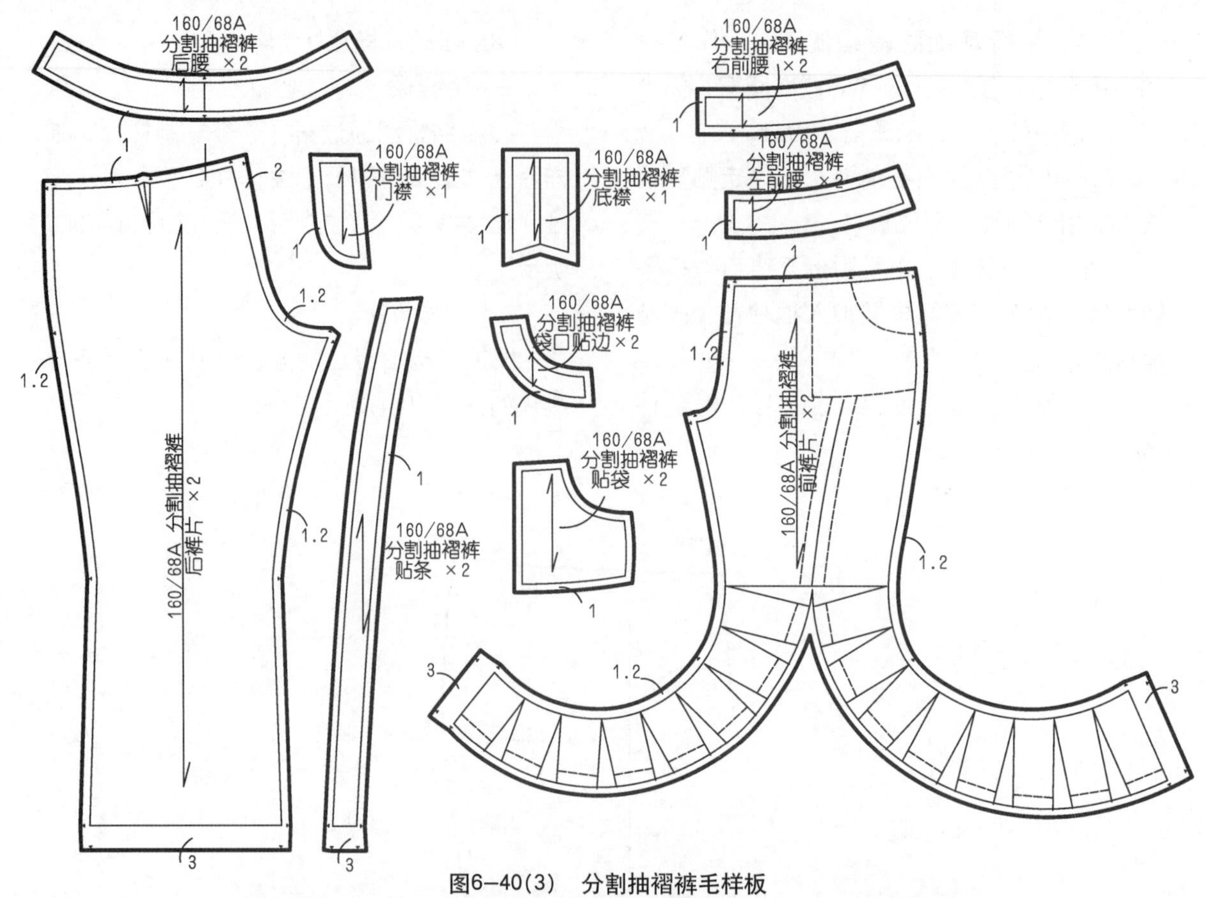


图6-40(3) 分割抽褶裤毛样板

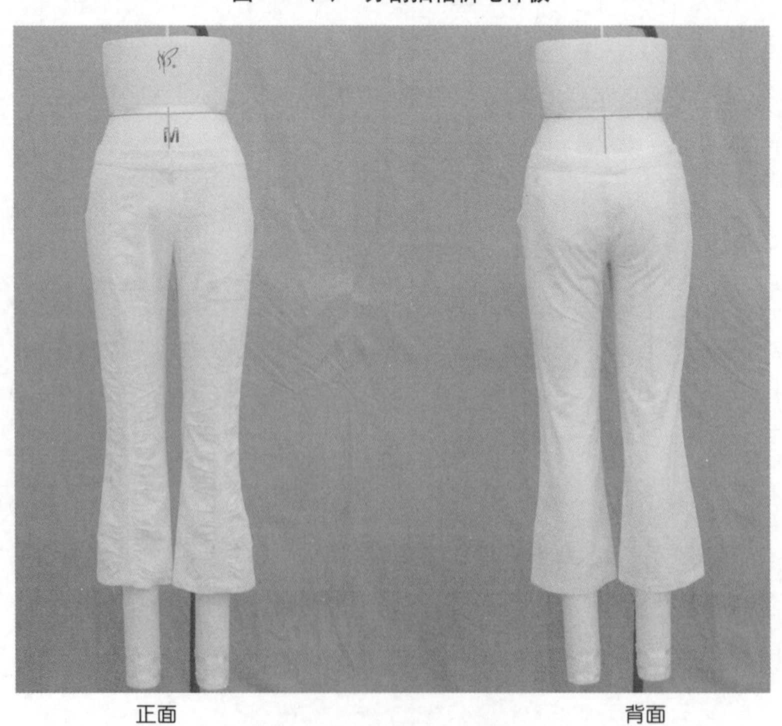

正面　背面

图6-40(4) 分割抽褶裤实样

### 6.4.8 斜向分割裤

臀围较合体，裤身上有两条斜向分割线，前后裤片之间没有侧缝线，脚口宽大的中裤款式。款式图如图6-41(1)所示。

1）规格设计

W=W*+2cm=70cm；

H=(H*+内裤)+6~12cm=100cm；

上裆长=股上长-低腰量=25cm-3cm=22cm（含腰宽4cm）；

TL= 70cm；

SB=0.2H+7cm=27cm；

上裆宽=0.14H（前裆宽=0.04H，后裆宽=0.1H）；

后上裆倾斜角=12°。

2）结构制图

结构图如图6-41(2)所示。

结构制图要点：

（1）将前、后裤片在侧缝处拼合起来进行结构设计，取臀围H/2，前、后腰围均为W/4，前裆宽为0.04H，后裆宽为0.1H，前中心向内撇进2cm，后裆倾斜角为12°，其余臀腰差量作为省量以及在斜向分割线中消除，画顺基础腰围线、前、后上裆弧线。

（2）平行基础腰围线低落3cm作腰围线，再向下截取腰宽4cm，闭合省道，画顺前、后腰。

（3）在前、后横裆基础上取脚口大，中裆稍小于脚口，与横裆连接，画顺内裆缝和脚口弧线。

（4）根据款式图在裤片上作两条斜向分割线，检验相关结构线的长度关系，并进行调整，勾绘样片外轮廓线。

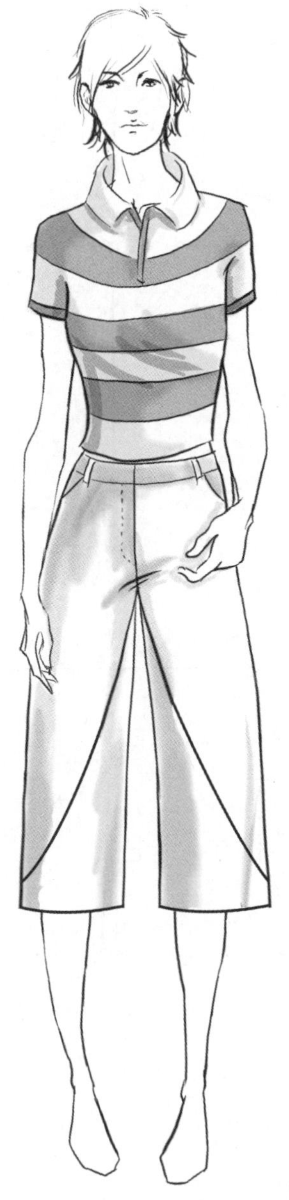

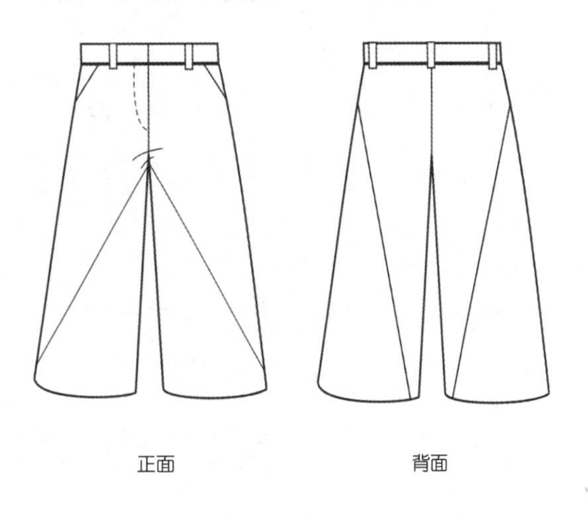


图6-41(1) 斜向分割裤款式图

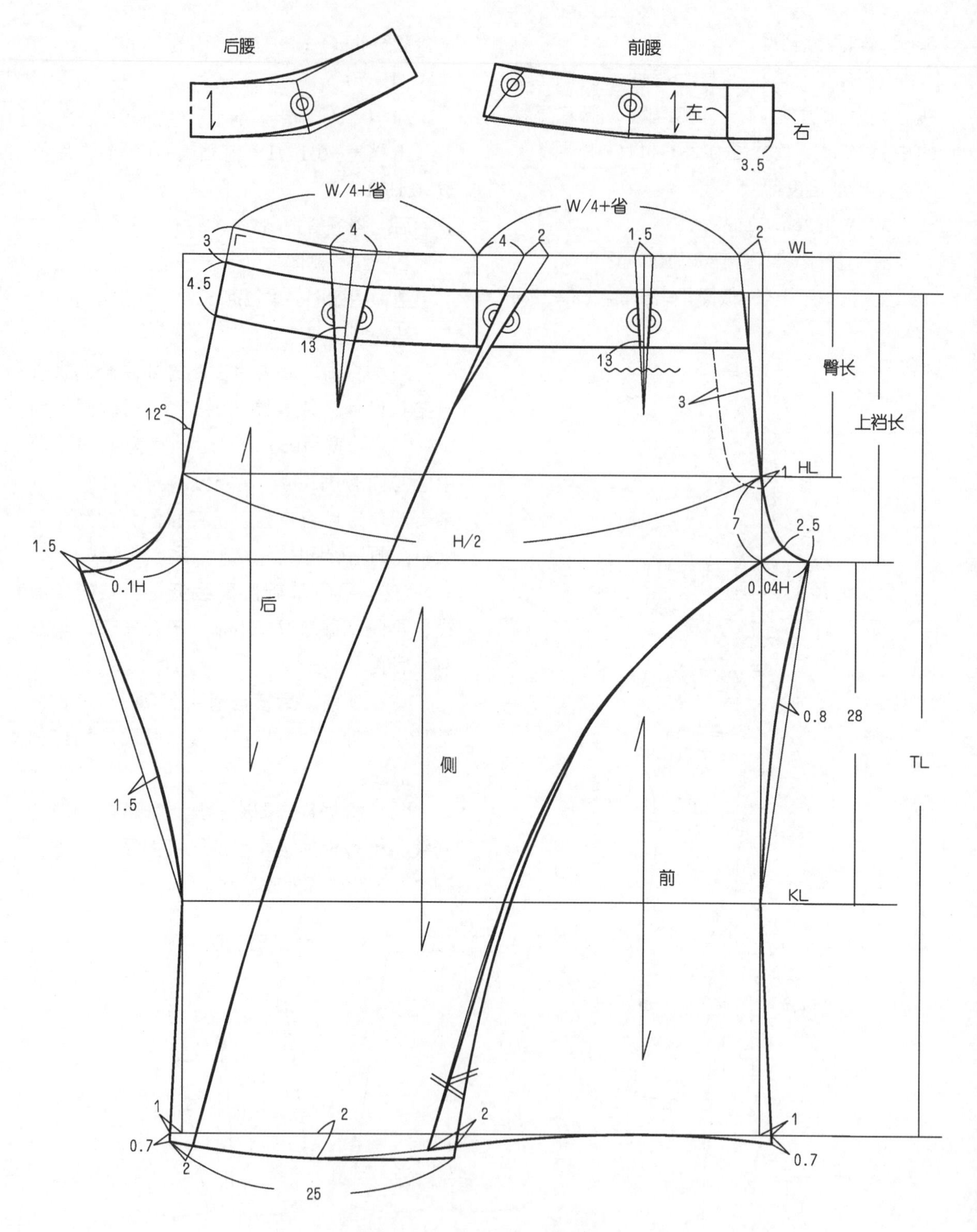


图6-41(2) 斜向分割裤结构图

（5）根据前门襟缉缝明线的宽度，配置门襟、里襟样板。

（6）画顺各样片外轮廓线。

3）毛样板

根据结构图通过拓样逐个复制样片，在样片上加放缝份以及标注样片名称、对位记号、丝缕线等，制作成毛样板，如图6-41(3)所示。

4）实样照片

根据结构图经过裁剪、缝制，实样完成照片如图6-41(4)所示。

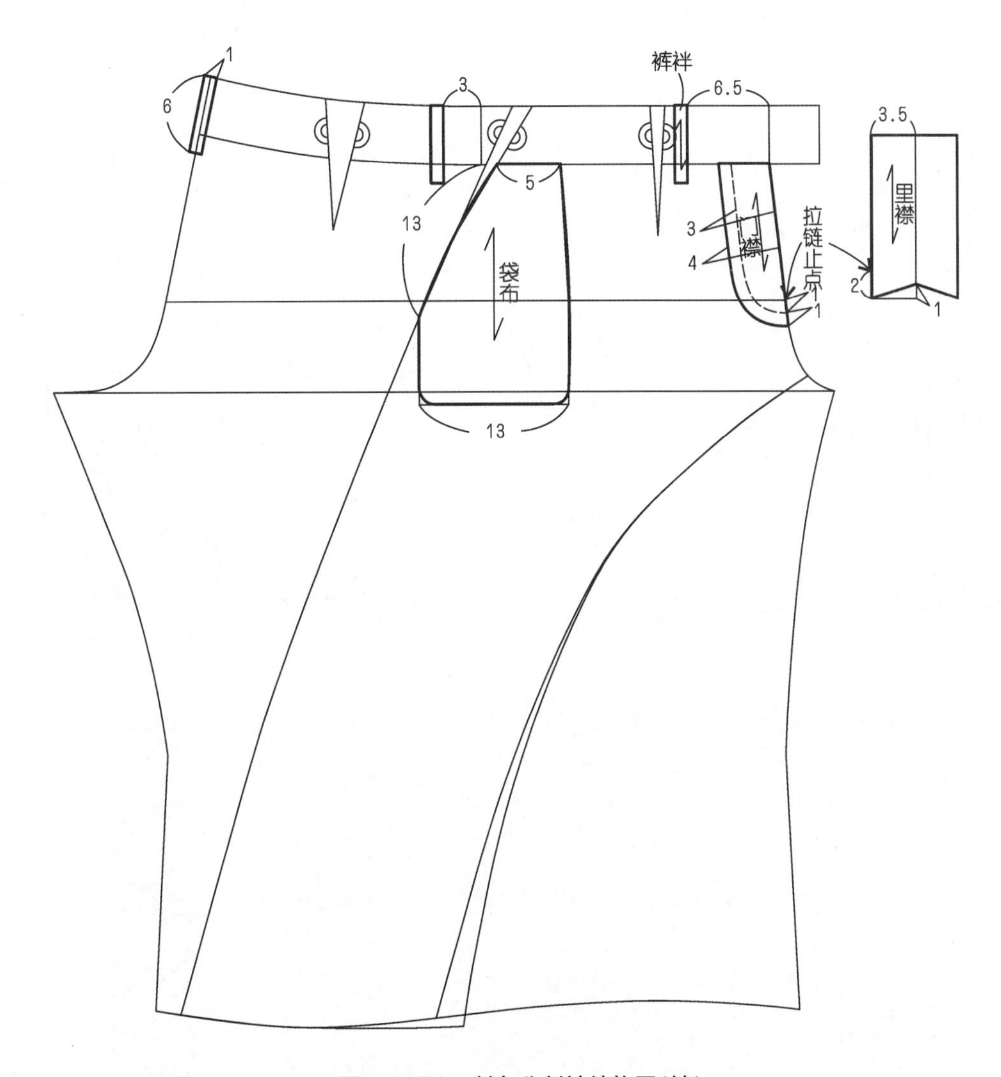


图6-41(2) 斜向分割裤结构图(续)

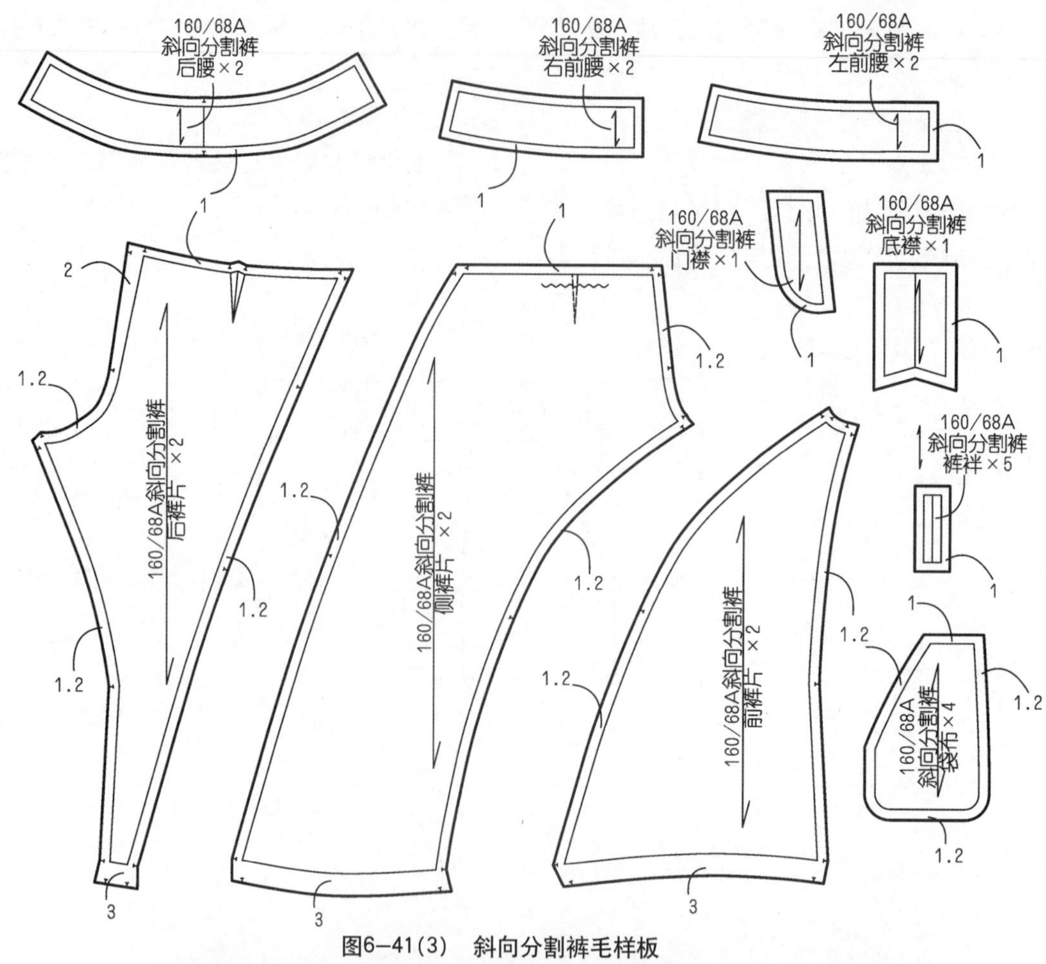


图6-41(3) 斜向分割裤毛样板

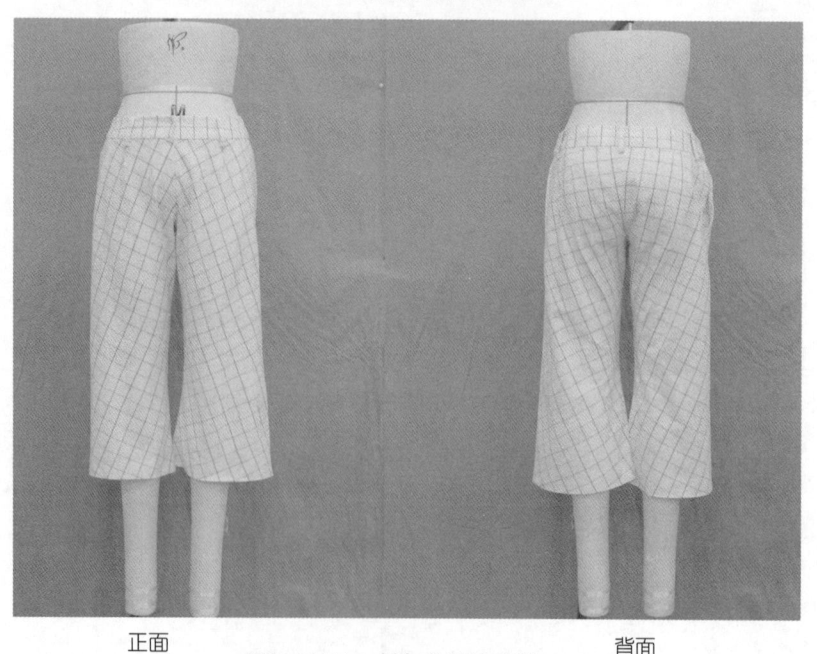

正面 背面

图6-41(4) 斜向分割裤实样

### 6.4.9 工装裤

臀围较宽松，宽脚口的直筒裤造型，腰侧部装橡筋，裤身上有多个口袋，便于收纳物品。通常在工作中穿着，现多为日常休闲装。款式图如图6–42(1)所示。

1）规格设计

W=W*+2cm=70cm；

H=(H*+内裤)+12~18cm=108cm；

上裆长=股上长+裆底松量+腰宽=25+1+3=29cm；

TL=101cm；

SB=0.2H+6cm≈28cm；

总裆宽=0.15H（前裆宽=0.04H，后裆宽=0.11H）；

后上裆倾斜角=10°。

2）结构制图

结构图如图6–42(2)所示。

结构制图要点：

（1）根据臀长、上裆长、裤长等尺寸绘制腰围线（WL）、臀围线（HL）、横裆线、裤长线（TL）等横向基础线；取前、后臀围为H/4、前裆宽为0.04H、后裆宽为0.11H，做纵向基础线。

（2）取前、后腰围为W/4，前中心向内撇进1cm，前腰中心下落1cm，前侧缝向内撇进1cm；取后裆倾斜角为10°，其余前、后臀腰差量作为腰侧部装橡筋的抽缩量，画顺腰围线、上裆弧线和上裆部位侧缝线。

（3）作前挺缝线位于前横裆中点，后挺缝线位于后横裆中点向侧缝偏移1cm处，取前脚口为SB–2cm，后脚口为SB+2cm，中裆稍向内收进，与横裆连接，画顺内裆缝和侧缝线，并根据款式图在裤身上作脚口横向分割线。

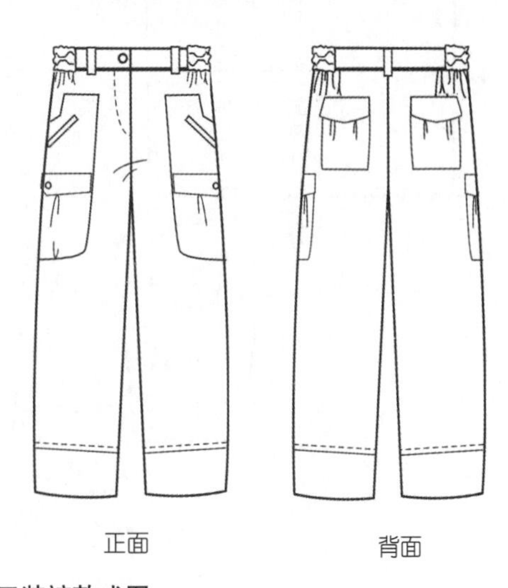


图6–42(1) 工装裤款式图

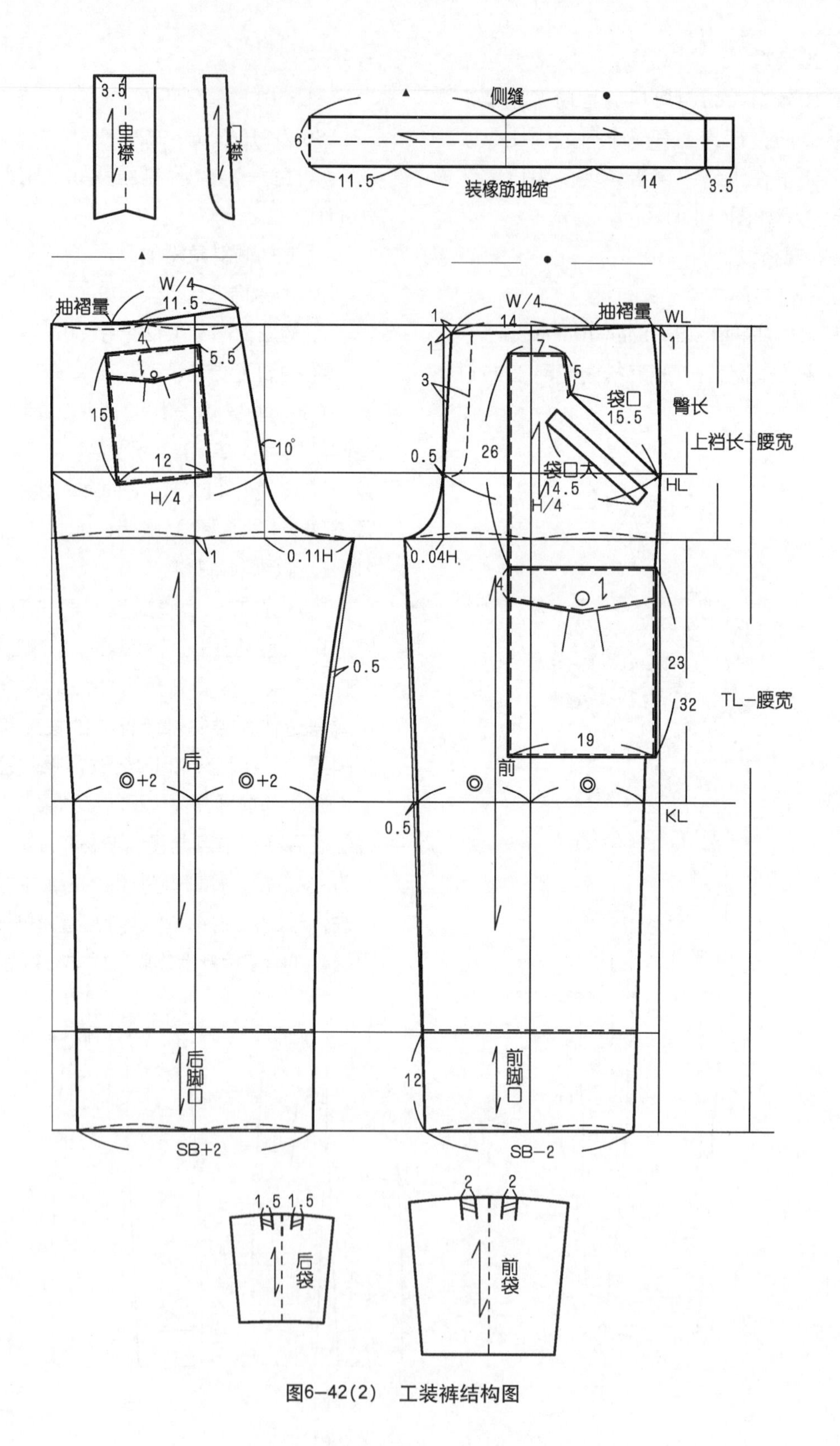


图6-42(2) 工装裤结构图

（4）对前袋、后袋的袋口进行拉展，加入褶裥量。

（5）根据前门襟缉缝明线的宽度，配置门襟、里襟样板。

（6）画顺各样片外轮廓线。

3）毛样板

根据结构图通过拓样逐个复制样片，在样片上加放缝份以及标注样片名称、对位记号、丝缕线等，制作成毛样板，如图6–42(3)所示。

4）实样照片

根据结构图经过裁剪、缝制，实样完成照片如图6–42(4)所示。

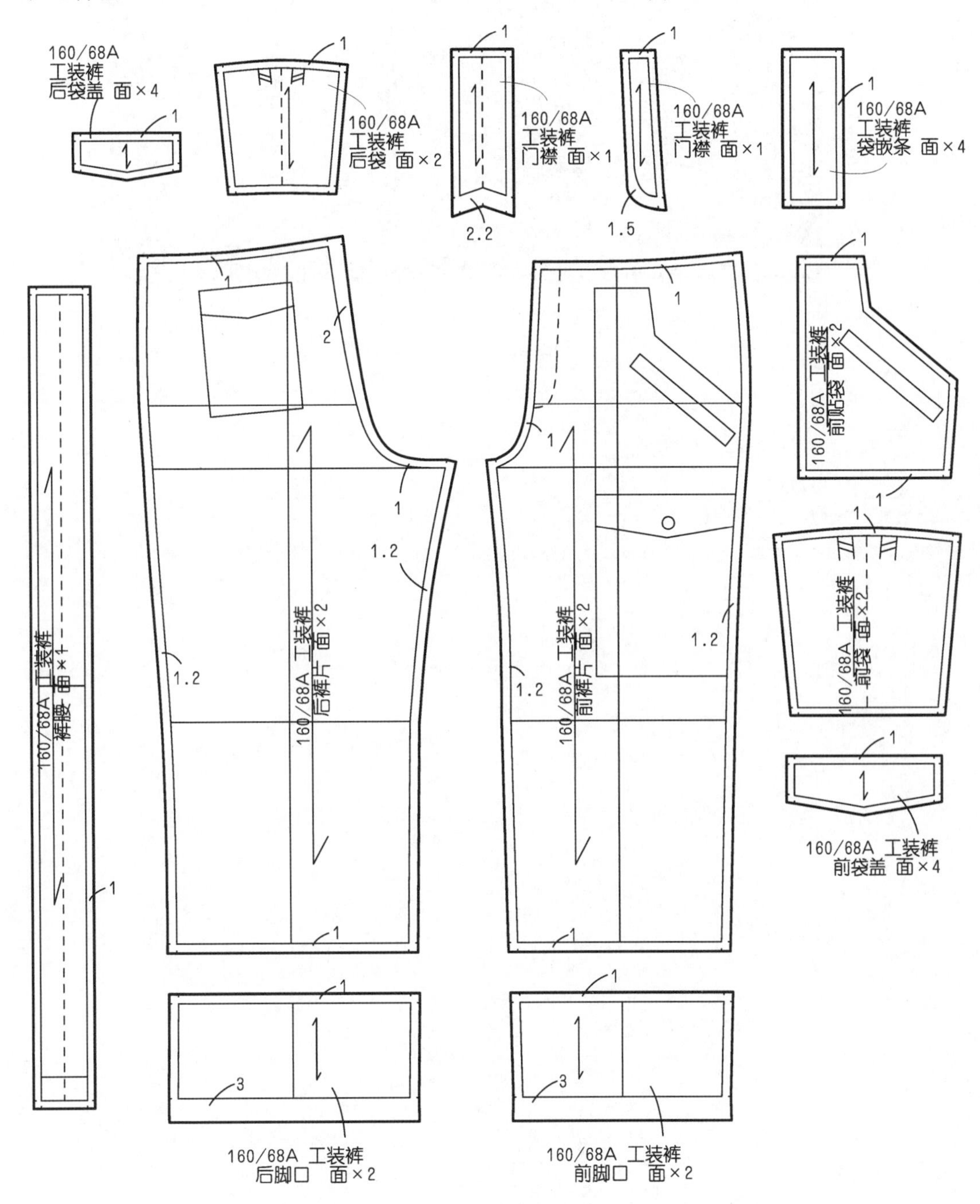


图6–42(3) 工装裤毛样板

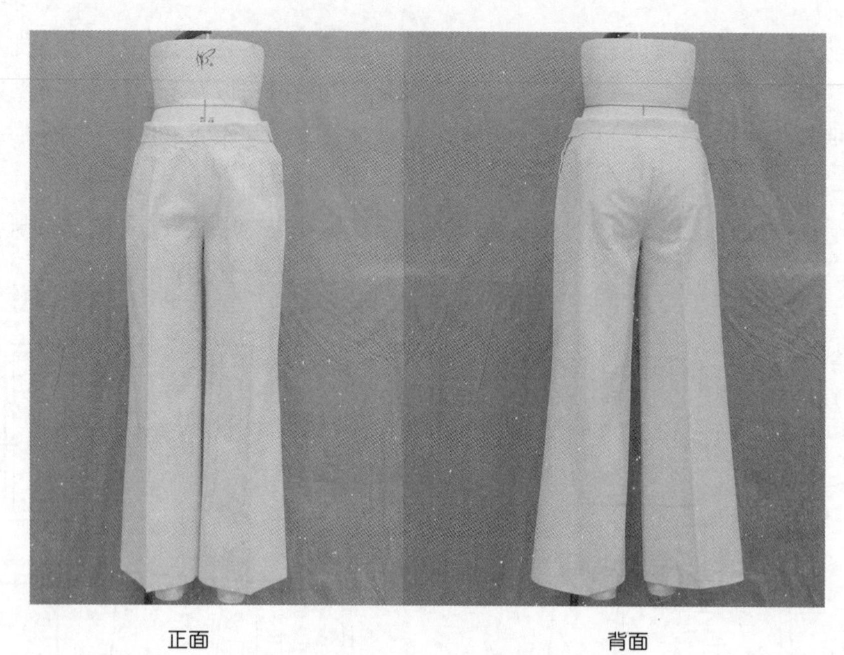

正面　　　　　　　　　　　　背面

图6-42(4)　工装裤实样

### 6.4.10 马裤

臀围较宽松，大腿部位宽松膨胀，小腿部位较合体，膝围线以下裤身分割，侧部开口可钉纽扣或装拉链，是具有职业装马裤造型的日常裤装款式。款式图如图6–43(1)所示。

1）规格设计

W=W*+2cm=70cm；

H=(H*+内裤)+12~18cm=106cm；

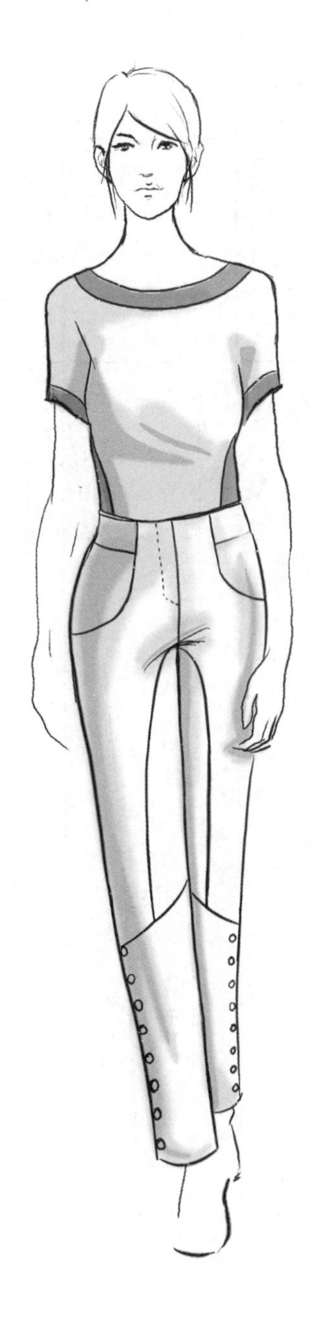

上裆长=股上长+裆底松量+腰宽=25+1+5=31cm；

TL=94cm；

SB<0.2H−3cm≈17cm；

总裆宽=0.16H（前裆宽=0.045H，后裆宽=0.115H）；

后上裆倾斜角=18°。

2）结构制图

结构图如图6–43(2)所示。

结构制图要点：

（1）根据臀长、上裆长、裤长等尺寸绘制腰围线（WL）、臀围线（HL）、横裆线、裤长线（TL）等横向基础线；取前臀围为H/4−1cm、后臀围为H/4+1cm、前裆宽为0.045H、后裆宽为0.115H，做纵向基础线。

（2）取前腰围为W/4+1cm，前中心向内撇进1.5cm，前腰中心下落1cm，前侧缝向内撇进4.5cm，其余前臀腰差量在插袋处消除；取后裆倾斜角为18°，后腰围为W/4−1cm，后侧缝向内撇进4.5cm，画顺前、后裤片腰围线、上裆弧线和上裆部位侧缝线。前中心处连腰高5cm，宽6cm。

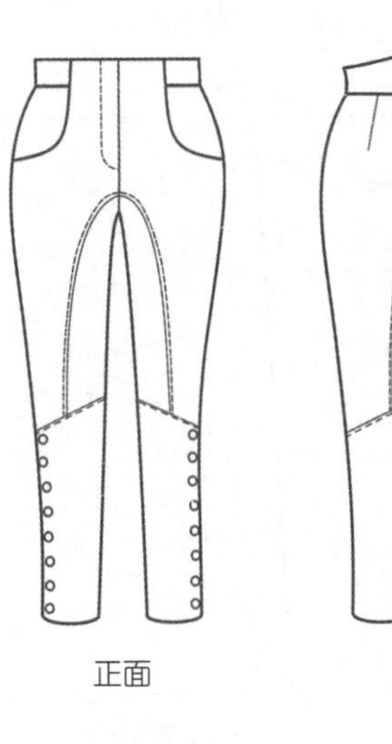


图6–43(1)　马裤款式图

（3）作前挺缝线位于前横裆中点向侧缝偏移1cm处，后挺缝线位于后横裆中点向侧缝偏移2cm处，取前、后脚口均为SB，前、后中裆稍大于脚口，与横裆连接，画顺内裆缝和侧缝线。

（4）根据款式图在裤身上作分割线。

（5）分别以长为实际前、后腰围，宽为腰宽作前、后基础裤腰，并在腰上口处加入

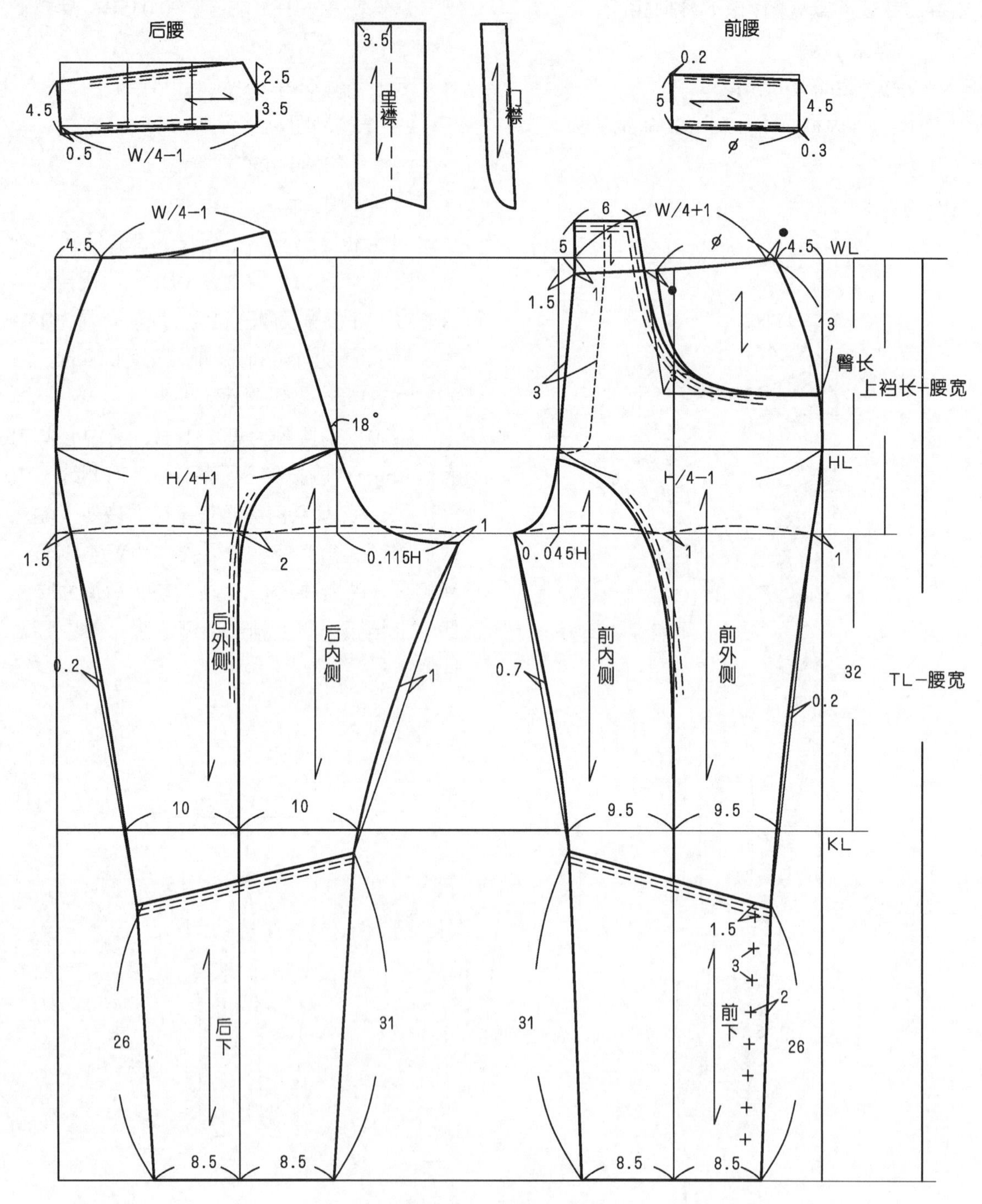


图6-43(2)　马裤结构图

一定补足量，满足人体腰围线以上部位围度的增大。

（6）根据前门襟缉缝明线的宽度，配置门襟、里襟样板。

（7）画顺各样片外轮廓线。

3）毛样板

根据结构图通过拓样逐个复制样片，在样片上加放缝份以及标注样片名称、对位记号、丝缕线等，制作成毛样板，如图6–43(3)所示。

4）实样照片

根据结构图经过裁剪、缝制，实样完成照片如图6–43(4)所示。

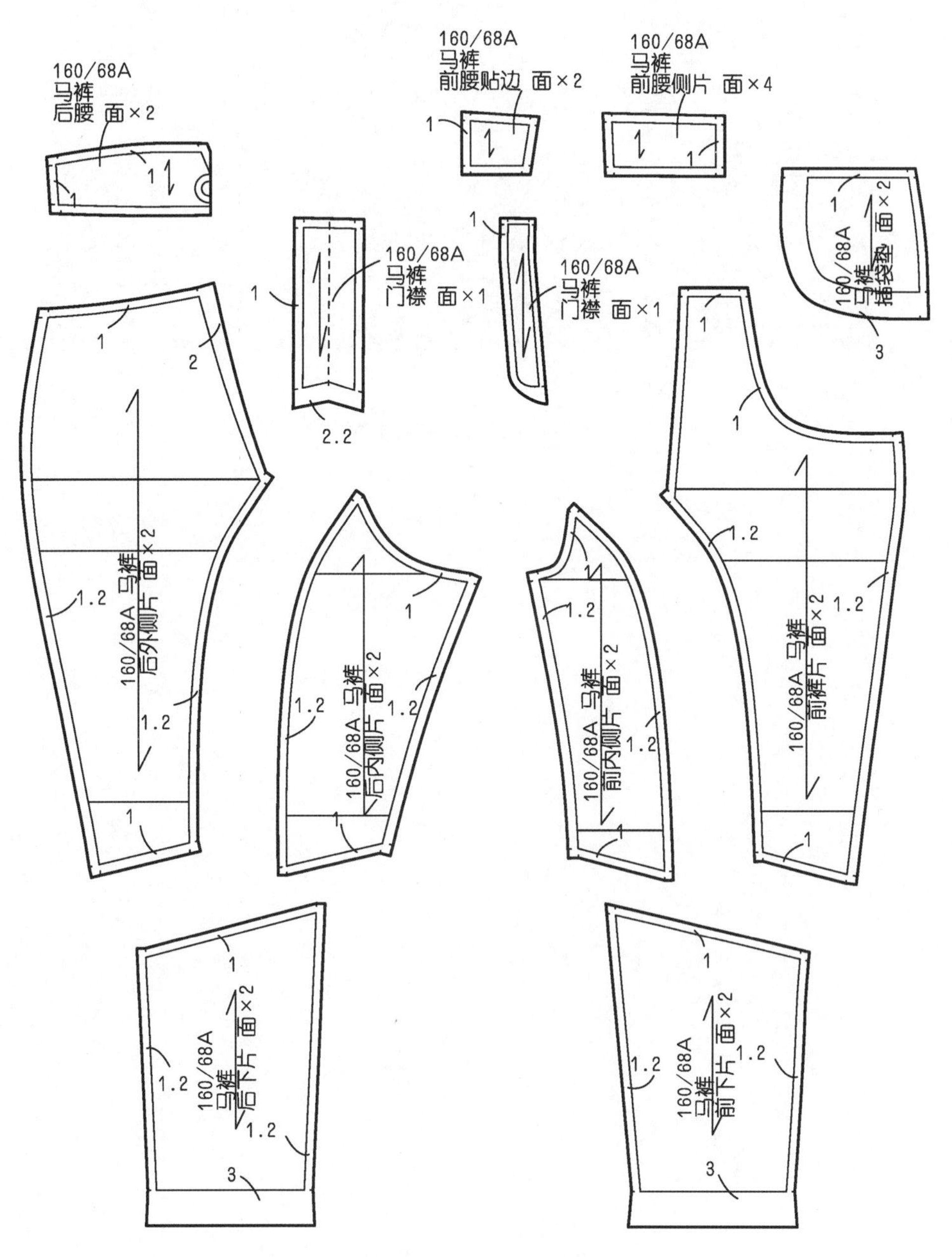


图6–43(3) 马裤毛样板

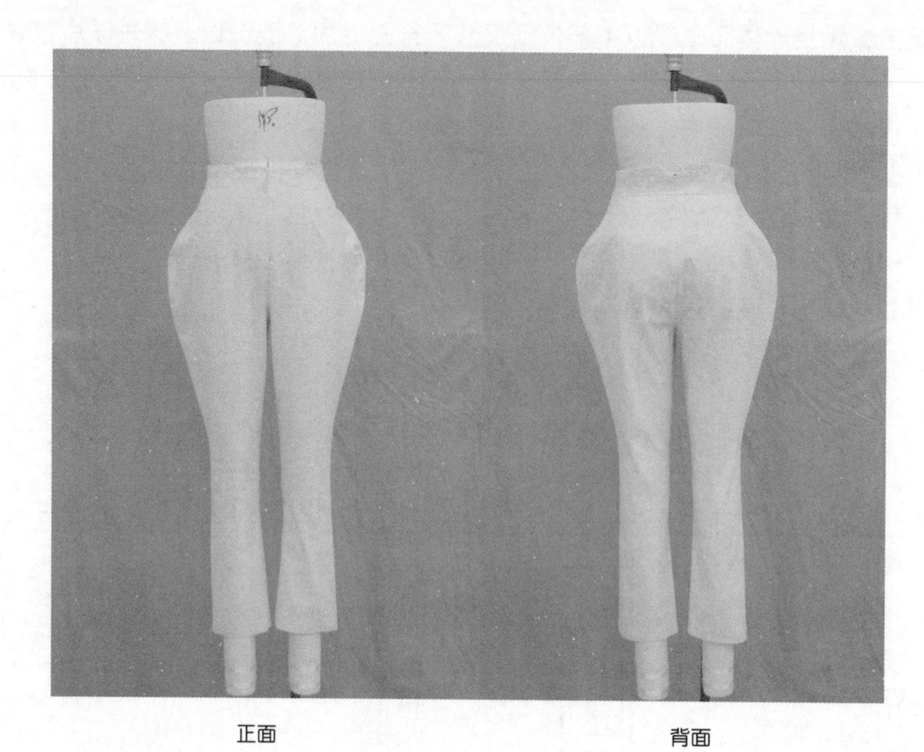


图6-43(4) 马裤实样

### 6.4.11 居家裤

裤身整体很宽松，连腰，腰部装宽橡筋，无侧缝，是自由、随意的居家裤装款式。款式图如图6-44(1)所示。

1）规格设计

W=W*+2cm=70cm；

H=(H*+内裤)+>18cm=115cm；

上裆长=股上长+裆底松量+腰宽=25+3+3=31cm；

SB=0.2H+5cm=28cm；

TL=97cm；

总裆宽=0.16H（前裆宽=0.06H，后裆宽=0.1H）；

后上裆倾斜角=6°。

2）结构制图

结构图如图6-44(2)所示。

结构制图要点：

（1）将前、后裤片在侧缝拼合作图。根据臀长、上裆长、裤长等尺寸绘制腰围线（WL）、臀围线（HL）、横裆线、裤长线（TL）等横向基础线；取前、后臀围为均为H/4、前裆宽为0.06H、后裆宽为0.1H，做纵向基础线。

（2）取后裆倾斜角为6°，臀腰差作为腰部装橡筋的抽缩量，画顺腰围线、上裆弧线。

（3）以侧缝线为中心，取前脚口为SB-1cm，后脚口为SB+1cm，中裆稍向内收进，与横裆连接，画顺内裆缝。

（4）画顺样片外轮廓线。

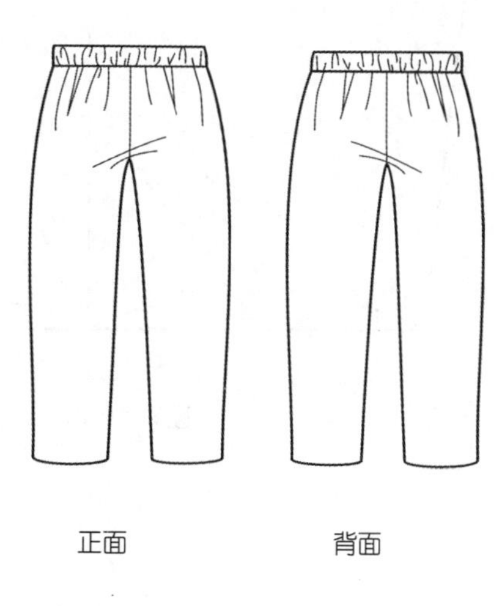


图6-44(1) 居家裤款式图

3）毛样板

根据结构图通过拓样逐个复制样片，在样片上加放缝份以及标注样片名称、对位记号、丝缕线等，制作成毛样板，如图6-44(3)所示。

4）实样照片

根据结构图经过裁剪、缝制，实样完成照片如图6-44(3)所示。

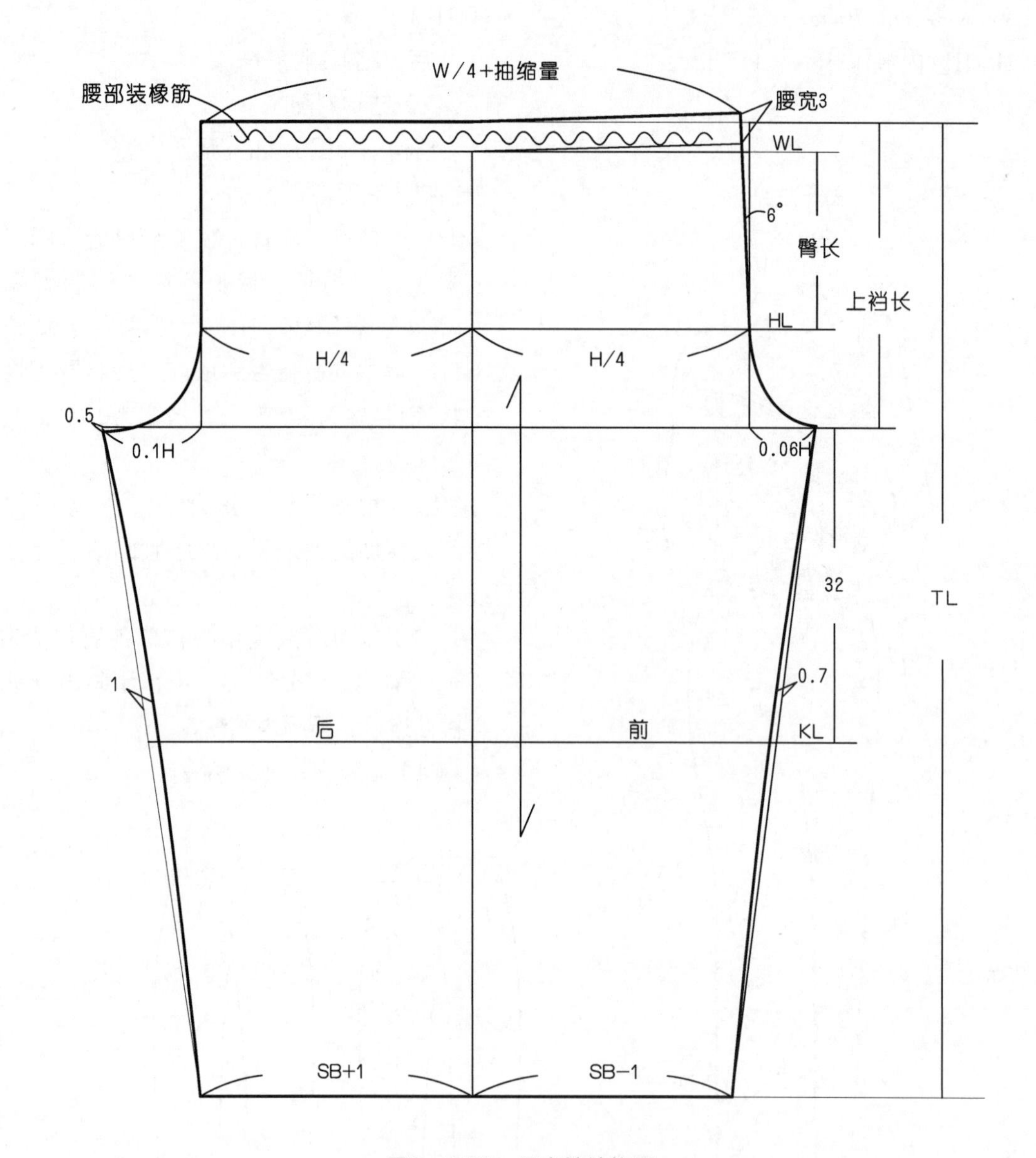


图6-44(2) 居家裤结构图

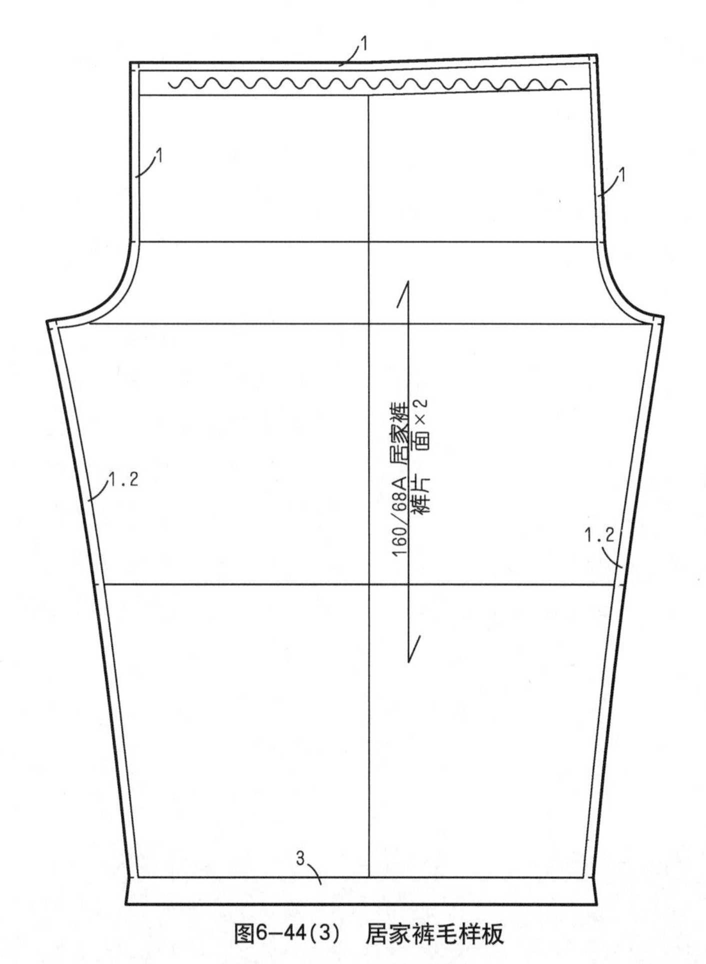


图6-44(3) 居家裤毛样板

正面 背面

图6-44(4) 居家裤实样

## 6.5 裤装疵病补正

在正式缝制之前应使用坯布或替代面料依据样板进行裁剪——假缝——试穿，对结构设计的适体性和正确性加以检验，对样板中存在问题的部位进行修正。

### 6.5.1 试穿方法

模特应站在能照到全身的镜子前，在静态下观察（图6-45）：

（1）臀围线是否水平。

（2）腰围、臀围的松紧是否合适。

（3）前后挺缝线及侧缝是否垂直。

在动态下观察，进行日常基本动作（步行、坐、上下台阶等）时，确认腰围、臀围的松量是否合适，裆部的松量否合适。

### 6.5.2 疵病补正

试穿后，对存在疵病的部位在结构图上进行修正，重新制作样板的过程称为疵病补正。裤装常见疵病主要有：

1.侧缝向前歪斜

由于股四头肌发达，大腿较粗壮，将裤装大腿部位撑起，造成侧缝线向前歪斜的疵病。为使侧缝线呈垂直状态，需要在侧缝处追加围度的不足量，如果大腿内侧也较粗的话，在内裆缝处也需要追加不足量。在侧缝处增加的腰围量通过追加腰省量加以消除，如图6-46所示。

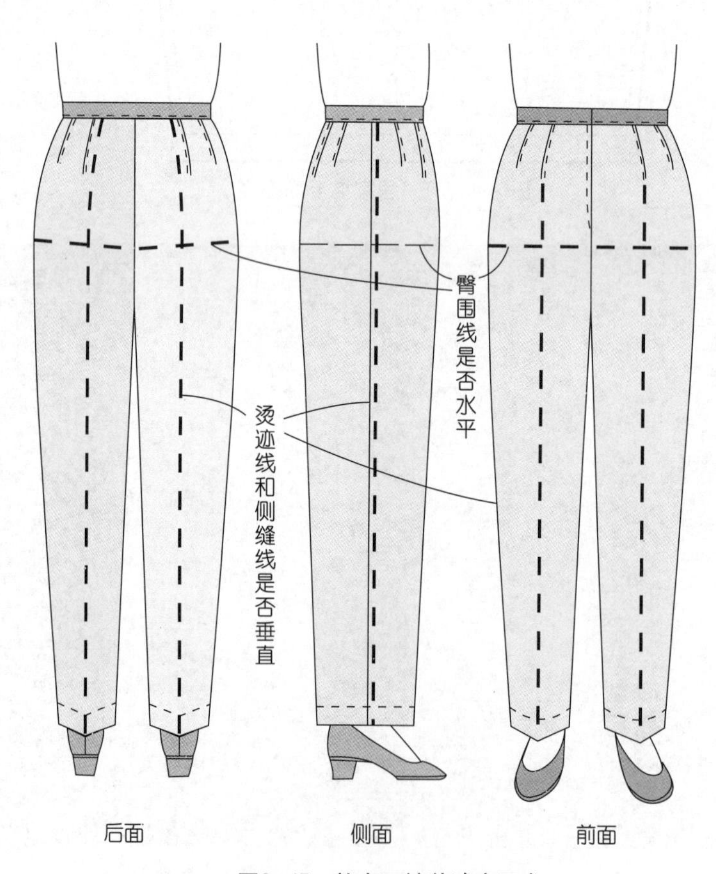


图6-45 静态下裤装试穿要求

### 2. 前后裆部兜裆起褶

由于体型较厚，将裆部撑起造成前、后裆部兜裆起褶的疵病。为使裆部平服，需要追加前、后裆宽的不足量，如图6–47所示。

### 3. 后下裆起褶

由于臀翘较大，臀后部突起造成后下裆起褶的疵病。为使后下裆部位平服，需要减小后上裆弧线的弯势，增大后上裆倾斜角，

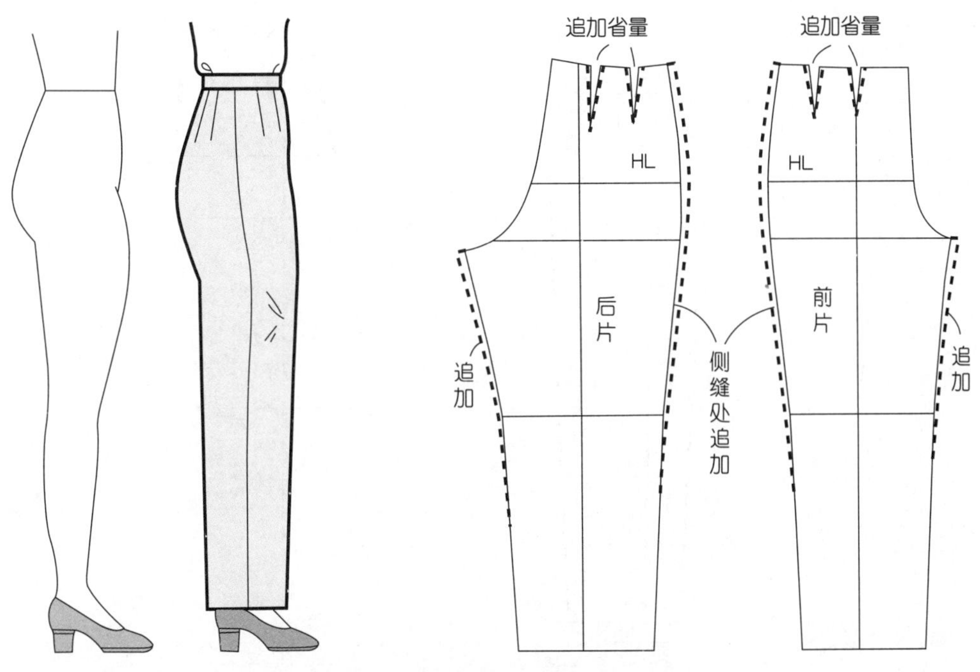


图6–46　侧缝向前歪斜疵病及样板修正

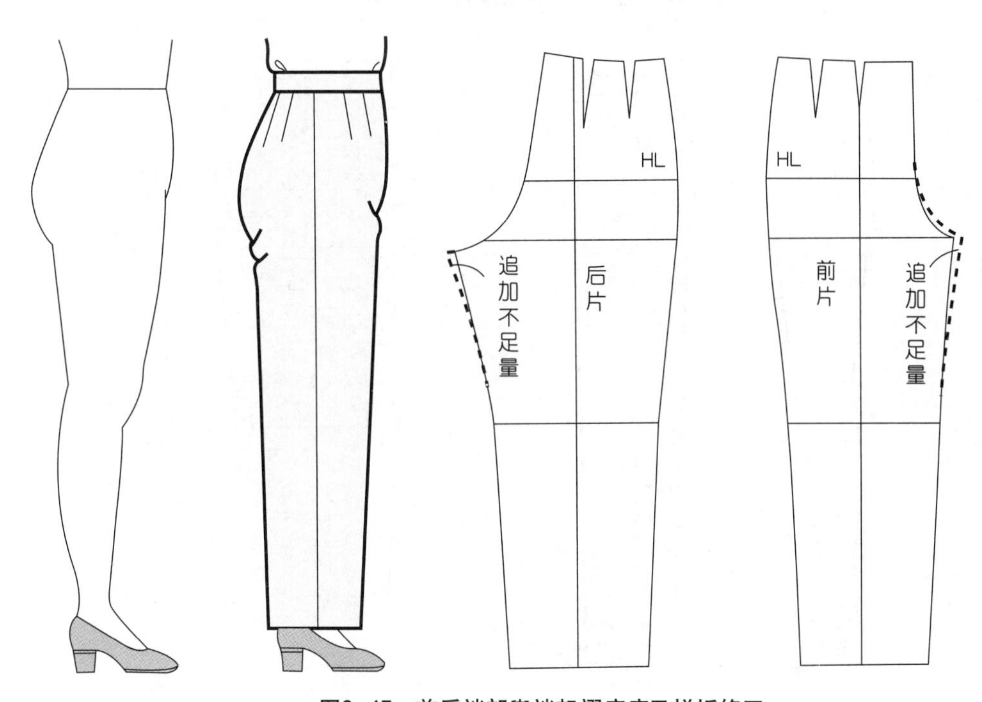


图6–47　前后裆部兜裆起褶疵病及样板修正

侧缝线和腰省的位置也随之向侧缝方向移动，如图6–48所示。

**4.后下裆松弛起褶**

由于臀部扁平，使后下裆部位出现松弛起褶的疵病。为后下裆部位平服，需要减小后上裆倾斜角，减小后上裆弧线长，侧缝线和腰省的位置也随之向内裆方向移动，如图6–49所示。

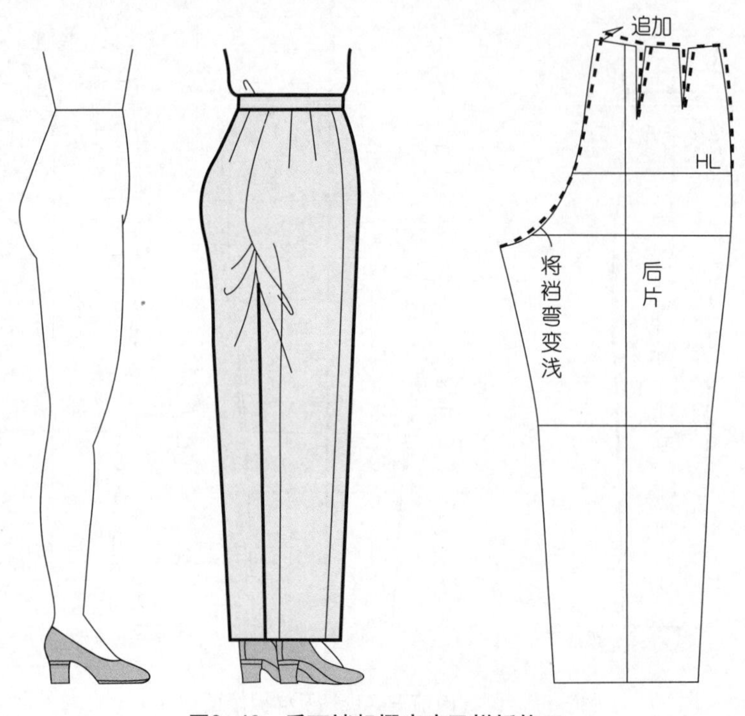


图6–48　后下裆起褶疵病及样板修正

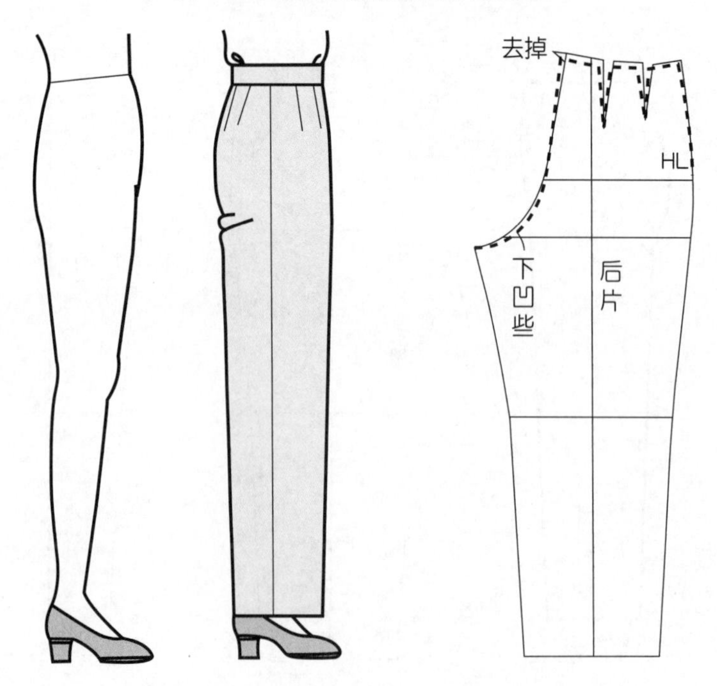


图6–49　后下裆松弛起褶疵病及样板修正

# 参考文献

[1] 张文斌.服装结构设计(普通高等教育"十五"国家级规划教材)[M].北京:中国纺织出版社,2002.

[2] 上海市职业能力考试院,上海服装行业协会.服装制板(初级)[M].上海:东华大学出版社,2005.

[3] 上海市职业能力考试院,上海服装行业协会.服装制板(中级)[M].上海:东华大学出版社,2005.

[4] (日)文化服装学院.服饰造型讲座①——服饰造型基础[M].上海:东华大学出版社,2005.

[5] (日)文化服装学院.服饰造型讲座②——裙子•裤子[M].上海:东华大学出版社,2005.

[6] (日)文化服装学院.服装生产讲座③——立体裁剪基础篇[M].上海:东华大学出版社, 2005.

[7] (日)中屋 典子 三吉满智子.本文化女子大学服装讲座——服装造型学技术篇Ⅰ[M].北京:中国纺织出版社,2004.

[8] (日)中屋 典子 三吉满智子.日本文化女子大学服装讲座——服装造型学理论篇Ⅰ[M].北京:中国纺织出版社,2004.

[9] (日)中泽愈.人体与服装[M].北京:中国纺织出版社,2002.